机械基础与液压传动

主　编　万宏钢　谈建平

副主编　沈　卓　徐鸿滨　欧阳雪娟

主　审　顾　晔

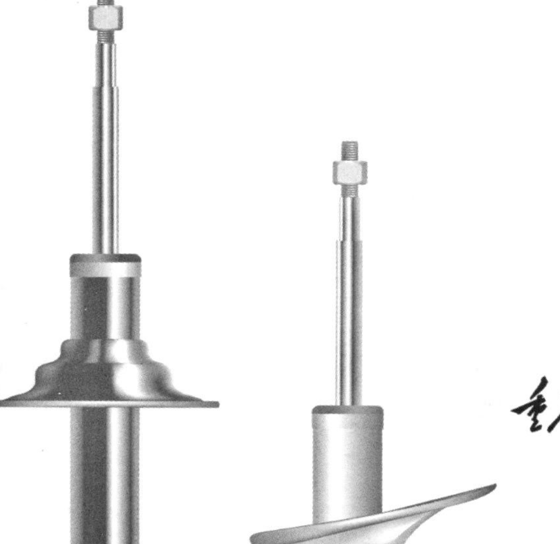

重庆大学出版社

内容提要

本书是为了适应高等职业教育的改革与发展，从培养实用型、技能型人才应具备的基本技能出发，按工作过程、项目式教学法为导向这一职业教育的全新理念而编写的。全书具有很强的实用性，力求着重培养学生的自主学习能力和创新精神，以提高学生的实践操作能力。全书共5个项目，内容包括认知机器、常用机构、常用传动、常用零部件及液压传动。每个任务配有一定数量的自测题，供学习时选用。

本书可作为高等职业技术学院和中等职业学校模具、数控、机械类专业的教学用书，也可供相关工程技术人员参考。

图书在版编目(CIP)数据

机械基础与液压传动 / 万宏钢，谈建平主编. -- 重庆：重庆大学出版社，2020.7
ISBN 978-7-5689-1937-1

Ⅰ.①机… Ⅱ.①万… ②谈… Ⅲ.①机械学—高等职业教育—教材②液压传动—高等职业教育—教材 Ⅳ.①TH11②TH137

中国版本图书馆CIP数据核字(2020)第004850号

机械基础与液压传动

主　编　万宏钢　谈建平
副主编　沈　卓　徐鸿滨　欧阳雪娟
主　审　顾　晔
策划编辑：范　琪
责任编辑：李定群　　版式设计：范　琪
责任校对：刘志刚　　责任印制：张　策

*

重庆大学出版社出版发行
出版人：饶帮华
社址：重庆市沙坪坝区大学城西路21号
邮编：401331
电话：(023)88617190　88617185(中小学)
传真：(023)88617186　88617166
网址：http://www.cqup.com.cn
邮箱：fxk@cqup.com.cn(营销中心)
全国新华书店经销
重庆俊蒲印务有限公司印刷

*

开本：787mm×1092mm　1/16　印张：18.25　字数：470千
2020年7月第1版　2020年7月第1次印刷
ISBN 978-7-5689-1937-1　定价：49.00元

前言

本书是为了适应高等职业教育的改革与发展,从培养实用型、技能型人才应具备的基本技能出发,本着“必需与够用”的编写原则,在教材内容的取舍上,充分考虑目前职业学校的生源状况,力求实用、够用,并适当考虑知识的连续性和学生今后继续学习的需要而编写的。

本书以先进的职业教育方法——项目式教学法为导向,内容紧贴生产与实践,符合高职学生的学习特点和企业的实际需求,将知识与技能有机地结合起来。本书在编排上,体现以项目为纲、任务为目;在操作与观察中,进行知识和技能的探索与学习;在内容上,坚持理论服务于实践,没有空泛的理论推导;在每个项目的任务安排上,尽可能做到简洁、有理、有序;在具体任务设计时,尽可能结合日常生活中的实例,由浅入深,以适应不同层次的学生。考虑当前高职院校学制的缩短,教学的课时数减少,而液压技术在机器中的应用越来越广泛,故本书将“机械设计基础”与“液压技术”两门课程的内容整合在一起,有利于提高学生学习的积极性。

建议本课程教学课时数为110学时。

本书由江西机电职业技术学院万宏钢、谈建平任主编,江西机电职业技术学院沈卓、徐鸿滨,江西应用工程职业学院欧阳雪娟任副主编。具体编写分工为:沈卓编写项目1,谈建平编写项目3(任务3.4、任务3.5、任务3.6、任务3.7),万宏钢编写项目2、项目3(任务3.1、任务3.2、任务3.3),欧阳雪娟编写项目4,徐鸿滨编写项目5,本书最后由顾晔主审。

本书在编写过程中,参考和引用了有关教材的内容与插图,在此对这些教材的作者表示衷心的感谢。

由于编者的水平和实践知识有限,加上时间仓促,书中难免有疏漏和不足之处,恳请使用本书的广大教师和读者批评指正。

编　者

2020年1月

目录

项目 1

认知机器

【项目描述】

在长期的生产实践中，人类为了适应自身的生产和生活需要，创造了各种各样的机器，如自行车、汽车、火车、飞机、机床（见图 1.1）、起重机、挖土机及机器人等。机器能减轻或代替人类的劳动，极大地提高了劳动生产率，它所创造的财富丰富了人类的物质文明和精神文明。机器的使用水平已成为一个国家科技水平和现代化程度的重要标志之一。下面我们将详细地认识和了解机器与机械。

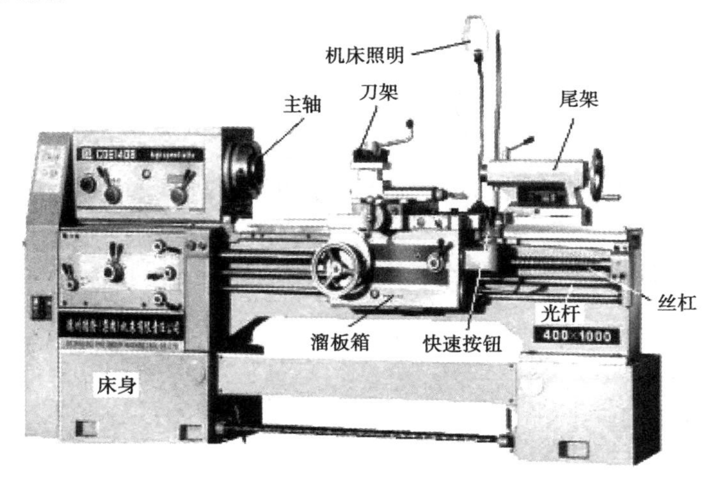

图 1.1　车床

【学习目标】

1. 掌握机器的组成，区分机器与机构、构件与零件的不同。

2. 理解运动副的概念及类型，掌握平面机构自由度的计算及机构具有确定相对运动的条件。

3. 了解摩擦的种类和磨损的阶段理论。

4. 掌握常见的润滑剂种类、润滑方式、润滑装置及密封装置。

【能力目标】

1. 能辨别各种机器及其主要功能。
2. 能看懂机构运动简图。
3. 能初步维护和保养机器。

【情感目标】

1. 培养学生仔细观察事物和归纳总结事物特征的能力。
2. 培养学生严谨的工作作风。

任务 1.1　机器的特征

活动情境

进入实习车间,观察各种机床的工作过程。

任务要求

1. 结合日常生活中常见的机器(如摩托车、缝纫机和汽车等),总结机器的特征。
2. 观察车床或铣床各运动部位的运动特点。

任务引领

通过观察与讨论回答以下问题:

1. 缝纫机、铣床和车床等机器,哪些部位之间有相对运动?它们是怎样运动(摆动、转动、直动)的?

2. 相对运动的各部位之间是以什么方式(点、线、面)接触的?

归纳总结

1.1.1　机器的特征

让我们先来认识一台具体的建筑行业广泛使用的机器——卷扬机。如图 1.2 所示,卷筒 5 的缓慢转动使绕在钢索上的悬吊装置执行升降工作任务。卷扬机的动力来自电动机 1,由于电动机转速较高,因此,在电动机 1 与卷筒 5 之间需要配置一减速传动装置,即图 1.2 中的齿轮减速器 3。通过齿轮减速器获得卷筒的缓慢转动,在电动机 1 和齿轮减速器 3 之间,齿轮减速器 3 和卷筒 5 之间的联接采用联轴器 2,4。

卷扬机的操作主要是通过电气开关控制电动机的正反转以及制动器来进行安全保护的。

通过观察发现,摩托车、汽车、缝纫机以及各种切削机床都是人们根据使用要求,有目的地设计、制造出各种零件后组装成一个整体,而不是任意拼装的。同时,各个组成部分之间的运动是有规律的、确定的。

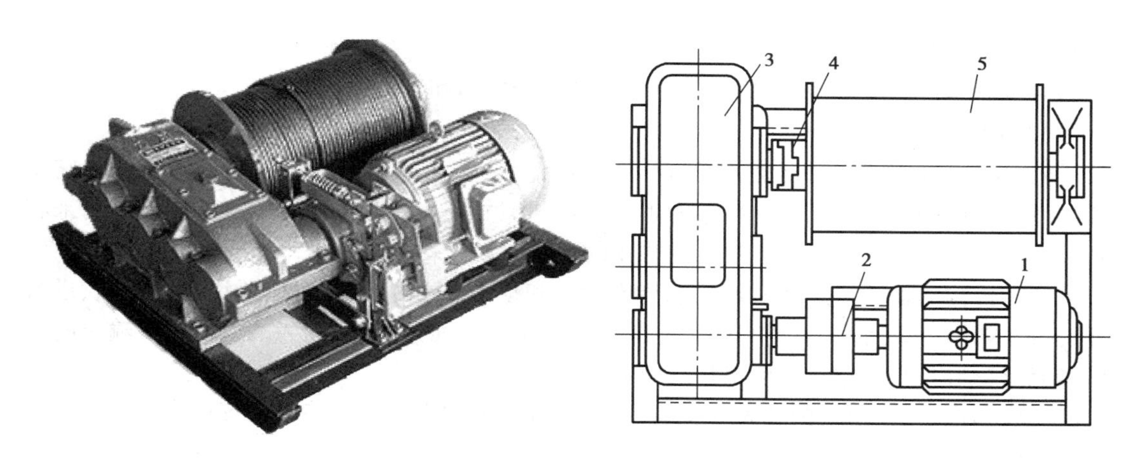

图1.2　卷扬机
1—电动机;2,4—联轴器;3—齿轮减速器;5—卷筒

通过观察还发现,摩托车、汽车等是将汽油燃烧的化学能转化为车轮的机械能,各种切削机床是将电动机的电能转化为车刀运动的机械能,并且大大减轻了人们的劳动强度。

通过分析可知,所有的机器都具有以下3个特征:

①人为的实物组合体。

②每个运动单元(构件)之间具有确定的相对运动。

③能实现能量、信息等传递或转换,代替或减轻人们的劳动强度。

1.1.2　机器的组成

机器种类繁多,虽然它们的用途、构造及性能不相同,但是从机器的组成来分析,确有共同之处。

1)按机器的各部分功能

按机器的各部分功能不同,机器一般由以下四大部分组成:

(1)动力部分(动力装置)

机器中最常见的动力部分为电动机、内燃机等。它是机器动力的来源。它将其他形式的能转变成机械能。

(2)执行部分(执行装置)

执行部分直接实现机器的特定功能。它是完成工作任务的部分,如汽车的车轮、起重机的吊钩、卷扬机的卷筒(见图1.2)、车床的卡盘与车刀等。

(3)传动部分(传动装置)

传动部分是将动力部分的运动和动力传递、转换或分配给执行部分的中间联接装置,如卷扬机中的齿轮减速器(见图1.2)、机床变速箱的齿轮传动、自行车和摩托车的链传动、内燃机中的进排气控制机构等。

(4)控制部分(控制装置)

控制部分是控制机器启动、停车和变更运动参数的部分,如开关、变速手柄、离合踏板及相应的电器等。

2)按机器的构成

当对机器进行拆解时,发现机器是由一个或几个机构和动力源组成。

(1)机构

机构是具有确定的相对运动,能实现一定运动形式转换或动力传递的实物组合体。它是机器的重要组成部分。如图 1.3 所示的单缸内燃机,就有一个曲柄滑块机构。该机构用来将汽缸 1 内的活塞 2 的往复运动转变为曲轴 4 的连续转动。

机器和机构的根本区别是机构只能传递运动和动力,一般不直接做有用的机械功或进行能量转换。如图 1.2 所示,卷扬机的齿轮减速器不是机器而是机构,因为减速器输入输出的都是机械能,只是传递了能量,但能量形式没有改变。

从构成和运动角度看,两者无本质的区别。因此,人们常把机器与机构统称为机械。

(2)构件

在机器中,作为一个整体而运动的最小单位,称为构件,如摩托车的链条、车轮等。在机械中,应用最多的是刚性构件。一个构件可以是不能拆开的单一整体,如图 1.3 所示的曲轴 4;也可以是几个相互之间没有相对运动的物体组合而成的刚性体,如图 1.4 所示的连杆是一个构件,但是它是由连杆体 1、轴套 2、连杆盖 3、螺栓 4、螺母 5 及轴瓦 6 组成的。

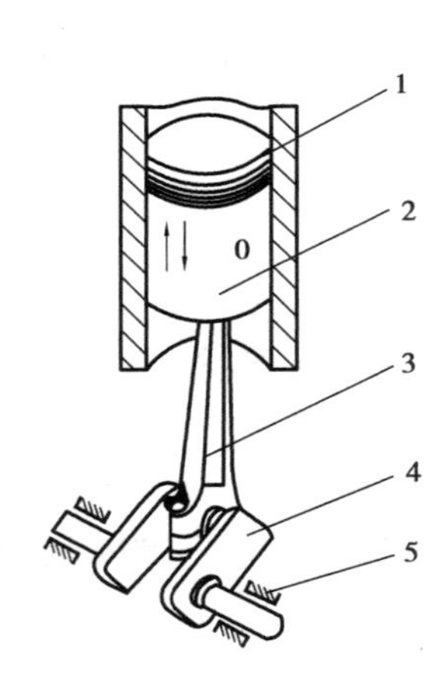

图 1.3　单缸内燃机

1—汽缸;2—活塞;3—连杆;4—曲轴;5—轴承

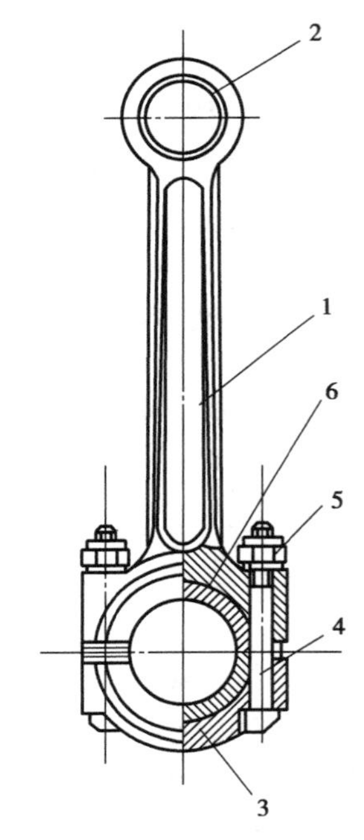

图 1.4　内燃机的连杆构件

1—连杆体;2—轴套;3—连杆盖;4—螺栓;5—螺母;6—轴瓦

(3)零件

任何机器都是由一个个零件组成的。零件是组成构件的基本部分,是组成机器的最小单元,是加工制造的起点,是组装、拆装的基础。零件分为两类:一类是通用零件,即各种机器中普通使用的零件,如螺栓、齿轮和轴等;另一类是专用零件,即只在某一种类型的机器中使用,如曲轴、叶片和吊钩等。

另外,将由一组协调工作的零件所组成的独立装配的组合件,称为部件,如减速器、联轴器和滚动轴承等。

拓展延伸

1)本课程的内容和任务

本课程的基本内容有机械原理、机械零件和液压传动三大部分。本课程综合运用各先修课程的基础理论知识和生产知识,是一门重要的技术基础课。通过本课程的学习,可使学生获得机械的基本知识、基本理论和基本技能,初步具备正确分析、使用及维护机械的能力,初步具备设计机械传动和运用手册设计简单机械的能力,为今后学习有关机械设备和参与应用型技术工作奠定必要的基础。

2)机械设计概述

机械设计包括以下两种设计:应用新技术、新方法开发创造新机械;在原有机械的基础上,重新设计或进行局部改造,从而改变或提高原有的机械性能。机械设计是一门综合的技术,是一项复杂、细致和科学性很强的工作,涉及许多方面。要设计出合格的产品,必须考虑多方面因素。

下面简述与机械设计有关的几个基本问题。

(1)机械设计应满足的基本要求

①实现预定功能。在规定的工作条件、工作期限内能正常运行,达到设计要求。

②满足可靠性要求。机器由许多零部件组成,其可靠度取决于零部件的可靠性。

③满足经济要求。设计及制造成本低,机器生产率高,能源和材料耗费少,以及维护及管理费用低等。

④满足安全要求。操作方便,保证人身安全。

⑤满足外观要求。外形美观、和谐,具有时代特点。

此外,噪声、起重、运输、卫生及防腐蚀等问题不容忽视。

(2)机械零件的失效形式和设计准则

①零件的失效形式。

零件丧失预定功能或预定指标降低到许用值以下的现象,称为失效。

常见的零件失效形式如下:

a. 断裂。

b. 过量变形。

c. 表面失效:疲劳点蚀、磨损、压溃及腐蚀等。

d. 其他:打滑、不自锁、过热及噪声过大等。

②机械零件的计算准则。

根据不同的失效原因建立起来的工作能力判定条件,称为设计计算准则。

a. 强度准则:强度是零件抵抗破坏的能力。强度可分为整体强度和表面强度(接触与挤压强度)两种。强度准则为

$$\sigma \leqslant \frac{\sigma_{\min}}{s}$$

b. 刚度准则:刚度是零件抵抗变形的能力。刚度准则为

$$y \leqslant [y]$$

c. 耐磨性准则:耐磨性是零件抵抗磨损的能力。因磨损机理较复杂,故通常采用条件性的计算准则。耐磨性准则为

$$p \leqslant [p]$$

d. 耐热性准则:耐热性是零件承受热量的能力。耐热性准则为

$$t \leqslant [t]$$

e. 可靠性准则:可靠性用可靠度表示,零件的可靠度用在规定的寿命时间内能连续工作的件数占总件数的百分比来表示。

(3)设计步骤

机械设计方法很多,既有传统的设计方法,也有现代的设计方法。这里只简单介绍常见机械零件的设计方法。

a. 根据机器的工作情况和简化的计算方案,确定零件的载荷。

b. 根据零件的工作情况分析,判定零件失效形式,从而确定计算准则。

c. 选择材料,选择主要参数。

d. 根据计算准则,计算出零件的基本尺寸。

e. 选择零件的类型和结构。

f. 结构设计。

g. 绘制零件工作图,编写说明书及有关技术文件。

在机械设计和制造的过程中,有些零件(如螺纹联接件、滚动轴承等)因应用范围广、用量大,现已标准化而成为标准件,并由专门生产厂生产。对同一产品,为了符合不同的使用要求,生产若干同类型不同尺寸或不同规格的产品,作为系列产品以满足不同用户的需求。不同规格的产品使用相同类型的零件,以使零件的互换更为方便。因此,在机械零件设计中,还应注重标准化、系列化和通用化。

自测题

一、单项选择题

1. 汽车的变速箱是机器的(　　)。

A. 动力部分　　B. 传动部分　　C. 工作部分

2. 在机械中属于运动单元的是(　　)。

A. 构件　　B. 零件　　C. 机构

3. 下列各机械中属于机构的是(　　)。

A. 摩托车　　B. 电动机　　C. 台虎钳

4. 在机械中属于制造单元的是(　　)。

A. 部件　　B. 零件　　C. 机构

二、简答题

1. 举例说明机器通常由哪几部分组成? 各部分起什么作用?

2. 举例说明机器与机构的区别。

3. 举例说明构件与零件的区别。

任务1.2　平面机构运动简图及自由度

活动情境

操作缝纫机踏板机构或简易冲床。

任务要求

观察各运动部位的联接方式及运动过程。

任务引领

通过观察与操作回答以下问题：
1. 各运动部位是以什么形式相接触的？用什么符号表示？
2. 这些接触能对构件的运动产生怎样的影响？
3. 如何判定机构具有确定的相对运动？

归纳总结

1.2.1　运动副及其分类

通过操作各种机构发现，为了使机构每个构件具有确定的相对运动，构件之间必须要以某种方式联接起来。这种使两构件间直接接触并能产生一定形式的相对运动的联接，称为运动副。例如，摩托车的车轮与轴的联接、链轮与链条的联接等。

所有构件都在相同一平面或相互平行的平面内运动，称为平面机构；否则，称为空间机构。工程中常见的机构大多属于平面机构。

根据运动副中两构件接触形式的不同，可将运动副分为低副和高副两大类。

1）低副

两构件通过面接触所构成的运动副，称为低副。根据构件之间的相对运动形式，低副可分为移动副和转动副。

（1）转动副

两构件只能产生相对转动的运动副，称为转动副，如图1.5所示。

（2）移动副

两构件之间只能相对移动的运动副，称为移动副，如图1.6所示。

图1.5　转动副

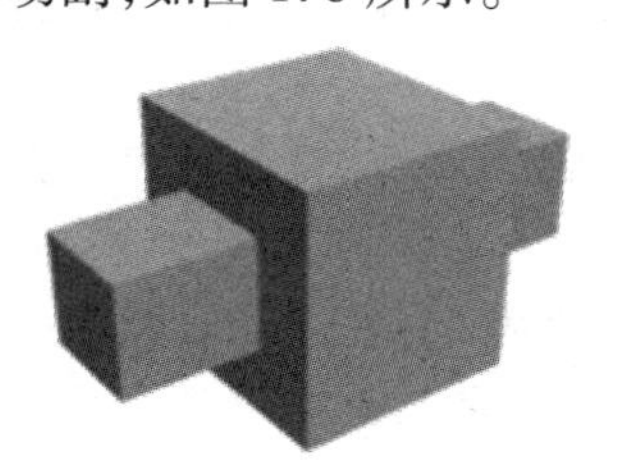

图1.6　移动副

2)高副

两构件以点或线接触的运动副,称为高副,如图1.7所示。

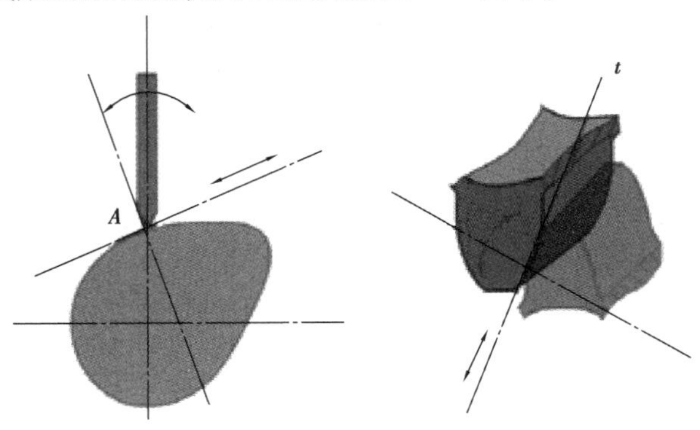

图1.7　高副

1.2.2　机构的组成

机构由主动件、从动件和机架3部分组成。

1)主动件

机构中输入运动的构件,称为主动件。

2)从动件

除主动件以外的其余可动构件,称为从动件。

3)机架

固定不动的构件,称为机架。一个机构只有一个机架。

1.2.3　平面机构运动简图

实际机构的外形和结构很复杂。通常为便于分析而不考虑构件的外形尺寸和运动副的实际结构,只需用简单的线条和符号表示构件和运动副,并按一定的比例绘出能表达各构件间相对运动关系的图形,称为机构运动简图。对只为了表示机构的组成及运动情况,而不严格按照比例绘制的简图,称为机构示意图。

在简图中,应包括构件数目、运动副的数目和类型、与运动变换相关的构件尺寸参数、主动件及运动特性。

1)构件及运动副的表示方法

(1)构件

构件均用线条或小方块等来表示,画有斜线的表示机架,见表1.1。

(2)低副

两构件组成转动副和移动副时,其表示方法见表1.2。

(3)平面高副

两构件组成平面高副时,其运动简图中应画出两构件接触的曲线轮廓。对凸轮、滚子,习惯上画出其全部轮廓,见表1.3。

表1.1　构件的表示方法

名　称		表示符号
构件	机架	
	轴、杆	
	三副元素构件	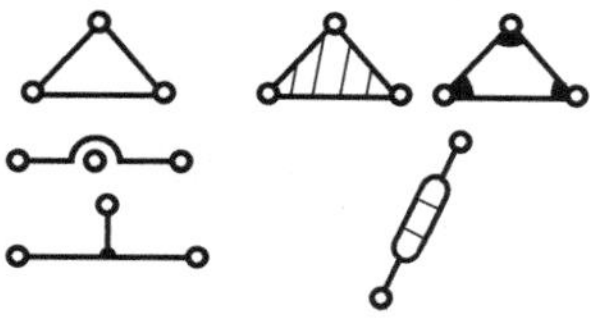
	固定连接构件	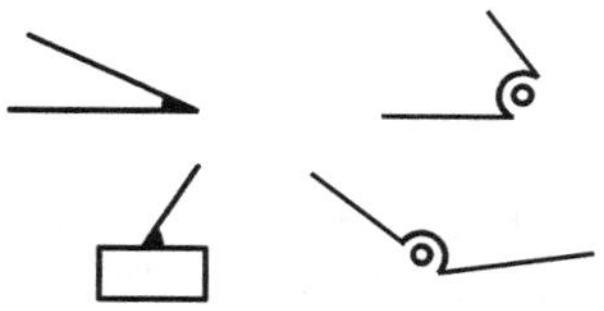

表1.2　低副的表示方法

平面低副	转动副	固定铰链	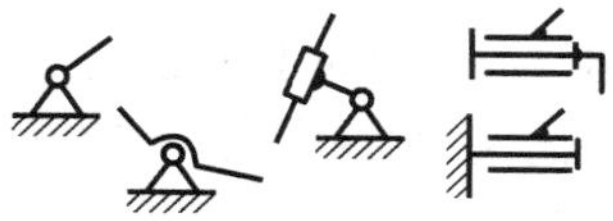
		活动铰链	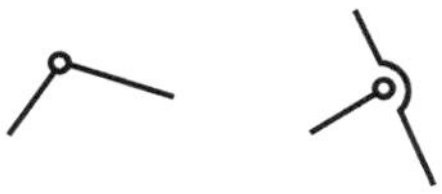
	移动副	与机架组成的移动副	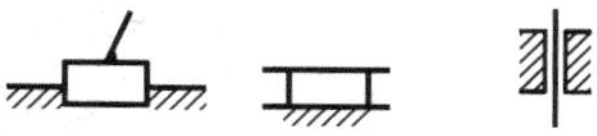
		两活动构件组成的移动副	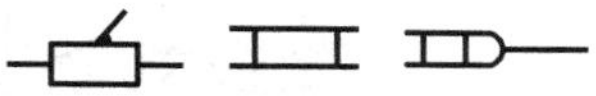

表1.3　平面高副的表示方法

平面高副	圆柱齿轮副	外啮合	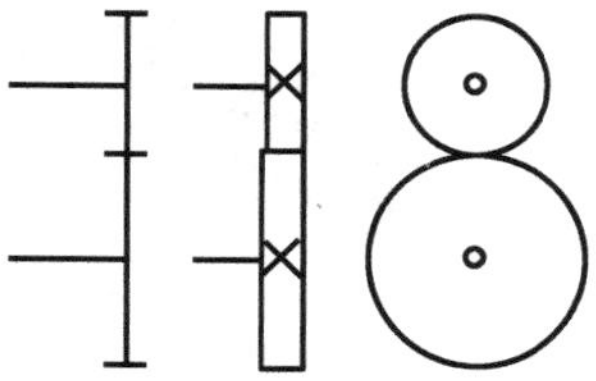

续表

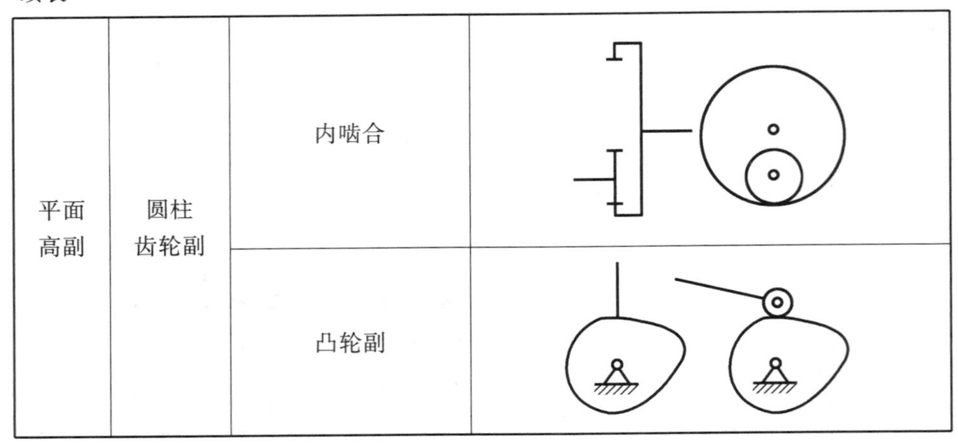

平面 高副	圆柱 齿轮副	内啮合	
		凸轮副	

2)平面机构运动简图的绘制

绘制平面机构运动简图时,可按以下步骤进行:

①分析机构的组成和运动,确定机架、主动件和从动件。

②从主动件开始,沿运动传递路线,搞清各构件间相对运动的性质,确定运动副的类型和数目。

③选择合适的视图平面及机构运动瞬时位置。

④测量出运动副之间的相对位置。

⑤选择适当比例,用规定的符号和线条绘制出机构运动简图。

根据图纸的幅面及构件的实际长度,选择适当的比例尺

$$\mu_1 = \frac{\text{构件实际长度}}{\text{构件图示长度}}$$

例 1.1 试绘制如图 1.8 所示内燃机的机构运动简图。

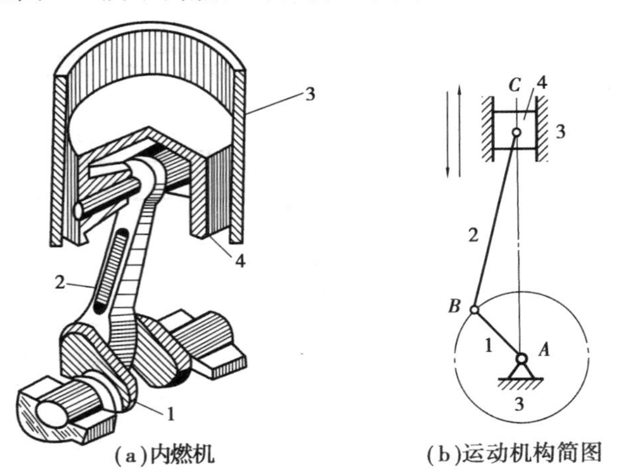

(a)内燃机　　(b)运动机构简图

图 1.8　内燃机及其运动机构简图

1—曲轴;2—连杆;3—汽缸体;4—活塞

解 从图 1.8(a)可知,壳体及汽缸体 3 是机架,缸内活塞 4 是主动件。活塞 4 与连杆 2

相对转动构成转动副，与汽缸体 3 构成移动副；运动通过连杆 2 传给曲轴 1，且两者构成转动副。

测量各运动副间相对位置，选择合适的比例，按照规定的线条和符号，先绘出机构示意图，后绘出机构的运动简图。如图 1.8(b)所示，标有箭头的构件 4 是主动件。

拓展延伸

1)平面机构的自由度

(1)构件的自由度

如图 1.9 所示，在未与其他构件构成运动副之前，一个自由构件在平面中有 3 个独立的运动，即沿 x 轴和 y 轴的移动以及在 xy 平面内的转动，构件的这 3 个独立运动称为自由度。

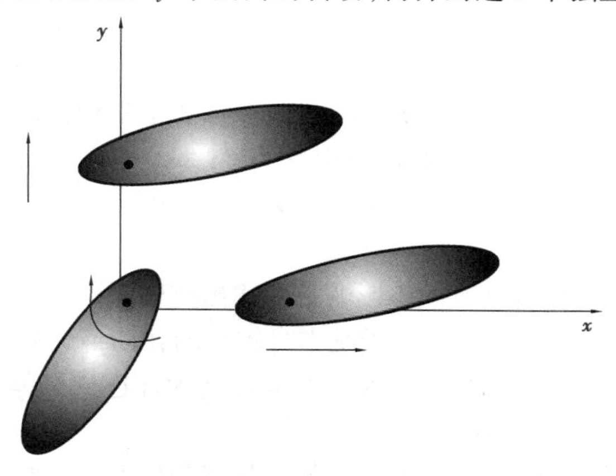

图 1.9　构件的自由度

(2)运动副对构件的约束

构件通过运动副联接后，它们的某些独立运动就会受到限制，因而自由度也随之减少。这种对构件独立运动的限制，称为约束。每引入一个约束构件，就减少一个自由度。运动副的类型不同，引入的约束数目也不等。每个低副(转动副或移动副)引入两个约束；每个高副引入一个约束。

(3)平面机构的自由度

设一个平面机构共有 N 个构件，其中必有一个构件是机架(自由度为零)，则有 $n=N-1$ 个活动构件。显然，在未用运动副联接之前，共有 $3n$ 个自由度。当这些构件用运动副联接起来后，自由度则随之减少。若用 P_L 个低副，P_H 个高副将活动构件联接起来，则这些运动副引入的约束总数为 $2P_L+P_H$，故该机构的自由度 F 为

$$F=3n-2P_L-P_H \tag{1.1}$$

(4)计算机构自由度的注意事项

在应用式(1.1)计算机构的自由度时，必须注意以下问题：

①复合铰链。

两个以上的构件共用同一转动轴线所构成的转动副，称为复合铰链。如图 1.10 所示为 3 个构件在同一处构成的复合铰链。构件 1 分别与构件 2，3 构成两个转动副。显然，如有 N 个构件在同一处，以转动副联接，则应有 $N-1$ 个转动副。

例 1.2 计算如图 1.11 所示机构的自由度。

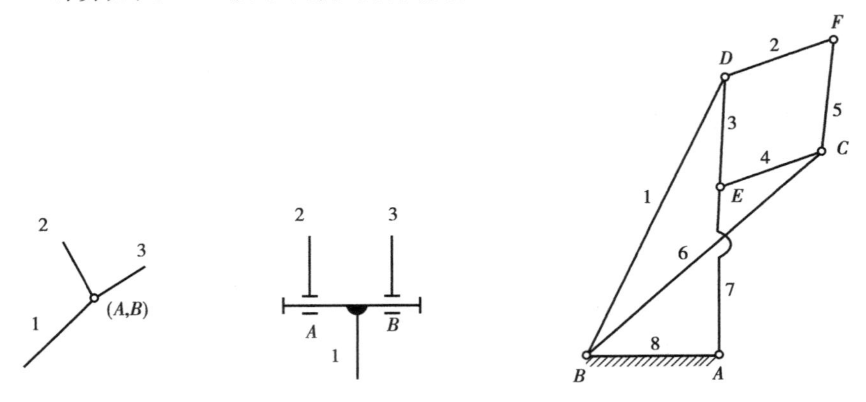

图 1.10 复合铰链　　图 1.11 含有复合铰链的机构

解 机构中有 7 个活动构件，B,C,D,E 4 处都是由 3 个机构组成的复合铰链，各具有两个转动副，故 $n=7$,$P_L=10$,$P_H=0$，则机构的自由度为

$$F=3n-2P_L-P_H=3\times7-2\times10-0=1$$

②局部自由度。

在机构中，某些活动构件所具有的不影响机构输出与输入运动关系的自由度，称为局部自由度。如图 1.12(a)所示的凸轮机构，滚子绕本身轴线的转动不影响其他构件的运动，该转动的自由度即为局部自由度。计算时，先把滚子看成与从动件连成一体，消除局部自由度(见图 1.12(b))后，再计算该机构的自由度。

局部自由度虽然不影响机构的运动规律，但可将高副处的滑动摩擦变为滚动摩擦，从而减少磨损。

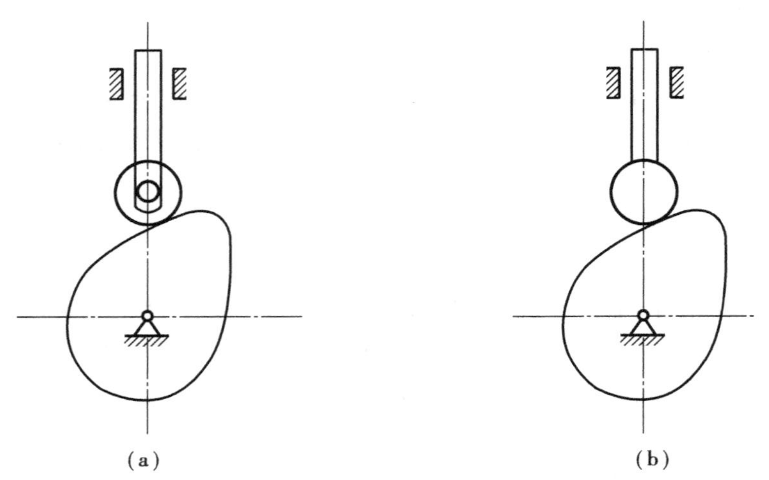

图 1.12 局部自由度

③虚约束。

在机构中，某些运动副所引入的约束与其他运动副所起到的限制作用是一致的，这种对运动不起独立限制作用的约束，称为虚约束。在计算自由度时，应先除去虚约束。

通常虚约束在下列情况下发生：

a. 两构件上两点间的距离始终保持不变(见图1.13(b)),平行四边形机构 $EF \parallel AB \parallel CD$ 且 $EF = AB = CD$,杆5上 E 点的轨迹与杆3上 E 点的轨迹重合。因此,EF 杆带进了虚约束,计算时先将其简化成图1.13(a),如果不满足上述条件,则 EF 杆就成为有效约束。如图1.13(c)所示,机构的自由度 $F=0$。

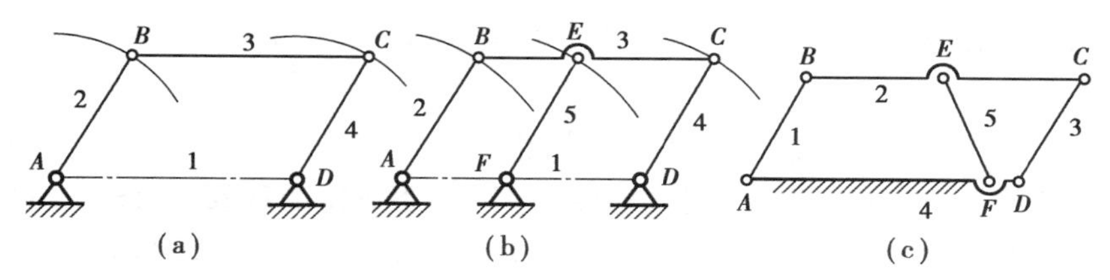

图1.13　运动轨迹重合引入虚约束

b. 两构件组成多个导路平行的移动副时,只有一个移动副起作用,其余都是虚约束,如图1.14所示。

c. 两构件组成多个轴线重合的转动副时,只有一个转动副起作用,其余都是虚约束,如图1.15所示。

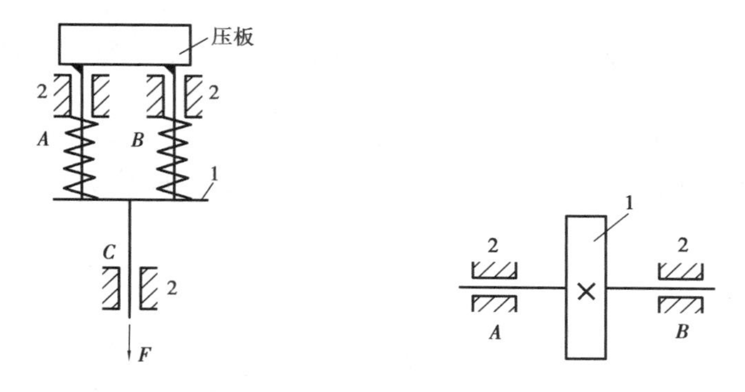

图1.14　移动方向一致引入的虚约束　　图1.15　轴线重合引入的虚约束

d. 机构中对运动不起独立作用的对称部分,如图1.16所示的轮系,只需齿轮2便可传递运动,而齿轮2′对传递运动不起独立作用,为虚约束。

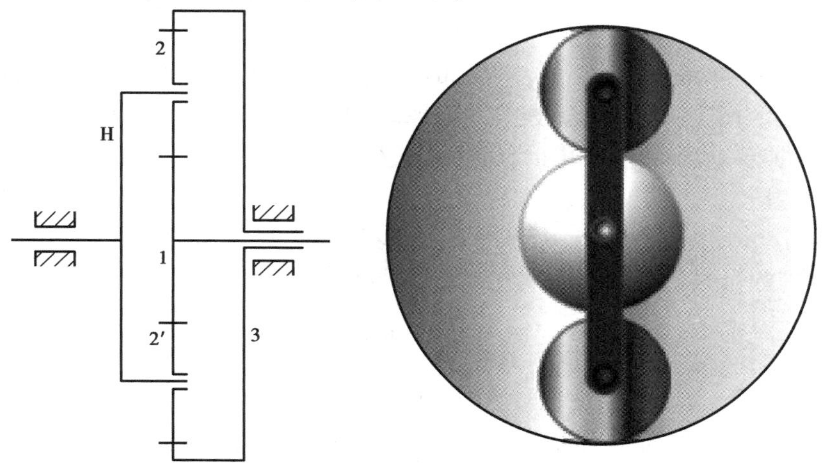

图1.16　差动轮系

虚约束虽不影响机构的运动，但能增加机构的刚性，改善其受力状况，因而被广泛采用。但是，虚约束对机构的几何条件要求较高，因此，对机构的加工和装配精度提出了更高的要求。

2）机构具有确定的运动条件

机构的自由度是机构具有独立运动参数的数目。通常机构中每个主动件相对机架只有一个独立运动，而从动件靠主动件带动，本身不具有独立运动。因此，机构的自由度必定与主动件数目相等。

如果 $F \leqslant 0$，则各构件间不能产生相对运动，也没有主动件，故不能构成机构（见图 1.17）。

如果主动件数目小于自由度数，则机构会出现运动不确定的现象（见图 1.18）。

如果主动件数目大于自由度数，则机构中最薄弱的构件或运动副可能被破坏（见图 1.19）。

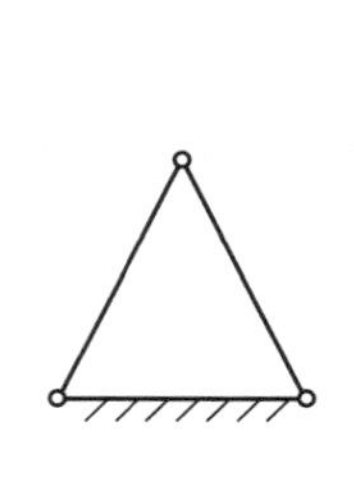

图 1.17　桁架

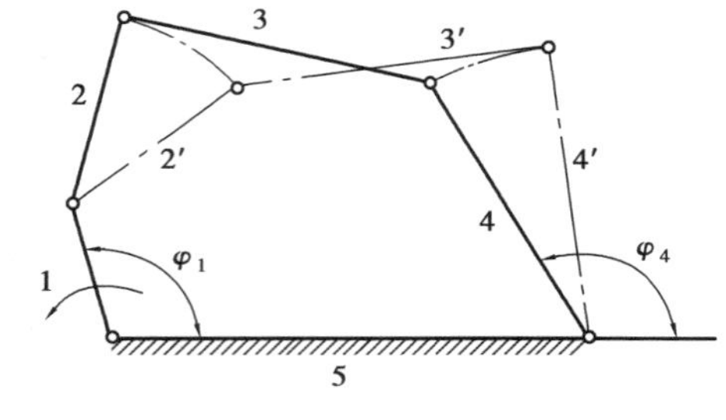

图 1.18　主动件数目小于自由度数

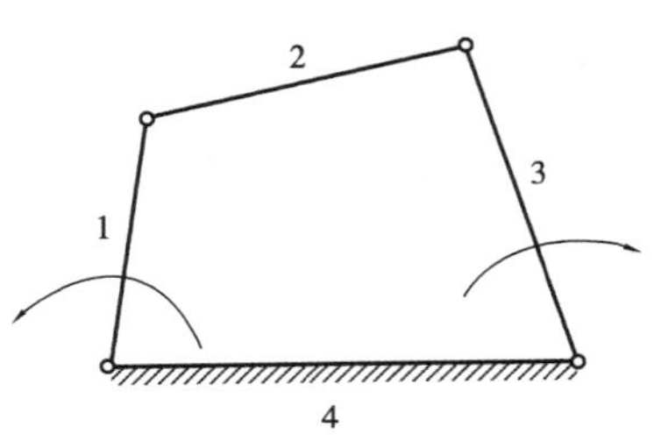

图 1.19　主动件数目大于自由度数

例 1.3　计算如图 1.20 所示大筛机构的自由度，并判断该机构是否具有确定的相对运动。

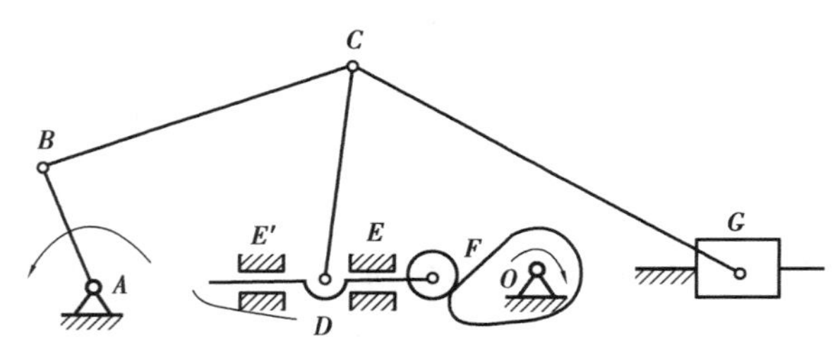

图 1.20　大筛机构

解　由图 1.20 可知，滚子 F 有一个局部自由度。E 和 E' 为两构件组成的导路平行移动副，其中之一为虚约束，C 处为复合铰链。在计算自由度时，将滚子 F 与顶杆视为一体，即消除局部自由度，去掉移动副 E 和 E' 中的任意一个虚约束，则 $n=7, P_L=9, P_H=1$，代入式（1.1）中，得

$$F=3n-2P_L-P_H=3\times7-2\times9-1=2$$

因为主动件数目为 2，与自由度数相等，所以该机构具有确定的相对运动。

自测题

一、填空题

1. 两构件通过面接触所构成的运动副，称为________。其具有________约束。

2. 机构具有确定相对运动的条件是____。

3. 4 个构件在同一处以转动副相联，则此处有________个转动副。

4. 机构中不起独立限制作用的约束,称为________。

二、综合题

1. 试绘制如图 1.21 所示的机构示意图。

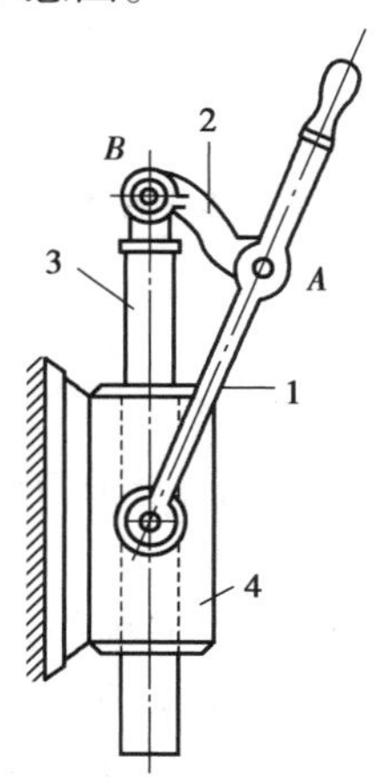

图 1.21　唧筒机构

2. 计算如图 1.22 所示机构的自由度,并判断机构是否具有确定的相对运动。若有复合铰链、局部自由度和虚约束,请明确指出。

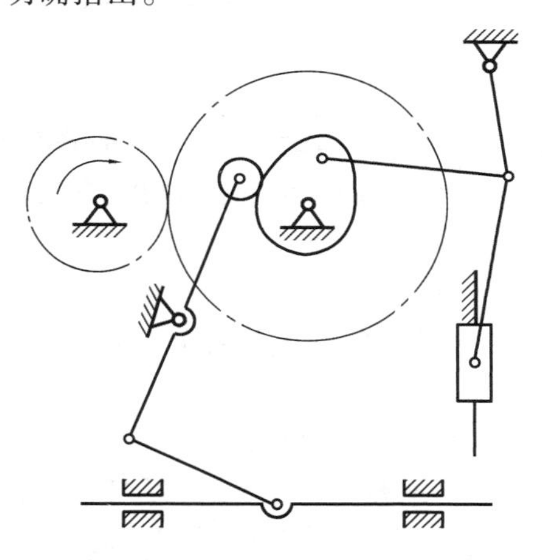

图 1.22　冲压机床

任务 1.3　摩擦与磨损

活动情境

拆解报废的减速器。

任务要求

总结减速器报废的原因,观察齿面的磨损情况。

任务引领

通过观察与操作回答以下问题:

1. 是何原因导致减速器报废?
2. 如果没有摩擦,减速器能否正常工作?
3. 磨损的结果如何? 齿面呈什么状态? 轴承游隙是否较大? 声音是否正常?
4. 怎样才能有效地减少磨损?

归纳总结

观察发现,减速器的外壳并无损坏,而内部机构却已不能有效地传递动力。其失效的主要原因是齿轮的轮齿已严重磨损,不能继续工作。

其实,各类机器在工作时,零件相对运动的接触部位都存在着摩擦,摩擦是机器运转过程中不可避免的物理现象。摩擦不仅造成能量损耗,而且使零件相互作用的表面发热、磨损,甚至导致零件失效。据统计,世界上每年 1/3 ~1/2 的能量消耗在各种形式的摩擦中,约有 80%的零件因磨损而报废。为了提高机械的使用寿命以及节省能源和材料,应设法尽量减少摩擦和减少磨损。应当指出,摩擦也可加以利用,实现动力传递(如带传动)、制动(如摩擦制动器)及联接(如过盈联接等)。这些应增大摩擦,但仍应减少磨损。

1.3.1 摩擦

摩擦有不同的形式。根据工作零件的运动形式,可分为静摩擦和动摩擦;根据位移情况的不同,可分为滑动摩擦和滚动摩擦;根据摩擦表面之间的润滑状态的不同,可分为干摩擦、液体摩擦、边界摩擦及混合摩擦。

1)干摩擦

接触表面间无任何润滑剂或保护膜的纯金属接触时的摩擦,称为干摩擦,如图 1.23(a)所示。

干摩擦的摩擦因素大,磨损严重,一般应尽量避免。

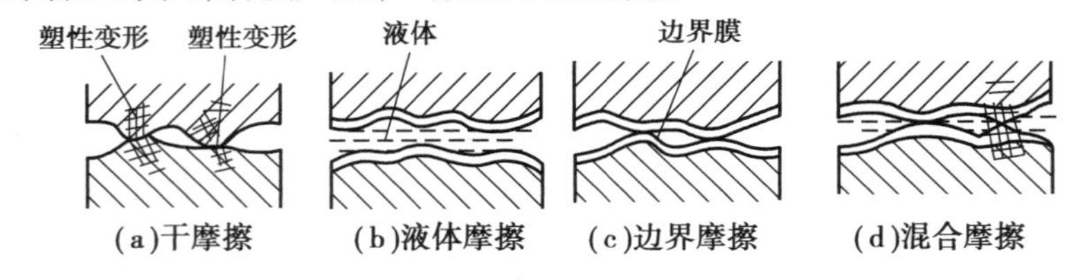

图 1.23 摩擦副的表面润滑状态

2)液体摩擦

两摩擦表面不直接接触,中间有一层完整的油膜(一般油膜厚度为 1.5 μm 以上)隔开,如图 1.23(b)所示。

液体摩擦几乎不产生磨损,是一种理想的摩擦状态。

有时,需要外界设备供应润滑油,其造价高。液体摩擦通常用于润滑要求较高的场合。

3)边界摩擦

接触表面被吸附在表面的极薄边界膜(油膜厚度≤1 μm)隔开,使其处于干摩擦与液体摩擦之间的状态,如图1.23(c)所示。

4)混合摩擦

混合摩擦是指干摩擦、液体摩擦和边界摩擦共存的状态,如图1.23(d)所示。

1.3.2　磨损

运转部位接触表面之间的摩擦将导致零件表面材料的逐渐损失,这种现象称为磨损。磨损降低机器的效率和可靠性,甚至导致机器提前报废。因此,要努力避免或减轻磨损。

在机械正常运转过程中,磨损大致可分为以下3个阶段:

1)磨合(跑合)磨损阶段

在这一阶段,随着表面逐渐磨平,磨损是速度由快逐渐减缓,为零件的正常运转创造条件。磨合结束后,应清洗零件,更换润滑油。

2)稳定磨损阶段

在这一阶段,磨损缓慢,机器进入正常工作阶段。该阶段的长短代表零件使用寿命的长短。

3)剧烈磨损阶段

在这一阶段,磨损急剧增加,精度丧失,机械效率下降,最终导致完全失效。

磨损过程曲线如图1.24所示。

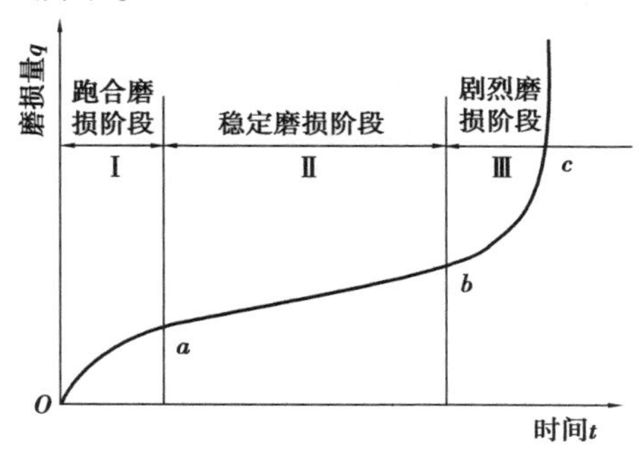

图1.24　磨损过程曲线

1.3.3　磨损分类

一般工况下,根据磨损机理及零件表面磨损状态的不同,磨损可分为磨粒磨损、黏着磨损、疲劳磨损及腐蚀磨损等。

1)磨粒磨损

摩擦表面上的硬质凸起,磨损形成的坚硬磨粒或其他颗粒进入摩擦表面之间,对零件表面起磨削作用,这种使金属表面磨损的现象称为磨粒磨损。

除注意满足润滑条件外,合理选择摩擦副材料、提高零件表面硬度、降低表面粗糙度等措施是减轻磨粒磨损的途径。

2)黏着磨损

在混合摩擦和边界摩擦状态下,当载荷较大、速度提高时,边界膜破裂,金属接触固相焊合形成的黏结点因相对滑动被剪切断裂,发生材料由一个表面向另一个表面转移的现象,称为黏着磨损。

黏着磨损分为轻微磨损、胶合和咬死。胶合是高速重载时常见的失效形式。

合理选择配对材料，采用表面处理，限制摩擦面的温度和压强，采用含有油性和极压添加剂的润滑剂，都可减轻黏着磨损。

3）疲劳磨损（点蚀）

两个相互滚动或滚动兼移动的摩擦表面，在接触区受循环变化的高接触应力作用下，零件表面出现裂纹，随着应力循环次数的增加，裂纹逐渐扩展以至表面金属剥落，出现凹坑，这种现象称为疲劳磨损，又称点蚀。

合理选择材料及表面硬度，降低表面粗糙度，选择黏度高的润滑油等可提高抗疲劳磨损的能力。

4）腐蚀磨损

在摩擦过程中，摩擦面与周围介质发生化学或电化学而产生物质损失的现象，称为腐蚀磨损。它是机械作用与腐蚀作用的结果。腐蚀磨损可在没有摩擦的条件下形成。在潮湿的环境中，腐蚀磨损甚至比其他磨损的磨损速度更快，故机器不能长时间闲置。

应指出的是，实际上大多数磨损是以上述4种磨损的复合形式出现的。

自测题

一、判断题

1. 干摩擦磨损严重，应尽量避免。（　　）
2. 液体摩擦几乎不产生磨损，一般机器上常见。（　　）
3. 摩擦会产生磨损，所以摩擦不可以利用。（　　）
4. 机器在磨合磨损阶段后，应清洗零件，更换润滑油。（　　）

二、选择题

1. 工程实践中见到最多的摩擦状态是（　　）。
   A. 干摩擦　　B. 液体摩擦　　C. 混合摩擦
2. 在潮湿的环境下，机器不能长时间闲置的主要原因是（　　）。
   A. 磨粒磨损　　B. 黏着磨损　　C. 腐蚀磨损
3. 如果零件稳定磨损阶段时间越长，则其使用寿命（　　）。
   A. 越长　　B. 越短　　C. 不变
4. 下列可减小疲劳磨损的措施是（　　）。
   A. 提高表面粗糙度　　B. 减小零件表面硬度　　C. 选择黏度高的润滑油

任务1.4　润滑与密封

活动情境

观察汽车或摩托车的变速箱。

任务要求

1. 了解润滑油的作用及特性，总结各种润滑剂的特点。

2. 熟悉常用的润滑方式及装置。
3. 熟悉常用密封方式,掌握各种密封圈的结构特点及作用原理。

任务引领

通过观察与操作回答以下问题:
1. 变速箱的齿轮选用什么润滑油? 轴承是用润滑脂还是用润滑油?
2. 输入轴、输出轴与本体间采用什么形式密封?

归纳总结

在摩擦表面间加入润滑剂,以降低摩擦、减轻磨损,这种措施称为润滑。润滑的主要作用是降低摩擦,减少磨损,防止腐蚀,提高效率,改善机器运转状况,延长机器的使用寿命。此外,润滑还可起到冷却、防尘和吸振等作用。

1.4.1 润滑剂及其选择

工程中,常用的润滑剂主要有润滑油与润滑脂。此外,还有固体润滑剂(如石墨、二硫化钼等)和其他润滑剂(如空气、氢气、水蒸气等)。

1)润滑油

润滑油是使用最广泛的润滑剂,主要有矿物油、合成油和有机油等。其中,应用最广泛的为矿物油。矿物油主要是指石油产品,因来源充足,成本低廉,稳定性好,适用范围广,故多采用矿物油作为润滑剂油。润滑油最重要的一项物理性能指标是黏度,它是选择润滑油的主要依据。黏度标志着液体流动的内摩擦性能。黏度越大,内摩擦阻力越大,承载能力越大,液体的流动性越差。黏度的大小可用动力黏度(又称绝对黏度)、运动黏度、条件黏度来表示。工业上多用运动黏度标定润滑油的黏度,法定计量单位为 m^2/s。润滑油的黏度并不是固定不变的,而是随着温度和压强而变化的。因此,在标注某种润滑油的黏度时,必须同时标明它的测试温度。国家标准 GB/T 3141—1994 规定,温度在 40 ℃时按运动黏度分为 5,7,10,15,22,32 等 20 个牌号。牌号数值越大,油的黏度越高,即越稠。

选择润滑油主要是确定润滑油的种类与牌号。一般应考虑机器设备的载荷、速度、工作情况以及摩擦表面状况等条件。先确定合适的黏度范围,再选择润滑油品种。对载荷大或变载、冲击的场合,加工粗糙或未经跑合的表面,宜选用黏度高的润滑油;反之,载荷小、速度高,宜选用黏度低的润滑油。采用压力循环润滑、滴油润滑的场合,宜选用黏度低的润滑油。

常用润滑油的性能和用途见表 1.4。

表 1.4 常用润滑油的性能和用途

名 称	代 号	运动黏度 /($m^2 \cdot s^{-1}$)	倾点 /℃	闪点 /℃	主要用途
L-AN 全损耗系统用油(GB 443—1989)	L-AN5	4.14~5.06	-5	80	用于各种高速轻重机械轴承的润滑和冷却(循环式或油箱式),如转速 10 000 r/min 以上的精密机械、机床的润滑和冷却
	L-AN7	6.12~7.48		110	
	L-AN10	9.00~11.0		130	

续表

<table>
<tr><th>名　称</th><th>代　号</th><th>运动黏度
/($m^2 \cdot s^{-1}$)</th><th>倾点
/℃</th><th>闪点
/℃</th><th>主要用途</th></tr>
<tr><td rowspan="7">L-AN 全损耗
系统用油
(GB 443—1989)</td><td>L-AN15</td><td>13.5～16.5</td><td rowspan="7">-5</td><td rowspan="3">150</td><td rowspan="2">用于小型机床齿轮箱、传动装置轴承,中小型电机,风动工具等</td></tr>
<tr><td>L-AN22</td><td>19.8～24.2</td></tr>
<tr><td>L-AN32</td><td>28.8～35.2</td><td>用于一般机床齿轮变速箱、中小型机床导轨及 100 kW 以上电机轴承</td></tr>
<tr><td>L-AN46</td><td>41.4～50.6</td><td rowspan="2">160</td><td>主要用于大型机床和刨床上</td></tr>
<tr><td>L-AN68</td><td>61.2～74.8</td><td rowspan="3">主要用于低速重载的纺织机械及重型机床、锻压、铸工设备上</td></tr>
<tr><td>L-AN100</td><td>90.0～110.0</td><td rowspan="2">180</td></tr>
<tr><td>L-AN150</td><td>135～165</td></tr>
<tr><td rowspan="7">工业闭式齿轮油
(GB 5903—2011)</td><td>L-CKC68</td><td>61.2～74.8</td><td rowspan="2">-12</td><td>180</td><td rowspan="7">适用于煤炭、水泥、冶金工业部门大型封闭式齿轮传动装置的润滑</td></tr>
<tr><td>L-CKC100</td><td>90.0～110.0</td><td rowspan="6">200</td></tr>
<tr><td>L-CKC150</td><td>135～165</td><td rowspan="4">-9</td></tr>
<tr><td>L-CKC220</td><td>198～242</td></tr>
<tr><td>L-CKC320</td><td>288～352</td></tr>
<tr><td>L-CKC460</td><td>414～506</td></tr>
<tr><td>L-CKC680</td><td>612～748</td><td>-5</td></tr>
<tr><td rowspan="6">液压油
(GB 11118.1—2011)</td><td>L-HL15</td><td>13.5～16.5</td><td>-12</td><td>140</td><td rowspan="6">适用于机床和其他设备的低压齿轮泵,也可用于使用其他抗氧防锈型润滑油的机械设备(如轴承和齿轮等)</td></tr>
<tr><td>L-HL22</td><td>19.8～24.2</td><td>-9</td><td>165</td></tr>
<tr><td>L-HL32</td><td>28.8～35.2</td><td rowspan="4">-6</td><td>175</td></tr>
<tr><td>L-HL46</td><td>41.4～50.6</td><td>185</td></tr>
<tr><td>L-HL68</td><td>61.2～74.8</td><td>195</td></tr>
<tr><td>L-HL100</td><td>90.0～110.0</td><td>205</td></tr>
<tr><td rowspan="4">涡轮机油
(GB 11120—2011)</td><td>L-TSA32</td><td>28.8～35.2</td><td rowspan="4">-7</td><td rowspan="2">180</td><td rowspan="4">适用于电力、工业、船舶及其他工业汽轮机组、水轮机组的润滑和密封</td></tr>
<tr><td>L-TSA46</td><td>41.4～50.6</td></tr>
<tr><td>L-TSA68</td><td>61.2～74.8</td><td rowspan="2">195</td></tr>
<tr><td>L-TSA100</td><td>90.0～110.0</td></tr>
<tr><td rowspan="5">蜗轮蜗杆油
(SH/T 0094—1991)</td><td>L-CKE/P220</td><td>198～242</td><td rowspan="5">-12</td><td rowspan="2">200</td><td rowspan="5">用于钢对钢配对的圆柱形、承受重负载、传动中有振动和冲击的蜗轮蜗杆副</td></tr>
<tr><td>L-CKE/P320</td><td>288～352</td></tr>
<tr><td>L-CKE/P460</td><td>414～506</td><td rowspan="3">220</td></tr>
<tr><td>L-CKE/P680</td><td>612～748</td></tr>
<tr><td>L-CKE/P1 000</td><td>900～1 100</td></tr>
</table>

续表

名　称	代　号	运动黏度 /($m^2 \cdot s^{-1}$)	倾点 /℃	闪点 /℃	主要用途
10号仪表油 (SH/T 0138—1994)		9~11	-50 (凝点)	125	适用于各种仪表(包括低温下操作)的润滑

2)润滑脂

润滑脂是在润滑油中添加稠化剂(如钙、钠、铝、锂等金属皂基)后形成的胶状润滑剂,俗称黄油或干油。加入稠化剂的主要作用是减少油的流动性,提高润滑油与摩擦面的附着力。有时,还加入一些添加剂,以增加抗氧化性和油膜厚度。它的种类较多,根据用途可分为减磨润滑脂、防护润滑脂和密封润滑脂。常用的是减磨润滑脂。因为润滑脂稠度大,密封简单,不需经常添加,不易流失,承载能力较强,但它的物理、化学性质不如润滑油稳定,摩擦功耗也大,不能起冷却作用或作循环润滑剂使用。因此,它常用于低速、受冲击或间歇运动的机器中。

润滑脂的主要物理性能指标如下:

(1)滴点

滴点是指润滑脂受热后从标准测量杯的孔口滴下第一滴油时的温度。滴点标志着润滑脂的耐高温能力,润滑脂的工作温度应比滴点低20~30 ℃。润滑脂的号数越小,表明滴点越低。

(2)锥入度

锥入度即润滑脂的稠度。将重1.5 N的标准锥体在25 ℃恒温下,由润滑脂表面自由沉下,经5 s后该锥体可沉入的深度值(以0.1 m为单位)为润滑脂的锥入度。锥入度表明润滑脂内阻力的大小和流动性的强弱。锥入度越小,表明润滑脂越稠,承载能力越强,密封性越好,但摩擦阻力也越大,流动性越差,因而不易填充较小的摩擦间隙。

目前,使用最多的是钙基润滑脂,其耐水性强,但耐热性差,常用于在60 ℃以下工作的各种轴承的润滑,尤其适用于在露天条件下工作的机械轴承的润滑。钠基润滑脂的耐热性好,可用于145 ℃以下工作的情况,但其耐水性差。锂基润滑脂的性能优良,耐水耐热性均好,可在-20~150 ℃广泛适用。

常用的润滑脂的主要性能和用途见表1.5。

表1.5　常用的润滑脂的主要性能和用途

名　称	代　号	滴点 /℃ 不低于	工作锥入度 (25 ℃,150 g) /[$1 \cdot (10mm)^{-1}$]	主要用途
钙基润滑脂 (GB/T 491—2008)	L-XAAMHA1	80	310~340	有耐水性能。用于工作温度低于55~60 ℃的各种工农业、交通运输设备的轴承润滑,特别是水和潮湿处
	L-XAAMHA2	85	265~295	
	L-XAAMHA3	90	220~250	
	L-XAAMHA4	95	175~205	

续表

名　称	代　号	滴点/℃不低于	工作锥入度(25 ℃,150 g)/[1·(10mm)$^{-1}$]	主要用途
钠基润滑脂(GB 492—1989)	L-XACMHG2	160	265～295	不耐水(或潮湿)用于工作温度在－10～110 ℃的一般中负荷机械设备轴承润滑
	L-XACMHG3		220～250	
通用锂基润滑脂(GB/T 7324—2010)	ZL-1	170	310～340	有良好的耐水性和耐热性。适用于温度在－20～120 ℃各种机械的滚动轴承、滑动轴承及其他摩擦部位的润滑
	ZL-2	175	265～295	
	ZL-3	180	220～250	
钙钠基润滑脂(SH/T 0368—1992)	ZGN-2	120	250～290	用于工作温度在80～100 ℃、有水分或较潮湿环境中工作的机械润滑,多用于铁路机车、列车、小电动机、发电机滚动轴承(温度较高者)的润滑。不适于低温工作
	ZGN-3	135	200～240	
石墨钙基润滑脂(SH/T 0369—1992)	ZG-5	80	—	人字齿轮、起重机、挖掘机的底盘齿轮,矿山机械、绞车钢丝绳等高负荷、高压力、低速度的粗糙机械润滑及一般开式齿轮润滑。能耐潮湿
7407号齿轮润滑脂(SH/T 0469—1994)		160	75～90	适用于各种低速,中、重载荷齿轮、链和联轴器等的润滑,使用温度≤120 ℃,可承受冲击载荷
工业凡士林(SH/T 0039—1990)		54	—	适用于金属零件、机器防锈,在机械的温度不高和负荷不大时,可用作减摩润滑脂

3)固体润滑剂

用具有润滑作用的固体粉末取代润滑油或润滑脂来实现摩擦表面的润滑,称为固体润滑。最常见的固体润滑剂有石墨、二流化钼、二流化钨、高分子材料(如聚四氟乙烯、尼龙等)。固体润滑剂具有很好的化学稳定性,耐高温、高压,润滑简单,以及维护方便等特点,适用于速度、温度和载荷非正常的条件下,或不允许有油、脂污染及无法加润滑油的场合。

1.4.2　常用的润滑方式及装置

为了获得良好的润滑效果,保证设备安全正常运行,除应正确地选择润滑剂外,还应选择适当的润滑方式和相应的润滑装置。

1)油润滑润滑方式及装置

润滑油的润滑方法有间歇供油和连续供油两种。间歇供油有手工油壶注油和油杯注油供油。通常每隔适当时间由人工用油壶或油枪向油孔或注油杯(见图1.25)注入润滑油,通过设备上的油沟或油槽使油流至需要润滑的部位。这种操作润滑方式简单,易操作,但供油不均匀、不易控制、不连续,故可靠性不高,这种方法只适用于低速不重要的或间歇工作场合。

对较重要的轴承必须采用连续供油润滑。连续供油方法及装置主要有以下4种:

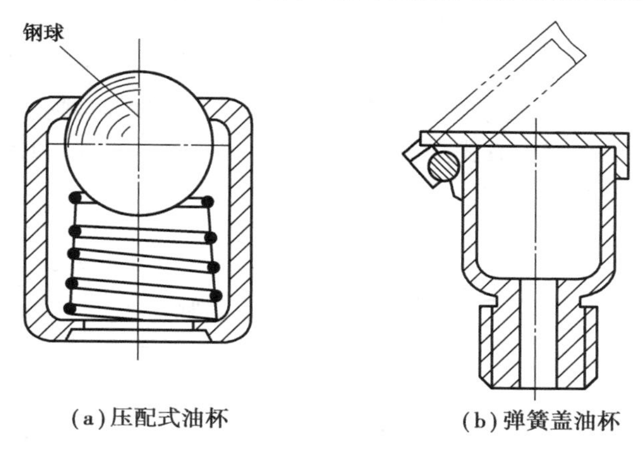

(a)压配式油杯　　(b)弹簧盖油杯

图1.25　油杯

(1)油杯滴油润滑

如图1.26所示为针阀式油杯和芯捻式油杯。芯捻油杯利用毛细管作用将油引到润滑区工作表面上,这种方法不易调节供油量;针阀油杯可调节滴油速度以改变供油量,在设备停止工作时,可通过油杯上部手柄关闭油杯,停止供油,这种润滑方式润滑可靠。

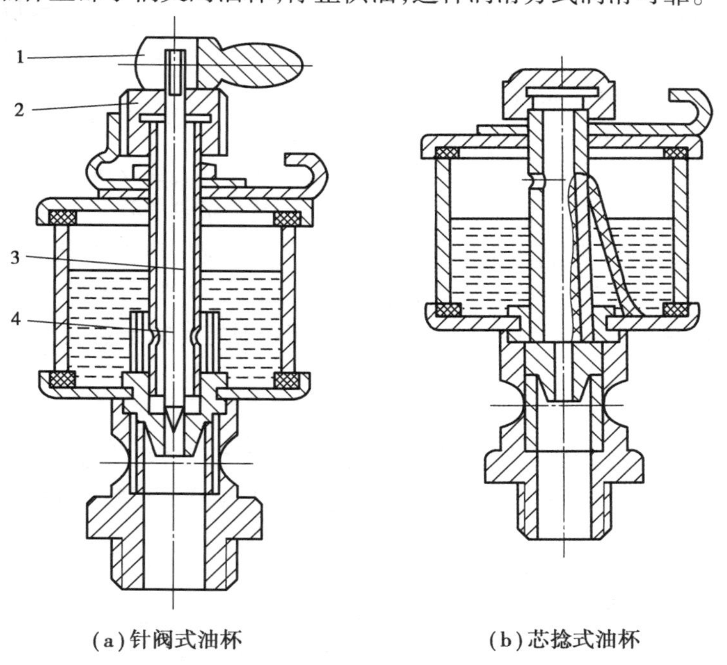

(a)针阀式油杯　　(b)芯捻式油杯

图1.26　油杯

1—手柄;2—调节螺母;3—弹簧;4—针阀

(2)油环润滑

如图 1.27 所示,轴颈上套一油环,当轴颈旋转时,借摩擦力带动油环转动,从而将润滑油甩到轴颈上。这种润滑方式只能用于连续运转并且水平放置、转速较高(60 ~2 000 r/min)的轴的润滑。

(3)浸油润滑和飞溅润滑

如图 1.28 所示,将零件的一部分浸入油中,利用零件的转动,把油带到摩擦部位使零件进行润滑的方式,称为浸油润滑。同时,油被旋转零件带起飞溅到其他部位,使其他零件得到润滑,称为飞溅润滑。这两种润滑方式润滑可靠,连续均匀,但转速较高时功耗大,多用于中速转动的齿轮箱体中齿轮与轴承的润滑。

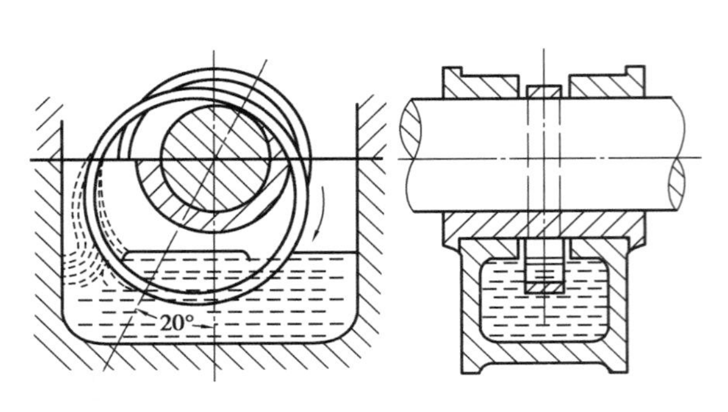

图 1.27　油环润滑

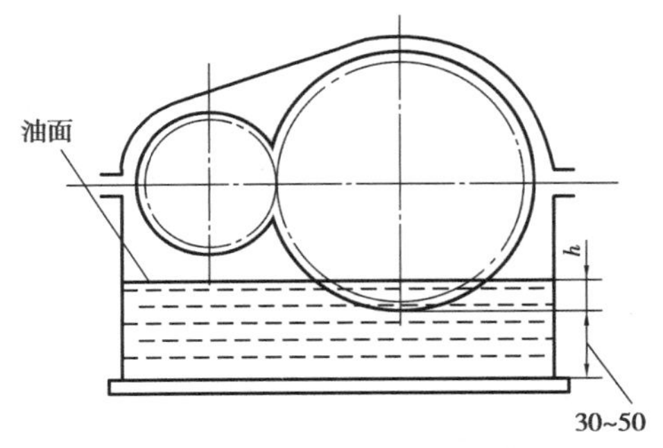

图 1.28　浸油润滑

(4)压力润滑

用外接设备(液压泵、阀和管路等)将润滑油以一定的压力送到摩擦部位润滑的方式,称为压力润滑。这种润滑方式给油量大,控制方便,润滑油可循环使用,润滑可靠,具有较好的冷却作用,适用于重载、高速和精密等要求较高的场合。

2)脂润滑方式及其装置

润滑脂比润滑油稠,不易流失,但冷却作用差,适于低、中速且载荷不太大的场合。润滑脂常用润滑方式有手工加脂、脂杯加脂、脂枪加脂及集中润滑系统供脂等。对开式齿轮传动、轴承、链传动装置,多采用手工将脂压入或填入润滑部位。对旋转部位固定的设备,多在旋转部位的上方采用带阀的压配式注油杯和不带阀的弹簧盖油杯,如图 1.26 所示。对大型设备,润滑点多,多采用集中润滑系统,即用供脂设备把润滑脂定时定量送至各润滑点。

1.4.3　密封装置

在机械设备中,为了阻止润滑剂泄漏,并防止灰尘、水等其他杂质进入润滑部位,必须采用相应的密封装置,以保证持续、清洁的润滑,使机器正常的工作,并减少对环境的污染,提高机器的工作效率,降低生产成本。目前,机器密封性能的优劣已成为衡量设备质量的重要指标之一。

密封装置的类型很多。根据被密封构件的运动形式,可分为静密封和动密封。两个相对静止的构件之间结合面的密封,称为静密封。例如,减速器的上下箱之间的密封、轴承端盖与箱体轴承座之间的密封等。实现静密封的方式很多,最简单是靠结合面加工平整,在一定的压力下贴紧密封;一般情况下,是在结合面之间加垫片或密封圈,还有在结合面之间涂各类密封胶。两个具有相对运功的构件结合面之间的密封,称为动密封。根据其相对运动的形式不同,动密封又可分为旋转密封和移动密封。例如,减速器中外伸轴与轴承盖之间的密封就是旋转密封。旋转密封分为接触式密封和非接触式密封两类。这里只研究旋转轴外伸端的密封方法。常见的密封装置有接触式和非接触式密封两类。

1)接触式密封

在轴承盖内放置软材料(毛毡、橡胶圈或皮碗等),与转动轴直接接触而起密封作用。这种密封多用于转速不高的情况。接触式密封有毡圈密封和唇形密封圈密封两种。

(1)毡圈密封

如图1.29所示,在轴承盖上开出梯形槽,将矩形剖面的细毛毡放置在梯形槽中与轴接触。这种密封结构简单,但摩擦较严重,主要用于密封处圆周速度小于4~5 m/s、工作温度不超过90 ℃的油脂润滑结构。

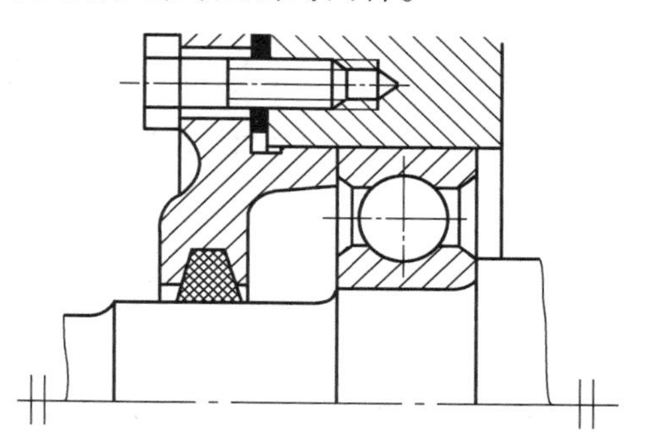

图1.29　毡圈密封

(2)唇形密封圈密封

在轴承盖中放置一个密封皮碗,如图1.30(a)所示。它是用耐油橡胶等材料制成的,并装在一个钢外壳之中(有的没有钢壳)的整体部件,皮碗与轴紧密接触而起密封作用。为增强封油效果,用一个螺旋弹簧压在皮碗的唇部。唇的方向朝向密封部位,主要目的是防止漏油(见图1.30(b));唇朝外,主要目的是防尘(见图1.30(c))。当采用两个皮碗相背防止时,既可防尘,又可起密封作用。这种结构安装方便,使用可靠。这种密封方式既可用于油润滑,也可用于脂润滑,一般适用于轴的圆周速度小于6 m/s、工作温度范围为-40~100 ℃的场合。

2)非接触式密封

非接触式密封方式密封部位转动零件与固定零件之间不直接接触,留有间隙。因此,对轴的转速没有太大的限制,多用于速度较高的场合。

(1)间隙密封(也称油沟式密封)

如图1.31所示,在轴与轴承盖的通孔壁之间留有0.1~0.3 mm的间隙,并在轴承盖上车出沟槽,槽内填满油脂,起密封作用。这种形式结构简单,间隙宽度越长,密封效果越好,轴径圆周速度小于5 m/s,适用于环境较干净的润滑脂。

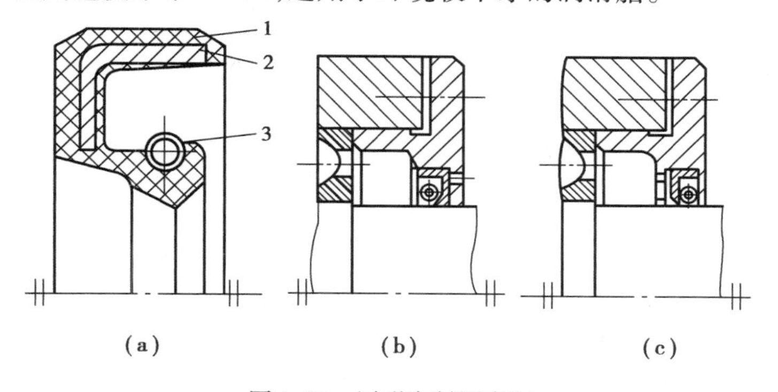

图1.30　唇形密封圈密封
1—耐油橡胶;2—金属骨架;3—弹簧

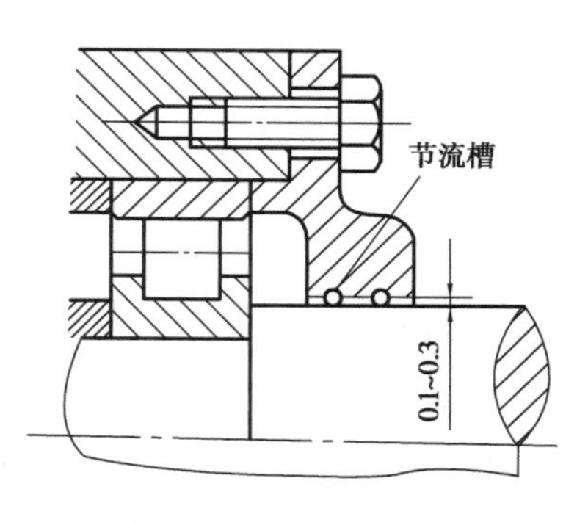

图1.31　间隙密封

(2)迷宫式密封

如图1.32所示,将旋转和固定的密封零件之间的间隙制成迷宫形式。它可分轴向迷宫、径向迷宫和组合迷宫等。缝隙间填满润滑脂以加强密封效果。这种方式对润滑脂和润滑油都很有效,迷宫式密封结构简单,使用寿命长,但加工精度要求高,装配较难。一般环境较脏时,可采用这种形式。它多用于一般密封不能胜任要求较高的场合,轴径圆周速度可达30 m/s。

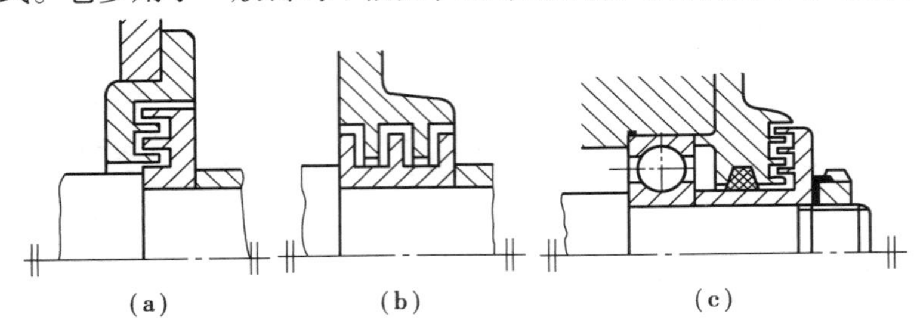

图1.32 迷宫式密封

(3)油环或油环与油沟组合密封

在轴承座孔内的轴承内侧与工作零件之间安装一挡油环,挡油环随轴一起转动,利用其离心作用,将箱体内下溅的油及杂质甩走,阻止油进入轴承部位。它多用于轴承部位使用脂润滑的场合,如图1.33所示。在油沟密封区内的轴上安装一个甩油环,当向外流失的润滑油落在甩油环上时,因离心力的作用而甩落,然后通过导油槽流回油箱。这种组合密封形式在高速时密封效果好,如图1.34所示。

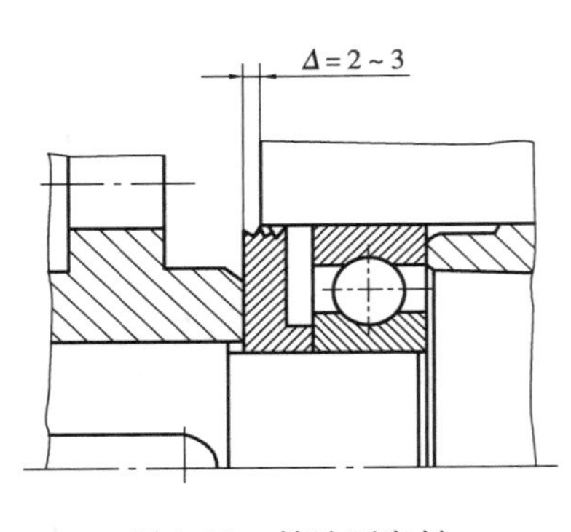

图1.33 挡油环密封

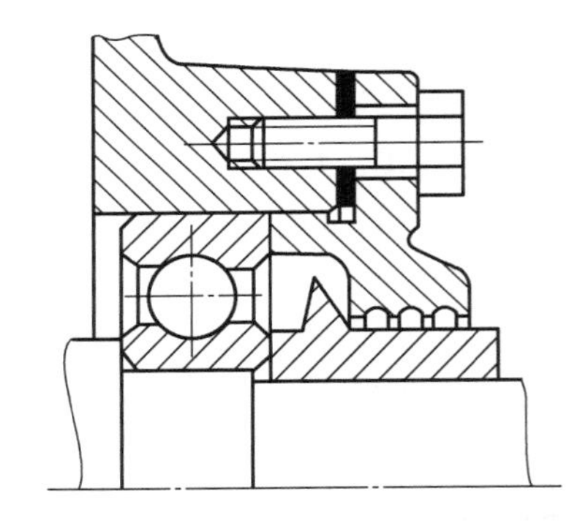

图1.34 油环与油沟组合密封

自测题

一、判断题

1. 润滑油选择的原则是载荷较大或变载、冲击的场合、加工粗糙或未经跑和的表面,选黏度较低的润滑油。 ( )

2. 润滑脂的滴点标志着润滑脂本身耐高温的能力。 ( )

3. 低速、轻载和间歇贵族的场合应选用净油润滑方式。 ( )

4. 毡圈密封形式因其结构简单、安装方便,故在一般机械中应用较广。 ( )

二、选择题

1. 工作温度为 −20 ~ 120 ℃的重型机械设备的齿轮和轴承应采用何种润滑脂润滑?

(　　)

A. 钠基润滑脂　　B. 极压锂基润滑脂　　C. 钙基润滑脂

2. 重载、高速、精密程度要求高的机械设备应采用何种润滑方式?(　　)

A. 油杯润滑　　B. 飞溅润滑　　C. 压力润滑

3. 低速、轻载和间歇工作的场合工作的零件应采用何种润滑方式?(　　)

A. 手工加工润滑　　B. 飞溅润滑　　C. 压力润滑

4. 要求密封处的密封元件既适用于油润滑,也可用于脂润滑,应采用何种密封方式?(　　)

A. 毡圈密封　　B. 唇形密封圈密封　　C. 挡油环密封

项目小结

机器是人类智慧的结晶,它能帮助人类实现预定的功能。机器的各组成部分之间具有确定的相对运动,这种确定的相对运动是由运动副实现的。构件之间既相互接触又相对运动的联接,称为运动副。构件间既相互接触又相对运动的结果必然形成摩擦,进而造成磨损。磨损是机器损坏的主要表现形式,但可通过有效的润滑加以改善。对不同的运动副,所选用的润滑剂的种类和所采用的润滑方法是不同的。为了保证润滑的效果,延长润滑的时间,一般都要采用适当的方式密封。密封有动密封和静密封的区别。随着液压气动技术的发展,对密封的要求也越来越高。本项目主要讨论了与机器有关的一些基本概念。

项目 2

常用机构

【项目描述】

常见的机构虽然大小、样式千差万别，但其构件组成与运动轨迹之间有很多相似之处。同一种机构，它们的运动特征是相同的。在工程应用中，常见的机构有铰链四杆机构、凸轮机构和间歇运动机构等。熟悉它们的结构与特性，可给分析、设计、安装与维护机器带来极大的便利。

【学习目标】

1. 掌握铰链四杆机构的基本组成。
2. 能够判断铰链四杆机构的基本类型。
3. 掌握铰链四杆机构的基本特征。
4. 熟悉凸轮机构的基本结构和分类。
5. 了解间歇机构的结构及工作特征。

【能力目标】

1. 能辨别各种机构。
2. 会分析各种机构。
3. 能运用机构的特征解决日常生活中的难题。

【情感目标】

1. 懂得各种事物的运行都有其内在的规律性，只有研究和掌握事物的内在规律，才能正确地认识事物，并进行改造和创新。

2. 从不同的角度去观察和思索问题，常常会有意想不到的收获，如“死点”是有害的，但可加以利用。

任务2.1　平面连杆机构

活动情境

观察缝纫机踏板机构的工作过程。

任务要求

绘制缝纫机踏板机构的运动简图,分析其组成及运动特点。

任务引领

通过观察与操作回答以下问题:
1. 缝纫机踏板机构主要由哪几个构件组成?各构件之间通过什么方式相互联接?
2. 缝纫机踏板机构的各构件都呈现出怎样的运动规律?
3. 缝纫机踏板机构为什么有时踩不动?
4. 你还在什么场合见过类似的结构?

归纳总结

观察发现,缝纫机踏板机构主要由4个构件通过销轴联接而成。如图2.1所示,一个固定不动的并对其他构件起支承作用的构件4,称为机架;两个绕机架转动或摆动的构件1,3,称为连架杆;还有一个与机架相对应,对两个连架杆起联接作用的可动构件2,称为连杆。在缝纫机的两个连架杆中,一个可绕机架作整周连续转动的构件,称为曲柄;另一个仅能作往复摆动(脚踏板)的构件,称为摇杆。

2.1.1　铰链四杆机构的类型及应用

1)铰链四杆机构的基本形式

4个构件都用转动副(铰链)联接的四杆机构,称为铰链四杆机构,如图2.2所示。铰链四杆机构按两连架杆的运动形式,可分为3种基本形式:曲柄摇杆机构、双曲柄机构和双摇杆机构。

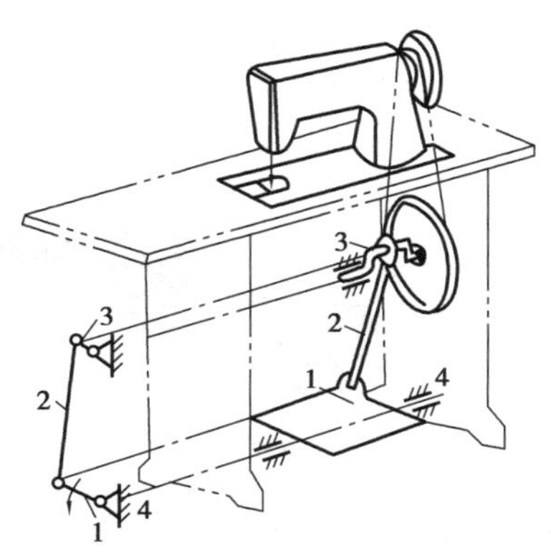

图2.1　缝纫机

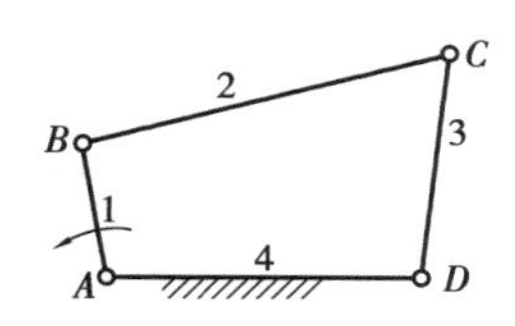

图2.2　铰链四杆机构

(1)曲柄摇杆机构

铰链四杆机构的两连架杆中,如果一个是曲柄,另一个是摇杆,则称曲柄摇杆机构,如图 2.3 所示。曲柄摇杆机构的运动特点是:改变传动形式,可将曲柄的回转运动转变为摇杆的摆动(见图 2.4 中的雷达天线),或将摇杆的摆动转变为曲柄的回转运动(见图 2.1 中的缝纫机踏板机构),或实现所需的运动轨迹(见图 2.5 中的搅拌器)。

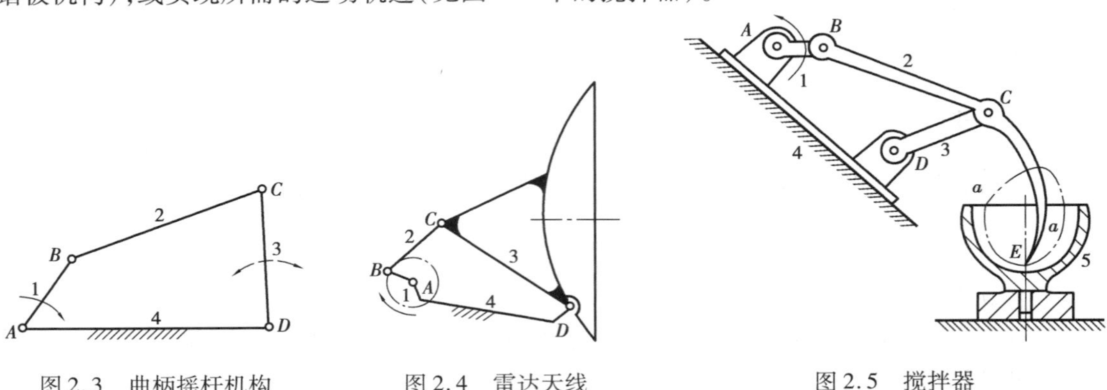

图 2.3　曲柄摇杆机构　　图 2.4　雷达天线　　图 2.5　搅拌器

(2)双曲柄机构

铰链四杆机构的两个连架杆均为曲柄时,称为双曲柄机构,如图 2.6 所示。双曲柄机构的运动特点是:当主动曲柄作匀速转动时,从动曲柄作周期性的变速转动,以满足机器的工作要求。如图 2.7 所示的惯性筛,就是利用了双曲柄机构 *ABCD* 的这个特点。

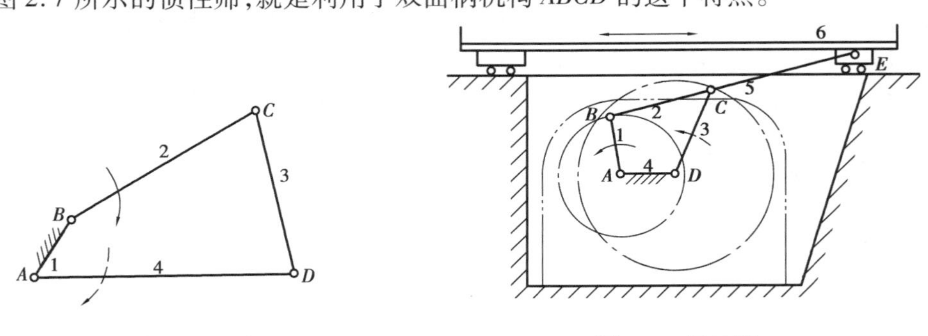

图 2.6　双曲柄机构　　图 2.7　惯性筛

双曲柄机构中,当两曲柄长度相等,连杆与机架的长度也相等时,称为平行双曲柄机构或平行四边形机构。其中,若两个曲柄长度相等且转向相同,称为正平行四边形机构。如图 2.8 所示的机车车轮联动机构,就是正平行四边形机构的具体应用。它能保证被联动的各轮与主动轮作相同的运动。

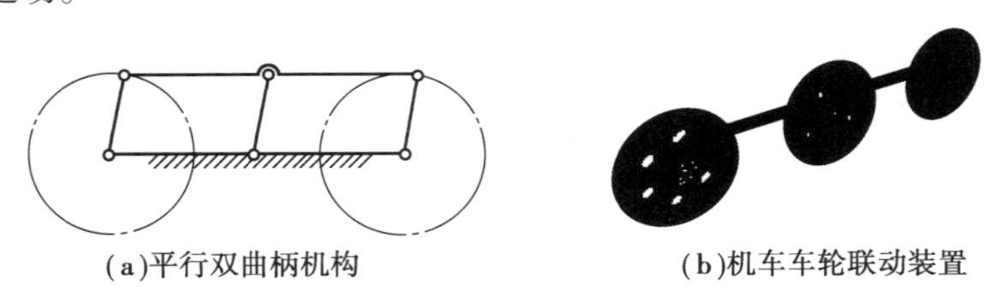

(a)平行双曲柄机构　　(b)机车车轮联动装置

图 2.8　机车车轮联动机构

此外,还有反平行四边形机构,如公共汽车车门启闭机构,如图 2.9 所示。

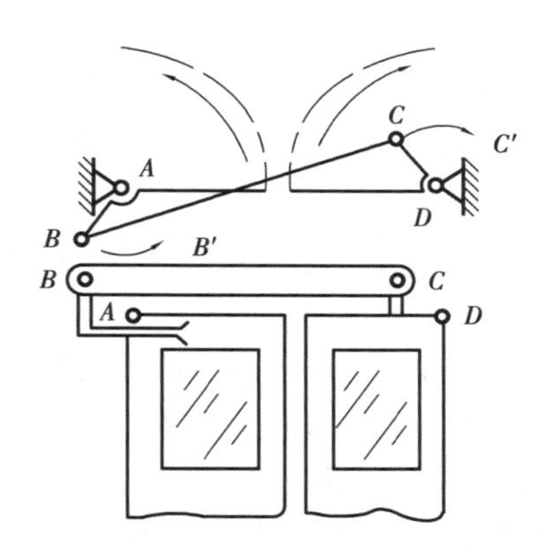

图 2.9　公共汽车车门启闭机构

(3)双摇杆机构

铰链四杆机构的两个连架杆均为摇杆时,称为双摇杆机构,如图 2.10 所示。如图 2.11 所示的港口起重机,如图 2.12 所示的飞机起落架,如图 2.13 所示的可逆式座椅,以及电风扇摇头机构等都是双摇杆机构的应用实例。

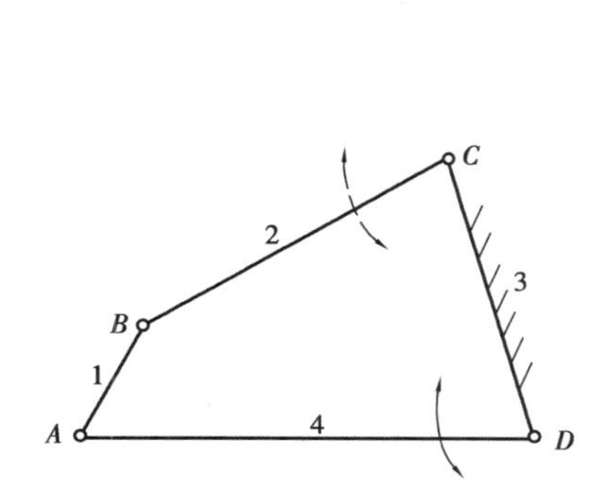

图 2.10　双摇杆机构

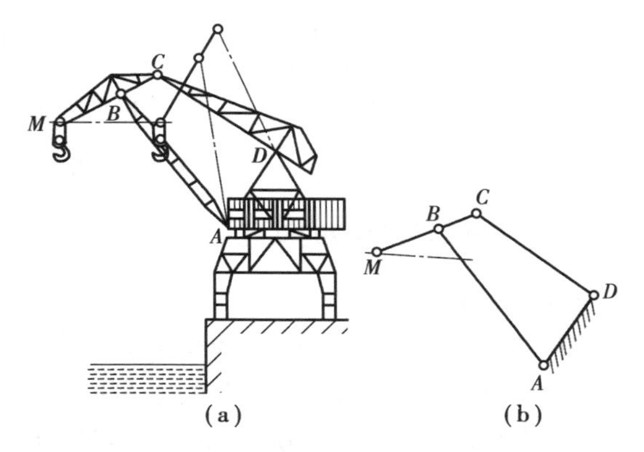

图 2.11　港口起重机

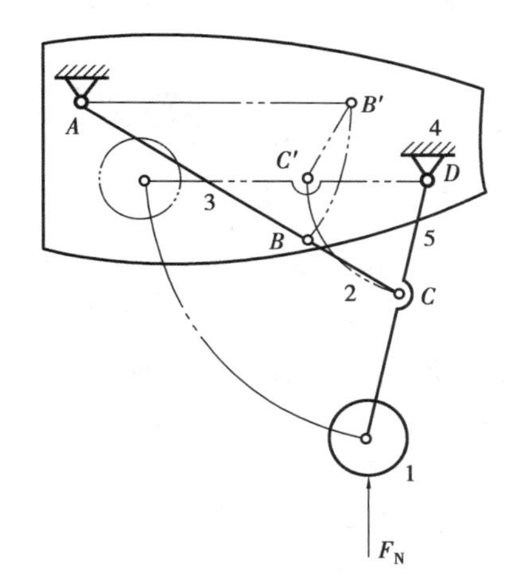

图 2.12　飞机起落架

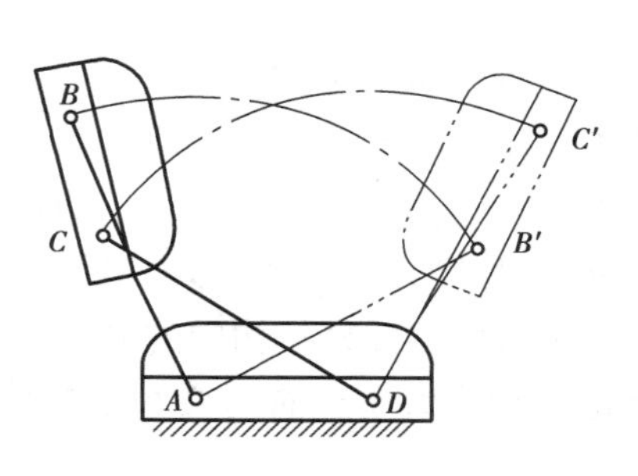

图 2.13　可逆式座椅

2)铰链四杆机构类型的判别

由上述可知,铰链四杆机构3种基本形式的主要区别就在于连架杆是否为曲柄。而机构是否有曲柄存在,又与构件的尺寸相关,取决于机构中各构件的相对长度以及最短构件所处的位置。其判别方法如下:

①当铰链四杆机构中最长构件的长度 L_{max} 与最短构件的长度 L_{min} 之和小于或等于其他两构件长度 L',L'' 之和(即 $L_{max}+L_{min}\leqslant L'+L''$)时:

a.若最短构件为连架杆,则该机构一定是曲柄摇杆机构(见图2.14(a))。

b.若最短构件为机架,则该机构一定是双曲柄机构(见图2.14(b))。

c.若最短构件为连杆,则该机构一定是双摇杆机构(见图2.14(c))。

②当铰链四杆机构中最短构件的长度 L_{min} 与最长构件的长度 L_{max} 之和大于其他两构件长度 L',L'' 之和(即 $L_{max}+L_{min}>L'+L''$)时,则不论取哪个构件为机架,都无曲柄存在,机构只能是双摇杆机构。

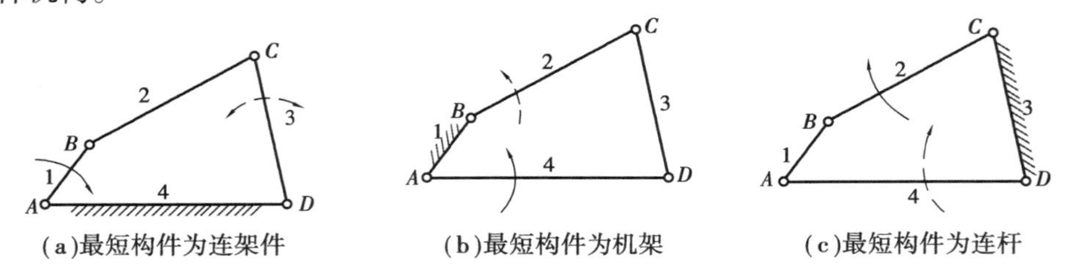

(a)最短构件为连架件　(b)最短构件为机架　(c)最短构件为连杆

图2.14　铰链四杆机构类型的判别

2.1.2　铰链四杆机构的演化

1)曲柄滑块机构

若将图2.3曲柄摇杆机构中的摇杆 CD 变成滑块,并将导路变为直线,则成为如图2.15所示的曲柄滑块机构。当滑块3的移动导路中线通过曲柄1转动中心时,称为对心式曲柄滑块机构,如图2.15所示;当滑块3的移动导路中线与曲柄1转动中心有一定距离 e 时,称为偏置式曲柄滑块机构,如图2.16所示,e 为其偏心距。曲柄滑块机构在自动送料机构、冲孔钳和内燃机等机构中得到了广泛的应用。

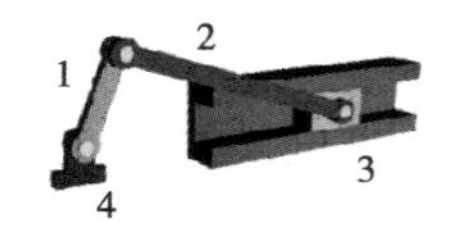

图2.15　对心式曲柄滑块机构

1—曲柄;2—连杆;3—滑块;4—机架

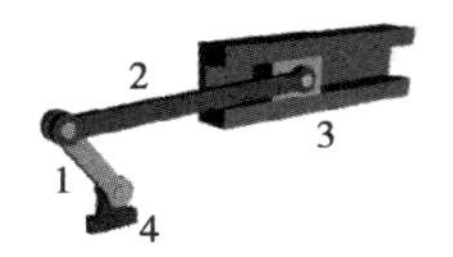

图2.16　偏置式曲柄滑块机构

1—曲柄;2—连杆;3—滑块;4—机架

如图2.17所示为自动送料机构。当曲柄 AB 转动时,通过连杆 BC 使滑块作往复移动。曲柄每转一周,滑块则往复一次,即推出一个工件,实现自动送料。

当曲柄滑块或曲柄摇杆机构中的曲柄较短时,往往由于结构、工艺和强度方面的需要,须将转动副 B 的半径增大超过曲柄长 l,使曲柄成为绕 A 点转动的偏心轮,即偏心轮机构,如图2.18所示。

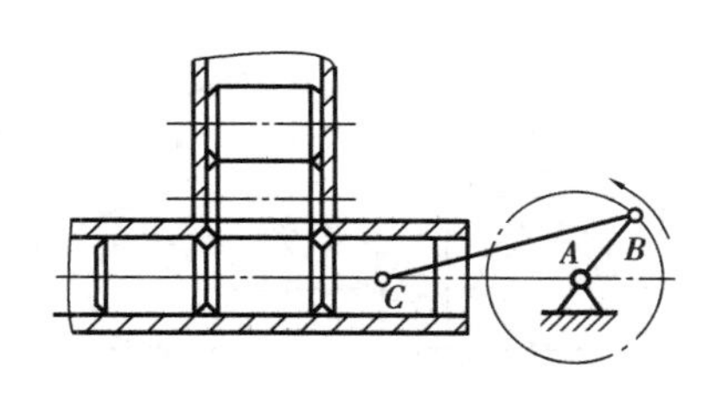

图2.17　自动送料机构

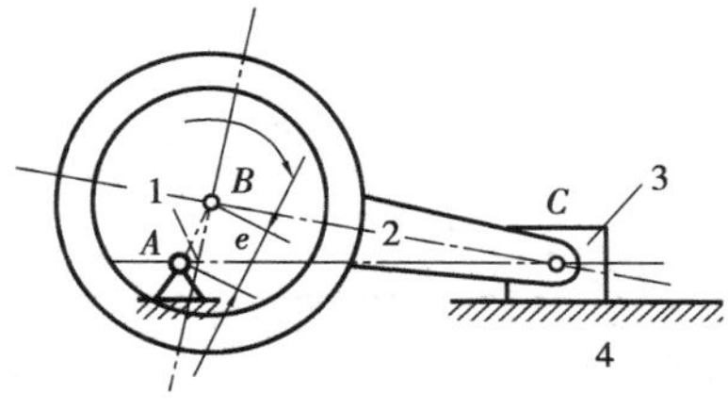

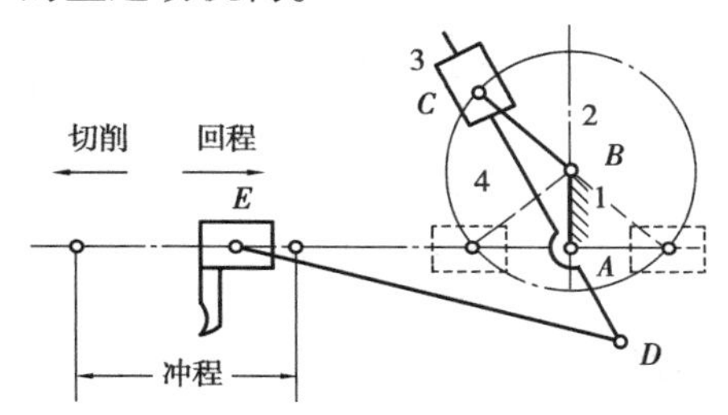

图2.18　偏心轮机构

1—偏心轮;2—连杆;3—滑块;4—机架

2)导杆机构

如图2.19所示,曲柄滑块机构如取构件2为机架,构件3为主动件,则当构件3作圆周转动时,导杆1也作整周回转(其条件为 $l_2 < l_3$),此机构称为转动导杆机构。例如,简易刨床的主运动机构(见图2.20)。

如图2.21所示,当 $l_2 > l_3$ 时,仍以构件3为主动件转动时,导杆1只能作往复摆动,故称摆动导杆机构。如图2.22所示为牛头刨床中的主运动机构。

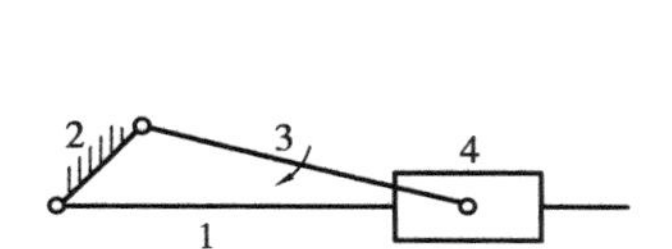

图2.19　曲柄转动导杆机构

图2.20　简易刨床的主运动机构

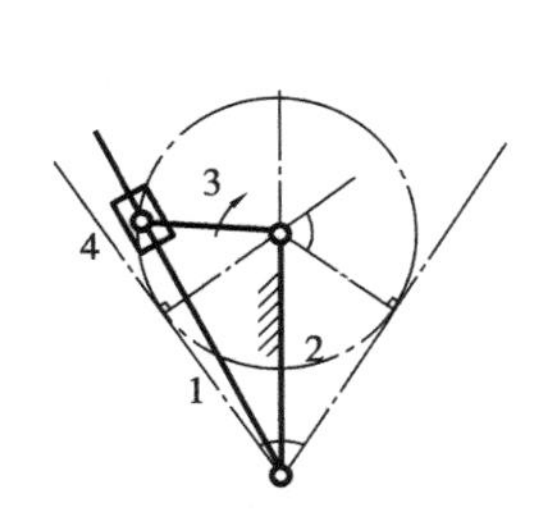

图2.21　曲柄摆动导杆机构

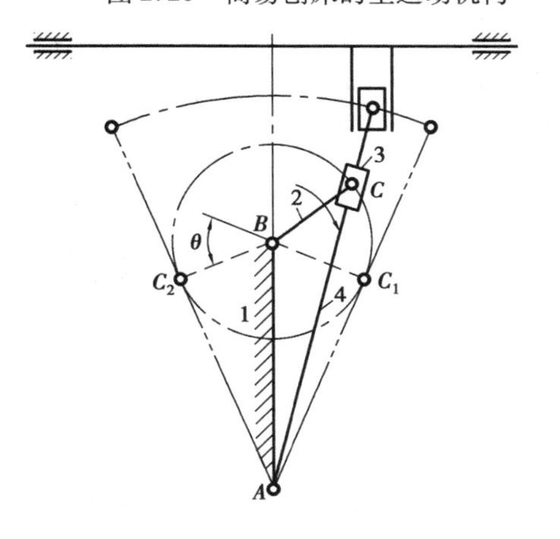

图2.22　牛头刨床的主运动机构

3)摇块机构

曲柄滑块机构中,如取构件2为机架,构件1作整周运动,则滑块3成了绕机架上 C 点作往复摆动的摇块(见图2.23),故称摇块机构。这种机构常用于摆动液压泵和液压驱动装置中。自卸汽车的翻斗机构(见图2.24),也是摇块机构的实际应用。

4)定块机构

曲柄滑块机构中,如取滑块为机架,即定块机构(见图2.25)。手动压水机(见图2.26)是定块机构的实际应用。

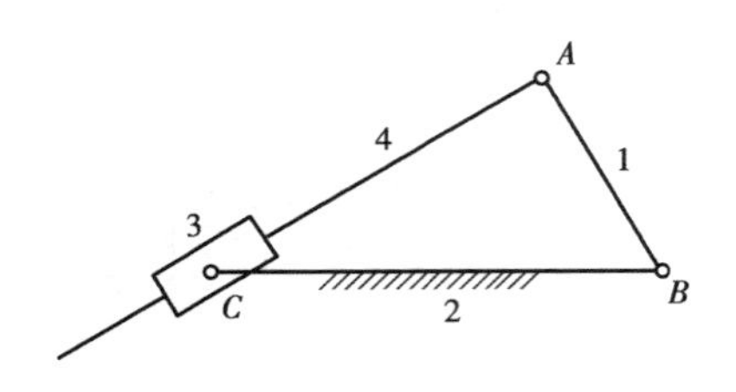

图 2.23　摇块机构

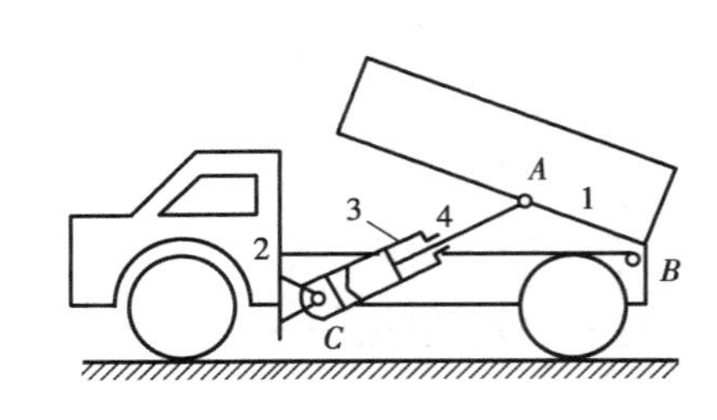

图 2.24　自卸汽车的翻斗机构

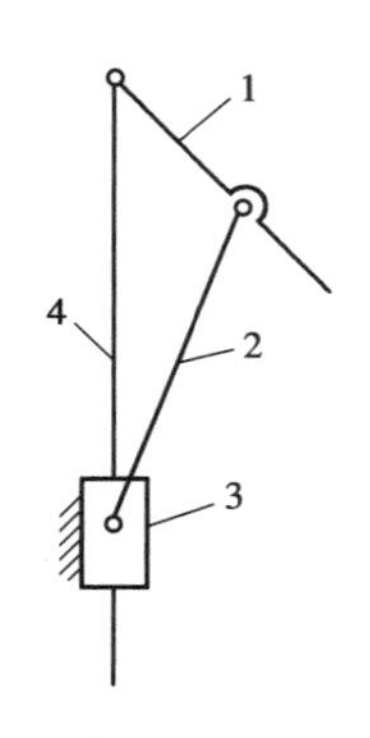

图 2.25　定块机构

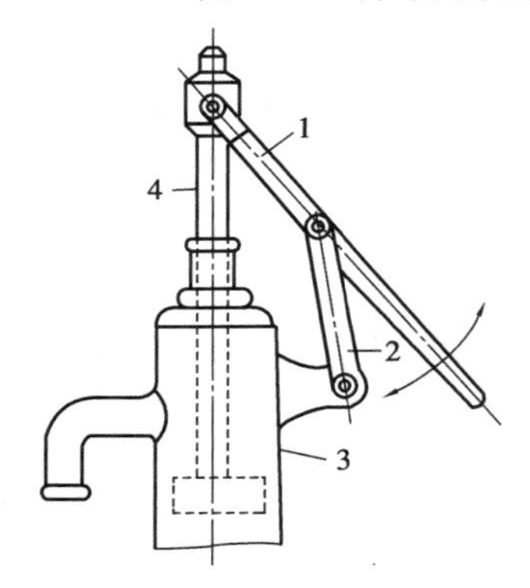

图 2.26　手动压水机

2.1.3　铰链四杆机构的运动特性

1）急回特性

如图 2.27 所示的曲柄摇杆机构，在主动件曲柄 AB 回转一周的过程中，有两次与连杆 BC 共线（为 AB_1C_1 和 AB_2C_2），此时摇杆 CD 正处于 C_1D_1，C_2D_2 两个极限位置。

摇杆两极限位置之间的夹角 φ，称为摆角。

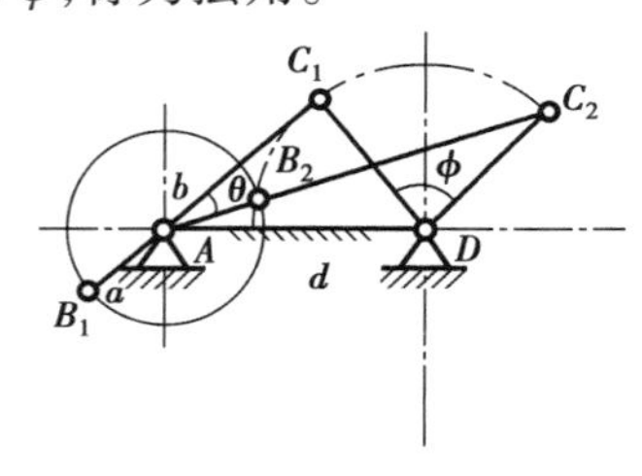

图 2.27　急回特性和行程速比系数

从动件摇杆处于两极限位置时，主动件曲柄对应的两位置所夹的锐角 θ，称为极位夹角。

当曲柄 AB 以匀角速顺时针转动，由 AB_1 转到 AB_2，转角 $\varphi_1 = 180° + \theta$，摇杆由 C_1D 摆到 C_2D，C 点走过弧长 $\overset{\frown}{C_1C_2}$，设所用时间为 t_1。

曲柄继续由 AB_2 转到 AB_1，转过角 $\varphi_2 = 180° - \theta$，摇杆由 C_2D 摆回到 C_1D，C 点走过弧长 $\overset{\frown}{C_2C_1}$，设所用时间为 t_2。

则 C 点的平均速度如下：

去程

$$v_1 = \frac{\overset{\frown}{C_1C_2}}{t_1}$$

回程

$$v_2 = \frac{\overset{\frown}{C_2C_1}}{t_2}$$

因为 θ 为不等于0的锐角,则

$$180° + \theta > 180° - \theta$$

又因为

$$\overset{\frown}{C_1C_2} = \overset{\frown}{C_2C_1}$$

所以

$$v_1 < v_2$$

即主动件曲柄匀速转动,从动件摇杆去程速度慢,而回程速度快,这种现象称为急回特性。

由上述分析可知,曲柄摇杆机构之所以有急回特性,是因为极位夹角 θ 为不等于0的锐角。如果 $\theta = 0$,则 $\varphi_1 = \varphi_2$,$v_1 = v_2$,即无急回特性。

工程中,常用从动件往返时间的比值来表示机构急回特性的大小,即

$$K = \frac{v_2}{v_1} = \frac{\varphi_1}{\varphi_2} = \frac{180° + \theta}{180° - \theta} \tag{2.1}$$

式中　K——行程速比系数。

式(2.1)表明,机构有无急回特性,取决于机构的极位夹角 θ 是否为零。当 $\theta > 0$ 时,$K > 1$,则机构有急回特性;θ 越大,K 也越大,急回特性越显著。

当需要设计有急回特性的机构时,通常先选定 K 值,然后根据 K 求出 θ 角。其计算公式为

$$\theta = 180° \cdot \frac{K-1}{K+1} \tag{2.2}$$

然后,根据 θ 值来确定各构件的尺寸。

除曲柄摇杆机构外,摆动导杆机构、偏置式曲柄滑块机构等也具有急回特性。

在往复工作的机械(如插床、插齿机、刨床等)中,常利用机构的急回特性来缩短空行程的时间,以提高劳动生产率。

2)压力角和传动角

在如图2.28所示的曲柄摇杆机构中,设曲柄 AB 为主动件,如不计各杆质量和运动副中的摩擦,则连杆 BC 为二力杆,它作用于摇杆 CD 上的力 F 是沿 BC 方向的。作用在从动件(摇杆 CD)上的驱动力 F 与该力作用点的绝对速度 v_c 之间所夹锐角,称为压力角,以 α 表示。由图2.28可知,力 F 在 v_c 方向的有效分力 $F_t = F\cos\alpha$。压力角越小,有效分力就越大。压力角可作为判断机构传力性能的标志。在连杆机构设计中,为了度量方便,常用压力角 α 的余角 γ 来判断传力性能,γ 称为传动角。因 $\gamma = 90° - \alpha$,故压力角 α 越小,γ 越大,机构传力性能越好;反之,压力

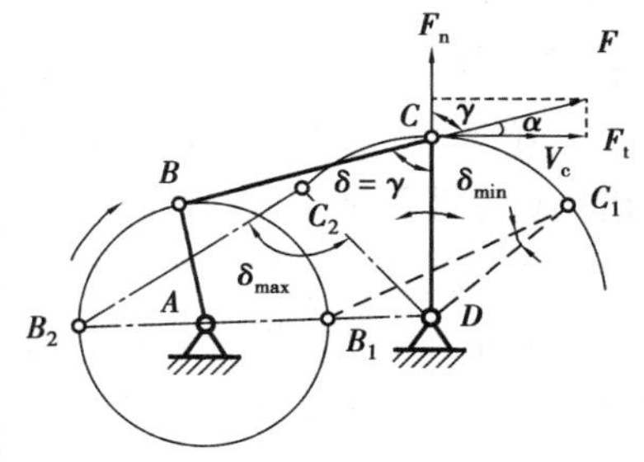

图2.28　压力角和传动角分析

角 α 越大，γ 越小，机构传力性能越差。压力角（或传动角）的大小反映了机构对驱动力的有效利用程度。

在机构运动过程中，传动角 γ 是变化的。为了保证机构有良好的传力性能，设计时，要求 $\gamma_{min} \geq [\gamma]$，$[\gamma]$ 为许用传动角。对一般机械来说，$[\gamma]=40°$；传递功率较大时，$[\gamma]=50°$。

最小传动角的位置：铰链四杆机构在曲柄 AB 与机架 AD 共线的两位置，出现最小传动角。对曲柄滑块机构，当主动件为曲柄时，最小传动角出现在曲柄与机架垂直的位置。对摆动导杆机构，由于在任何位置时主动曲柄通过滑块传给从动杆的力的方向与从动杆上受力点的速度方向始终一致，因此，传动角等于 90°。

3）死点位置

如图 2.1 所示缝纫机踏板机构（曲柄摇杆机构）在工作时，是以摇杆（脚踏板）为主动件，曲柄为从动件。当曲柄 AB 与连杆 BC 共线时，连杆作用于曲柄上的力 F 正好通过曲柄的回转中心 A（此时，压力角 $\alpha=90°$，$\gamma=0°$），该力对 A 点不产生力矩，因而曲柄不能转动，机构所处的这种位置，称为死点位置（见图 2.29）。

显然，只要从动件与连杆存在共线位置时，该机构就存在死点位置。因此，以滑块为主动件的曲柄滑块机构，以导杆为主动件的摆动导杆机构，以及平行双曲柄机构等都存在死点位置。

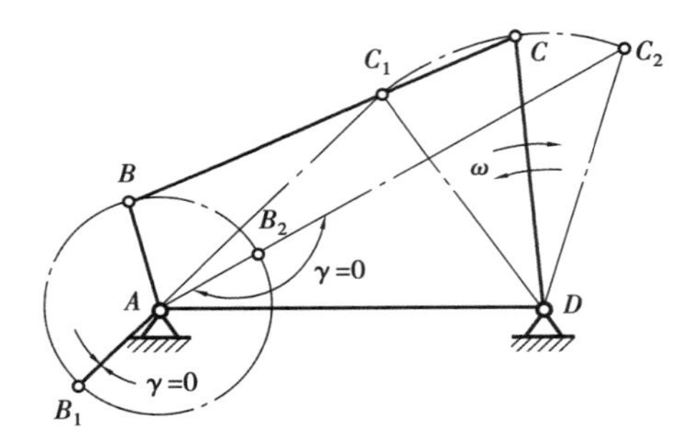

图 2.29　死点位置分析

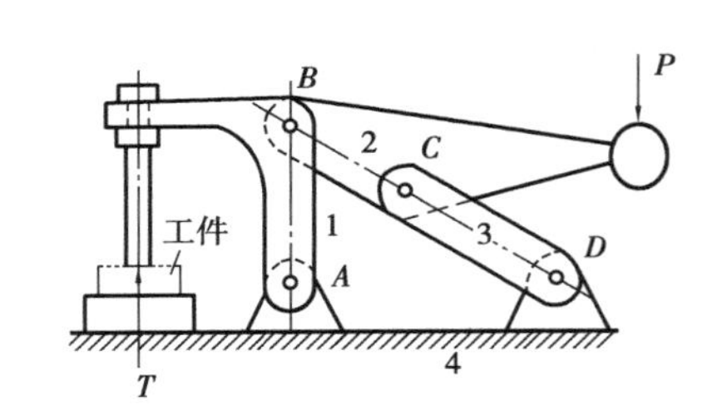

图 2.30　铣床快动夹紧机构

对机械的运动，死点位置会使从动件处于静止或运动方向不定的状态，因此需设法加以克服，工程上常借助安装在曲柄上的飞轮的惯性，将机构带过死点位置（如缝纫机曲轴上的大轮，就兼有飞轮的作用）；也可采用相同机构错位排列的方法来渡过死点位置。还有机车两边的车轮联动机构，就是利用错位排列的方法，使两边机构的死点位置互相错开，即利用位置差来顺利通过各自机构的死点位置。

除此之外，工程中也常利用机构的死点位置来实现一定的工作要求。例如，铣床快动夹紧机构（见图 2.30），当工件被夹紧后，无论反力 F_N 有多大，因夹具 BCD 成一直线，机构（夹具）处于死点位置，不会使夹具自动松脱，从而保证了夹紧工件的牢固性；又如，如图 2.12 所示的飞机起落架机构，当飞机着陆时，虽然机轮受很大的反作用力，但因杆 3 与杆 2 共线，机构处于死点位置，机轮也不会折回，从而提高了机轮起落架工作的可靠性。

拓展延伸

铰链四杆机构的设计

平面连杆机构设计的主要任务是：根据机构的工作要求和设计条件，选定机构形式，并确定各构件的尺寸参数。

四杆机构的设计方法有图解法、实验法和解释法3种。图解法直观,实验法简便,但精度较低,可满足一般设计要求。解析法精确度高,适用于计算机计算。设计时,有按给定从动件的位置设计四杆机构,有按给定的运动轨迹设计四杆机构。下面只讨论用图解法按给定的行程速比系数 K 设计四杆机构。

设计具有急回特性的四杆机构,一般是根据实际运动要求选定行程速比系数 K 的数值,然后根据机构极位夹角 θ 的几何特点,结合其他辅助条件进行设计。具有急回特性的四杆机构有曲柄摇杆机构、偏置式曲柄滑块机构和摆动导杆机构等。

1)按给定行程速比系数设计曲柄摇杆机构(见图2.31)

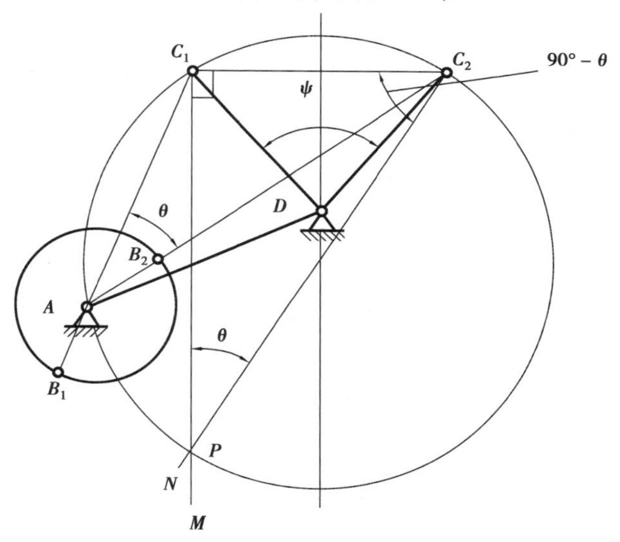

图2.31 按行程速比系数 K 设计曲柄摇杆机构

已知条件:行程速比系数 K、摇杆长度 l_{CD}、最大摆角 ψ。

设计步骤:

①求极位夹角:$\theta = \frac{K-1}{K+1} \cdot 180°$。

②任取固定铰链中心 D 的位置,选取适当的长度比例尺 μ_l,根据已知摇杆长度 l_{CD} 和摆角 ψ,作出摇杆的两个极限位置 C_1D 和 C_2D。

③连接 C_1,C_2 两点,做 $C_1M \perp C_1C_2$,$\angle C_1C_2N = 90° - \theta$,直线 C_1M 与 C_2N 交于 P 点,$\angle C_1PC_2 = \theta$。

④以 PC_2 为直径作辅助圆。在该圆周上任取一点 A,连接 AC_1,AC_2,则 $\angle C_1AC_2 = \theta$。

⑤量出 AC_2,AC_1 的长度。由此可求得曲柄和连杆的图示长度为

$$AB = \frac{AC_2 - AC_1}{2} \tag{2.3}$$

$$BC = \frac{AC_2 + AC_1}{2} \tag{2.4}$$

量出机架 AD 图示长度。

⑥计算曲柄、连杆和机架的实际长度为

$$l_{AB}=\mu_1 AB$$
$$l_{BC}=\mu_1 BC$$
$$l_{AD}=\mu_1 AD$$

注意,由于 A 为辅助圆上任选的一点,因此,有无穷多的解。当给定一些其他辅助条件,如机架长度、最小传动角等,则有唯一解。

2)按给定行程速比系数 K 值设计偏置式曲柄滑块机构(见图 2.32)

已知条件:行程速比系数 K、冲程 H、偏心距 e。

设计步骤:

①求极位夹角:$\theta=\dfrac{K-1}{K+1}\cdot 180°$。

②作一直线 $C_1C_2=H$,作 $C_1M\perp C_1C_2$,$\angle C_1C_2N=90°-\theta$,直线 C_1M 与 C_2N 交于 P 点,$\angle C_1PC_2=\theta$。

③以 PC_2 为直径作辅助圆。

④作一直线与 C_1C_2 平行,使其间距等于给定偏心距 e,交圆弧于 A,即为所求。

⑤连接 AC_1,AC_2,并量其长度。根据式(2.3),由此可求得曲柄和连杆的长度。

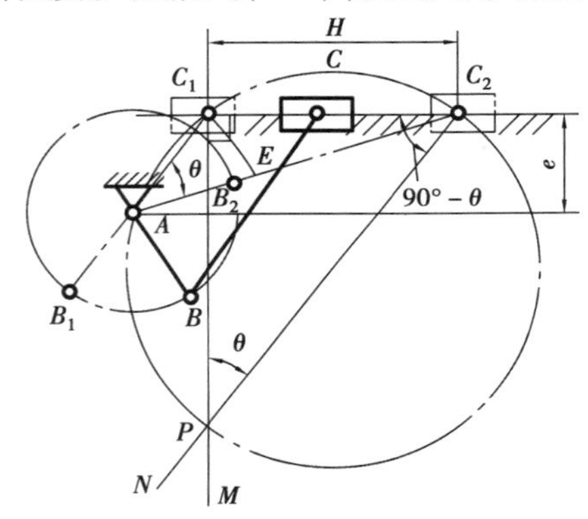

2.32　按行程速比系数设计偏置式曲柄滑块机构

自测题

一、填空题

1. 四杆机构中,压力角越________,机构的传力性能越________。

2. 在平面四杆机构中,从动件的行程速比系数的表达式为________________。

3. 铰链四杆机构中曲柄存在的条件是________________、________________。

4. 铰链四杆机构的 3 种基本类型是________、________和________。

5. 机构的压力角是指从动件上________和该点________之间所夹的锐角。

6. 在曲柄滑块机构中,当________为主动件时,该机构具有死点位置。

二、选择题

1. 有急回特性的平面四杆机构,其极位夹角(　　)。

A. $\theta=0°$　　　B. $\theta<0°$　　　C. $\theta>0°$

2. 曲柄滑块机构可把曲柄的连续转动转化成滑块的(　　)。

A. 摆动　　　B. 转动　　　C. 移动

3. 曲柄摇杆机构中，行程速比系数 $K=1.25$，则其极位夹角 θ 为(　　)。

A. 20°　　B. 30°　　C. 40°

4. 当曲柄为主动件时，下述哪些机构没有急回特性？(　　)

A. 曲柄摇杆机构　　B. 对心曲柄滑块机构　　C. 摆动导杆机构

5. 机构具有急回运动，其行程速比系数(　　)。

A. $K=1$　　B. $K<1$　　C. $K>1$

6. 为使机构能顺利通过死点，常采用高速轴上安装什么轮来增大惯性？(　　)

A. 齿轮　　B. 飞轮　　C. 凸轮

7. 铰链四杆机构中与机架相连，并能实现360°旋转的构件是(　　)。

A. 曲柄　　B. 连杆　　C. 摇杆

三、判断题

1. 四杆机构有无死点位置，与何构件为主动件无关。　(　　)
2. 根据铰链四杆机构各杆的长度，即可判断其类型。　(　　)
3. 曲柄为主动件的摆动导杆机构，一定具有急回作用。　(　　)
4. 四杆机构的死点位置即为该机构最小传动角的位置。　(　　)
5. 摆动导杆机构的压力角始终为0°。　(　　)
6. 极位夹角就是从动件在两个极限位置时的夹角。　(　　)

四、分析题

如图2.33所示的铰链四杆机构，已知各杆长度为：$l_{AB}=20$ mm，$l_{BC}=80$ mm，$l_{CD}=40$ mm，$l_{AD}=70$ mm，杆1为主动件。要求：

(1)判断该机构类型。

(2)判断该机构有无急回特性。

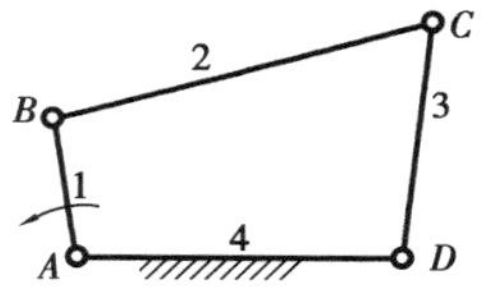

图2.33　铰链四杆机构

任务2.2　凸轮机构

活动情境

观察内燃机配气机构。

任务要求

分析内燃机的气门结构及工作原理。

任务引领

通过观察与操作回答以下问题：

1. 气门的开启是怎样实现的？气门由哪几个构件组成？
2. 气门启闭的过程有什么要求？凸轮机构是如何实现这些要求的？
3. 气门顶杆是如何运动的？气门顶杆与凸轮是以什么方式接触的？
4. 凸轮是什么形状的？

5. 在家中,你见过什么样的凸轮机构? 请举例说明。

归纳总结

观察发现,内燃机气门的启闭是由一个圆盘形凸轮来控制的。其启闭过程刚好与内燃机的活塞运动相配合。它主要由凸轮、从动件和机架3个构件组成。凸轮机构能实现复杂的运动要求,广泛用于各种自动化机器和自动控制中。

2.2.1 凸轮机构的应用及特点

凸轮机构是由凸轮、从动件和机架3个基本构件所组成的一种高副机构。凸轮机构是将凸轮的转动(或移动)变换成从动件的移动或摆动,并在其运动转换中,实现从动件不同的运动规律,完成力的传递。

如图2.34所示为内燃机配气的凸轮机构。盘形凸轮等速回转时,由于其轮廓向径不同,迫使从动件(气门挺杆)上下移动,从而控制气门挺杆运动规律的要求。

与平面连杆机构相比,凸轮机构的特点是:结构简单、紧凑,工作可靠,容易设计,因而在自动和半自动机械中得到了广泛的应用。但是,由于从动件与凸轮间为高副接触,易磨损,因此,凸轮机构只宜用于传力不大的场合。

图2.34 内燃机配气的凸轮机构

2.2.2 凸轮机构的分类

凸轮机构的类型很多。常用的分类方法如下:

1)按凸轮形状不同分类

按凸轮形状不同,可分为盘形凸轮(见图2.34)、移动凸轮(见图2.35)和圆柱凸轮(见图2.36)。

2)按从动件的端部形状不同分类

按从动件的端部形状不同,可分为尖底从动件(见图2.37(a))、滚子从动件(见图2.37

(b))和平底从动件(见图 2.37(c))3 种凸轮机构。尖底从动件与凸轮间是点接触条件下的滑动摩擦,阻力大、磨损快,多用于仪器仪表中受力不大的低速凸轮的控制机构中;滚子从动件与凸轮间是线接触条件下的滚动摩擦,阻力小,故在机械中应用广泛;平底从动件与凸轮接触处易形成油膜,有利于润滑,并且传力性能好,效率高,故常用于转速较高的凸轮机构中。

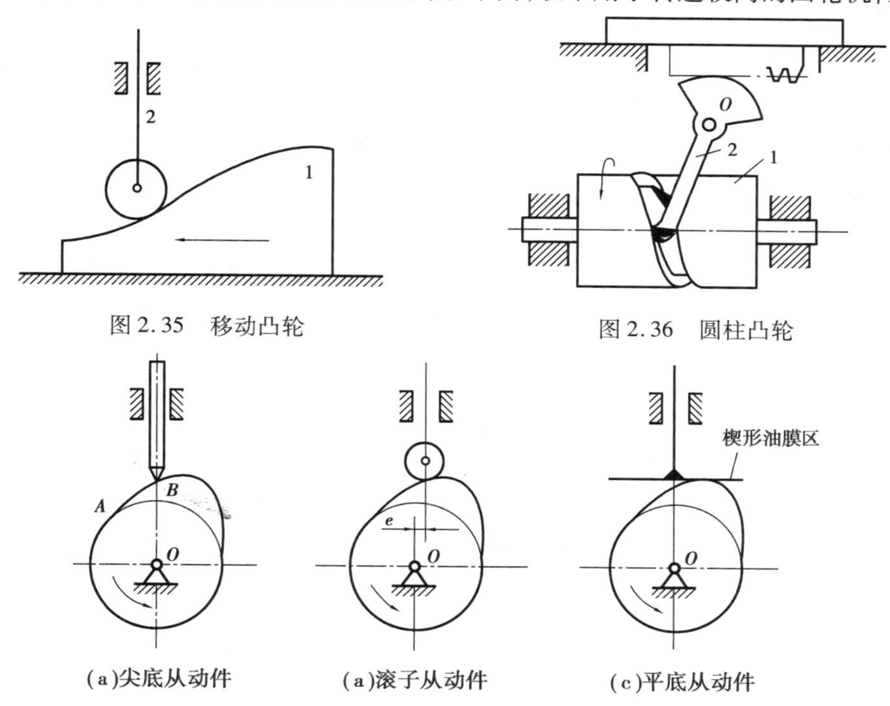

图 2.35　移动凸轮

图 2.36　圆柱凸轮

(a)尖底从动件　(a)滚子从动件　(c)平底从动件

图 2.37　从动件的端部形状

3)按从动件的运动方式不同分类

按从动件的运动方式不同,可分为直动从动件(见图 2.37)和摆动从动件(见图 2.36)两种凸轮机构。

4)按从动件与凸轮保持接触的方式不同分类

按从动件与凸轮保持接触的方式不同,可分为力锁合和形锁合两种凸轮机构。力锁合是靠重力、弹簧力或其他外力,使从动件与凸轮保持接触(见图 2.34、图 2.35),其结构简单,易制造,因而被广泛采用;形锁合是依靠凸轮上的沟槽等特殊结构形式,使从动件与凸轮保持接触(见图 2.36),避免了使用弹簧产生的附加力,但结构与设计较复杂。

2.2.3　凸轮机构的工作过程

如图 2.38 所示为一对心式尖底直动从动件盘形凸轮机构。凸轮的轮廓曲线由非圆曲线$\overset{\frown}{BC}$和$\overset{\frown}{DE}$以及圆弧曲线$\overset{\frown}{CD}$和$\overset{\frown}{EB}$所组成。以凸轮轮廓曲线的最小向径 r_b 为半径所作的圆称为凸轮的基圆,r_b 称为基圆半径。凸轮轮廓曲线与基圆相切于 B,E 两点。如图 2.38 所示,当从动件尖底与凸轮轮廓曲线在 B 点接触时,从动件处于最低位置。当凸轮以等角速度顺时针方向转动时,从动件首先与凸轮轮廓曲线的非圆曲线$\overset{\frown}{BC}$段接触,此时从动件将在凸轮轮廓曲线的作用下由最低位置 B 被推到最高位置 A,从动件的这一行程称为推程,凸轮相应的转角 Φ

称为推程运动角。当凸轮继续运转时,从动件与凸轮轮廓曲线的圆弧$\widehat{CD}$段接触,故从动件处于最高位置而静止不动,从动件的这一行程称为远休止;凸轮相应的转角 Φ_s 称为远休止角。凸轮再继续转动,从动件与凸轮轮廓曲线的非圆曲线$\widehat{DE}$段接触,从动件又由最高位置 A 回到最低位置 E,从动件的这一行程称为回程,凸轮相应转角 Φ'称为回程运动角。而后,从动件与凸轮轮廓曲线的圆弧$\widehat{EB}$段接触时,从动件在最低位置静止不动,从动件的这一行程称为近休止;凸轮相应的转角 Φ_s' 称为近休止角。当凸轮连续转动时,从动件重复上述运动。从动件的推程和回程中移动的距离 h 称为从动件的行程。从动件在运动过程中,其位移 s、速度 v 和加速度 a 随时间 t 的变化规律称为从动件的运动规律。由于凸轮一般以等角速度转动,因此,凸轮的转角 Φ 与时间 t 成正比,故从动件的运动规律也可用从动件的上述运动参数随凸轮转角的变化规律来表示。将这些运动规律在直角坐标系中表示出来,就得到从动件的位移线图、速度线图和加速度线图。如图 2.38 所示为从动件的位移 s 和凸轮转角 φ 之间关系的位移线图。

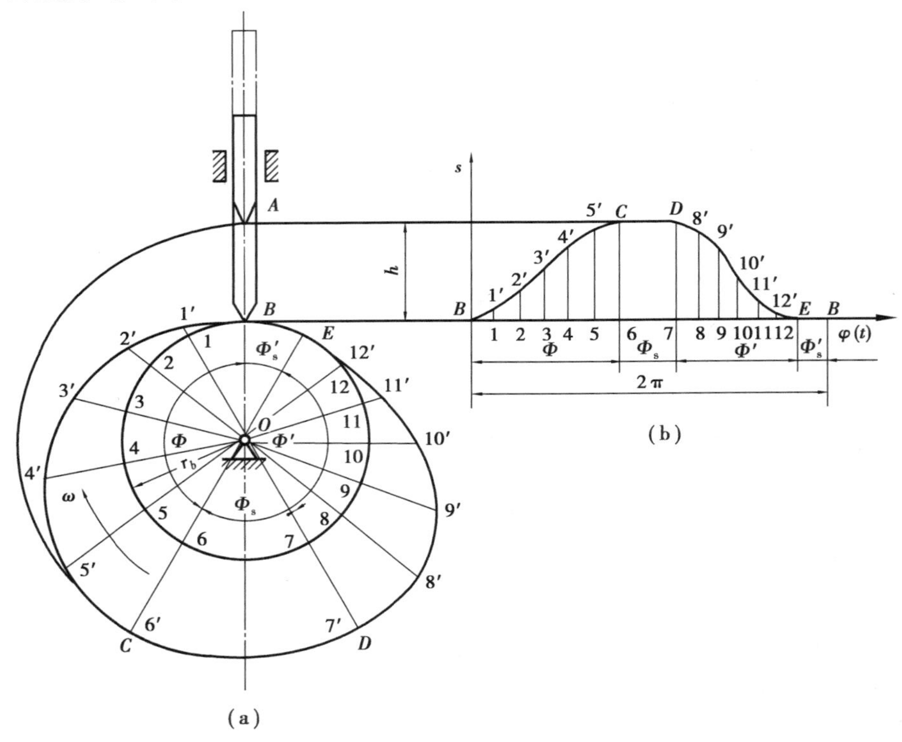

图 2.38 对心式尖底直动从动件盘形凸轮机构的工作过程

2.2.4 从动件的常用运动规律

从动件的位移、速度和加速度随时间 t(或凸轮转角 φ)的变化规律,称为从动件的运动规律。常用的从动件运动规律如下:

1)等速运动规律

从动件的运动速度为定值的运动规律,称为等速运动规律(如金属切削机床进给凸轮的运动规律)。以推程为例,可画出 s-$\varphi(t)$线图、v-$\varphi(t)$线图和 a-$\varphi(t)$线图(见图 2.39)。由图

2.39 可知,从动件按等速规律运动时,在0,A两个位置速度发生突变,加速度在理论上趋于无穷大,从动件产生的惯性力也将趋于无穷大,此时所引起的冲击,称为刚性冲击。该冲击力将引起机构振动、机件磨损或损坏,故等速度运动规律只能用于低速、轻载的控制机构中。为了降低冲击程度,实际应用时,可将位移曲线的始末两端用圆弧或抛物线过渡(但此时行程的始末不再为等速运动),以缓和冲击。

2)等加速等减速运动规律

从动件在推程的前半段为等加速,后半段为等减速的运动规律,称为等加速等减速运动规律。通常加速度和减速度的绝对值相等,前半段、后半段的位移s也相等。等加速等减速运动规律的s-$\varphi(t)$线图、v-$\varphi(t)$线图、a-$\varphi(t)$线图如图2.40所示。s-$\varphi(t)$线图由两段抛物线组成,如图2.40(a)所示为其简易画法。由图2.40可知,在O,A,B 3处,加速度发生有限值的突变。此时,在机构中也会引起一定的冲击,这种冲击称为柔性冲击。与等速运动规律相比,等加速等减速运动规律的冲击次数虽然有所增加,但冲击的程度却大为减小,故多用于中速、中载的场合。

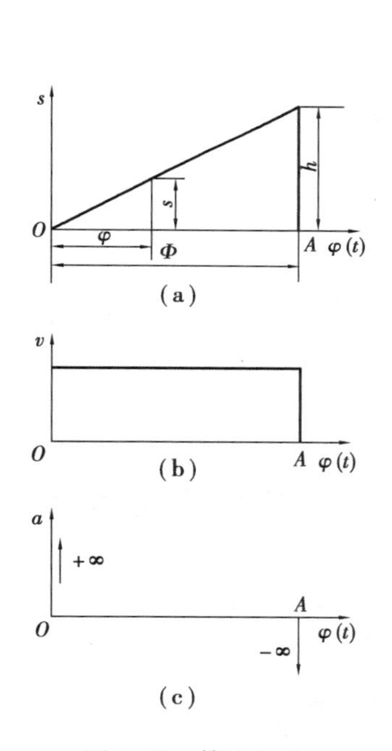

图2.39 等速运动

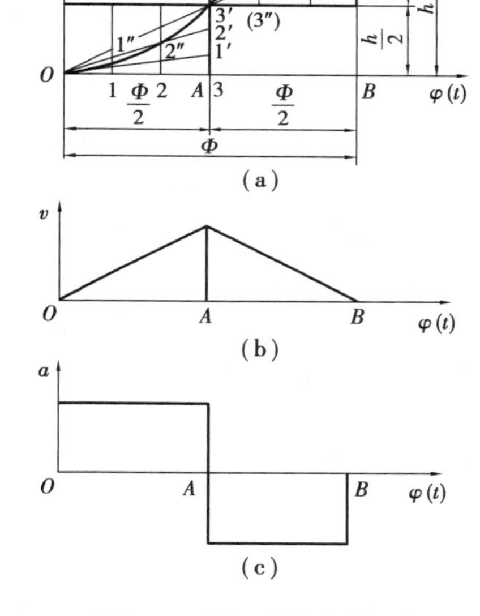

图2.40 等加速等减速运动

随着生产计划的进步,工程中所采用的从动件规律也越来越多,如余弦运动规律、正弦运动规律、复杂多项式运动规律等。设计凸轮机构时,要根据机器的工作要求,恰当地选择合适的运动规律。

2.2.5 盘形凸轮轮廓的设计

当从动件运动规律确定以后,凸轮轮廓曲线便可用解释法求解,也可用作图法绘制。对精度要求不很高的凸轮,一般采用作图法即可满足使用要求,而且较简便。本节仅研究如何用作图法绘制凸轮的轮廓曲线。

1)作图法的原理

为便于绘出凸轮轮廓曲线,应使工作时转动着的凸轮与不动的图纸间保持相对静止。根据相对运动原理,如果给整个凸轮机构加上一个与凸轮转动角速度 ω 数值相等、方向相反的“$-\omega$”角速度,则凸轮处于相对静止状态,而从动件一方面按原定规律在机架导路中作往复移动,另一方面随同机架以“$-\omega$”角速度绕 O 点转动,即凸轮机构中各构件仍保持原相对运动关系不变。由于从动件的尖底始终与凸轮轮廓相接触,因此,在从动件反转过程中,其尖底的运动轨迹,就是凸轮轮廓曲线(见图 2.41)。这就是凸轮轮廓设计的反转法原理。

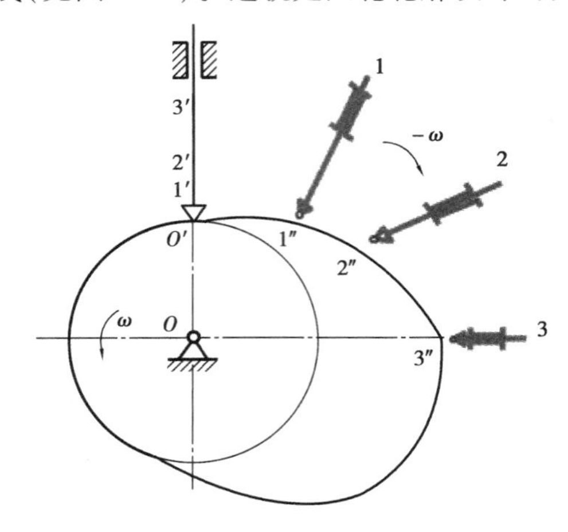

图 2.41 反转法原理

根据反转法原理,设计时可将凸轮视作不动,分别作出从动件在反转运动过程中边反转边沿导路移动时尖底的轨迹。光滑连接这些点,即得要求的凸轮轮廓曲线。

2)凸轮轮廓曲线的设计

(1)对心式直动尖底从动件盘形凸轮轮廓的设计

已知凸轮的基圆半径 r_b、角速度 ω 和从动件的运动规律,设计该凸轮轮廓曲线。

设计步骤:

①选比例尺 μ_l,根据从动件的运动规律,作出从动件的 s-$\varphi(t)$ 线图,如图 2.42 所示。

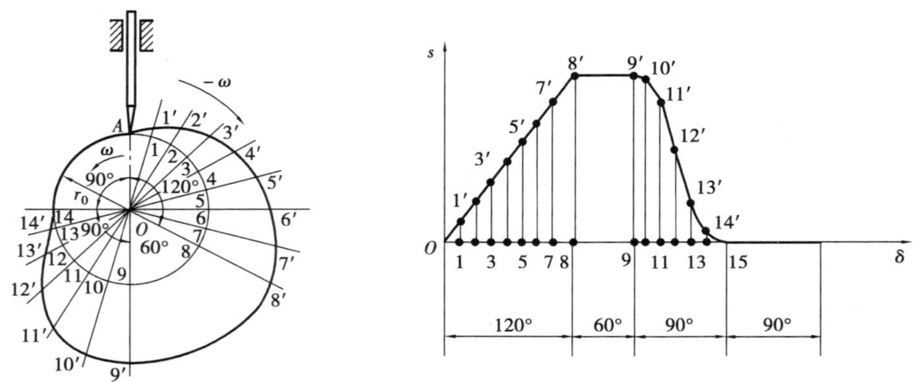

图 2.42 对心式直动尖底从动件盘形凸轮轮廓的设计

②用与 s-$\varphi(t)$ 线图相同的长度比例尺,以 r_b 为半径作基圆,此圆与从动件移动导路中心线的交点 A,便是从动件尖底的初始位置。

③自 OA 开始，沿“$-\omega$”方向，在基圆上取 $\Phi, \Phi_s, \Phi', \Phi'_s$，并将其分成与 s-$\varphi(t)$ 线图中相应的等分，得 1,2,3,…各点，则 $O1, O2, O3$,…，这一系列向径线的延长线，就是从动件在反转过程中的导路位置线。

④在从动件各个位置线上，自基圆向外分别量取 $11'=11', 22'=22', 33'=33'$,…，由此得 $1', 2', 3'$,…各点，这就是从动件反转过程中其尖底所处的一系列位置。

⑤将 $1', 2', 3'$,…各点，用曲线板连成光滑的曲线，该曲线即为所求的盘形凸轮的轮廓曲线。

(2)对心式直动滚子从动件盘形凸轮轮廓的设计

已知凸轮的基圆半径 r_b、角速度 ω、滚子半径 r_T 和从动件的运动规律，设计该凸轮轮廓曲线。

设计步骤：

①将滚子中心看成尖底从动件的尖底，按照上述方法先绘制出尖底从动件的凸轮轮廓曲线(即滚子中心的轨迹)，如图2.43所示，该曲线称为凸轮的理论轮廓曲线。

②以理论轮廓曲线上的各点为圆心，以滚子半径 r_T 为半径作一系列的滚子圆。然后再作这些滚子圆的内包络线即为凸轮的实际工作曲线，该曲线称为凸轮的实际轮廓曲线。

应当指出，在绘制滚子从动件凸轮机构的凸轮轮廓曲线时，其滚子从动件的凸轮基圆半径是指其理论轮廓曲线的最小向径；理论轮廓曲线与实际轮廓曲线是两条法向等距曲线。

(3)对心式直动平底从动件盘形凸轮轮廓的设计

已知凸轮的基圆半径 r_b、角速度 ω 和从动件的运动规律，设计该凸轮轮廓曲线。

设计步骤：

①把平底与从动件轴线的交点看成尖底从动件的尖底，按照前述方法，求出尖底的一系列位置点 $1', 2', 3'$,…。

②再过这些位置点 $1', 2', 3'$,…画出其平底一系列位置线，这一系列平底位置线的包络线即为所求的凸轮实际轮廓曲线，如图2.44所示。

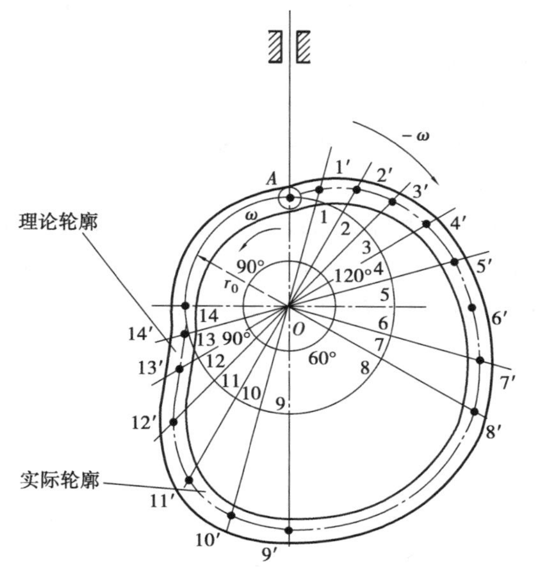

图2.43　滚子从动件盘形凸轮轮廓

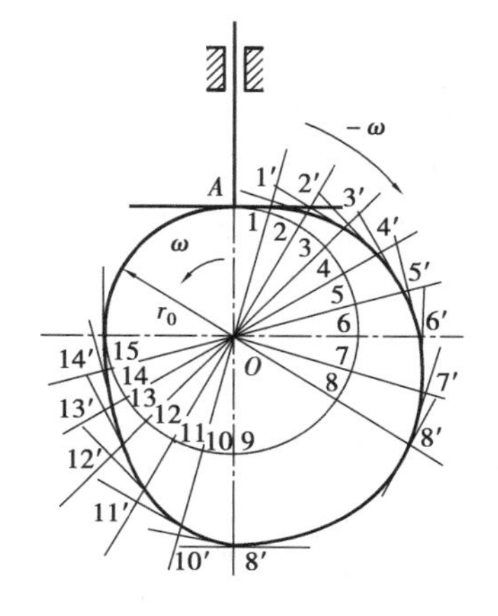

图2.44　平底从动件盘形凸轮轮廓

2.2.6 凸轮机构的基本尺寸

1)滚子半径 r_T 的选取

为保证滚子及心轴有足够的强度和寿命,应选取较大的滚子半径 r_T,然而滚子半径 r_T 的增大受到理论轮廓曲线上最小曲率半径 ρ_{min} 的制约,如图 2.45 所示。

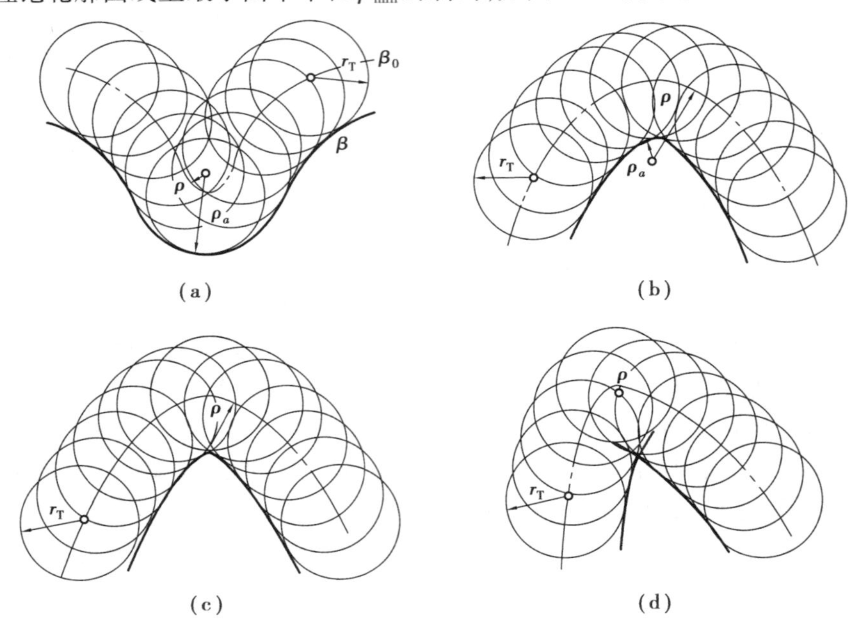

图 2.45 滚子半径的选择

①当理论轮廓内凹时,实际轮廓的曲率半径 $\rho' = \rho_{min} + r_T$(见图 2.45(a)),工作轮廓曲线总可画出。

②当理论轮廓外凸时,$\rho' = \rho_{min} - r_T$。若 $\rho_{min} > r_T$,$\rho' > 0$,工作轮廓线为一光滑曲线(见图 2.45(b));若 $\rho_{min} = r_T$,$\rho' = 0$,工作轮廓线变成尖点(见图 2.45(c)),尖点易磨损,磨损后从动件将产生运动“失真”;若 $\rho_{min} < r_T$,$\rho' < 0$,实际轮廓线出现交叉(见图 2.45(d)),在交叉点以外的部分,加工凸轮时将被切去,致使从动件不能实现预期的运动规律,出现严重的运动“失真”。

因此,应使滚子半径 r_T 小于理论轮廓最小曲率半径 ρ_{min},即 $r_T < \rho_{min}$。通常取 $r_T = 0.8\rho_{min}$。

当轮廓最小曲率半径 ρ_{min} 很小时,为使 r_T 尺寸不致过小而影响滚子及其心轴的强度,一般可采用加大基圆半径 r_b 重新设计以增大 ρ_{min} 的办法加以补救;若机器的结构不允许增大凸轮尺寸时,可改用尖底从动件。

在设计凸轮机构时,滚子半径 r_T 一般是按凸轮的基圆半径 r_b 来确定,通常取

$$r_T \leqslant 0.4 r_b$$

2)凸轮机构的压力角和基圆半径

(1)凸轮机构的压力角

如图 2.46 所示为偏置直动尖底从动件盘形凸轮机构。凸轮以等角速度 ω 逆时针转动,从动件沿导路上下移动。若凸轮与从动件在图示位置 B 点接触,这时凸轮对从动件的法向作

用力 F 与从动件上受力点 B 的速度方向之间所夹的锐角 α，称为凸轮机构的压力角。凸轮机构工作时，其压力角 α 的大小是变化的。

力 F 分解为两个分力：与从动件线速度 v 方向一致的分力 F_1 和垂直的分力 F_2。F_1 是使从动件的有效分力；F_2 只是使从动件与导路之间的正压力增大，从而使摩擦力增大，因而是有害分力。当压力角 α 增大到某一值时，从动件将发生自锁（卡死）现象。

由上述分析可知，从改善受力情况、提高效率、避免自锁的观点看，压力角 α 越小越好。通常可用加大凸轮基圆半径 r_b 的方法使 α 减小。

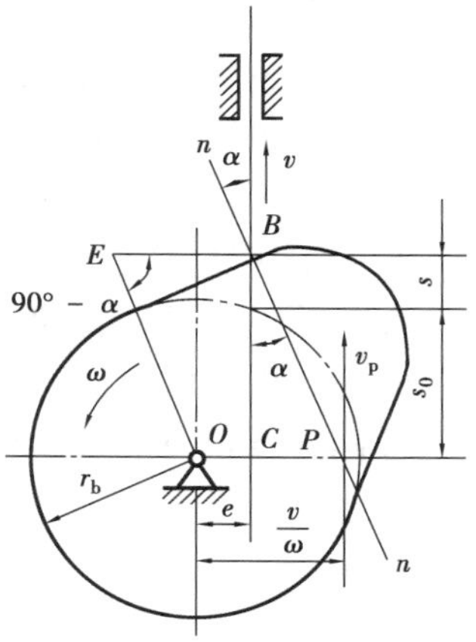

因此，设计凸轮机构时，根据经验，压力角不能过大，也不能过小，应有一定的许用值，用[α]表示，且应使 $\alpha \leqslant [\alpha]$。一般规定压力角的许用值如下：

图2.46　凸轮机构的压力角

直动从动件取 $[\alpha]=30°$。

摆动从动件取 $[\alpha]=45°$。

在回程时常不会自锁，故均取 $[\alpha]=70°\sim80°$。

（2）凸轮机构的基圆半径

一般可根据经验公式选择，即

$$r_b \geqslant 0.9d_s+(7-9)$$

式中　d_s——凸轮轴的直径，mm。

依据选定的 r_b 设计出凸轮轮廓后，应进行压力角的检验。若发现 $\alpha_{max}>[\alpha]$，则应适当增大 r_b，重新进行设计。

自测题

一、填空题

1. 凸轮机构中，按凸轮的形状分为________、________和________。

2. 凸轮基圆半径________，压力角________，传力性能________。

3. 在设计凸轮机构时，凸轮基圆半径取得越________，所设计的机构越紧凑，但机构的压力角变________，使机构的工作性能变坏。

二、选择题

1. 凸轮机构的从动件选用等速运动规律时，其从动件的运动（　　）。

A. 将产生刚性冲击　　B. 将产生柔性冲击　　C. 没有冲击

2. 设计凸轮轮廓时，若基圆半径取得越大，则机构压力角（　　）。

A. 变小　　B. 变大　　C. 不变

3. 凸轮机构中，从动件在推程时按等速运动规律上升，（　　）将发生刚性冲击。

A. 推程开始点　　B. 推程结束点　　C. 推程开始点和结束点

4. 设计凸轮时，若工作行程中的最大压力角 $\alpha_{max}>[\alpha]$ 时，选择（　　）可减小压力角。

A. 减小基圆半径 r_b　　B. 增大基圆半径 r_b　　C. 加大滚子半径 r_T

三、判断题

1. 凸轮轮廓确定后，其压力角的大小会因从动件端部形状的改变而改变。 (　　)
2. 凸轮机构的压力角越大，机构的传力性能就越差。 (　　)
3. 凸轮机构中，从动件按等加速等减速运动规律运动时会引起柔性冲击。 (　　)
4. 滚子从动件盘形凸轮的基圆半径是指凸轮理论轮廓曲线上的最小回转半径。 (　　)
5. 凸轮工作时，从动件的运动规律与凸轮的转向无关。 (　　)
6. 凸轮机构出现自锁是因为驱动的转矩不够大造成的。 (　　)
7. 同一凸轮与不同端部形式的从动件组合运动时，其从动件运动规律是一样的。 (　　)

任务2.3　间歇运动机构

活动情境

观察牛头刨床的工作过程以及进给机构的工作原理。

任务要求

掌握典型间歇机构及工作原理。

任务引领

通过观察与操作回答以下问题：

1. 刨刀进给有什么特点？
2. 刨床是怎样实现预定功能的？

归纳总结

观察可以发现，刨刀每往复一次，刨床给出一个横向进给，这个进给是间歇的，在刨削过程中都不允许有横向进给，仅在回刀结束时才应及时给出横向进给量，以便下次刨削。

在机械中，特别是在各种自动和半自动机械中，常常需要把主动件的连续运动变为从动件的周期性间歇运动，实现这种间歇运动的机构称为间歇运动机构。例如，机床的进给机构、分度机构、自动进料机构、电影机的卷片机构及计数器的进位机构等。

2.3.1　棘轮机构

1)棘轮机构的组成及工作原理

棘轮机构主要由棘轮、棘爪、摇杆及机架组成，如图2.47(a)所示。曲柄摇杆机构将曲柄的连续转动转换成摇杆的往复摆动。当摇杆4顺时针摆动时，装在摇杆4上的主动棘爪2啮入棘轮1的齿槽中，从而推动棘轮顺时针转动；当摇杆逆时针摆动时，主动棘爪2在棘轮的齿背上滑过，此时，棘轮1在止回棘爪5的作用下停止不动，扭簧3的作用是将棘爪2贴紧在棘轮1上。在摇杆4作往复摆动时，棘轮1作单向间歇运动。其运动简图如图2.47(b)所示。

棘轮机构按工作原理，可分为齿式棘轮机构和摩擦式棘轮机构两大类。

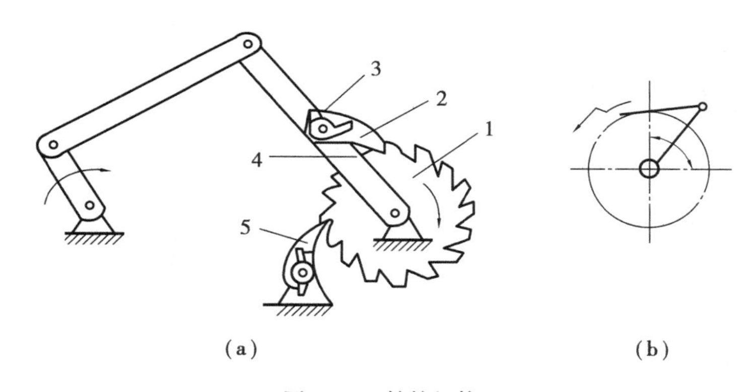

图2.47　棘轮机构

1—棘轮;2—主动棘爪;3—扭簧;4—摇杆;5—止回棘爪

(1)齿式棘轮机构

齿式棘轮机构有外啮合(见图2.48(a))、内啮合(见图2.48(b))两种形式。按棘轮齿形,可分为锯齿形齿(见图2.48(a)、图2.48(b))和矩形齿(见图2.48(c))两种棘轮机构。矩形齿用于实现双向转动的棘轮机构。

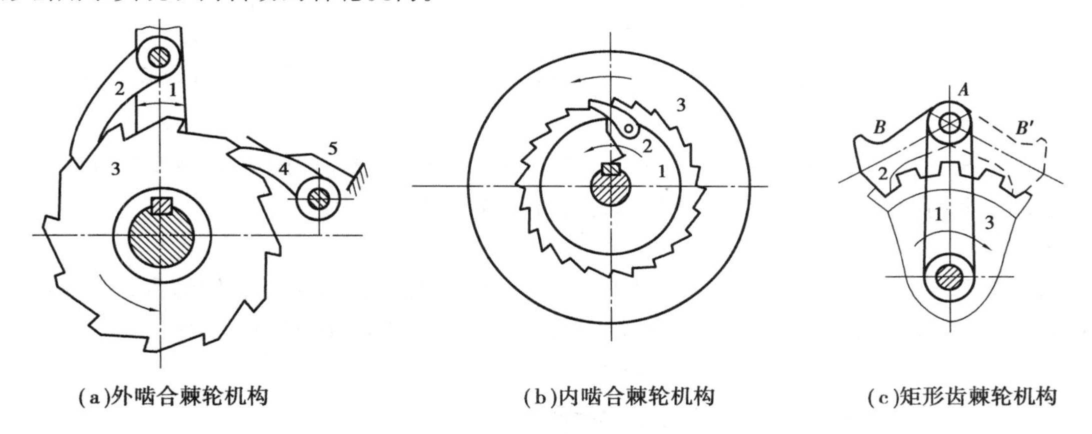

图2.48　齿式棘轮机构

如图2.49所示为控制牛头刨床工作台进与退的棘轮机构。棘轮齿为矩形齿,棘轮2可用作实现双向间歇转动。需变向时,只要提起棘爪1,并将棘爪转动180°后再放下即可。变向也可用图2.48(c)转动棘爪来实现,其棘爪1设有对称爪端,通过转动棘爪1,棘轮2即可实现反向的间歇运动。

(2)摩擦式棘轮机构

如图2.50所示为外摩擦式棘轮机构。其工作过程与棘轮机构相似,主动棘爪2靠它与棘轮3之间产生的摩擦力来驱使棘轮作间歇运动。与齿式棘轮机构相比,摩擦式棘轮机构能无级调节棘轮转角的大小,而且降低了机构的冲击和噪声。

2)棘轮机构的特点及应用

棘轮机构具有结构简单、制造方便、工作可靠等特点,棘轮每次转动的转角等于棘轮齿矩角的整数倍,故广泛用于各类机械中。但是,棘轮机构也有以下缺点:工作时冲击较大,棘爪在齿背上滑过时会发出噪声,适用于低速、轻载和棘轮转角不大的场合。棘轮机构在机械中,常用来实现送进、制动、超越及转位分度等要求。

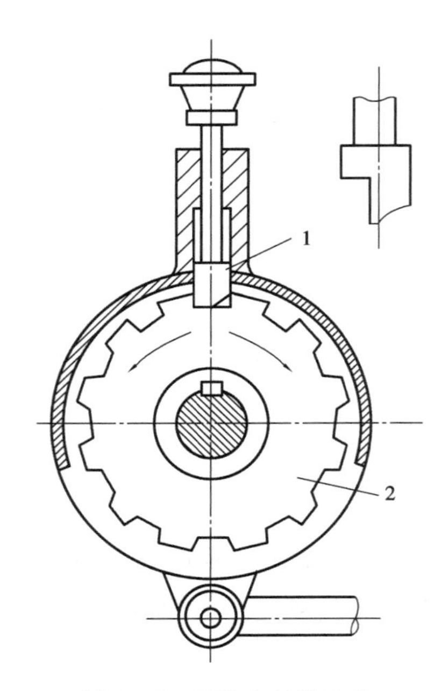

图 2.49　可换向棘轮机构

1—棘爪;2—棘轮

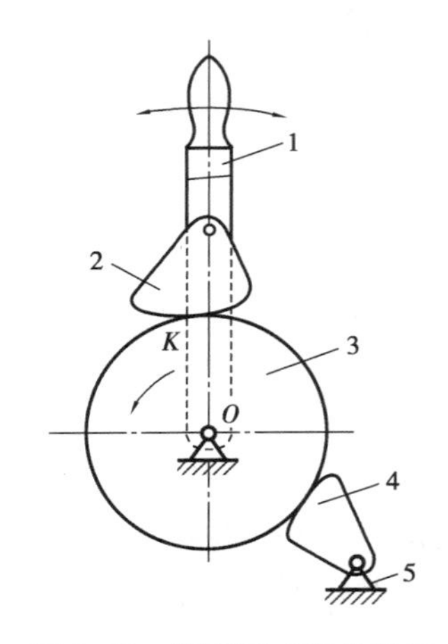

图 2.50　外摩擦式棘轮机构

1—摇杆;2—主动棘爪;3—棘轮;4—止回棘爪;5—机架

(1)送进

如图 2.51 所示为牛头刨床工作台的横向进给棘轮机构。当摇杆摆动时,棘爪推动棘轮作间歇运动。此时,与棘轮固联的丝杠便带动工作台作横向进给运动。

(2)制动

如图 2.52 所示为起重设备安全装置中的棘轮机构。当起吊重物时,止回棘爪 3 将防止棘轮倒转,从而避免重物因机械发生故障可能出现自由下落的危险,即起到制动作用。

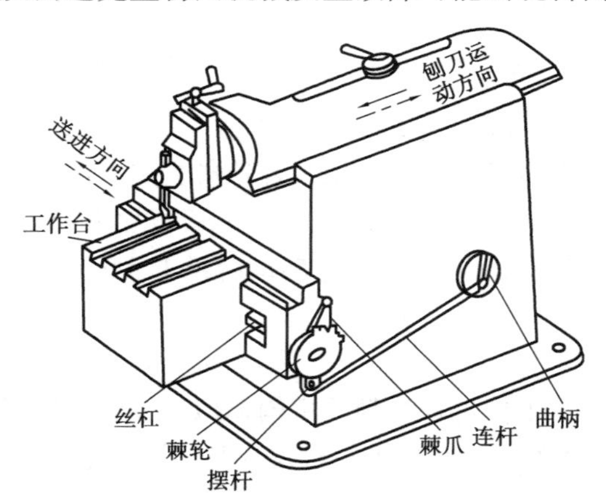

图 2.51　牛头刨床工作台的横向进给棘轮机构

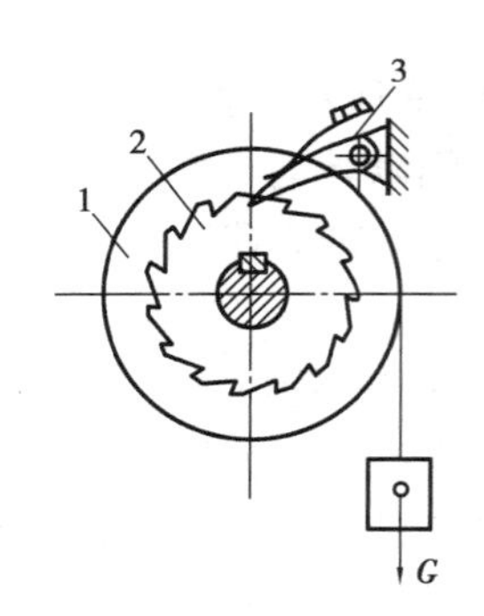

图 2.52　用于制动的棘轮机构

1—鼓轮;2—棘轮;3—止回棘爪

(3)超越

如图 2.53 所示的内啮合棘轮机构是自行车后轮上的飞轮机构。当脚蹬转动时,经大链轮和链条带动内齿圈具有棘齿的链轮逆时针转动,再通过棘爪的作用,使轮毂(和后车轮为一体)逆时针转动,从而驱使自行车前进。当自行车后轮的转速超过小链轮的转速(或自行车前进而脚蹬不动)时,轮毂便会超越小链轮而转动,让棘爪在棘轮齿背上滑过,从而实现了从动件相对于主动件的超越运动,这种特性称为超越。

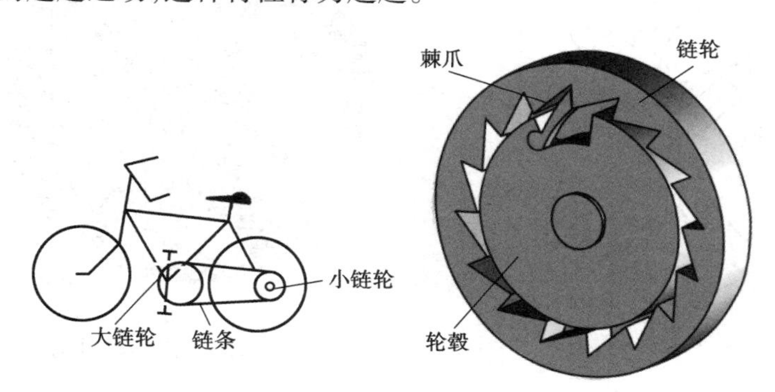

图2.53　自行车后轮上的内啮合棘轮机构

3)棘轮转角大小的调节方法

①改变曲柄长度。

改变曲柄长度,可改变摇杆的最大摆角的大小,从而调节棘轮转角。

②用覆盖罩调节转角。

在摇杆摆角 φ 不变的前提下,转动覆盖罩遮挡部分棘轮,可调节棘轮转角的大小。

③用双动棘爪调节机构转角。

2.3.2　槽轮机构

1)槽轮机构的组成和工作原理

槽轮机构由带有圆销的拨盘1、径向槽的槽轮2和机架组成。如图2.54所示,当拨盘1以 ω_1 作等角速转动,由于槽轮2作时转时停的间歇运动,当拨盘1上的圆销 A 尚未进入槽轮2的径向槽时,由于槽轮2的内凹锁止弧被拨盘1上的外凸锁止弧 a 锁住,故使槽轮静止不动。图示位置是当圆销 A 开始进入槽轮2的径向槽时的情况,这时锁止弧被松开,因此,槽轮2受圆销 A 驱动沿着顺时针转动。当圆销 A 开始脱离槽轮2的径向槽时,槽轮的另一内锁止弧又被拨盘1的外凸锁止弧锁住,致使槽轮2又静止不动,直至圆销 A 再进入槽轮2的另一径向槽时,两者又重复上述的运动循环。

槽轮可分为外啮合和内啮合两种类型。

如图2.55所示为内槽轮机构。其工作原理与外槽轮机构相似,只是从动槽轮与拨盘转向相同。

2)槽轮机构的特点和应用

槽轮机构的特点是结构简单,工作可靠,传动平稳性好,能准确控制槽轮转动的角度。其缺点是槽轮的转角大小不能调整,且在槽轮转动的始、末位置存在冲击。

槽轮机构一般应用于转速较低、要求间歇地转动一定角度的分度装置中。

如图2.56所示为六角车床刀架的转位槽轮机构。刀架上装有6种刀具,与刀架一体的槽轮有6个径向槽。当拨盘转动一周时,圆销拨动槽轮(刀架)转动60°,将下一工序所需刀具转换到工作位置。

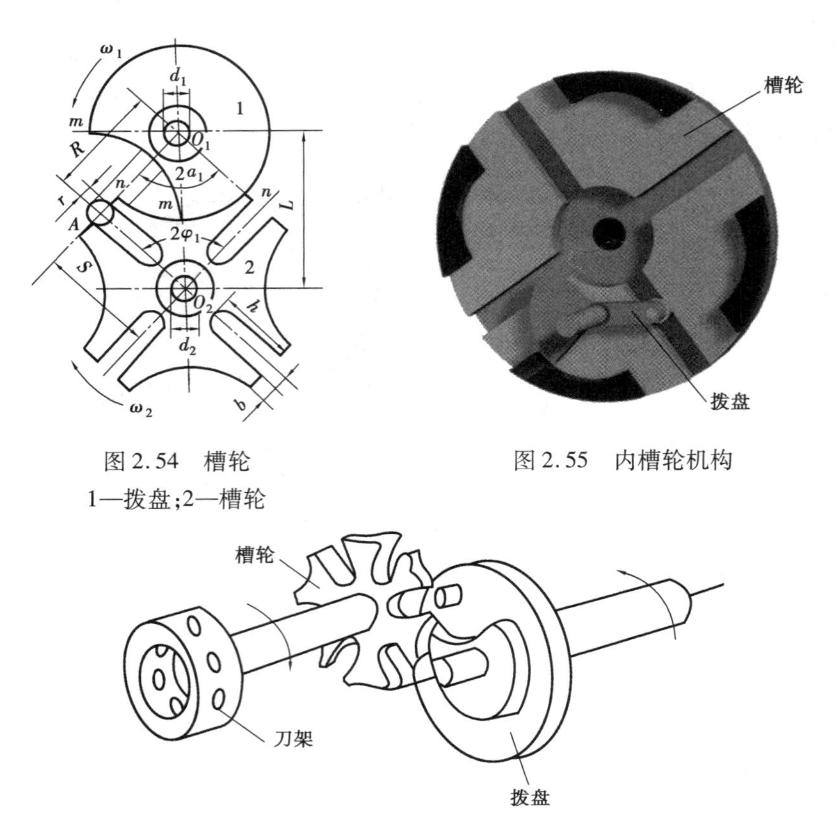

图 2.54　槽轮

1—拨盘;2—槽轮

图 2.55　内槽轮机构

图 2.56　六角车床刀架的转位槽轮机构

2.3.3　不完全齿轮机构

不完全齿轮机构是由渐开线齿轮机构演变而成的间歇运动机构。它属于间歇运动机构。

1) 工作原理

它与普通渐开线齿轮机构的主要区别在于该机构中的主动轮仅有一个或几个齿。

如图 2.57 所示,当主动轮 1 的有齿部分与从动轮轮齿结合时,推动从动轮 2 转动;当主动轮 1 的有齿部分与从动轮脱离啮合时,从动轮停歇不动。因此,当主动轮连续转动时,从动轮获得时动时停的间歇运动。为防止从动齿轮反过来带动主动齿轮转动,应设置锁止弧。

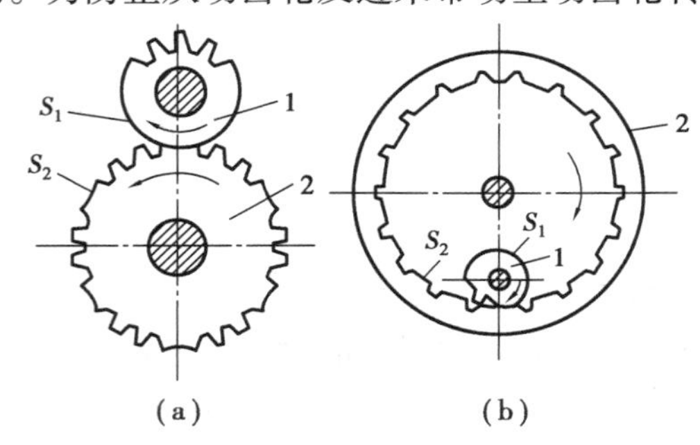

图 2.57　不完全齿轮机构

1—主动轮;2—从动轮

2)特点及应用

(1)优点

结构简单,工作可靠,传递力大,从动轮转动和停歇的次数、时间、转角大小等的变化范围较大。

(2)缺点

工艺复杂,从动轮的开始和结束的瞬时会造成较大冲击。

(3)应用

低速、轻载,如多工位自动、半自动机械中用作工作台的间歇转位机构,以及某些间歇进给机构、计数机构等。

自测题

一、多项选择题

1. 可实现间歇运动的机构有(　　)。

A. 棘轮机构　　B. 槽轮机构　　C. 凸轮机构

2. 棘轮机构的特点是(　　)。

A. 结构简单、制造方便　　B. 冲击力小　　C. 棘轮转角可调

3. 调整棘轮转角的方法有(　　)。

A. 改变摇杆的摆角　　B. 改变覆盖罩的位置　　C. 改变棘轮的齿数

4. 槽轮机构的特点是(　　)。

A. 结构简单、工作可靠　　B. 槽轮转角可调　　C. 传动平稳

5. 不完全齿轮机构的特点是(　　)。

A. 结构简单、工作可靠　　B. 传递力较大　　C. 冲击较大

二、填空题

1. 棘轮机构主要由________、________、________及________组成。

2. 棘轮机构在生产中可满足________、________、________及________等要求。

3. 齿式棘轮机构的棘轮转角只能________调节,摩擦棘轮机构的棘轮转角可________调节。

4. 槽轮机构主要由________、________和________组成。

5. 外槽轮机构从动槽轮与拨盘转向________,内槽轮机构从动槽轮与拨盘转向________。

项目小结

研究机构是设计机器的基础。不同的机器具有不同的运动规律:有的是连续运动,有的是间歇运动;有的是匀速运动,有的是变速运动;有的是圆弧运动,有的是直线运动。不同的机构具有不同的运动特点和不同的功能,能满足不同的机器的需求。铰链四杆机构能把回转运动转化为往复摆动,或反之,具有急回特性和死点等运动特性;凸轮机构能实现较复杂的运动规律;棘轮机构和槽轮机构能产生间歇运动规律。熟知它们的特性和规律,运用时才会有的放矢,灵活自如。

项目 3

常用传动

【项目描述】

在机械系统中，原动部分与工作部分往往不是紧密相联的，有时两者之间的运动速度、运动方向也并不一致。在这种情况下，就需要回到中间转换与传递机构——传动装置。常用的传动装置有螺旋传动、带传动、链传动及齿轮传动等。

【学习目标】

1. 掌握各种传动的类型、特点、应用与安装。
2. 了解各种传动的工作原理与组成。

【能力目标】

1. 初步具有 V 带的安装与维护能力。
2. 能正确安装链传动装置。
3. 能正确选用齿轮、拆装齿轮传动装置、正确清洗和润滑齿轮。
4. 初步具有分析螺旋传动的能力。
5. 初步具有分析轮系的能力。
6. 能分析 V 带传动、链传动、齿轮传动的失效形式，初步掌握其设计方法。

图 3.1　带式输送机

【情感目标】

1. 懂得日常维护与保养对延长机器寿命、充分发挥机器性能的重要性，该道理也适用于日常生活中的很多事情。

2. 理解中间转换与传递环节在现实生活中的地位和作用，从而增加解决问题的思路和方法。

任务3.1　螺旋传动

活动情境

观察车床或台虎钳丝杠的工作情况。

任务要求

理解丝杠(或台虎钳)的工作原理,掌握运动方向的判断方法,学会计算螺杆或螺旋运动速度、移动距离。

任务引领

通过观察与操作回答以下问题:
1. 螺旋传动有哪些特点?
2. 螺旋传动都应用在哪些场合?应如何安装它?

归纳总结

螺旋传动由螺杆、螺母和机架组成。它能将回转运动转换为直线运动,同时具有增力性能。由于螺旋传动具有结构简单、工作连续平稳、承受载荷大以及能实现自锁等优点,因此在各种机械设备中得到了广泛的应用。按螺旋副间摩擦状态的不同,螺旋传动可分为滑动螺旋传动、滚动螺旋传动和静压螺旋传动。

3.1.1　滑动螺旋传动

按传动中所含螺旋副的数目,滑动螺旋传动可分为单螺旋传动和双螺旋传动。

1)单螺旋传动

如图3.2所示为单螺旋传动。按照导程的定义,螺杆相对于螺母转动一周,则螺母相对于螺杆轴向移动一个导程的距离。因此,当螺杆1转过φ角时,移动螺母2的位移s为

$$s = l\frac{\varphi}{2\pi} \tag{3.1}$$

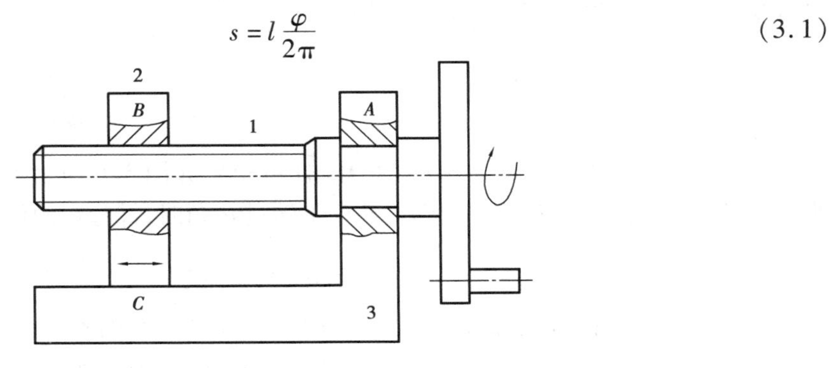

图3.2　单螺旋传动
1—螺杆;2—移动螺母;3—机架

螺旋传动中螺纹副的相对移动方向可按左(右)手定则判别:左旋螺纹用左手,右旋螺纹用右手。设螺杆传动,以四指弯曲方向代表螺杆的转动方向,则大拇指所示即为螺杆相对于螺母的运动方向。螺母转动时,也可按同样方法判别。

螺旋传动具有增力性。如图 3.3 和图 3.4 所示的螺旋千斤顶和螺旋压力机,即利用了螺旋传动的增力特性。主要用于增力的螺旋传动,也称传力螺旋。

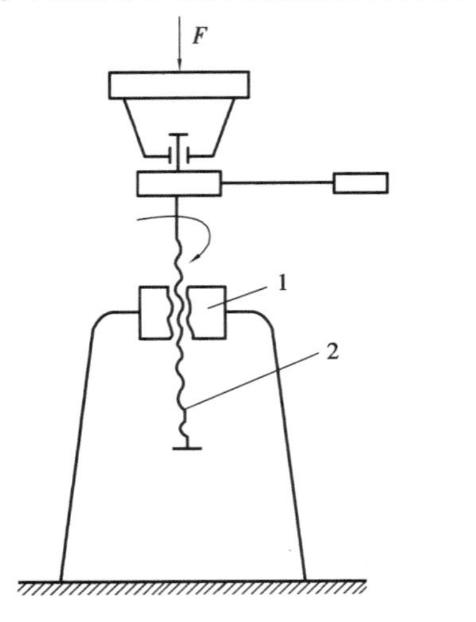

图 3.3 螺旋千斤顶

1—螺母;2—螺杆

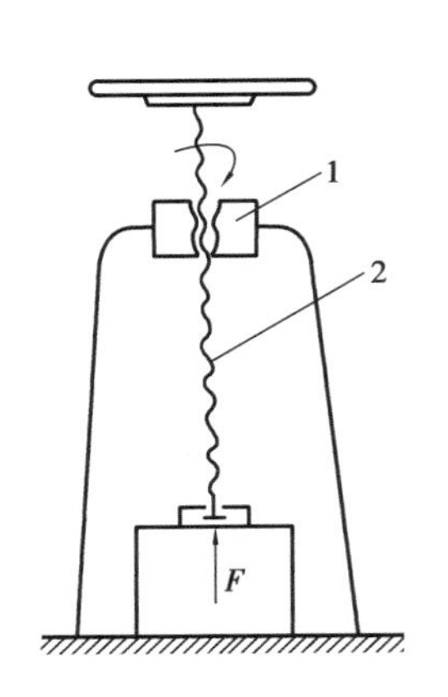

图 3.4 螺旋压力机

1—螺母;2—螺杆

在如图 3.5 所示的车床丝杠传动中,丝杠(螺杆)转动,而螺母带同刀架实现纵向进给运动。此时,螺旋传动主要用于转换运动形式,传递运动,故称传导螺旋。相似的应用还可见于摇臂钻床的摇臂升降机构和牛头刨床工作台的升降机构等。

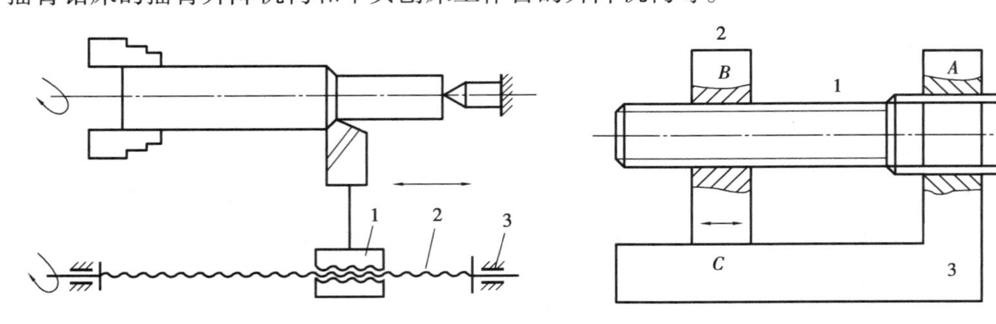

图 3.5 车床丝杠传动

图 3.6 双螺旋传动

1—螺杆;2—螺母;3—机架

2)*双螺旋传动*

将图 3.2 中的转动副 A 也改为螺旋副,便可得到如图 3.6 所示的双螺旋传动。设 A 和 B 处螺旋副的导程分别为 L_A 和 L_B,则当螺杆 1 转过 φ 角时,螺母 2 的位移为

$$S = (L_A \mp L_B)\frac{\varphi}{2\pi} \tag{3.2}$$

式中,“-”号用于两螺旋副旋向相同时,“+”号用于两螺旋副旋向相反时。

由式(3.2)可知,当两螺旋副旋向相同时,若 L_A 和 L_B 相差很小,则螺母 2 的位移可达到很小,因此可实现微调。这种螺旋传动称为差动螺旋传动(或微动螺旋传动)。如图 3.7 所示,镗床镗刀的微调机构就利用了这种微调功能。

当如图3.6所示双螺旋传动中两处螺旋副的旋向相反时，则螺母2可实现快速移动。这种螺旋传动称为复式螺旋传动。如图3.8所示的台钳定心夹紧机构就利用这种特性来实现工作的快速夹紧。

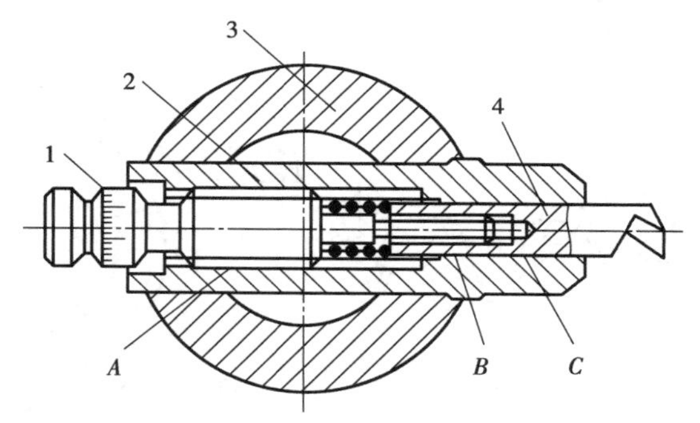

图3.7　镗床镗刀的微调机构

1—螺杆;2—固定螺母;3—镗杆;4—镗刀(移动螺母)

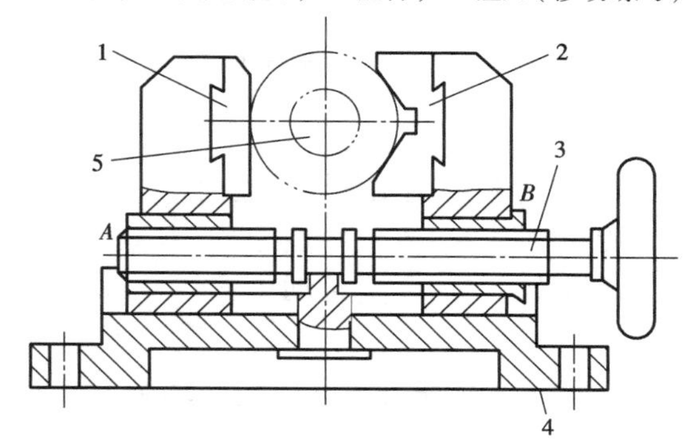

图3.8　台钳定心夹紧机构

1—左螺母;2—右螺母;3—螺杆;4—机架;5—工件

3.1.2　滚动螺旋传动

如图3.9所示，滚动螺旋传动是将螺杆和螺母的螺纹做成滚道的形状，在滚道内装满滚动体，使螺旋机构工作时，螺杆和螺母间转化为滚动摩擦。滚道中有附加的滚动体返回通道及装置，以使滚动体在滚道内能循环滚动。

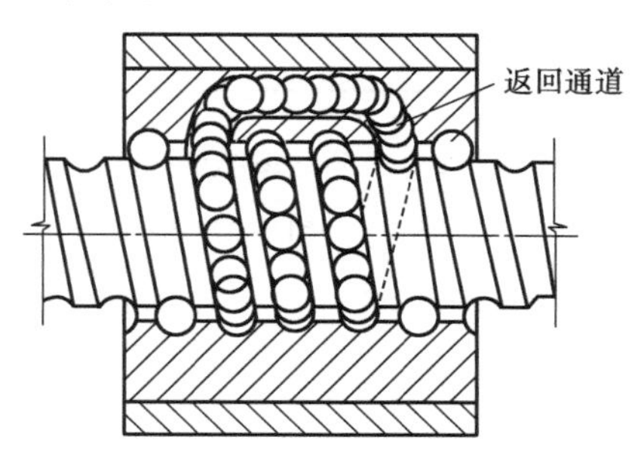

图3.9　滚动螺旋传动

3.1.3 静压螺旋传动

如图3.10所示，静压螺旋的螺杆仍为普通螺杆，但螺母每圈螺纹牙的两个侧面上都开有3~4个油腔。通过一套附加的供油系统给油腔内供油，靠压力油的油压来承受外载荷，从而使静压螺旋传动在工作时，螺旋副之间转化为液体摩擦。

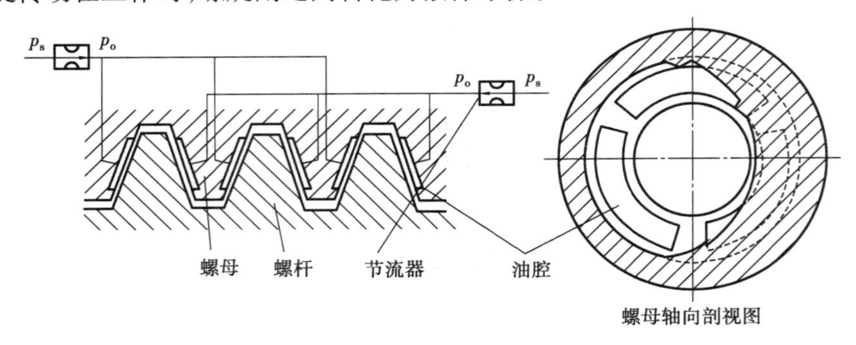

图3.10 静压螺旋传动

自测题

一、填空题

1. 快速夹具的双螺旋机构中，两处螺旋副的螺纹旋向________。
2. 螺旋千斤顶利用了螺旋传动的________特性。
3. 螺旋传动能将螺旋运动转换为________运动。
4. 千分尺的微调装置采用________________传动。
5. 数控机床等精度要求高的设备中，多采用________螺旋传动。

二、计算题

如图3.11所示为实现微调的差动螺旋机构。A处螺旋副为右旋，导程$L_A=2.8$ mm，现要求当螺杆转一周时，滑块向左移动0.2 mm，试问B处螺旋副的旋向和导程L_B。

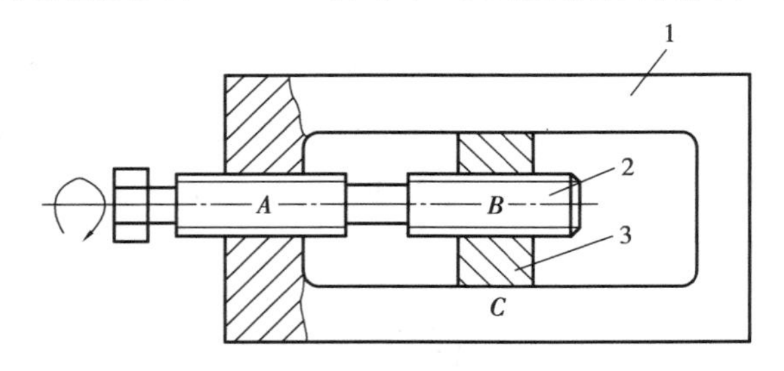

图3.11 差动螺旋机构
1—机架；2—螺杆；3—滑块

任务3.2　带传动

活动情境

分别观察一台空压机和摩擦压力机(见图3.12、图3.13)。

图3.12　空压机

图3.13　摩擦压力机

任务要求

1. 掌握带传动的特点、张紧方法及安装维护要点。
2. 掌握V带传动的设计方法。

任务引领

通过观察和操作回答以下问题:
1. 电动机输出动力是怎样传递到工作部分的?
2. 带传动由哪几部分组成? 它是如何工作的?
3. 观察V带的标记、横截面,分析V带的结构,并说明它由哪几部分组成。

归纳总结

带传动是应用广泛的一种机械传动形式。它常用于减速传动装置中。其主要作用是通过中间挠性件传递运动和力。

3.2.1　带传动的类型、特点及应用

如图3.14所示,带传动是由主动轮、从动轮和传动带组成的。
根据带传动原理不同,带传动可分为摩擦型和啮合型(见图3.15)两大类。

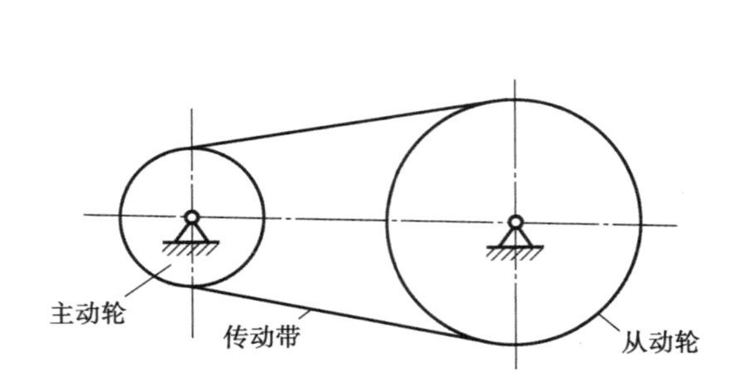

图 3.14　带传动简图

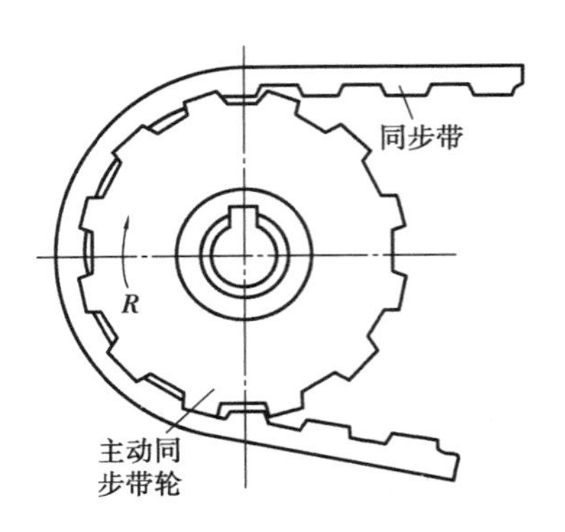

图 3.15　啮合型带传动

1)摩擦型带传动

(1)摩擦型带传动工作原理

摩擦型带传动靠带和带轮之间产生摩擦力传递运动动力。传动带安装时必须张紧,使带和带轮接触面之间产生正压力。当主动轮转动时,带与带轮之间产生摩擦力,从而使带和带轮一起运动;同样,从动轮上带和带轮之间的摩擦力,使带带动从动轮转动。这样,主动轮的运动和动力通过带传递给从动轮。

(2)摩擦型带传动的类型

摩擦型带传动的种类很多。按照带横截面的形状不同,可分为以下 4 种:

①平带传动。

如图 3.16(a)所示,平带的横截面为扁平矩形,内表面为工作面。平带结构简单,带轮制造方便,故多用于高速和中心距较大的传动。平带有普通平带、编织平带和高速环形平带等。其中,以普通平带应用最广。

②V 带传动。

如图 3.16(b)所示,V 带的横截面为等腰梯形,工作面为带与轮槽接触的两侧面。根据楔形面的受力分析,在相同张紧力和摩擦因素条件下,V 带传动产生的摩擦力约是平带传动的 3 倍。另外,V 带传动允许较大的传动比,故 V 带传动机构紧凑,承载能力大,应用最为广泛。

③多楔带传动。

如图 3.16(c)所示,多楔带以其扁平部分为基体,下面有几条等距纵向槽,工作面为楔的侧面。这种带兼有平带的弯曲应力小和 V 带传动摩擦力大等优点,常用于传递功率较大而结构要求紧凑的场合,特别是要求 V 带根数较多或轮轴垂直于地面的传动。

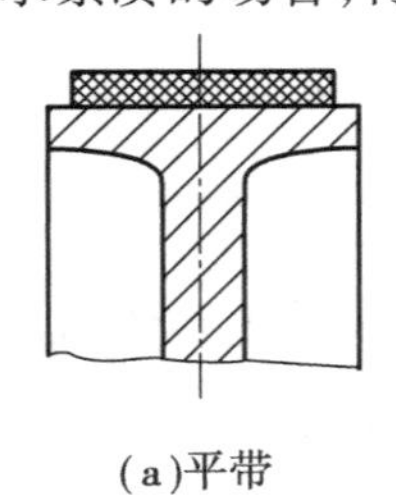

(a)平带

(b)V带

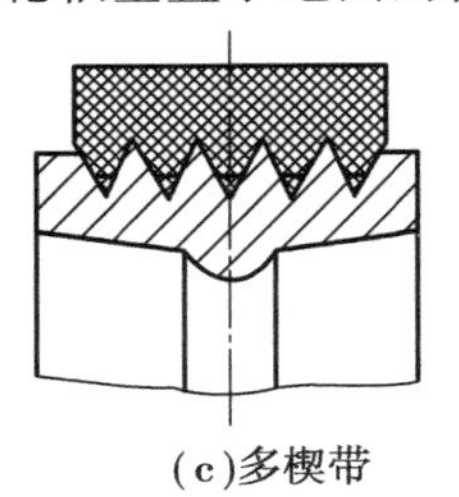

(c)多楔带

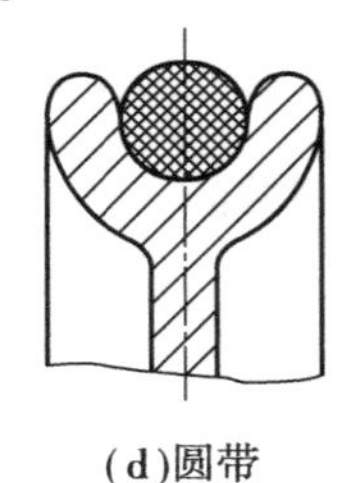

(d)圆带

图 3.16　摩擦型传动带的类型

④圆带传动。

如图 3.16(d)所示,圆带的横截面为圆形。圆带传动仅用于载荷较小的传动,如用于缝纫机和牙科医疗器械中。

2)啮合型带传动

如图3.15所示,啮合型带传动是利用带内侧的齿与带轮上的轮齿相啮合来传递运动和动力,较典型的是同步齿形带。同步齿形带兼有带传动和链传动的优点,故多用于要求传动平稳,传动精度要求较高的场合。

3.2.2　带传动的特点和应用

摩擦型带传动具有以下特点:

①带传动具有良好的弹性,能缓冲和吸收振动,因而传动平稳、噪声小。

②带传动过载时,带与带轮之间会出现打滑,可防止其他零件的损坏,起过载保护作用。

③带传动结构简单,制造、安装和维护方便,成本低廉。

④带与带轮之间存在弹性滑动,不能保证准确传动比。

⑤带传动效率低(0.94 ~0.97),寿命较短。

⑥带传动的外廓尺寸较大,结构不紧凑。

⑦带作用于轴的压力大,往往需要张紧装置,不宜用在高温、易燃及有油、水的场合。

带传动一般用于传动中心距较大、传动速度较高的场合。一般带速为5 ~25 m/s。

平带传动的传动比通常为3左右,较大可达到5;V带的传动比一般不超过8。通常用于传递中小功率的场合。在多级减速传动装置中,带传动通常置于与电动机相连的高速级上。

3.2.3　V带和V带轮

V带分为普通V带、窄V带、宽V带、联组V带、齿形V带、汽车V带、大楔角V带、农机双面V带等。其中,普通V带应用最广,窄V带也日益广泛。本节主要介绍普通V带的结构特点。

1)普通V带的结构和标准

普通V带为无接头的环形带,截面为等腰梯形。普通V带结构如图3.17所示。它由伸张层(顶胶)、强力层(抗拉体)、压缩层(底胶)及包布层(橡胶帆布)组成。

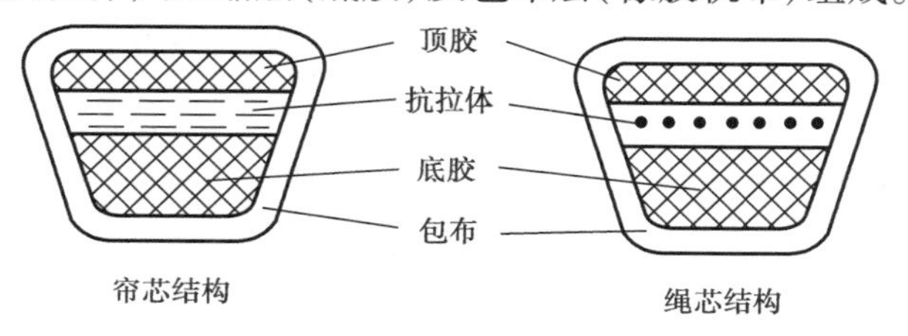

图3.17　V带结构

普通V带按强力层材料的不同,可分为帘布芯结构和线绳芯结构两种。帘布芯结构V带的强力层由几层胶帘布组成,抗拉强度高,制造较方便,型号齐全,应用较多。线绳芯结构V带的强力层由一层胶线绳组成,柔韧性好,抗弯强度高,适用于转速较高、带轮直径较小、载荷不大的场合。

普通V带是标准件,按截面尺寸由小到大分为Y,Z,A,B,C,D,E 7种型号,其截面尺寸见表3.1。窄V带有SPZ,SPA,SPB,SPC 4种型号。带截面尺寸越大,所能传递的功率也就越大。

表 3.1　普通 V 带截面尺寸(GB/T 11544—2012)

型号	Y	Z	A	B	C	D	E
顶宽 b/mm	6.0	10.0	13.0	17.0	22.0	32.0	38.0
节宽 b_p/mm	5.3	8.5	11.0	14.0	19.0	27.0	32.0
高度 h/mm	4.0	6.0	8.0	11.0	14.0	19.0	25.0
楔角 θ	40°						
每米质量 q/(kg·m^{-1})	0.03	0.06	0.11	0.19	0.33	0.66	1.02

在 V 带轮上与所配用 V 带的节宽 b_p 相对应的带轮直径称为基准直径 d_d。带轮基准直径按表 3.2 选用。V 带在规定的张紧力下,位于测量带轮基准直径上的周线长度,称为基准长度 L_d。它是 V 带传动中几何尺寸计算中所用带长,为标准值。普通 V 带基准长度系列见表 3.3。V 带两侧面工作面的夹角 α,称为带的楔角,$\alpha=40°$。当带工作时,V 带的横截面积变形,楔角 α 变小,为保证变形后 V 带仍可贴紧在 V 带轮的轮槽两侧面上,应将轮槽楔角 φ 适当减小,见表 3.4。

表 3.2　普通 V 带轮最小基准直径/mm

型号	Y	Z	A	B	C	D	E
d_{dmin}	20	50	75	125	200	355	500
基准直径系列	28　31.5　40　56　63　71　75　80　90　100　106　112　118　125　132　140 150　160　180　200　212　224　250　280　315　355　375　400　450　500　560						

表 3.3　普通 V 带的基准长度系列和带长修正系数 K_L(GB/T 13575.1—2008)

基准长度 L_d/mm	K_L					基准长度 L_d/mm	K_L			
	Y	Z	A	B	C		Z	A	B	C
200	0.81					1 600	1.04	0.99	0.92	0.83
224	0.82					1 800	1.06	1.01	0.95	0.86
250	0.84					2 000	1.08	1.03	0.98	0.88
280	0.87					2 240	1.10	1.06	1.00	0.91
315	0.89					2 500	1.30	1.09	1.03	0.93
355	0.92					2 800		1.11	1.05	0.95
400	0.96	0.79				3 150		1.13	1.07	0.97
450	1.00	0.80				3 550		1.17	1.09	0.99
500	1.02	0.81				4 000		1.19	1.13	1.02
560		0.82				4 500			1.15	1.04
630		0.84	0.81			5 000			1.18	1.07
710		0.86	0.83			5 600				1.09
800		0.90	0.85			6 300				1.12
900		0.92	0.87	0.82		7 100				1.15
1 000		0.94	0.89	0.84		8 000				1.18
1 120		0.95	0.91	0.86		9 000				1.21
1 250		0.98	0.93	0.88		10 000				1.23
1 400		1.01	0.96	0.90						

表3.4　普通V带轮的轮槽尺寸/mm

		槽型	Y	Z	A	B	C
		基准宽度 b_d	5.3	8.5	11	14	19
		基准线上槽深 h_{amin}	1.6	2.0	2.75	3.5	4.8
		基准线下槽深 h_{fmin}	4.7	7.0	8.7	10.8	14.3
		槽间距 e	8 ±0.3	12 ±0.3	15 ±0.3	19 ±0.4	25.5 ±0.5
		槽边距 f_{min}	6	7	9	11.5	16
		轮缘厚 δ_{min}	5	5.5	6	7.5	10
		外径 d_a	$d_a = d_d + 2h_a$				
φ	32°	基准直径 d_d	≤60				
	34°			≤80	≤118	≤190	≤315
	36°		>60				
	38°			>80	>118	>190	>315

2)普通V带轮材料与结构

设计V带轮时,应使其结构便于制造,质量分布均匀,质量小,并避免由于铸造产生过大的内应力。$v>5$ m/s时,要进行静平衡试验;$v>25$ m/s时,则应进行动平衡试验。

轮槽工作表面应光滑,以减少V带的磨损。

带轮的结构一般由轮缘、轮辐和轮毂3部分组成。轮缘是带轮具有轮槽的部分。轮槽的形状和尺寸与相应型号的带截面尺寸相适应。规定梯形轮槽的楔角为32°,34°,36°,38°。普通V带轮的轮槽尺寸见表3.4。

带轮的结构由带轮直径大小而定。当带轮直径较小时,$d_d \leqslant 200$ mm时,可采用实心式结构;当带轮直径 $d_d \leqslant 400$ mm时,可采用辐板(或孔板)式;当辐板面积较大时,采用椭圆轮辐式。带轮结构如图3.18所示。

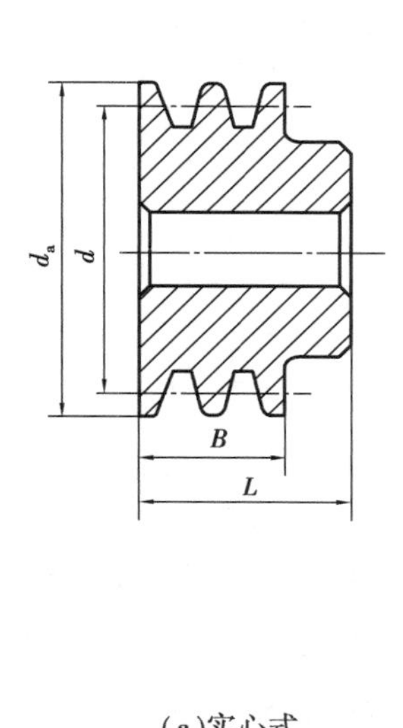

(a)实心式

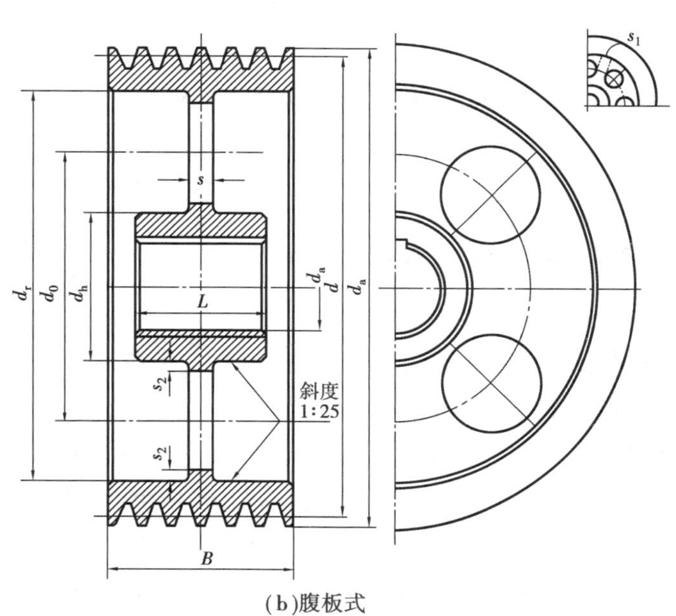

(b)腹板式

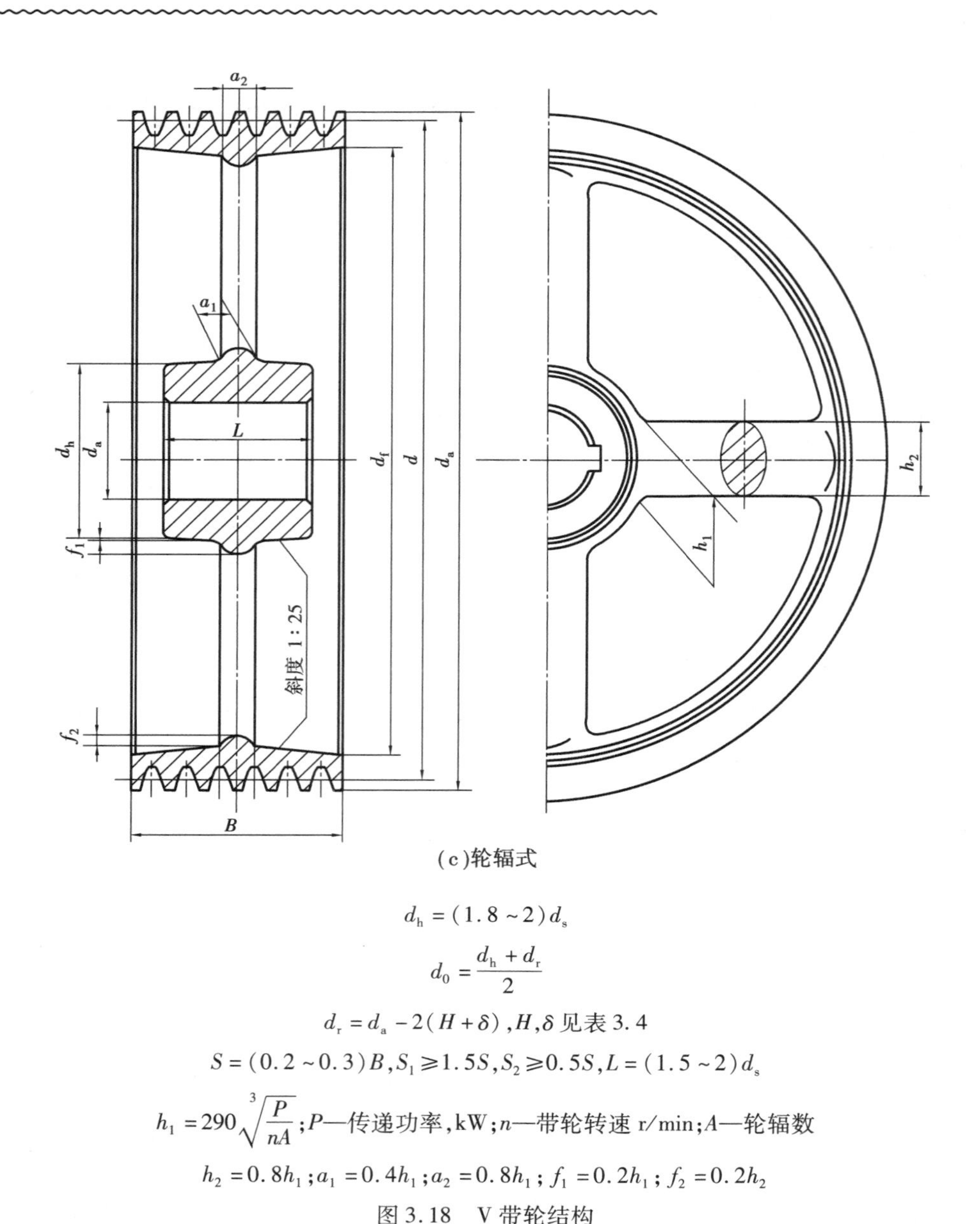

(c)轮辐式

$$d_h=(1.8\sim 2)d_s$$

$$d_0=\frac{d_h+d_r}{2}$$

$$d_r=d_a-2(H+\delta)\text{，}H,\delta \text{ 见表 3.4}$$

$$S=(0.2\sim 0.3)B,S_1\geqslant 1.5S,S_2\geqslant 0.5S,L=(1.5\sim 2)d_s$$

$$h_1=290\sqrt[3]{\frac{P}{nA}}$$；P—传递功率，kW；n—带轮转速 r/min；A—轮辐数

$$h_2=0.8h_1;a_1=0.4h_1;a_2=0.8h_1;f_1=0.2h_1;f_2=0.2h_2$$

图 3.18　V 带轮结构

3.2.4　带传动的工作情况分析

1)带传动的受力分析与打滑

带传动未运转时，由于带紧套在带轮上，带在带轮两边所受的初拉力相等，均为 F_0(见图 3.19)，工作时，主动轮 1 在转矩 T_1 的作用下，以转速 n_1 转动；由于摩擦力的作用，驱动从动轮 2 克服阻力矩 T_2，并以转速 n_2 转动。此时，两轮作用在带上的摩擦力方向如图 3.19 所示，进入主动轮一边的带进一步被拉紧，拉力由 F_0 增至 F_1，称为紧边；绕出主动轮一边的带被放松，拉力由 F_0 减少到 F_2，称为松边。紧边和松边的拉力差值(F_1-F_2)即为带传动的有效圆周力，用 F 表示。有效圆周力在数值上等于带与带轮接触面上摩擦力值的总和 $\sum F_f$，即

$$F = F_1 - F_2 = \sum F_f \tag{3.3}$$

当初拉力 F_0 一定时，带与带轮之间的摩擦力值的总和有一个极限值为 $\sum F_{flim}$。当传递的有效圆周力 F 超过极限 $\sum F_{flim}$ 时，带将在带轮上发生全面的滑动，这种现象称为打滑。打滑将使带的磨损加剧，传动效率降低，以致传动失效，故应予以避免。

由分析可知，带传动所能传递的最大圆周力与初拉力 F_0、摩擦系数 f 和包角 α 等有关，而 F_0 和 f 不能太大，否则会降低传动带寿命。包角 α 增加，带与带轮之间的摩擦力总和增加，从而提高了传动的能力。因此，设计时为了保证带具有一定的传动能力，要求小带轮上的包角 $\alpha_1 \geqslant 120°$。

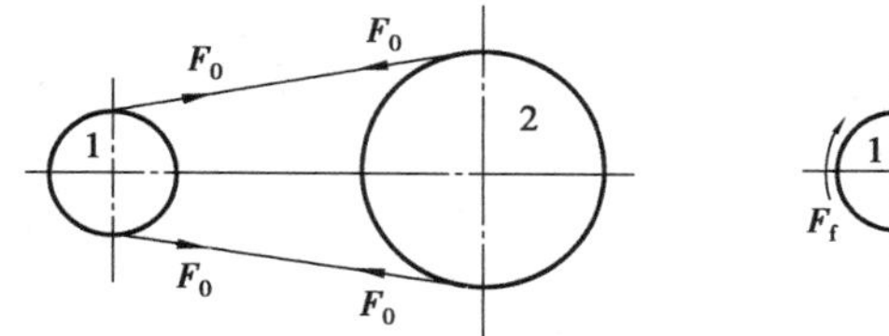

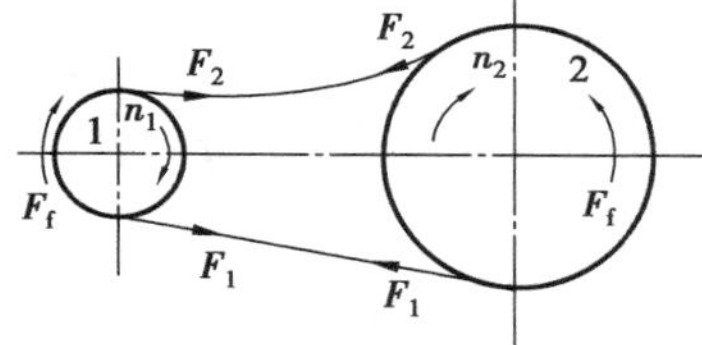

图3.19 带传动的受力分析

2）带的应力分析

带传动时，带中产生的应力有：

（1）由拉力产生的拉应力 σ

由紧边拉力 F_1 和松边拉力产生紧边拉应力和松边拉应力。其值如下：

紧边拉应力 σ_1（MPa）为

$$\sigma_1 = \frac{F_1}{A} \tag{3.4}$$

松边拉应力 σ_2（MPa）为

$$\sigma_2 = \frac{F_2}{A} \tag{3.5}$$

式中 A——带的横截面积，mm^2。

（2）弯曲应力 σ_b

带绕过带轮时，因弯曲而产生弯曲应力 σ_b（MPa）为

$$\sigma_b = \frac{2Eh_a}{d_d} \tag{3.6}$$

式中 E——带的弹性模量，MPa；

d_d——V带轮的基准直径，mm；

h_a——从V带的节线到最外层的垂直距离，mm。

从式（3.6）可知，当基准直径越小时，带产生的弯曲应力越大，故小带轮上的弯曲应力比大带轮上的弯曲应力大。

（3）离心应力 σ_c

当带沿带轮轮缘作圆周运动时，带上每一质点都受离心力作用。因离心力的作用，带中产生离心拉力，故此力在带中产生离心应力 σ_c（MPa），其值为

$$\sigma_c = \frac{F_c}{A} = \frac{qv^2}{A} \tag{3.7}$$

式中　q——每米带长的质量,kg/m;

V——带的速度,m/s。

如图3.20所示为带的应力分布情况。可知,带工作时带上的应力是随位置不同而变化的。最大应力发生在紧边与小轮的接触处。带中的最大应力为

$$\sigma_{\max} = \sigma_1 + \sigma_c + \sigma_{b1} \tag{3.8}$$

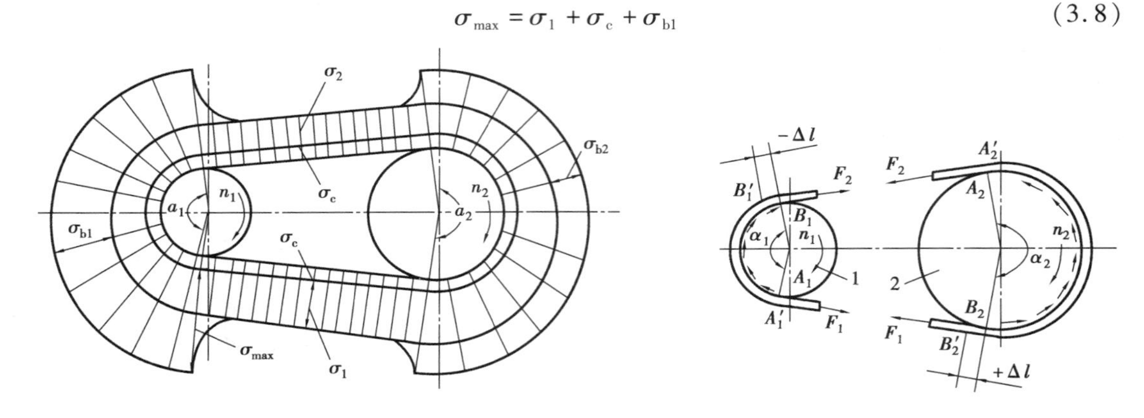

图3.20　带的应力分布　　　　图3.21　带传动的弹性滑动

3)带传动的弹性滑动和传动比

带是弹性体,受拉后产生弹性变形。拉力越大,伸长量越大。因紧边拉力大于松边拉力,故带在紧边的弹性伸长量较大。带由紧边在A点绕上主动轮1时(见图3.21),带的速度v与主动轮的圆周速度v_1相等。在带随轮由A点转至B点的过程中,带的拉力由F_1减小至F_2,伸长量也相应减小,带相对于轮面渐向后缩,与轮面间产生了相对滑动,致使$v < v_1$。同样,相对滑动也要发生在从动轮上。带绕经从动轮时的情况相反,致使带速v高于从动轮的圆周速度v_2。这种因带内应力变化造成弹性变形量改变而引起带与带轮之间的相对滑动,称为带的弹性滑动。对摩擦型带传动,弹性滑动是不可避免的。

弹性滑动导致的传动效率降低、带磨损、从动轮的圆周速度低于主动轮。因此,带传动的传动比不准确,即

$$i = \frac{n_1}{n_2} \approx \frac{d_{d2}}{d_{d1}} \tag{3.9}$$

4)带传动的张紧、安装与维护

(1)带传动的张紧

由于V带传动靠摩擦力传递动力和转矩,必须保持一定的初拉力F_0才能保证带的传动能力,因此,带安装时须张紧。另外,带工作一段时间后,磨损和塑性变形使带的初拉力减小,传动能力下降。因此,必须将带重新张紧,以保证带传动正常工作。带传动常用的张紧装置有以下两种:

①改变中心距张紧。

如图3.22(a)所示为张紧装置。先将装有带轮的电动机固定在滑道上,转动调整螺钉可使电动机移动,直到带张紧力达到要求后,再拧紧螺钉。在中、小功率的带传动中,可采用如图3.22(b)、(d)所示的自动张紧装置。将装有带轮的电动机固定在浮动的摆架上,利用电动机和摆架的质量,使带轮随同电动机一起绕固定支点A自动摆动,以保持带所需的张紧力。

②张紧轮张紧装置。

若中心距不能调节时,可采用具有张紧轮张紧(见图3.22(c)),当中心距由于结构上的限制不能改变时,可采用图示的张紧轮张紧装置,张紧轮一般装在松边带的内侧,使带只受单向弯曲,并尽可能靠近大带轮,以免小带轮的包角减少太多。当中心距小而传动比大,需要增加小带轮包角时,可采用图示张紧轮自动张紧装置,张紧轮一般装在松边带的外侧,并尽可能靠近小带轮,以便增大其包角。但这种装置结构复杂,带绕行一周受弯曲的次数增多,易于疲劳破坏,在高速带传动时不宜采用。

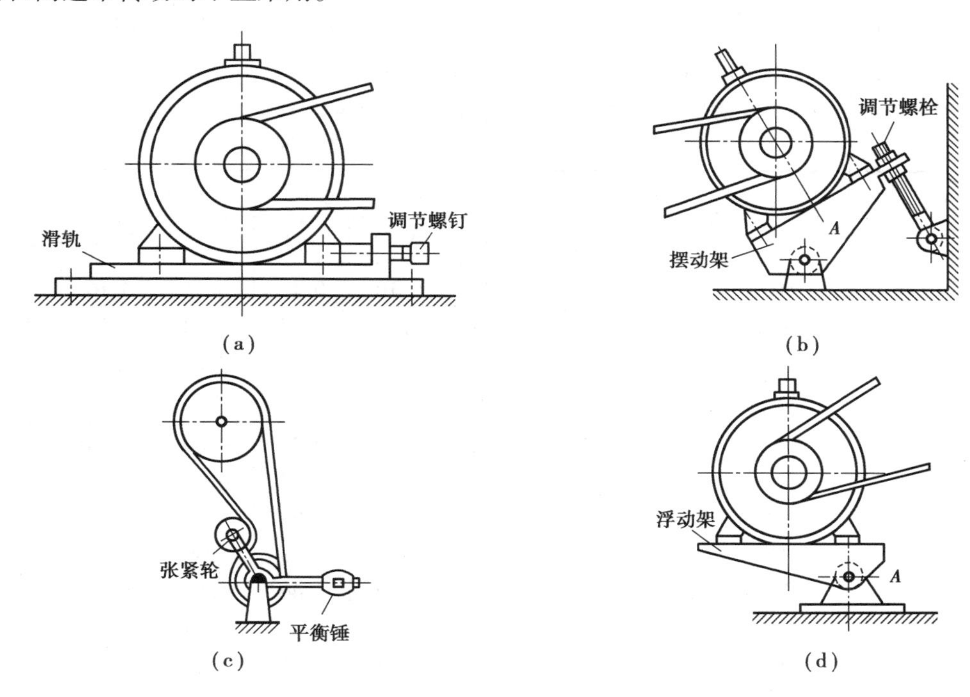

图3.22　带传动的张紧装置

(2)带传动的安装和维护

为了延长带的寿命,保证带传动的正常运转,必须重视正确地使用和维护保养。使用时,应注意:

①应按设计要求选取带型、基准长度和根数。新、旧带不能同组混用,否则各带受力就不均匀。

②安装带轮时,两轮的轴线应平行,端面与中心垂直,且两带轮装在轴上不得晃动,否则会使传动带侧面过早磨损。

③安装时,应先将中心距缩小,待将传动带套在带轮上后再慢慢拉紧,以使带松紧适度。一般可凭经验来控制,带张紧程度以大拇指能按下10~15 mm为宜。

④V带在轮槽中应有正确的位置。

⑤在使用过程中,要对带进行定期检查且及时调整。若发现个别V带有疲劳撕裂现象时,应及时更换所有V带。

⑥严防V带与酸、碱、油类等对橡胶有腐蚀作用的介质接触,尽量避免日光暴晒。

⑦为了保证安全生产,应给V带传动加防护罩。

拓展延伸

V 带传动的设计计算

1)带传动的失效形式和设计准则

带传动的失效形式是打滑和疲劳破坏。带传动的设计准则是:在保证带传动不打滑的前提下,带具有一定的疲劳强度和寿命。

2)单根普通 V 带传动的基本额定功率

对一定规格和材质的 V 带,在规定条件(载荷平稳 $\alpha_1=\alpha_2=180°$,特定带长等)下既不打滑又具有一定疲劳强度和寿命时的基本额定功率 P_0 可查表 3.5。

表 3.5　单根普通 V 带的基本额定功率 P_0/kW

(在包角 $\alpha=180$、特定长度、平稳工作条件下)

带型	小带轮基准直径 D_1/mm	小带轮转速 n_1/(r·min^{-1})						
		400	730	800	980	1 200	1 460	2 800
Z	50	0.06	0.09	0.10	0.12	0.14	0.16	0.26
	63	0.08	0.13	0.15	0.18	0.22	0.25	0.41
	71	0.09	0.17	0.20	0.23	0.27	0.31	0.50
	80	0.14	0.20	0.22	0.26	0.30	0.36	0.56
A	75	0.27	0.42	0.45	0.52	0.60	0.68	1.00
	90	0.39	0.63	0.68	0.79	0.93	1.07	1.64
	100	0.47	0.77	0.83	0.97	1.14	1.32	2.05
	112	0.56	0.93	1.00	1.18	1.39	1.62	2.51
	125	0.67	1.11	1.19	1.40	1.66	1.93	2.98
B	125	0.84	1.34	1.44	1.67	1.93	2.20	2.96
	140	1.05	1.69	1.82	2.13	2.47	2.83	3.85
	160	1.32	2.16	2.32	2.72	3.17	3.64	4.89
	180	1.59	2.61	2.81	3.30	3.85	4.41	5.76
	200	1.85	3.05	3.30	3.86	4.50	5.15	6.43
C	200	2.41	3.80	4.07	4.66	5.29	5.86	5.01
	224	2.99	4.78	5.12	5.89	6.71	7.47	6.08
	250	3.62	5.82	6.23	7.18	8.21	9.06	6.56
	280	4.32	6.99	7.52	8.65	9.81	10.74	6.13
	315	5.14	8.34	8.92	10.23	11.53	12.48	4.16
	400	7.06	11.52	12.10	13.67	15.04	15.51	—

在实际工作条件下,考虑到与规定的条件不同而应加以修正。单根 V 带实际传递的功率 P_1 为

$$P_1=(P_0+\Delta P_0)K_\alpha K_L \tag{3.10}$$

式中　ΔP_0——$i\neq1$ 时,单根普通 V 带基本额定功率的增量,kW,查表 3.6;

K_α——包角修正系数,查表 3.7;

K_L——长度修正系数，查表3.2。

表3.6　单根普通V带额定功率的增量 ΔP_0/kW

（在包角 $\alpha=180$、特定长度、平稳工作条件下）

带型	小带轮转速 n_1/(r·min^{-1})	传动比 i									
		1.00～1.01	1.02～1.04	1.05～1.08	1.09～1.12	1.13～1.18	1.19～1.24	1.25～1.34	1.35～1.51	1.52～1.99	≥2.0
Z	400	0.00	0.00	0.00	0.00	0.00	0.00	0.00	0.00	0.01	0.01
	730	0.00	0.00	0.00	0.00	0.00	0.00	0.01	0.01	0.01	0.02
	800	0.00	0.00	0.00	0.00	0.01	0.01	0.01	0.01	0.02	0.02
	980	0.00	0.00	0.00	0.00	0.01	0.01	0.01	0.02	0.02	0.02
	1 200	0.00	0.00	0.01	0.01	0.01	0.01	0.02	0.02	0.02	0.03
	1 460	0.00	0.00	0.01	0.01	0.01	0.02	0.02	0.02	0.02	0.03
	2 800	0.00	0.01	0.02	0.02	0.03	0.03	0.03	0.04	0.04	0.04
A	400	0.00	0.01	0.01	0.02	0.02	0.03	0.03	0.04	0.04	0.05
	730	0.00	0.01	0.02	0.03	0.04	0.05	0.06	0.07	0.08	0.09
	800	0.00	0.01	0.02	0.03	0.04	0.05	0.06	0.08	0.09	0.10
	980	0.00	0.01	0.03	0.04	0.05	0.06	0.07	0.08	0.10	0.11
	1 200	0.00	0.02	0.03	0.05	0.07	0.08	0.10	0.11	0.13	0.15
	1 460	0.00	0.02	0.04	0.06	0.08	0.09	0.11	0.13	0.15	0.17
	2 800	0.00	0.04	0.08	0.11	0.15	0.19	0.23	0.26	0.30	0.34
B	400	0.00	0.01	0.03	0.04	0.06	0.07	0.08	0.10	0.11	0.13
	730	0.00	0.02	0.05	0.07	0.10	0.12	0.15	0.17	0.20	0.22
	800	0.00	0.03	0.06	0.08	0.11	0.14	0.17	0.20	0.23	0.25
	980	0.00	0.03	0.07	0.10	0.13	0.17	0.20	0.23	0.26	0.30
	1 200	0.00	0.04	0.08	0.13	0.17	0.21	0.25	0.30	0.34	0.38
	1 460	0.00	0.05	0.10	0.15	0.20	0.25	0.31	0.36	0.40	0.46
	2 800	0.00	0.10	0.20	0.29	0.39	0.49	0.59	0.69	0.79	0.89
C	400	0.00	0.04	0.08	0.12	0.16	0.20	0.23	0.27	0.31	0.35
	730	0.00	0.07	0.14	0.21	0.27	0.34	0.41	0.48	0.55	0.62
	800	0.00	0.08	0.16	0.23	0.31	0.39	0.47	0.55	0.63	0.71
	980	0.00	0.09	0.19	0.27	0.37	0.47	0.56	0.65	0.74	0.83
	1 200	0.00	0.12	0.24	0.35	0.47	0.59	0.70	0.82	0.94	1.06
	1 460	0.00	0.14	0.28	0.42	0.58	0.71	0.85	0.99	1.14	1.27
	2 800	0.00	0.27	0.55	0.82	1.10	1.37	1.64	1.92	2.19	2.47

表3.7　包角修正系数 K_α

小轮包角 α_1	180	175	170	165	160	155	150	145	140	135	130	125	120
K_α	1.00	0.99	0.98	0.96	0.95	0.93	0.92	0.91	0.89	0.88	0.86	0.84	0.82

3)带传动的设计计算

(1)已知条件与设计内容

设计V带传动时已知条件为:传递的功率 P;主、从动轮的转速 n_1, n_2;传动比 i;传动的用途和工作情况;原动机种类及外廓尺寸方面的要求等。

V带传动设计的内容是:确定带的型号、长度和根数;带轮的结构和尺寸;传动的中心距;轴上的压力等。

(2)设计方法及步骤

①确定计算功率 P_c。

功率 P_c 为

$$P_c = K_A P \tag{3.11}$$

式中 P——传递的功率,kW;

K_A——工作情况系数,查表3.8。

表3.8 工作情况系数 K_A

<table>
<tr><th rowspan="4">载荷性质</th><th rowspan="4">工作机</th><th colspan="6">原动机</th></tr>
<tr><th colspan="3">软启动</th><th colspan="3">负载启动</th></tr>
<tr><th colspan="6">每天工作时间/h</th></tr>
<tr><th><10</th><th>10~16</th><th>>16</th><th><10</th><th>10~16</th><th>>16</th></tr>
<tr><td>载荷平稳</td><td>离心式水泵、通风机(≤7.5 kW)、轻型输送机、离心式压缩机</td><td>1.0</td><td>1.1</td><td>1.2</td><td>1.1</td><td>1.2</td><td>1.3</td></tr>
<tr><td>载荷变动小</td><td>带式运输机、通风机(>7.5 kW)、发电机、旋转式水泵、机床、剪床、压力机、印刷机、振动筛</td><td>1.1</td><td>1.2</td><td>1.3</td><td>1.2</td><td>1.3</td><td>1.4</td></tr>
<tr><td>载荷变动较大</td><td>螺旋式输送机、斗式提升机、往复式水泵和压缩机、锻锤、磨粉机、锯木机、纺织机械</td><td>1.2</td><td>1.3</td><td>1.4</td><td>1.4</td><td>1.5</td><td>1.6</td></tr>
<tr><td>载荷变动很大</td><td>破碎机(旋转式、颚式等)、球磨机、起重机、挖掘机、辊压机</td><td>1.3</td><td>1.4</td><td>1.5</td><td>1.5</td><td>1.6</td><td>1.8</td></tr>
</table>

②选择带型。

根据计算功率 P_c 和小带轮转速 n_1,按图3.23选择V带型号。

③确定带轮的基准直径 d_{d1} 和 d_{d2}。

带在工作时将产生弯曲应力,带轮直径越小,弯曲应力越大,带越易产生疲劳损坏。小带轮的直径不能取得过小,应使

$$d_{d1} > d_{d1\min}$$

并取标准直径,见表3.2。

大带轮的基准直径为

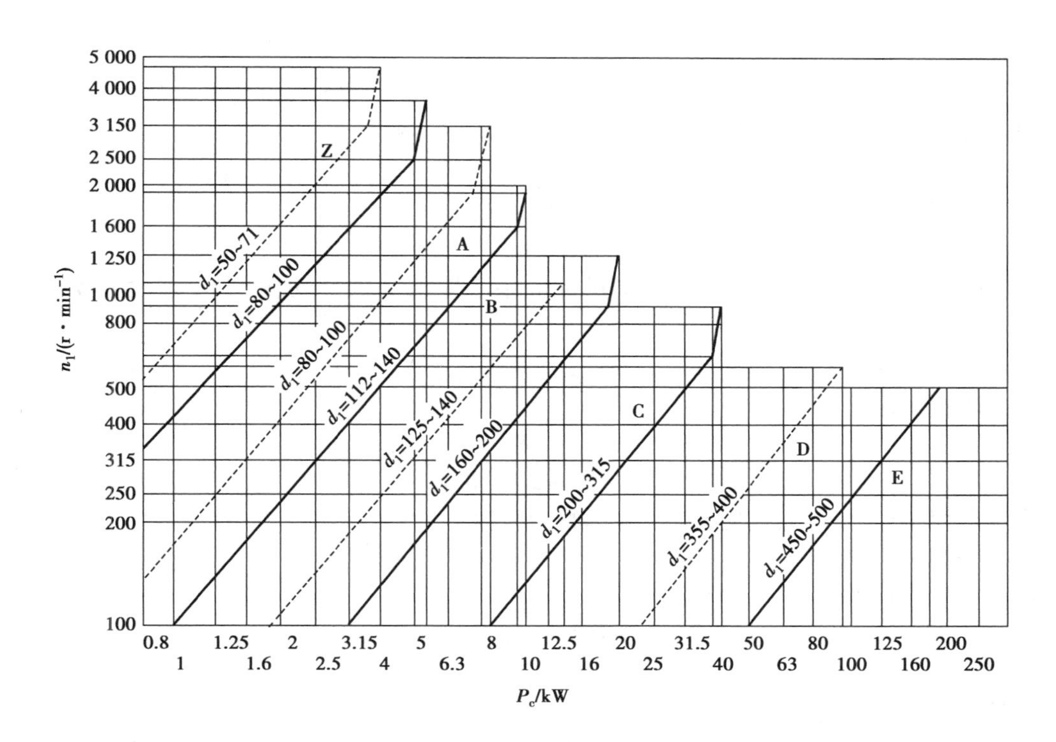

图 3.23　普通 V 带型号选型图

$$d_{d2}=\frac{n_1}{n_2}d_{d1}=id_{d1}$$

并圆整为标准系列值。

④验算带速 v。

带速 v(m/s)为

$$v=\frac{\pi d_{d1}n_1}{60\times 1\ 000} \tag{3.12}$$

带速 v 应为 5 ~25 m/s,其中以 10 ~20 m/s 为宜。当 $v>25$ m/s 时,因带绕过带轮时离心力过大,使带与带轮之间的压紧力减小,摩擦力降低而使传动能力下降,而且离心力过大降低了带的疲劳强度和寿命。当 $v<5$ m/s 时,在传递相同功率时带所传递的圆周力增大,使带的根数增加。

⑤确定中心距 a 和基准长度 L_d。

中心距小则结构紧凑,但带较短,应力循环次数多,寿命短,且包角较小,传动能力降低;中心距过大,将有利于增大包角,但太大则使结构外廓尺寸大,还会因载荷变化引起带的颤动,从而降低其工作能力。设计时,可按下式初选中心距 a_0,即

$$0.7(d_{d1}+d_{d2})\leqslant a_0\leqslant 2(d_{d1}+d_{d2}) \tag{3.13}$$

初定的 V 带基准长度 L_0 为

$$L_0=2a_0+\frac{\pi}{2}(d_{d1}+d_{d2})+\frac{(d_{d2}-d_{d1})^2}{4a_0} \tag{3.14}$$

根据初定的 L_0,由表 3.3 选取相近的基准长度 L_d。最后近似计算实际所需的中心距为

$$a \approx a_0 + \frac{L_d - L_0}{2} \tag{3.15}$$

考虑安装和张紧的需要，应使中心距有 $\pm 0.03L_d$ 的调整量。

⑥验算小轮包角 α_1。

$$\alpha_1 = 180° - \frac{d_{d2} - d_{d1}}{a} \times 57.3° \tag{3.16}$$

一般要求 $\alpha \geqslant 120°$（至少 90°），否则可加大中心距或降低传动比，也可增设张紧轮或压带轮。

⑦确定带的根数 z。

带的根数 z 为

$$z = \frac{P_c}{(P_0 + \Delta P_0)K_\alpha K_L} \tag{3.17}$$

为使各根带受力均匀，应使 $z < 10$ 且圆整为整数。

⑧确定初拉力 F_0。

初拉力 F_0(N)为

$$F_0 = \frac{500P_c}{zv}\left(\frac{2.5}{K_\alpha} - 1\right) + qv^2 \tag{3.18}$$

⑨计算带传动作用在轴上的压力 F_Q。

为了设计带轮轴和轴承，必须计算出带轮对轴的压力。如图 3.24 所示，若不考虑带两边的拉力差，F_Q(N)可近似计算为

$$F_Q = 2zF_0 \sin\frac{\alpha_1}{2} \tag{3.19}$$

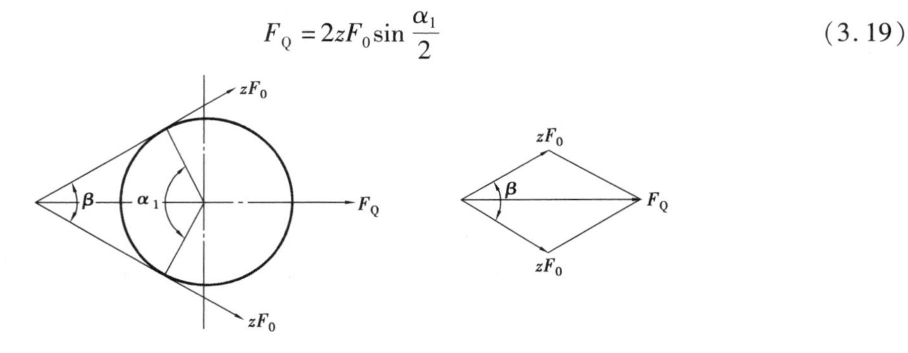

图 3.24　带传动作用在轴上的压力

例 3.1　设计某振动筛的某 V 带传动，已知电动机功率 $P = 1.7$ kW，转速 $n_1 = 1\ 430$ r/min，工作机的转速 $n_2 = 285$ r/min，根据空间尺寸，要求中心距约为 500 mm。带传动每天工作 16 h，试设计该 V 带传动。

解　(1)确定计算功率 P_c

根据 V 带传动工作条件。查表 3.8，可得工作情况系数 $K_A = 1.3$，故

$$P_c = K_A P = 1.3 \times 1.7 \text{ kW} = 2.21 \text{ kW}$$

(2)选取 V 带型号

根据 P_c，n_1，由图 3.23，选用 Z 型 V 带。

(3)确定带轮基准直径 d_{d1}，d_{d2}

根据表 3.2，选 $d_{d1} = 80$ mm。

根据式(3.9),从动轮的基准直径为

$$d_{d2}=\frac{n_1}{n_2}d_{d1}=\frac{1\ 430}{285}\times 80\ \text{mm}=401.1\ \text{mm}$$

根据表3.3,选 $d_{d2}=400$ mm。

(4)验算带速 v

$$v=\frac{\pi d_{d1}n_1}{60\times 1\ 000}=\frac{3.14\times 80\times 1\ 430}{60\times 1\ 000}\text{m/s}=5.99\ \text{m/s}$$

可知,v 在 5～15 m/s,故带的速度合适。

(5)确定V带的基准长度和传动中心距

因题目要求中心距约为500 mm,故初选中心距 $a_0=500$ mm。

根据式(3.13)计算带所需的基准长度为

$$L_0=2a_0+\frac{\pi}{2}(d_{d1}+d_{d2})+\frac{(d_{d2}-d_{d1})^2}{4a_0}$$

$$=2\times 500+\frac{\pi}{2}(80+400)\ \text{mm}+\frac{(400-80)^2}{4\times 500}\ \text{mm}=1\ 804.8\ \text{mm}$$

由表3.3,选取带的基准长度 $L_d=1\ 800$ mm。

按式(3.15)计算实际中心距为

$$a=a_0+\frac{L_d-L_0}{2}=500\ \text{mm}+\frac{1\ 800-1\ 804.8}{2}\ \text{mm}=497.6\ \text{mm}$$

(6)验算主动轮上的包角 α_1

由式(3.16)得

$$\alpha_1=180°-\frac{d_{d2}-d_{d1}}{a}\times 57.3°=180°-\frac{400-80}{497.6}\times 57.3°=143.16°>120°$$

故主动轮上的包角合适。

(7)计算V带的根数 z

由式(3.17)得

$$z=\frac{P_c}{(P_0+\Delta P_0)K_\alpha K_L}$$

由 $n_1=1\ 430$ r/min,$d_{d1}=80$ mm,查表3.6得 $\Delta P_0=0.03$ kW。

查表3.7得 $K_\alpha=0.90$,查表3.3得 $K_L=1.06$,故

$$z=\frac{2.21}{(0.35+0.03)\times 0.90\times 1.06}=6.09$$

故取 $z=7$ 根。

(8)计算V带合适的初拉力 F_0

由式(3.18)得

$$F_0=\frac{500P_c}{zv}\left(\frac{2.5}{K_\alpha}-1\right)+qv^2$$

查表3.3得 $q=0.06$ kg/m,故

$$F_0=\frac{500\times 2.21}{6\times 5.99}\times\left(\frac{2.5}{0.9}-1\right)\ \text{N}+0.06\times 5.99^2\ \text{N}=56.8\ \text{N}$$

(9)计算作用在轴上的载荷 F_Q

由式(3.19),得

$$F_Q = 2zF_0 \sin\frac{\alpha_1}{2} = 2 \times 6 \times 56.8 \times \sin\frac{143.16}{2}\ \text{N} = 646.7\ \text{N}$$

(10)带轮结构设计(略)

自测题

一、填空题

1. 普通 V 带的标注为 A1800(GB/T 11544—2012)。其中,A 表示为________,1800 表示________。

2. 带传动不能保证传动比准确不变的原因是________________________________。

3. 为了保证 V 带传动具有一定的传动能力,设计时,小带轮的包角要求 $\alpha_1 \geqslant$________。

4. V 带传动速度控制范围________________。

5. 带传动的主要失效形式为________________和________________。

6. 带传动有 3 种应力,最大应力 σ_{max} 发生在________________。

7. V 带工作一段时间后会松弛,其张紧方法有________和________。

8. 带传动打滑的主要原因是____。

二、选择题

1. V 带比平带传动能力大的主要原因是(　　)。

A. 没有接头　　B. V 带横截面大　　C. 产生的摩擦力大

2. 带传动的打滑现象首先发生在何处?(　　)

A. 小带轮　　B. 大带轮　　C. 大小带轮同时出现

3. 设计时,带速如果超出许用范围应该采取何种措施?(　　)

A. 更换带型号　　B. 重选带轮直径　　C. 增加中心距

4. 带传动时如果有一根带失效,则(　　)。

A. 更换一根新带　　B. 全部换新带　　C. 不必换

5. 带轮常采用何种材料?(　　)

A. 铸铁　　B. 钢　　C. 铝合金

6. V 带轮槽角应小于带楔角的目的是(　　)。

A. 增加带的寿命　　B. 便于安装　　C. 可使带与带轮间产生较大的摩擦力

三、设计计算题

设计一带式输送机的普通 V 带传动。已知电动机的额定功率 $P = 3$ kW,转速 $n_1 = 1\ 440$ r/min,传动比 $i = 3$,每天工作 10 h,要求中心距为 500 mm 左右,工作中有轻微振动,试设计其中的 V 带传动。

任务3.3　链传动

活动情境

观察自行车或摩托车上的链传动。

任务要求

掌握链传动的结构特点，学会安装链传动。

任务引领

通过观察与操作回答以下问题：

1. 链传动由哪些部分组成？它与带传动有何区别？
2. 链传动有哪些类型？它们各有何特点？
3. 链传动的主要失效形式是什么？如何安装与维护？

归纳总结

3.3.1　链传动的类型、特点与应用

1）链传动的工作原理和类型

（1）工作原理

链传动由主动链轮、从动链轮和链条等组成，如图3.25所示。工作时，通过链条与链轮轮齿的啮合来传递运动和动力。

（2）主要类型

链传动的种类很多。按用途的不同，链传动可分为传动链、起重链和运输链3类。

①传动链。一般用于机械装置中传递运动和动力。

②起重链。主要用于起重机械中提起重物。

③运输链。主要用于各类输送装置中。

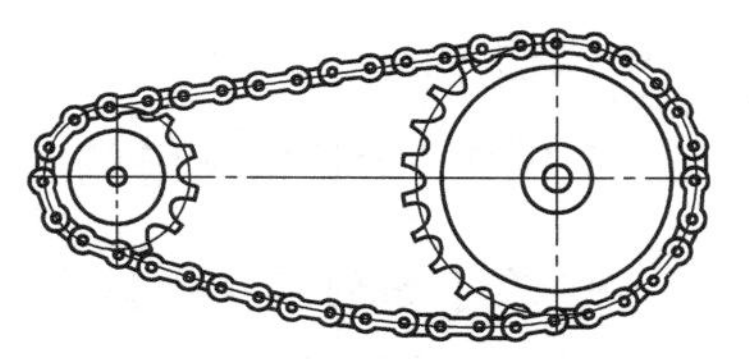

图3.25　链传动

根据结构的不同，传动链可分为滚子链、套筒链、弯板链及齿形链等，如图3.26所示。滚子链结构简单，磨损较轻，故应用较广。齿形链又称无声链，其传动平稳准确，振动、噪声小，强度高，工作可靠；但质量较小，装拆较困难，主要用于高速、高精度的场合。

2）链传动的特点和应用

链传动是属于具有中间挠性件的啮合传动。它兼有齿轮传动和带传动的一些特点。

（1）与齿轮传动相比

链传动的制造与安装精度要求较低；链齿轮受力情况较好，承载能力较大；有一定的缓冲和减振性能；中心距可大而结构简单。

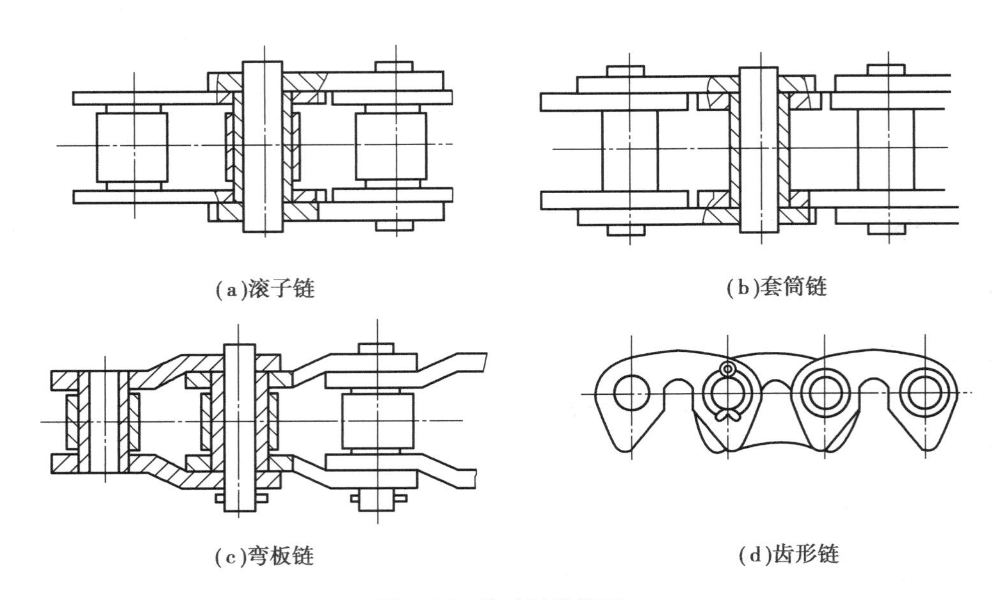

图 3.26 传动链的类型

(2)与摩擦型带传动相比

链传动的平均传动比准确;传动效率较高;链条对轴的拉力较小;同样使用条件下,结构尺寸更紧凑。此外,链条的磨损伸长比较缓慢,张紧调节工作量小,并且能在恶劣环境条件下工作。

链传动的主要缺点是:不能保持瞬时传动比恒定;工作时有噪声;磨损后易发生跳齿;不适用于受空间限制要求中心距小以及急速反向传动的场合。

链传动的应用范围很广。通常中心距较大($a \leqslant 6$ m)、多轴、平均传动比($i \leqslant 7$)要求准确的传动,环境恶劣的开式传动,低速($v \leqslant 15$ m/s)重载($p \leqslant 100$ kW)传动,润滑良好的高速传动等都可成功地采用链传动。目前,它在矿山机械、石油化工机械、运输机械及农业机械中得到广泛应用。

3.3.2 滚子链与链轮

1)滚子链的结构和标准

(1)滚子链的结构

滚子链的结构如图 3.27 所示。滚子链由滚子 5、套筒 4、销轴 3、内链板 1 及外链板 2 所组成。内链板 1 与套筒 4 之间、外链板 2 与销轴 3 之间分别用过盈配合固定联接。滚子 5 与套筒 4 之间、套筒 4 与销轴 3 之间均为间隙配合,它们之间可自由转动,这样可减轻齿廓磨损。

链板一般制成 8 字形,以使它的各个横截面具有接近的抗拉强度,同时减少了链的质量和运动时的惯性力。滚子链的接头形式如图 3.28 所示。当链节数为偶数时,形成环状的接头处正好是内外链板相接,链节接头处可用开口销或弹性锁片固定(见图 3.28(a)、(b)),分别适用于大节距与小节距。当链节数为奇数时,需用过渡链节才能构成环状,如图 3.28(c)所示。过渡链节的弯链板工作时会受到附加弯曲应力,故应尽量不用。

当传递大载荷时,可采用双排链(见图 3.29)或多排链。多排链的承载能力与排数成正比。但由于精度的影响,各排链所受载荷不易均匀,故排数不宜过多,一般不宜超过 4 排。

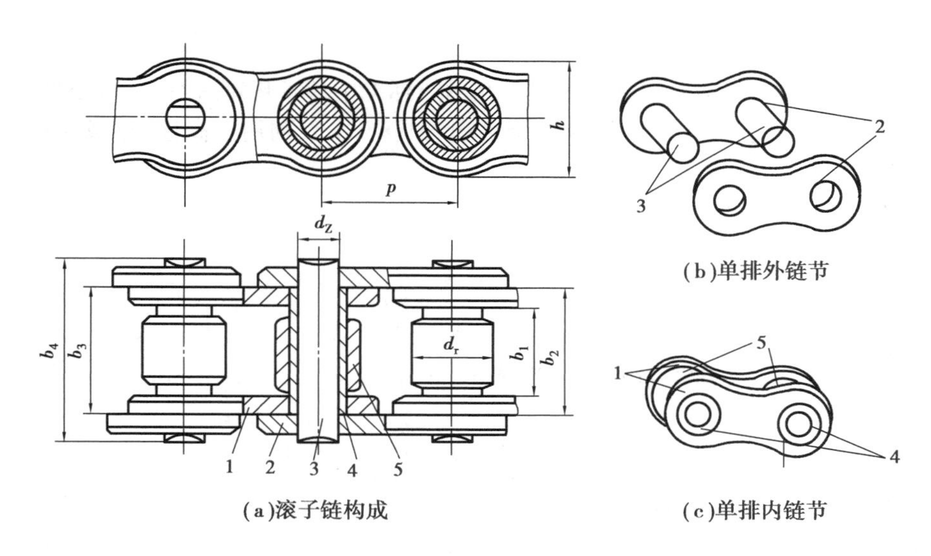

(a)滚子链构成 (b)单排外链节 (c)单排内链节

图3.27 滚子链的结构

1—内链板;2—外链板;3—销轴;4—套筒;5—滚子

滚子链与链轮啮合的基本参数是节距p、滚子外径d_1和内链节内宽b_1(见图3.30),对多排链则还有排距p_t。其中,节距p是滚子链的主要参数,节距增大时,链条中的各零件的尺寸也相应增大,可传递的功率也随之增大,但冲击和振动也增大。

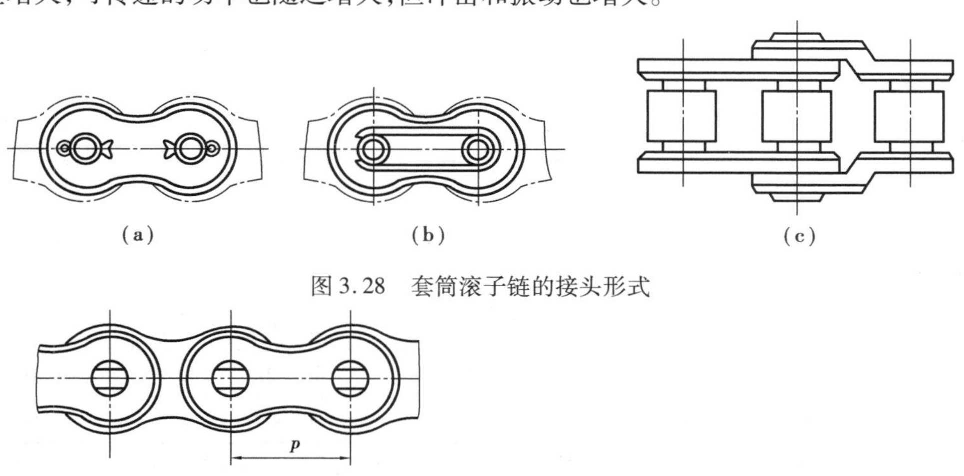

(a) (b) (c)

图3.28 套筒滚子链的接头形式

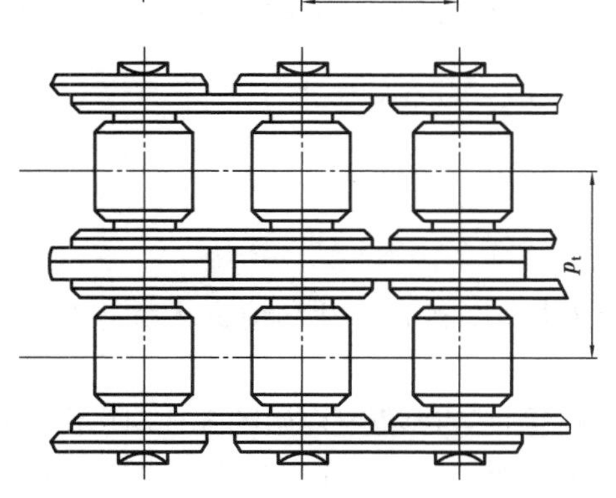

图3.29 套筒双排链

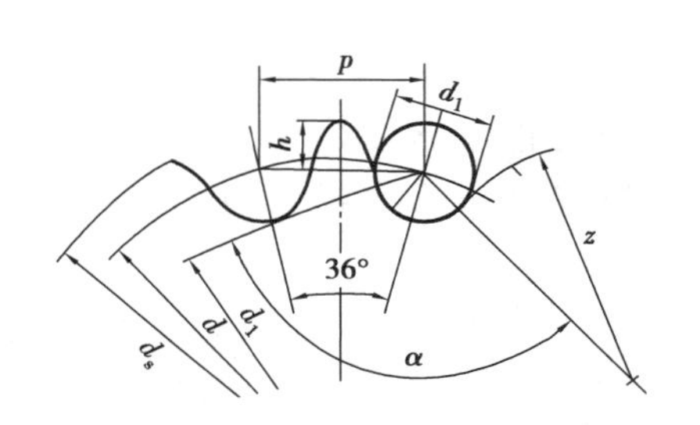

图3.30 链轮齿槽形状

(2)滚子链的标注

滚子链已标准化,其结构和基本参数已在国家标准中作了规定,设计时可根据载荷的大小及工作条件选用。滚子链又分为A,B两个系列。其中,A系列用于高速、重载和重要的传动;B系列用于一般传动。

滚子链规格和主要参数见表3.9。

滚子链的标记为

□ - □ × □ □

链号 排数 整链链节数 标准编号

例如,08A-1×90 GB/T 1243—2006表示:A系列、8号链、节距12.7 mm、单排、90节的滚子链。

表3.9 A系列滚子链的主要参数

链号	节距p/mm	排距p_1/mm	滚子外径d_1/mm	极限载荷Q(单排)/N	每米长质量q(单排)/(kg·m^{-1})
05B	8.00	5.64	5.00	4 400	0.18
06B	9.525	10.24	6.35	8 900	0.40
08B	12.70	13.92	8.51	17 800	0.70
08A	12.70	14.38	7.92	13 800	0.60
10A	15.875	18.11	10.16	21 800	1.00
12A	19.05	22.78	11.91	21 100	1.50
16A	25.40	29.29	15.88	55 600	2.60
20A	31.75	35.76	19.05	86 700	3.80
24A	38.10	45.44	22.23	124 600	5.60
28A	44.45	48.87	25.40	169 000	7.50
32A	50.80	58.55	28.58	222 400	10.10
40A	63.50	71.55	39.68	347 000	16.10
48A	76.20	87.83	47.63	500 400	22.60

注:1.摘自GB/T 1243—2006,表中链号与相应的国际标准链号一致,链号乘以25.4/16即为节距值(mm)。后缀A表示A系列。
2.使用过渡链节时,其极限载荷按表列数值80%计算。

2)链轮的齿形结构和材料

(1)链轮的齿形

链轮的齿形应保证链轮与链条接触良好、受力均匀,链节能顺利地进入和退出与轮齿的啮合。

根据GB/T 1243—2006,链轮端面齿形推荐用三圆一直线齿形,如图3.30所示。此时,若用标准刀具加工时,在链轮工作图上可不画出端面齿形,只画出轴向齿形,但需注明“齿形按GB/1243—2006的规定制造”。

链轮的轴向齿廓采用圆弧状以使链节进入和退出啮合较方便，链轮轴向齿廓和尺寸查标准 GB/T 1243—2006。绘制链轮工作图时，应注明节距 p、齿数 z、分度圆直径 d、齿顶圆直径 d_a、齿根圆直径 d_f 及齿侧凸缘直径 d_g。

(2)链轮的结构

链轮的结构如图3.31所示。小链轮制成实心式(见图3.31(a))；中等尺寸的链轮常为辐板式或孔板式(见图3.31(b))；直径较大时，可采用组合式结构(见图3.31(c))。

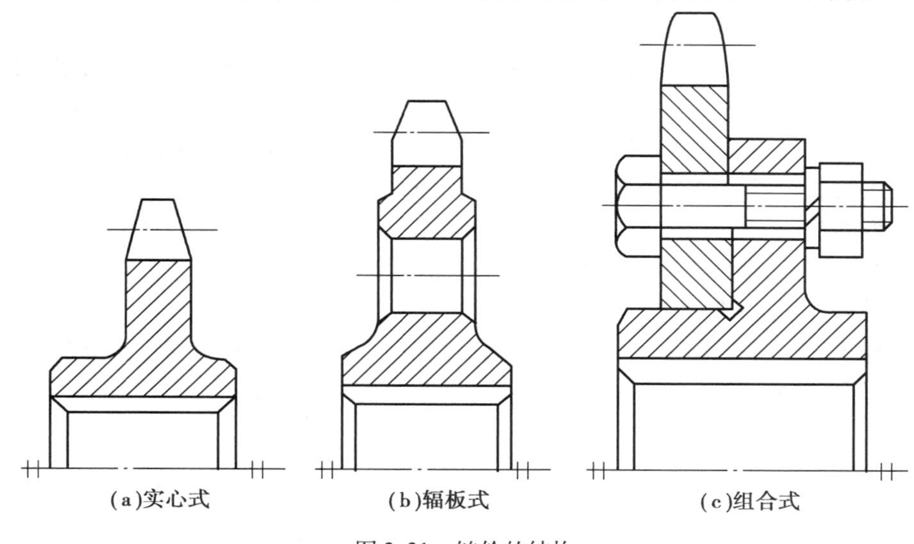

图3.31　链轮的结构

(3)链轮的材料

链轮轮齿应具有足够的疲劳强度、耐磨性和耐冲击性，故链轮材料多采用低碳合金钢(如20Cr等)经渗碳淬火；或用调质钢(如用45,50,35CrMo,40Cr等)表面淬火，硬度在45HRC以上。

因小链轮的啮合次数较多，且磨损和所受冲击也较严重，故其材料常优于大链轮。

3.3.3　链传动的布置、张紧和维护

1)链传动的失效形式

链传动的失效多为链条失效，主要有以下5种情况：

(1)链条的疲劳破坏

链传动时，因紧边和松边的拉力不同，故链条在运行中受变应力作用。经多次循环后，链条将发生疲劳破坏。在润滑条件良好时，链条的疲劳强度是决定链传动能力的主要因素。

(2)链条磨损与脱链

链传动时，因销轴与套筒、套筒与滚子之间发生摩擦引起磨损，故若润滑不良，将导致磨损加重，链条节距增大，发生跳齿或脱链。这是开式传动常见的失效形式。

(3)滚子和套筒的冲击破坏

链传动时反复启动、制动、反转产生较大的冲击，以及传动中的不平稳，以致滚子、套筒产生冲击疲劳破坏。

(4)销轴和套筒的胶合

在高速、重载时,链条所受冲击载荷、振动较大,销轴与接触表面难以维持连续的油膜,导致摩擦严重而产生高温,使元件表面发生胶合。

(5)链条的过载拉断

低速、重载时,链条因静强度不足而被拉断。

2)链传动的布置

链传动布置应注意以下3点:

①两链轮的轴线最好布置在同一水平面内(见图3.32(a))。两链轮中心与水平面的倾斜角应小于45°。

②尽量避免垂直传动。链轮轴线在同一铅垂面内时,链条应磨损而垂度增大,会使与下链轮的啮合的次数减少或松脱。若必须采用垂直传动时,可采用以下措施:

a. 中心距可调。

b. 上下两轮错开,使两轮轴线不在同一铅垂面内(见图3.32(b))。

c. 设张紧装置(见图3.32(c))。

③主动链轮的转向应使传动的紧边在上,松边在下,以免垂度过大时干扰链与轮齿的正常啮合(见图3.32(d))。

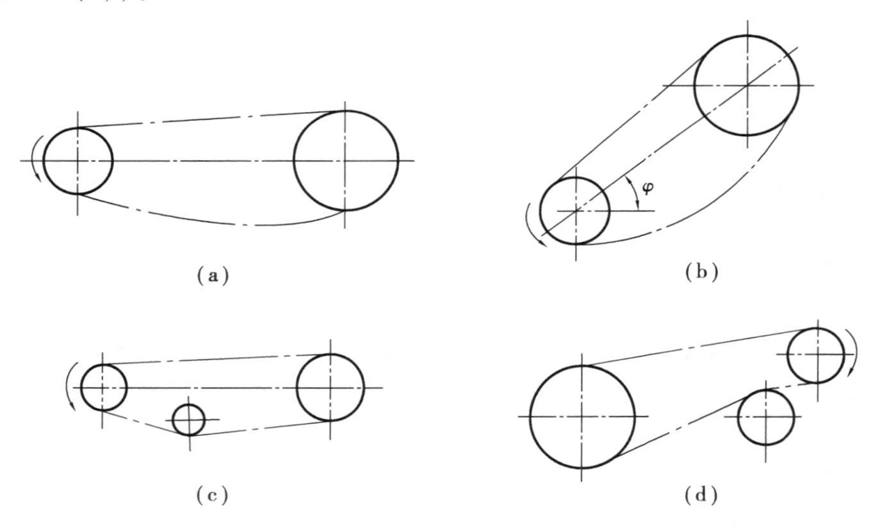

图3.32 链传动的布置

3)链传动的安装

安装链轮时,应保证尽可能小的共面误差,因此要求:两轮的轴线应平行;应使两轮轮宽中心平面的轴向位移误差$\Delta e \leqslant 0.002a$($a$为中心距),两轮旋转平面之间的夹角$\Delta\theta \leqslant 0.006$rad。

安装链条时,对小节距链条可把它的两个联接端都拉到链轮上,利用链轮齿槽来定位,再把联接链接销轴插入套筒孔中,装上弹性锁片。

4)链传动的张紧

(1)链传动的垂度

链传动的松边的垂度可近似认为两轮公切线至松边最远点的距离。合适的松边垂度推荐为$f=(0.01\sim0.02)a$(a为中心距)。对重载、经常制动、启动、反转的链传动,以及接近垂直的链传动,松边垂度应适当减小。

(2)链传动的张紧

张紧的目的主要是避免链条垂度过大而引起啮合不良和链条的振动。链传动的张紧可采用下列方法:

①调整中心距。

增大中心距使链张紧。对滚子链传动,中心距的可调整量为 $2p$。

②缩短链长。

当中心距不可调整而又无张紧装置时,对因磨损而变长的链条,可拆除 1 ~2 个链节,使链缩短而张紧。缩短链长的方法是:对奇数节链条,拆除过渡链节即可;对偶数节链条,可拆除 3 个链节(一个外链节,两个内链节),换上一个复合链节(一个内链节与一个过渡链节装在一起)。

③采用张紧装置。

图 3.32(c)中采用张紧轮。张紧轮一般置于松边靠近小链轮外侧。

5)链传动的润滑

(1)润滑方式

链传动的润滑方式一般根据链速和链号确定。人工润滑时,用刷子或油壶定期在链条松边内外链板间隙处注油,每班(8 h)一次;滴油润滑时,利用油杯将油滴落在两铰接板之间。单排链每分钟滴油 5 ~20 滴,链速高时取大值;油浴润滑时,链条和链轮的一部分浸入油中,浸油深度 6 ~12 mm;飞溅润滑时,在链轮侧边安装甩油盘,飞溅润滑。甩油盘浸油深度 12 ~25 mm,其圆周速度大于 3 m/s;喷油润滑用于链速 $v>8$ m/s 的场合,强制润滑并起冷却作用。

(2)润滑油的选择

润滑油推荐用全损耗系统用油,牌号为 L-AN32,L-AN68,L-AN100。温度较低时用前者。对开式及重载低速传动,可在润滑油中加入 MoS2,WS2 等添加剂。

自测题

一、填空题

1.链传动是通过链条与链轮轮齿的________来传递运动和力。

2.链条的主要参数是________。链条的长度常用________表示。

3.设计时,在满足承载能力的前提下,尽量选取小节距的________链;高速重载时,可选用小节距的________链。

4.因链节数常取偶数,故为使磨损均匀,链轮齿数一般取________数。

5.链传动张紧措施:____________________;____________________;________________。

二、选择题

1.滚子链传动中,尽量避免采用过渡链节的主要原因是(　　)。

A.制造困难　　B.价格高　　C.链板受附加弯曲应力

2.链传动工作一段时间后,发生脱链的主要原因是(　　)。

A.链轮轮齿磨损　　B.链条铰链磨损　　C.中心距过大

3.链传动速度高,采用飞溅润滑时,链条浸油深度(　　)。

A.不得浸入油池　　B.全部浸入油池　　C.部分浸入油池

任务3.4 齿轮传动

活动情境

装拆齿轮减速箱。

任务要求

掌握齿轮及齿轮传动的特点,学会正确装拆齿轮。

任务引领

通过观察与操作回答以下问题:
1. 减速箱中共有多少个齿轮?它们各有哪些特点?
2. 齿轮传动的常用类型有哪些?
3. 齿轮传动的传动比如何计算?
4. 齿轮的失效形式有哪些?

归纳总结

图3.33 齿轮减速箱

齿轮传动是依靠主动轮的轮齿与从动轮的轮齿直接啮合来传递运动和动力的。它是现代机械中应用最广泛的一种机械传动。它在机床和汽车变速器等机械中被普遍应用。如图3.33所示的齿轮减速箱,即是其中的一种。

3.4.1 齿轮传动的特点

1)优点

①齿轮传动的瞬时传动比(与链传动相比)和平均传动比(与带传动相比)都较稳定,具有较高的传动精度。

②齿轮传动具有较高的传动效率。对于大功率传动来说,这是重要的特点,能减少机械传动的能量损失。

③齿轮传动承载能力大,适用的圆周速度及传递功率的范围较大,在传递同样载荷的前提下,具有较小的体积和较高的使用寿命。

④齿轮传动能实现两轴平行、相交和交错的各种传动。

2)缺点

①制造和安装精度要求较高,故制造成本较高。

②不适合两轴相距较远距离的传动(与带传动和链传动相比)。

3.4.2 齿轮传动的类型

齿轮传动根据不同的条件分类如下(见图3.34):

- 齿轮传动
  - 平面齿轮传动—两轴线平行—圆柱
    - 直齿
      - 外啮合(见图3.34(a))
      - 内啮合(见图3.34(b))
      - 齿轮齿条啮合(见图3.34(c))
    - 斜齿
      - 外啮合(见图3.34(d))
      - 内啮合
      - 齿轮齿条啮合
    - 人字齿(见图3.34(e))
  - 空间齿轮传动
    - 两轴线相交
      - 直齿锥齿轮传动(见图3.34(f))
      - 斜齿锥齿轮传动
      - 曲齿锥齿轮传动
    - 两轴线交错
      - 交错轴斜齿圆柱齿轮传动(见图3.34(g))
      - 蜗杆蜗轮传动(见图3.34(h))

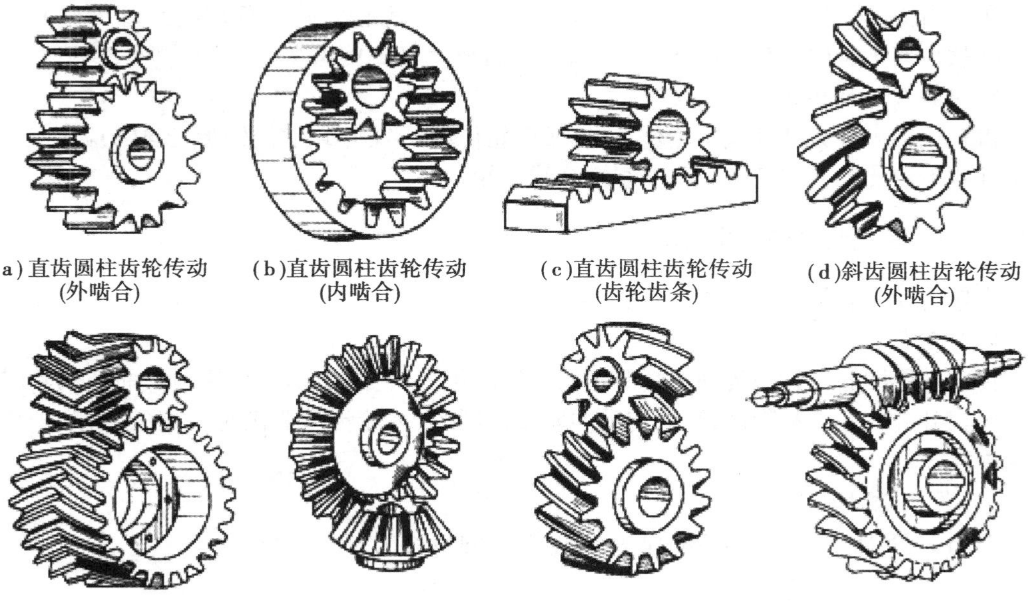

(a)直齿圆柱齿轮传动(外啮合)　(b)直齿圆柱齿轮传动(内啮合)　(c)直齿圆柱齿轮传动(齿轮齿条)　(d)斜齿圆柱齿轮传动(外啮合)

(e)人字齿圆柱齿轮传动　(f)直齿圆锥齿轮传动　(g)交错轴斜齿圆柱齿轮传动　(h)蜗杆蜗轮传动

图3.34　齿轮传动

1)根据两齿轮是否在同一平面运动分类

(1)平面齿轮传动

平面齿轮传动的两齿轮之间的轴线相互平行。

按轮齿方向不同,可分为直齿轮传动、斜齿轮传动和人字齿轮传动。

按啮合方式,可分为外啮合、内啮合和齿轮齿条传动。

(2)空间齿轮传动

空间齿轮传动的两齿轮之间的轴线不平行,可分为交错轴斜齿轮传动、锥齿轮传动和蜗杆蜗轮传动。

2)根据齿轮传动装置的密封形式对齿轮传动分类

(1)闭式齿轮传动

齿轮封闭在具有足够刚度和良好润滑条件的箱体内,润滑良好,精度高,防护条件好,一般用于速度较高或重要的齿轮传动中。例如,机床、减速器等。

(2)开式齿轮传动

齿轮外露,易进入灰尘、杂质,磨损严重,润滑差,对安全操作不利,适用于低速场合或不重要的齿轮传动。例如,水泥搅拌等设备。

3)根据齿轮外观形状分类

齿轮传动可分为圆柱齿轮和锥齿轮。

4)根据齿轮传动使用情况分类

齿轮传动有低速、中速、高速,以及轻载、中载、重载之分。

5)根据齿轮热处理的不同分类

①硬齿面齿轮(如经整体或渗碳淬火、表面淬火或氧化处理,齿面硬度>350HBS)。

②软齿面齿轮(如经调质、正火的齿轮,齿面硬度≤350HBS)。

6)根据齿轮的齿廓形状分类

齿轮传动可分为渐开线齿轮传动、摆线齿轮传动和圆弧线齿轮传动。其中,应用最广泛的是渐开线齿轮传动。本任务主要介绍渐开线齿轮。

3.4.3　齿轮传动的基本要求

齿轮传动应满足下列两项基本要求:

1)传动平稳

传动平稳即要求齿轮传动的瞬时传动比恒定不变,否则主动轮匀速转动而从动轮时快时慢,会引起冲击、振动和噪声,影响传动的质量。因此,齿轮传动要满足一定的规律,即齿廓啮合基本定律。

(1)齿廓啮合基本定律

如图3.35所示,由刚体传动规律可知,两轮的传动比为

$$i_{12}=\frac{\omega_1}{\omega_2}=\frac{\overline{O_2C}}{\overline{O_1C}} \tag{3.20}$$

为保证齿轮传动的瞬时传动比恒定不变,即式(3.20)为常数,则不论两轮在何处接触,过接触点 K 所作两轮的公法线 nn 必须与两轮的连心线 O_1O_2 交于一定点。这一定律称为齿廓啮合基本定律。定点 C 称为节点;分别以 O_1,O_2 为圆心,过节点 C 所作的两个相切的圆,称为节圆。

凡能满足齿廓啮合基本定律的一对齿廓,称为共轭齿廓。

理论上共轭齿廓有无穷多,但实际上因轮齿的加工、测量和强度等方面的原因,常用的齿廓曲线仅有渐开线、摆线、圆弧线及抛物线等。其中,以渐开线齿廓应用最广。

(2)渐开线的形成及压力角

如图3.36所示,当一直线 NK 沿一半径为 r_b 圆周作纯滚动时,直线上任一点 K 的轨迹 AK 称为该圆的渐开线。此圆称为该渐开线的基圆(r_b 为基圆半径),该直线称为渐开线的发生线。

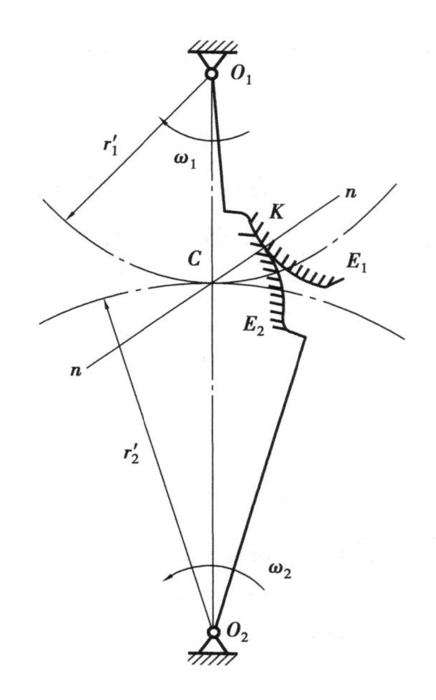

图3.35 齿廓啮合

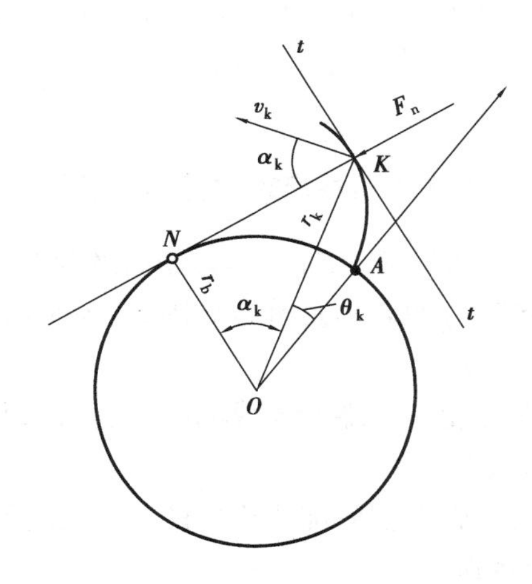

图3.36 渐开线的形成及压力角

渐开线上某一点的法线与该点速度方向所夹的锐角 α_k，称为渐开线该点的压力角。

(3)渐开线齿廓满足瞬时传动比恒定

一对渐开线齿轮传动，其渐开线齿廓在任意点 K 接触(见图3.37)，可推得两轮的传动比为

$$i=\frac{\omega_1}{\omega_2}=\frac{\overline{O_2C}}{\overline{O_1C}}=\frac{r_{b2}}{r_{b1}} \tag{3.21}$$

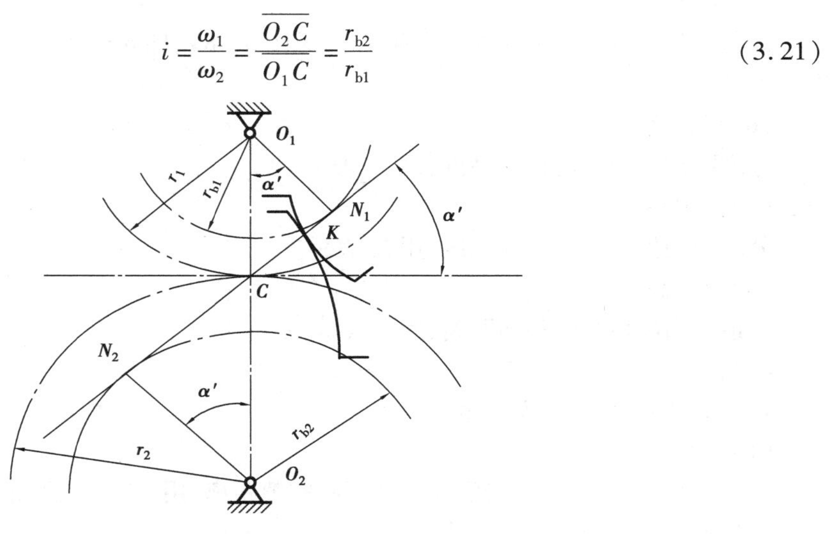

图3.37 渐开线齿廓啮合

渐开线齿轮制成后，基圆半径是定值，故齿轮传动的瞬时传动比恒定。

渐开线齿轮啮合时，即使两轮中心距稍有改变，过接触点齿廓公法线仍与两轮连心线交于一定点，瞬时传动比保持恒定，这种性质称为渐开线齿轮传动的可分离性，这为其加工和安装带来方便。

一对渐开线齿轮啮合时，无论啮合点在何处，其受力方向始终沿着啮合线不变，从而使传

动平稳。这是渐开线齿轮传动的又一特点。N_1N_2 称为理论啮合线，啮合线与两节圆公切线的夹角 α' 称为啮合角。

2）具有足够的承载能力和使用寿命

齿轮要有足够的强度和刚度，以传递较大的动力；同时，还要有较长的使用寿命及较小的结构尺寸，即要求在预定的使用期限内不出现断齿、齿面点蚀及严重磨损等现象（见后述相关小节阐述）。

3.4.4 渐开线圆柱齿轮的基本参数及几何尺寸

1）渐开线直齿圆柱齿轮各部分的名称及符号

齿轮各部分的名称及符号如图 3.38 所示。

（1）齿顶圆

过齿轮各轮齿顶端所连成的圆，其直径用 d_a 表示，半径用 r_a 表示。

（2）齿根圆

过齿轮各轮齿槽底部所连成的圆，其直径用 d_f 表示，半径用 r_f 表示。

（3）分度圆

在齿顶圆与齿根圆之间，取一个圆作为计算齿轮各部分尺寸的基准圆，其直径和半径分别用 d 和 r 表示。

（4）齿距

相邻两同侧齿廓在分度圆上对应点的弧长，用 p 表示。

（5）齿厚、齿槽宽

齿距 p 分为齿厚 s 和齿槽宽 e 两部分（见图 3.38），即 $p=s+e$。标准齿轮的齿厚 s 和齿槽宽 e 相等。

（6）齿顶高

分度圆到齿顶圆的径向高度，用 h_a 表示。

（7）齿根高

分度圆到齿根圆的径向高度，用 h_f 表示。

（8）全齿高

齿顶圆到齿根圆的径向距离，用 h 表示。

（9）齿宽

轮齿的轴向宽度，用 b 表示。

（10）顶隙

两齿轮装配后，两啮合齿沿径向留下的空隙距离，用 c 表示（见图 3.39）。

2）渐开线直齿圆柱齿轮的基本参数

（1）齿数 z

齿轮整个圆周上轮齿的总数。

（2）模数 m

模数是齿轮计算的基本参数。齿距 p 与 π 的比值 p/π，称为模数，其单位为 mm。分度圆直径 $d=mz$，齿距 $p=\pi m$。模数越大，齿距越大，轮齿也越大，抗弯能力越强。国家标准 GB/T 1357—2008已规定了标准系列，表 3.10 为其中的一部分。

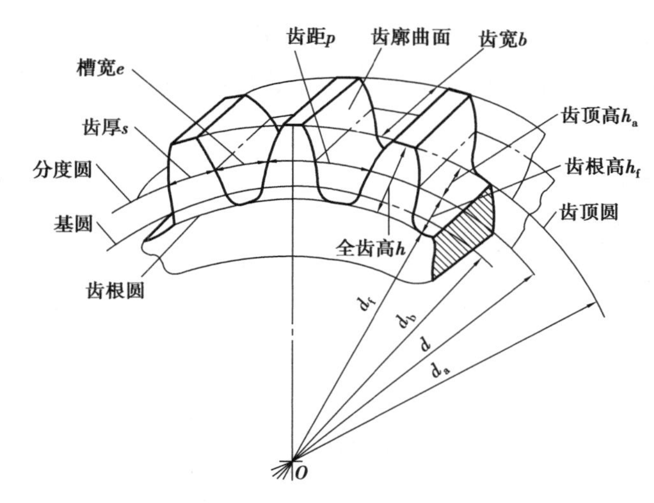

图 3.38　直齿圆柱齿轮各部分的名称

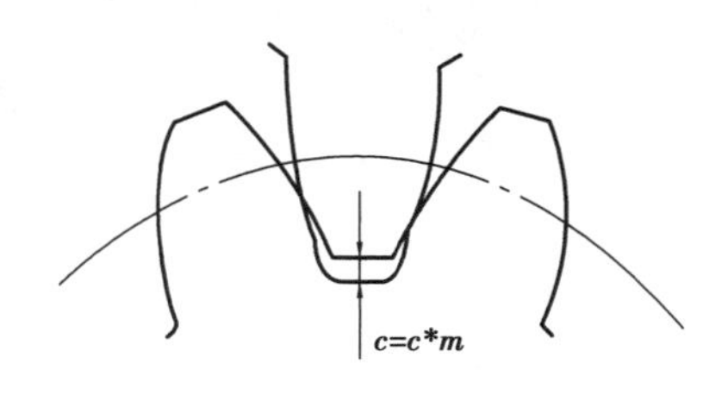

图 3.39　顶隙 c

表 3.10　齿轮模数 m 标准系列(GB/T 1357—2008)/mm

第一系列	1	1.25	1.5	2	2.5	3	4	5	6	
	8	10	12	16	20	25	32	40	50	
第二系列	1.75	2.25	2.75	(3.5)	3.5	(3.75)	4.5	5.5	(6.5)	
	7	9	(11)	14	18	22	28	(30)	36	45

注:1. 本表适用于渐开线齿轮。对斜齿圆柱齿轮是指法向模数;对直齿圆锥齿轮是指大端模数。

2. 优先采用第一系列,括号内的模数尽可能不用。

(3)压力角 α

在标准齿轮齿廓上,某点受力方向与运动方向所夹的锐角,称为压力角。通常所说的齿轮压力角,是指齿廓在分度圆处的压力角 α。压力角太大,对传动不利。为了便于设计、制造和维修,国家标准 GB/T 1357—2008 规定,齿轮分度圆上的压力角 $\alpha=20°$。以后凡是不加以说明的齿轮压力角都是指分度圆上的压力角。

(4)齿顶高系数 h_a^* 和顶隙系数 c^*

轮齿的齿顶高和齿根高规定用模数乘上某一系数来表示。

齿顶高

$$h_a=h_a^*m$$

齿根高

$$h_f=h_a+c=h_a^*m+c^*m$$

顶隙

$$c=c^*m$$

全齿高

$$h=h_a+h_f=(2h_a^*+c^*)m$$

国家标准规定,对圆柱齿轮,正常齿制:$h_a^*=1$,$c^*=0.25$;短齿制:$h_a^*=0.8$,$c^*=0.3$。

3)渐开线标准直齿圆柱齿轮的几何尺寸计算

标准齿轮是指分度圆上的齿厚 s 和齿槽宽 e 相等,且 m,α,h_a^* 和 c^* 为标准值的齿轮。

渐开线直齿圆柱齿轮分为外齿轮(见图3.38)、内齿轮(见图3.40)和齿条(见图3.41)。

齿数、模数和压力角是渐开线标准直齿圆柱齿轮的3个主要参数,齿轮的几何尺寸和齿形都与这些参数有关。

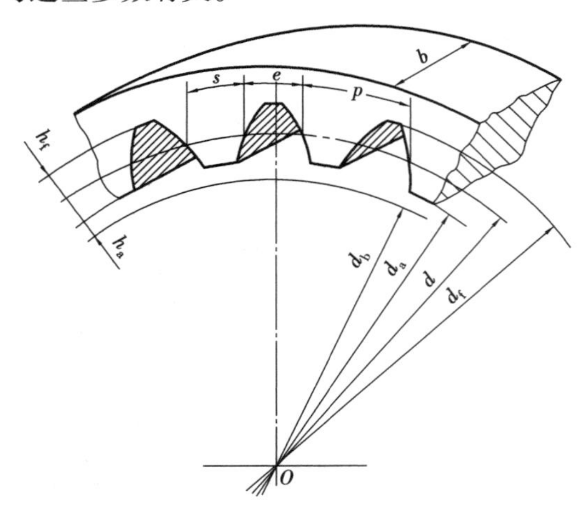

图3.40 内齿轮

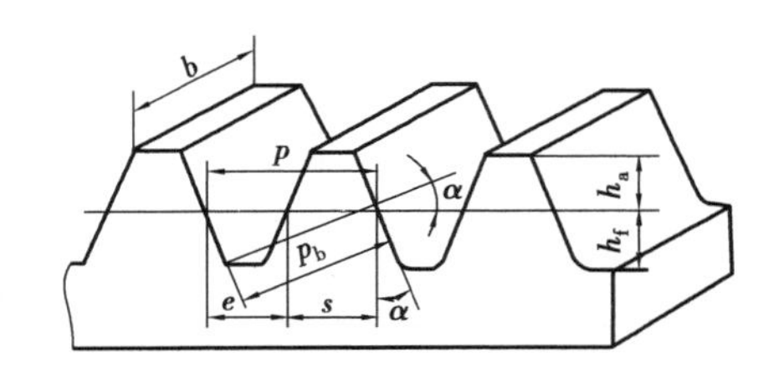

图3.41 齿条

渐开线标准直齿圆柱齿轮的几何尺寸计算公式见表3.11。

表3.11 渐开线标准直齿圆柱齿轮的几何尺寸计算公式/mm

名称	符号	公式	
		外齿轮	内齿轮
齿顶高	h_a	$h_a = h_a^* m$	
齿根高	h_f	$h_f = (h_a^* + c^*)m$	
齿高	h	$h = (2h_a^* + c^*)m$	
齿距	p	$p = \pi m$	
齿厚	s	$s = \frac{\pi m}{2}$	
齿槽宽	e	$e = \frac{\pi m}{2}$	
顶隙	c	$c = c^* m$	
分度圆直径	d	$d = mz$	
齿顶圆直径	d_a	$d_a = (z + 2h_a^*)m$	$d_a = (z - 2h_a^*)m$
齿根圆直径	d_f	$d_f = (z - 2h_a^* - 2c^*)m$	$d_f = (z + 2h_a^* + 2c^*)m$
基圆直径	d_b	$d_b = d\cos\alpha = mz\cos\alpha$	
标准中心距	a	$a = \frac{(z_1 + z_2)}{2}m$	$a = \frac{(z_2 - z_1)}{2}m$

4)英美齿制

我国齿轮标准采用模数制,英美等国采用径节制。径节 DP 为齿数 z 与分度圆直径 d 之比值,直径单位为 in(英寸),径节 DP 的单位为 1/in(1/英寸)。径节 DP 和模数 m 成倒数关系,因为 1in = 25.4 mm,所以可将径节换算成模数 m(mm),即

$$m = \frac{25.4}{DP}$$

常用的径节有 2,2.5,3,4,6,8,10,12,16,20 等,单位为 1/in。

3.4.5　渐开线标准直齿圆柱齿轮的啮合传动

一对齿轮啮合过程中,必须保持两轮相邻的各对齿逐一啮合,不得出现传动中断、轮齿撞击、齿廓重叠等现象。因此,相啮合的一对齿轮必须满足:正确啮合条件;传动连续条件和不发生轮齿干涉条件。

1)正确啮合条件

一对渐开线齿廓能实现定传动比传动,但并不意味着任意参数的两个渐开线齿轮都能相互配对并进行正确的啮合传动。要使传动正确进行,必须满足条件

$$\left.\begin{aligned} m_1 = m_2 = m \\ \alpha_1 = \alpha_2 = \alpha \end{aligned}\right\} \tag{3.22}$$

即一对渐开线圆柱齿轮的正确啮合条件为:两轮的模数与压力角必须分别相等,且等于标准值。

2)渐开线齿轮连续传动条件

两齿轮在啮合传动时,如果前一对轮齿啮合还没有脱离啮合,后一对轮齿就已经进入啮合,则这种传动称为连续传动。要使一对轮齿能连续传动,则在传动中同时参加啮合轮齿的对数大于等于 1。把同时参加啮合轮齿的对数用重合度 ε 来衡量,则齿轮连续传动的条件为重合度 $\varepsilon \geq 1$。

在理论上,当 $\varepsilon = 1$ 时,刚好满足连续传动的条件,但实际上因齿轮制造、安装误差以及齿轮受载时轮齿的变形,必须使 $\varepsilon > 1$ 才能保证传动的连续。

重合度是齿轮传动的重要指标之一。重合度越大,则同时参与啮合的轮齿越多,不仅传动平稳性好,每个轮齿所分担的载荷也小,相对提高了齿轮的承载能力。标准齿轮、标准安装、齿数 $z > 12$ 时,ε 都大于 1,通常不验算。

3)标准中心距

一对正确安装的渐开线标准齿轮,其分度圆与节圆相重合,这种安装称为标准安装。标准安装时的中心距,称为标准中心距,用 a 表示。

(1)外啮合齿轮机构(见图 3.42)

其标准中心距为

$$a = a' = r_1 + r_2 = r_1' + r_2' = \frac{m(z_1 + z_2)}{2} \tag{3.23}$$

两轮转向相反,传动比取负号,即

$$i_{12} = \frac{\omega_1}{\omega_2} = \frac{-r_2}{r_1} = \frac{-r_2'}{r_1'} = \frac{-z_2}{z_1} \tag{3.24}$$

(2)内啮合齿轮机构(见图 3.43)

其标准中心距为

$$a = r_2 - r_1 = \frac{m(z_2 - z_1)}{2} \tag{3.25}$$

两轮转向相同,传动比取正号,即

$$i_{12} = \frac{\omega_1}{\omega_2} = \frac{r_2}{r_1} = \frac{z_2}{z_1} \tag{3.26}$$

应该指出,单个齿轮只有分度圆和压力角,它们是单个齿轮的尺寸和齿形参数。节圆和啮合角 α'是一对齿轮啮合时的运动参数,单个齿轮不存在节圆和啮合角。

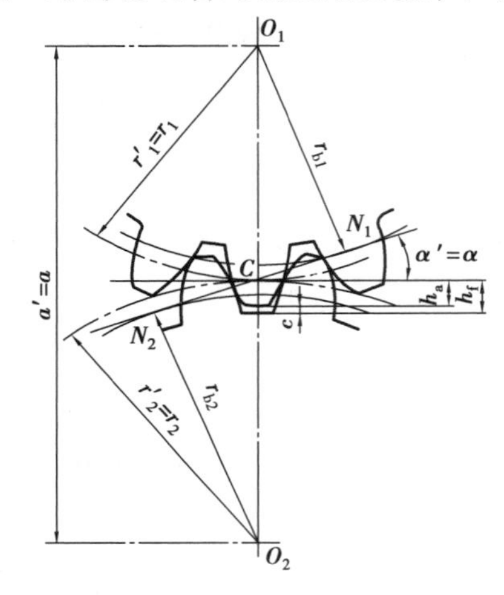

图 3.42　外啮合齿轮机构

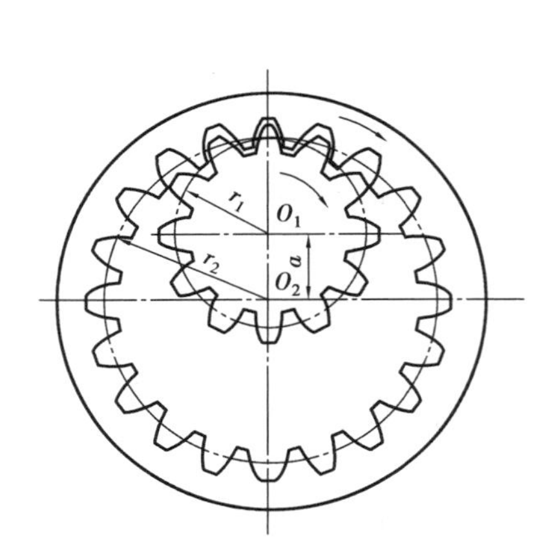

图 3.43　内啮合齿轮机构

3.4.6　渐开线齿轮的切齿原理、根切现象及变位齿轮简介

1)齿轮轮齿的加工原理和方法

渐开线齿轮轮齿加工方法有很多,如切削法、铸造法、冲压法、轧制法及模锻法等。最常用的是切削法。切削法在加工原理上可分为仿形法(成形法)和范成法(展成法)两种。

(1)仿形法

仿形法是将切齿刀具制成具有渐开线齿槽形状,用它切出相邻两齿的相邻侧齿廓,如图 3.44 所示。切齿时铣刀转动,同时轮坯沿轴线方向移动,铣完一个齿槽后,轮坯退回原处,转动 $360°/z$ 的角度,再铣切下一个齿槽,直至铣出所有的齿槽。轮齿铣削加工属于间断切削。由于渐开线齿廓形状取决于基圆的大小,即基圆直径 $d_b = mz\cos\alpha$,因此,齿廓形状与 m, z, α 有关。要求加工精确齿廓,对模数和压力角相同而齿数不同的齿轮,应用不同的刀具,这在实际生产中是不可能的。实际生产中,通常用同一号铣刀切制同模数、同齿数的齿轮。表 3.12 为刀号及其加工的齿数范围。

表 3.12　刀号及其加工的齿数范围

铣刀刀号	1	2	3	4	5	6	7	8
加工的齿数范围	12 ~ 13	14 ~ 16	17 ~ 20	21 ~ 25	26 ~ 34	35 ~ 54	55 ~ 134	135 以上

仿形铣削,由于不同齿数合用一把铣刀,因此齿形相似,精度低;又因是间断加工,故生产效率低。但其加工方法简单,不需专用机床,适合于修配和单件生产。

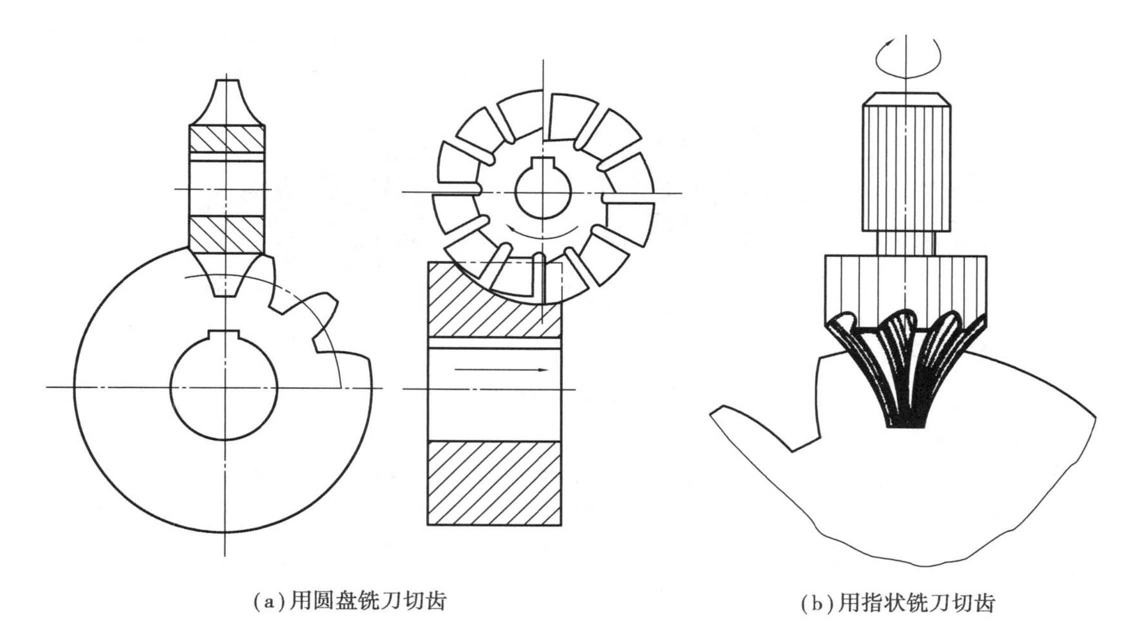

(a)用圆盘铣刀切齿　　(b)用指状铣刀切齿

图3.44　仿形法切齿原理

(2)范成法

范成法是利用一对齿轮(或齿轮和齿条)相互啮合时,两轮齿齿廓互为包络线的原理加工齿轮。范成法加工齿轮时,刀具与齿坯的运动就像一对相互啮合的齿轮(或齿轮和齿条)(见图3.45),最后刀具将齿坯切出渐开线齿廓。

范成法切制齿轮常用的刀具有以下3种:

①齿条插刀。

刀具是一个齿廓为刀刃的齿条,如图3.45所示。

②齿轮插刀。

刀具是一个齿廓为刀刃的外齿轮,如图3.46所示。

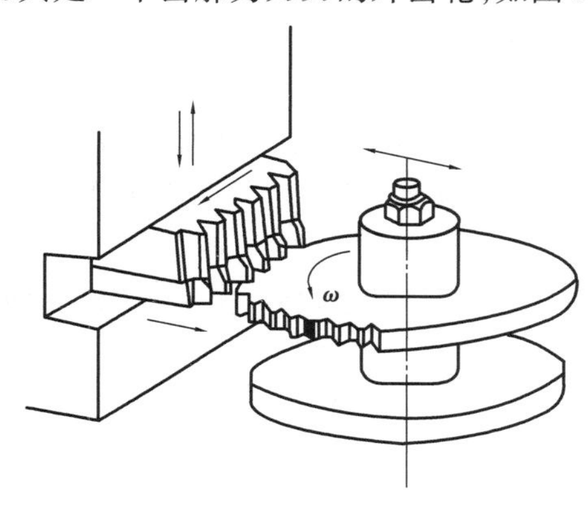

图3.45　齿条插刀加工齿轮

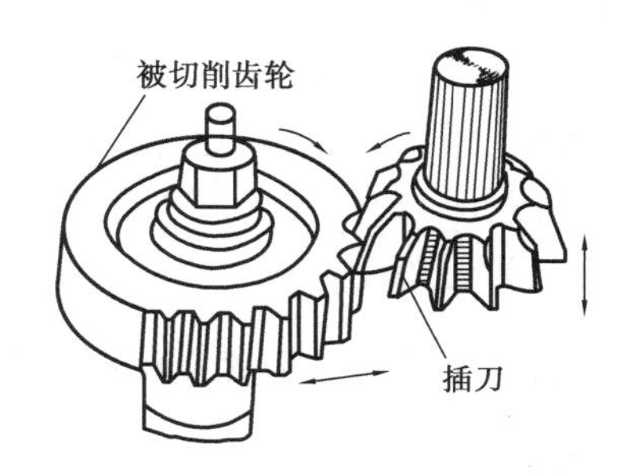

图3.46　齿轮插刀加工齿轮

③齿轮滚刀。

齿轮滚刀像梯形螺纹的螺杆,轴向剖面齿廓为精确的直线齿廓,如图3.47所示。滚刀转动时,相当于齿条在移动,可实现连续加工,生产效率高。

用范成法加工齿轮,只要刀具和被加工齿轮的模数和压力角相同,不论被加工齿轮的齿数是多少,都可用同一把刀具加工,这给生产带来极大的便利。因此,范成法得到广泛应用。

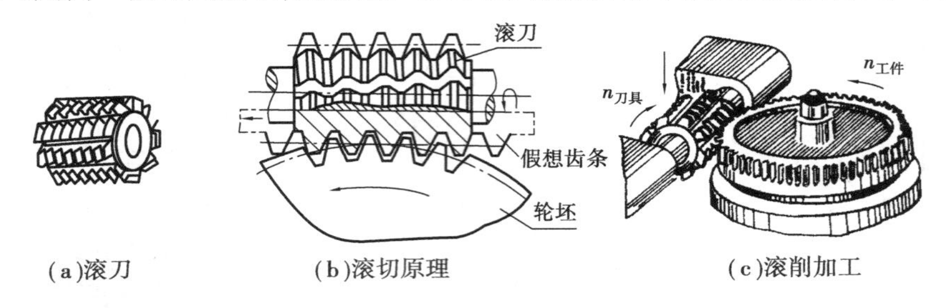

图 3.47　齿轮滚刀加工齿轮

2)根切现象及最少齿数

当用范成法加工齿轮时,如果齿数太少,刀具的齿顶线与啮合线的交点超过极限啮合点 N_1 时,会出现轮坯根部的渐开线齿廓被部分切除的现象,称为根切,如图 3.48 所示。轮齿根切后,不仅齿根抗弯强度削弱,影响承载能力,而且轮齿的啮合过程缩短,重合度下降,齿轮传动的平稳性较低。为避免根切,齿轮的齿数应大于 17 个。

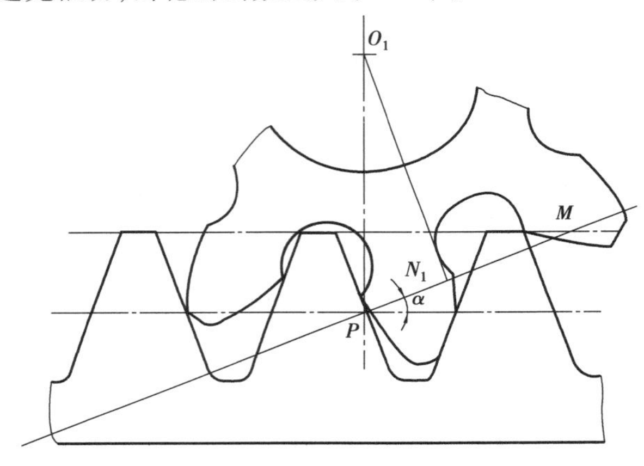

图 3.48　根切现象

3)变位齿轮简介

研究表明范成法加工齿轮时,产生根切的原因是刀具的齿顶线超过被加工齿轮上的理论啮合点 N_1。因此,为避免根切,可将刀具移离轮坯轴心一定距离,当刀具的齿顶线在与 N_1 点重合的位置时,恰好为不根切的位置。

用这种改变刀具位置的方法范成加工出来的齿轮,称为变位齿轮。由变位齿轮组成的传动,称为变位齿轮传动。

3.4.7　齿轮的失效形式及材料选择

1)轮齿的失效形式

齿轮失效多发生在轮齿上,齿轮其他部分(如轮缘、轮辐、轮毂等)一般只按经验公式进行结构设计,强度和刚度均较富裕,故不必考虑失效问题。

轮齿的主要失效形式有轮齿折断、齿面点蚀、齿面磨粒磨损、齿面胶合及齿面塑性变形等。现分述如下:

(1)轮齿折断

轮齿折断是齿轮失效中最危险的一种失效形式。它不仅使齿轮传动丧失工作能力,而且可能引起设备和人身事故。

轮齿折断有疲劳折断和过载折断两种类型。

①疲劳折断。

齿轮工作时,轮齿根部将产生相当大的交变弯曲应力,并且在齿根的过渡圆角处存在较大的应力集中。因此,在载荷多次作用下,当应力值超过弯曲疲劳极限时,将产生疲劳裂纹。随着裂纹的不断扩展,最终将引起轮齿折断(见图3.49),这种折断称为弯曲疲劳折断。这种失效形式经常发生在闭式硬齿面齿轮传动中,发生部位在齿根。

②过载折断。

因短时的严重过载或冲击载荷过大,故轮齿因静强度不足突然折断。这种失效形式常发生在淬火钢或铸铁制成的齿轮传动中。

为提高齿轮抗折断的能力,可采用提高材料的疲劳强度和轮齿芯部的韧性,加大齿根圆角半径,提高齿面制造精度,采用齿面喷丸处理等方法来实现。

(2)齿面点蚀

齿面承受脉动的接触应力,当接触应力超过接触疲劳极限时,齿面表层产生细小的微裂纹,裂纹扩展从而导致齿面金属以甲壳状的小微粒剥落,形成磨点(见图3.50),这种现象称为齿面点蚀。齿面出现点蚀后,会因齿面不平滑而引起振动和噪声,严重时导致失效。齿面点蚀主要发生在闭式软齿面齿轮传动中,而开式齿轮传动因齿面磨粒磨损比齿面点蚀发展得快,因而不会发生齿面点蚀失效。齿面点蚀发生部位在齿根表面靠近节线处。

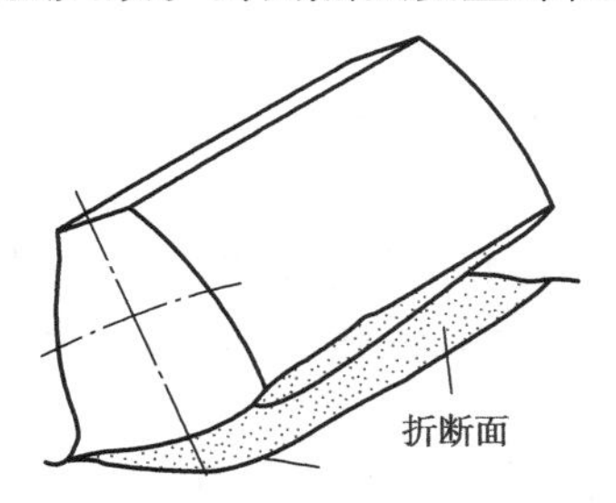

图3.49　轮齿折断

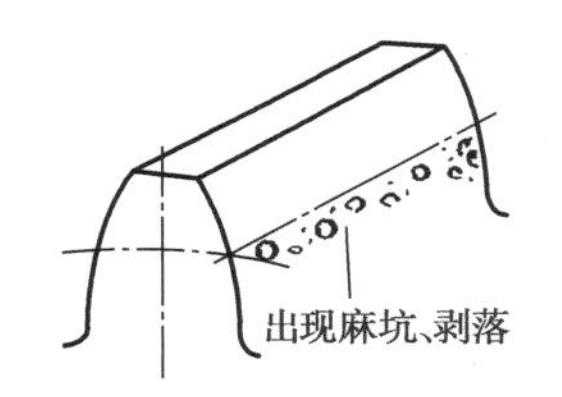

图3.50　齿面疲劳点蚀

为防止过早出现疲劳点蚀,可采用增大齿轮直径、提高齿面硬度、降低齿面的表面粗糙度值及增加润滑油的黏度等方法。

(3)齿面磨粒磨损

由于金属微粒、灰尘、污物等进入齿轮的工作表面,因此在齿轮运转时,会将齿面材料逐渐磨损,如图3.51所示。磨损不仅会使轮齿失去正确的齿形,还会使轮齿变薄,严重时引起轮齿折断。齿面磨粒磨损是开式齿轮传动的主要失效形式,通常发生部位在轮齿表面。

为防止磨粒磨损,可采用闭式传动、提高齿面硬度、降低齿面的粗糙度及保持良好清洁的润滑等方法。

(4)齿面胶合

高速重载的齿轮传动,由滑动速度高而产生的瞬时高温会使油膜破裂,造成齿面之间的黏焊现象,黏焊处被撕脱后,轮齿表面沿滑动方向形成沟痕(见图3.52),这种现象称为齿面胶合。齿面胶合破坏了正常的齿廓,严重时导致失效。齿面胶合主要发生在高速重载的齿轮传动中,发生部位在轮齿表面。

为防止齿面胶合,可采用良好的润滑方式,限制油温,采用抗胶合添加剂的合成润滑油、提高齿面硬度和降低齿面粗糙度等方法。

(5)齿面塑性变形

在严重过载,启动频繁或重载传动中,较软齿面会发生塑性变形(见图3.53),破坏正确齿形,致使啮合不平稳,产生较大噪声和振动。齿面塑性变形主要发生在启动频繁、有大的过载齿轮传动中。发生部位在轮齿表面的节线附近。

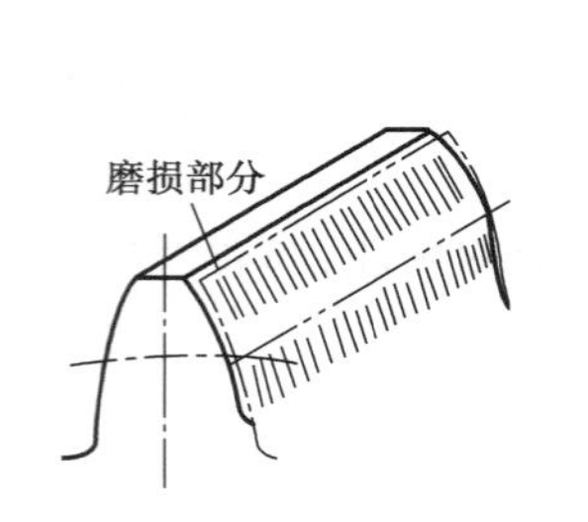

图3.51　齿面磨粒磨损

齿面出现沟痕

图3.52　齿面胶合

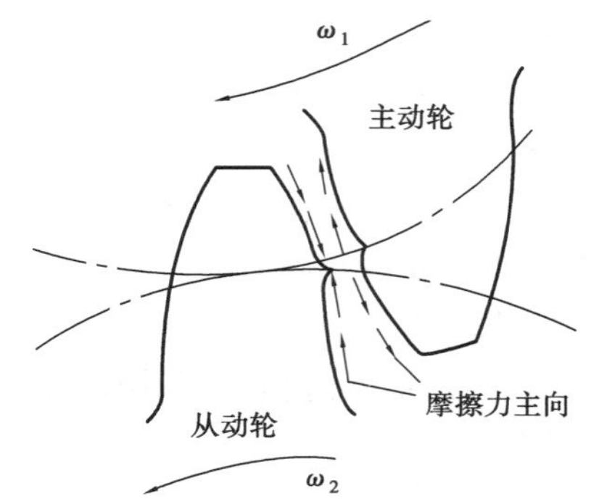

图3.53　齿面塑性变形

为防止齿面塑性变形,可通过提高齿面硬度,采用黏度较高的润滑油等方法,遵守操作规程。

2)齿轮材料选择

(1)齿轮的材料

常用齿轮的材料有优质碳素钢、合金结构钢、铸钢、铸铁及非金属材料等。常用齿轮材料及其力学性能见表3.13。

除尺寸较小、普通用途的齿轮采用圆轧钢外,大多数齿轮都采用锻钢制造;对形状复杂、直径较大($d_a \geq 500$ mm)和不易锻造的齿轮,才采用铸钢;传递功率不大、低速、无冲击及开式齿轮,可采用灰铸铁。

有色金属仅用于制造有特殊要求(如抗腐蚀、防磁性等)的齿轮。

对高速、轻载及精度要求不高的齿轮,为减少噪声,也可采用非金属材料(如塑料、尼龙和夹布胶木等)做成小齿轮,大齿轮仍用钢或铸铁制造。

表3.13　常用齿轮材料及其力学性能

类别	材料牌号	热处理方法	抗拉强度 σ_b/MPa	屈服点 σ_s/MPa	硬度 HBS或HRC
优质碳素钢	35	正火	500	270	150～180HBS
		调质	550	294	190～230HBS
	45	正火	588	294	169～217HBS
		调质	647	373	229～286HBS
		表面淬火			40～50HRC
	50	正火	628	373	180～220HBS

续表

类别	材料牌号	热处理方法	抗拉强度 σ_b/MPa	屈服点 σ_s/MPa	硬度 HBS 或 HRC
合金结构钢	40Cr	调质	700	500	240～258HBS
		表面淬火			48～55HRC
	35SiMn	调质	750	450	217～269HBS
		表面淬火			45～55HRC
	40MnB	调质	735	490	241～286HBS
		表面淬火			45～55HRC
	20Cr	渗碳淬火后回火	637	392	56～62HRC
	20CrMnTi		1 079	834	56～62HRC
	38CrMnAlA	渗氮	980	834	850HV
铸钢	ZG45	正火	580	320	156～217HBS
	ZG55		650	350	169～229HBS
灰铸铁	HT300	—	300	—	185～278HBS
	HT350		350	—	202～304HBS
球墨铸铁	QT600-3	—	600	370	190～270HBS
	QT700-2		700	420	225～305HBS
非金属	夹布胶木	—	100	—	25～35HBSv

(2)齿轮的热处理

①渗碳淬火。

材料:低碳钢、低碳合金钢,如20,20CrMnTi等。

特点:齿面硬度56～62HRC,芯部韧性较高,接触强度高,耐磨性好,抗冲击载荷能力强。

应用:对尺寸和质量有严格要求的重要设备中。

②表面淬火。

材料:中碳钢、中碳合金钢,如45,45Cr等。

特点:齿面硬度53～56HRC,芯部未淬硬有较高的韧性;接触强度高,耐磨性好,能承受一定的冲击载荷。

③调质。

材料:中碳钢、中碳合金钢。

特点:齿面硬度220～280HBS。

应用:对尺寸和质量没有严格限制的一般机械设备中。

④正火。

材料:中碳钢、铸钢、铸铁。

特点:承受能力低,制造成本低。

(3)齿轮材料的组合

通常齿轮材料采用软齿面组合和硬齿面组合两种形式。

①软齿面组合。

齿轮材料常用优质碳素钢。为了使小齿轮的承载能力能与大齿轮接近,小齿轮的材料要优于大齿轮。对直齿轮、小齿轮的齿面硬度,一般要高于大齿轮齿面硬度20~25HBS;对斜齿轮,则要高于40~50HBS。一般齿轮传动多采用这种组合。

②硬齿面组合。

齿轮的材料选用合金钢。小齿轮材料优于大齿轮,两齿轮的齿面硬度可大致相同。一般传动尺寸受结构限制的齿轮,可采用这种组合方式。

3.4.8 齿轮的结构和精度

1)齿轮的结构

齿轮的结构设计通常是首先按齿轮的直径大小选定合适的结构形式,然后再根据推荐的经验公式和数据进行结构设计。

齿轮常用的结构形式有以下3种:

(1)齿轮轴

对直径较小的钢制齿轮,当齿轮的齿顶圆直径 d_a 小于轴孔直径的2倍,或圆柱齿轮齿根圆至键槽底部的距离 $X \leqslant 2.5$ m(斜齿轮为 m_n),将齿轮与轴做成一整体,称为齿轮轴(见图3.54)。

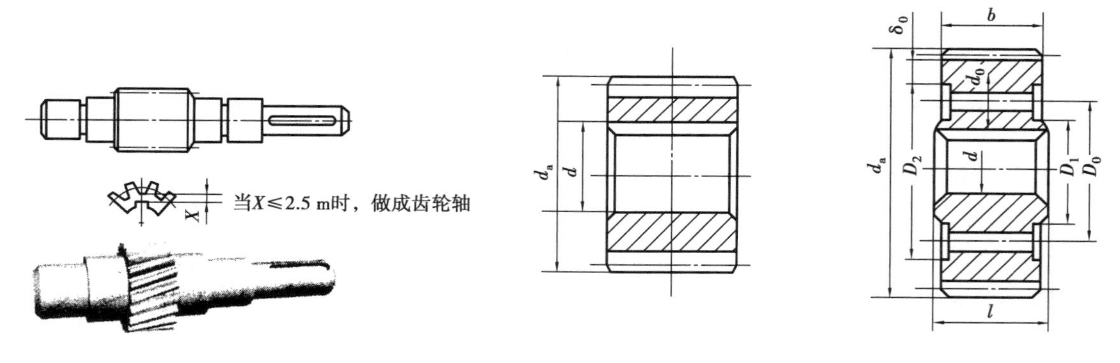

图3.54 齿轮轴

图3.55 实心式齿轮

(2)锻造齿轮

齿轮与轴分开制造时,齿轮采用锻造结构。当 $d_a \leqslant 200$ mm 时,圆柱齿轮采用实心式(见图3.55);当 $d_a \leqslant 500$ mm 时,齿轮采用辐板式(见图3.56)。

(3)铸造齿轮

当齿轮的齿顶圆直径 $d_a < 400$ mm,因齿轮尺寸大且重,齿轮毛坯受锻造设备的限制,故往往采用铸造结构。当 $400\ \text{mm} < d_a \leqslant 500$ mm 时,采用辐板式结构;当 $d_a = 500 \sim 1\ 000$ mm 时,采用轮辐式结构(见图3.57)。

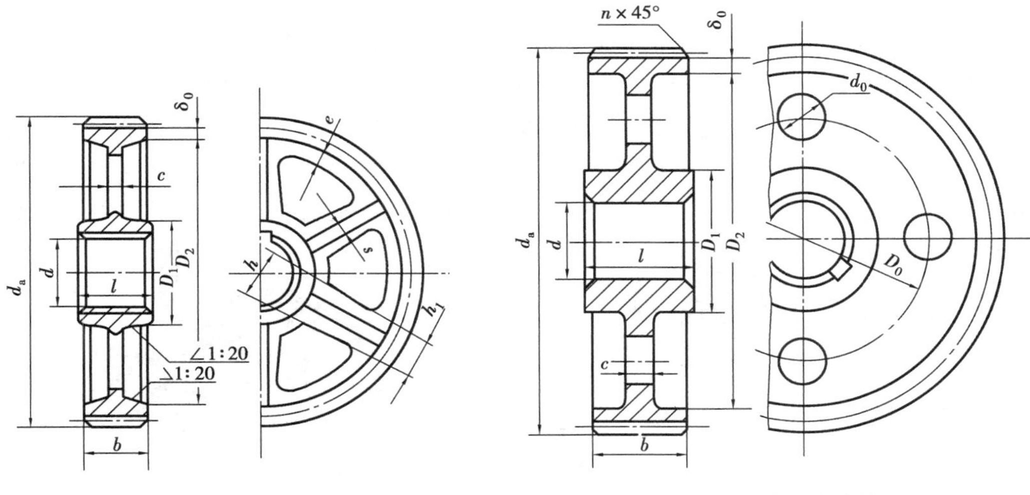

图3.56 辐板式齿轮　　　　图3.57 轮辐式齿轮

2）齿轮传动精度简介

国家标准GB/T 10095.1—2008对渐开线圆柱齿轮及齿轮副规定了13个精度等级。精度从0级到12级依次降低。常用的精度等级为6～9级。齿轮精度的选择应根据传动的用途、工作条件、传递功率的大小、圆周速度的高低以及经济性和其他技术要求等决定。具体选择可参考表3.14。

表3.14 齿轮传动精度

精度等级	齿面硬度HBS	圆周速度 $v/(m \cdot s^{-1})$			应用举例
		直齿圆柱齿轮	斜齿圆柱齿轮	直齿圆锥齿轮	
6	≤350	≤18	≤36	≤9	高速重载的齿轮传动，如机床、汽车中的重要齿轮，分度机构的齿轮，以及高速减速器的齿轮等
	>350	≤15	≤30		
7	≤350	≤12	≤25	≤6	高速中载或中速重载的齿轮传动，如标准系列减速器的齿轮，以及机床和汽力变速箱中的齿轮等
	>350	≤10	≤20		
8	≤350	≤6	≤12	≤3	一般机械中的齿轮传动，如机床、汽车和拖拉机中的一般齿轮，起重机械中的齿轮，以及农业机械中的重要齿轮等
	>350	≤5	≤9		
9	≤350	≤4	≤8	≤2.5	低速重载的齿轮，以及低精度机械中的齿轮等
	>350	≤3	≤6		

3.4.9 齿轮传动的润滑与维护

1）齿轮传动的润滑

由于齿轮传动啮合时齿面间有相对滑动，会产生摩擦和磨损，因此，润滑对齿轮传动十分重要。润滑可减少摩擦损失，减少磨损，降低噪声，具有散热、防锈和提高使用寿命等作用。

齿轮传动的润滑方式，主要由齿轮圆周速度的大小和工作条件决定。

对开式齿轮传动，由于速度较低，因此，通常采用人工定期润滑或润滑脂润滑。

对闭式齿轮传动，当圆周速度 $v<10$ m/s 时，通常采用浸油（油池）润滑（见图 3.58），运转时，大齿轮将润滑油带入啮合面上进行润滑，同时可将油甩到箱壁上散热；当 $v \geq 10$ m/s 时，应采用喷油润滑（见图 3.59），即以一定的压力将润滑油喷射到轮齿啮合面上进行润滑和散热。

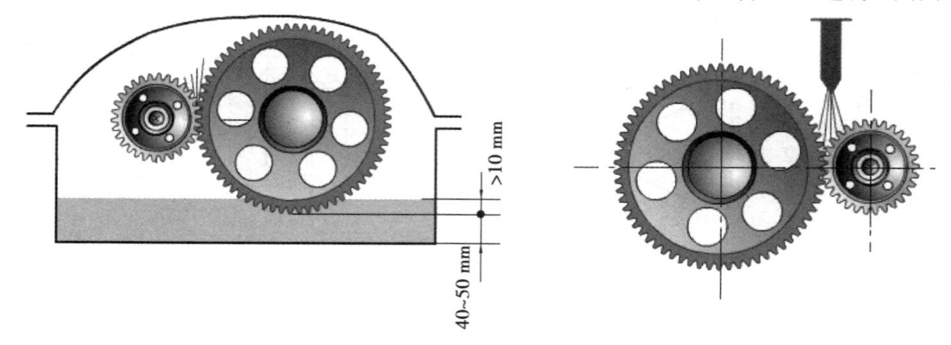

图 3.58　浸油（油池）润滑　　　图 3.59　喷油润滑

2）齿轮传动的维护

①使用齿轮传动时，在启动、加载、卸载及换挡过程中力求平稳，避免产生冲击载荷，以防引起断齿等故障。

②经常检查润滑系统的状况。例如，浸油润滑的油面高度，油面过低则润滑不良，油面过高会增加搅油功率损失。对喷油润滑，需检查油压状况，油压过低会造成供油不足，油压过高则可能由油路不畅通所致，需及时调整油压，还应按照使用规则定期更换或补充规定牌号的润滑油。

③注意检查齿轮传动的工作状况，如有无不正常的声音或箱体过热现象。润滑不良和装配不合要求是齿轮失效的重要原因。声响监测和定期检查是发现齿轮损伤的主要办法。

拓展延伸

1）标准直齿圆柱齿轮传动的设计计算

（1）轮齿受力分析和计算载荷

一对渐开线齿轮啮合，若忽略摩擦力，则轮齿间相互作用的法向压力 F_n 的方向，始终沿啮合线方向且大小不变。对渐开线标准齿轮啮合，按在节点 C 接触处进行受力分析。

法向力 F_n（N）可分解为圆周力 F_t（N）和径向力 F_r（N）（见图 3.60），则

$$F_n = \frac{F_t}{\cos\alpha}, \quad F_t = \frac{2T_1}{d_1}, \quad F_r = F_t \tan\alpha \tag{3.27}$$

式中　T_1——小齿轮转矩，$T_1 = 9.55 \times 10^6 P/n_1$，N·mm；

P——齿轮传递功率，kW；

n_1——小齿轮转速，r/min；

d_1——小齿轮分度圆直径，mm；

α——压力角。

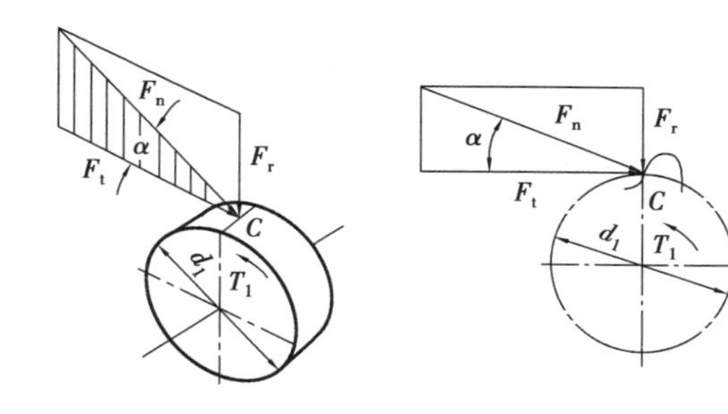

图3.60　直齿圆柱齿轮受力分析

主、从动轮上各对应的力，大小相等、方向相反。径向力方向由作用点指向各自圆心；圆周力 F_{t1} 与节点 C 的速度方向相反，F_{t2} 与节点 C 的速度方向相同。

上述求得的法向力 F_n 为理想状况下的名义载荷。实际上，由于齿轮、轴、支承等的制造、安装误差以及载荷下的变形等因素的影响，轮齿沿齿宽的作用力并非均匀分布，存在着载荷局部集中的现象。此外，原动机与工作机的载荷变化，以及齿轮制造误差和变形所造成的啮合传动不平稳等，都将引起附加动载荷。因此，齿轮强度计算时，通常用考虑了各种影响因素的计算载荷 F_{nc} 代替名义载荷 F_n，计算载荷可确定为

$$F_{nc}=KF_n \tag{3.28}$$

式中　K——载荷系数，其值可由表3.15查得。

表3.15　载荷系数 K

载荷状态	工作机举例	原动机		
		电动机	多缸内燃机	单缸内燃机
平稳 轻微冲击	均匀加料的运输机、发电机、透平鼓风机和压缩机、机床辅助传动等	1～1.2	1.2～1.6	1.6～1.8
中等冲击	不均匀加料的运输机、重型卷扬机、球磨机、多缸往复式压缩机等	1.2～1.6	1.6～1.8	1.8～2.0
较大冲击	冲床、剪床、钻机、轧机、挖掘机、重型给水泵、破碎机、单缸往复式压缩机等	1.6～1.8	1.9～2.1	2.2～2.4

注：斜齿、圆周速度低、传动精度高、齿宽系数小时，取小值；直齿、圆周速度高、传动精度低时，取大值；齿轮在轴承间不对称布置时，取大值。

(2)齿面接触疲劳强度计算

为避免齿面发生点蚀失效，应进行齿面接触疲劳强度计算。一对渐开线齿轮啮合传动，齿面接触近似于一对圆柱体接触传力，轮齿在节点工作时往往是一对齿传力，是受力较大的状态，容易发生点蚀。因此，设计时以节点处的接触应力作为计算依据，限制节点处接触应力 $\sigma_H\leqslant[\sigma_H]$。

①接触应力计算。

齿面最大接触应力 σ_H(MPa)为

$$\sigma_{\mathrm{H}}=335\sqrt{\frac{KT_1(u\pm1)^3}{a^2bu}} \tag{3.29}$$

式中 σ_{H}——齿面最大接触应力，MPa；

a——齿轮中心距，mm；

K——载荷系数；

T_1——小齿轮传递的转矩，N·mm；

b——齿宽，mm；

u——大轮与小轮的齿数比。

“+”“-”符号分别表示外啮合和内啮合。

②接触疲劳许用应力$[\sigma_{\mathrm{H}}]$。

接触疲劳许用应力$[\sigma_{\mathrm{H}}]$为

$$[\sigma_{\mathrm{H}}]=\frac{\sigma_{\mathrm{Hlim}}}{S_{\mathrm{H}}} \tag{3.30}$$

式中 σ_{Hlim}——试验齿轮的接触疲劳极限，MPa，与材料及硬度有关，如图3.61所示的数据为可靠度99%的试验值。

S_{H}——齿面接触疲劳安全系数，由表3.16查取。

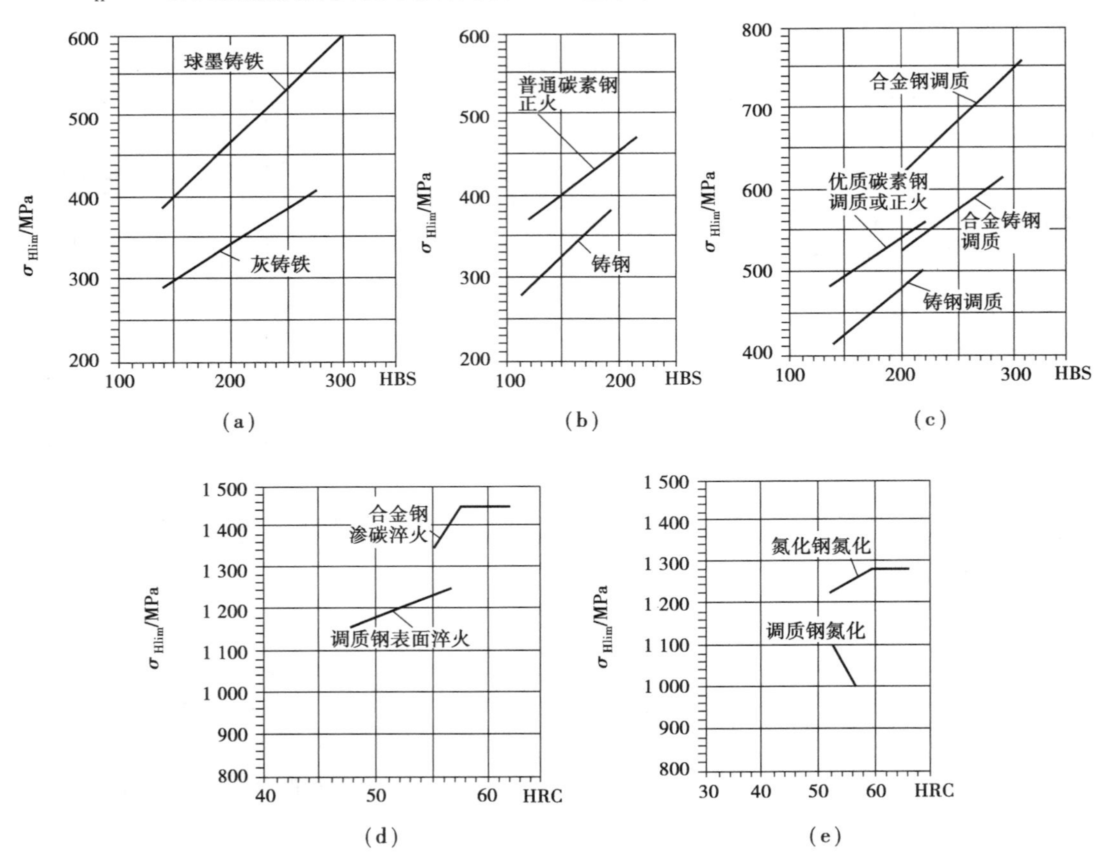

图3.61 齿轮的接触疲劳极限σ_{Hlim}

表3.16 齿轮强度的安全系数 S_H 和 S_F

安全系数	软齿面	硬齿面	重要的传动、渗碳淬火齿轮或铸造齿轮
S_H	1.0~1.1	1.1~1.2	1.3
S_F	1.3~1.4	1.4~1.6	1.6~2.2

③接触疲劳强度公式。

校核公式为

$$\sigma_H = 335\sqrt{\frac{KT_1(u \pm 1)^3}{a^2 bu}} \leqslant [\sigma_H] \tag{3.31}$$

引入齿宽系数 $\varphi_a = b/a$，并代入式(3.31)消去 b，可得设计公式为

$$a \geqslant (u \pm 1)\sqrt[3]{\left(\frac{335}{[\sigma_H]}\right)^2 \frac{KT_1}{\varphi_a u}} \tag{3.32}$$

式(3.32)只适用于一对钢制齿轮。若为钢对铸铁或一对铸铁齿轮，系数335应分别改为285和250。

一对齿轮啮合，两齿面接触应力相等，但两轮的许用接触应力$[\sigma_H]$可能不同。计算时，应代入$[\sigma_H]_1$与$[\sigma_H]_2$中的较小值。

影响齿面接触疲劳的主要参数是中心距 a 和齿宽 b，a 的效果更明显些。决定$[\sigma_H]$的因素主要是材料及齿面硬度。因此，提高齿轮齿面接触疲劳强度的途径是加大中心距，增大齿宽或选强度较高的材料，提高轮齿表面硬度。

(3)齿根弯曲疲劳强度计算

进行齿根弯曲疲劳强度计算的目的，是防止轮齿疲劳折断。根据一对轮齿啮合时，力作用于齿顶的条件，限制齿根危险截面拉应力边的弯曲应力 $\sigma_F \leqslant [\sigma_F]$。轮齿受弯时其力学模型如悬臂梁，受力后齿根产生最大弯曲应力，而圆角部分又有应力集中，故齿根是弯曲强度的薄弱环节。齿根受拉应力边裂纹易扩展，是弯曲疲劳的危险区。

①齿根弯曲应力计算。

齿根最大弯曲应力 σ_F(MPa)为

$$\sigma_F = \frac{2KT_1 Y_{FS}}{bm^2 z_1} \tag{3.33}$$

式中 σ_F——齿根最大弯曲应力，MPa；

K——载荷系数；

T_1——小齿轮传递的转矩，N·mm；

Y_{FS}——复合齿形系数，反映轮齿的形状对抗弯能力的影响，同时考虑齿根部应力集中的影响。表3.17为外齿轮的复合齿形系数 Y_{FS}；

b——齿宽，mm；

m——模数，mm；

z_1——小轮齿数。

表 3.17　外齿轮的复合齿形系数 Y_{FS}

$z(z_V)$	17	18	19	20	21	22	23	24	25	26	27	28	29
Y_{Fa}	4.514	4.452	4.389	4.340	4.306	4.270	4.237	4.187	4.166	4.147	4.112	4.106	4.099
$z(z_V)$	30	35	40	45	50	60	70	80	90	100	150	200	∞
Y_{Fa}	4.163	4.043	4.008	3.948	3.944	3.944	3.920	3.929	3.916	3.902	3.916	3.954	4.058

注：z：直齿圆柱齿轮齿数；z_V：斜齿、锥齿轮当量齿数。

②弯曲疲劳许用应力$[\sigma_F]$。

弯曲疲劳许用应力$[\sigma_F]$(MPa)为

$$[\sigma_F]=\frac{\sigma_{Flim}}{S_F} \tag{3.34}$$

式中　σ_{Flim}——试验齿轮的弯曲疲劳极限，MPa(见图3.62)，对双侧工作的齿轮传动，齿根承受对称循环弯曲应力，应将图中数据乘以0.7。

S_H——齿轮弯曲疲劳强度安全系数，由表3.16查取。

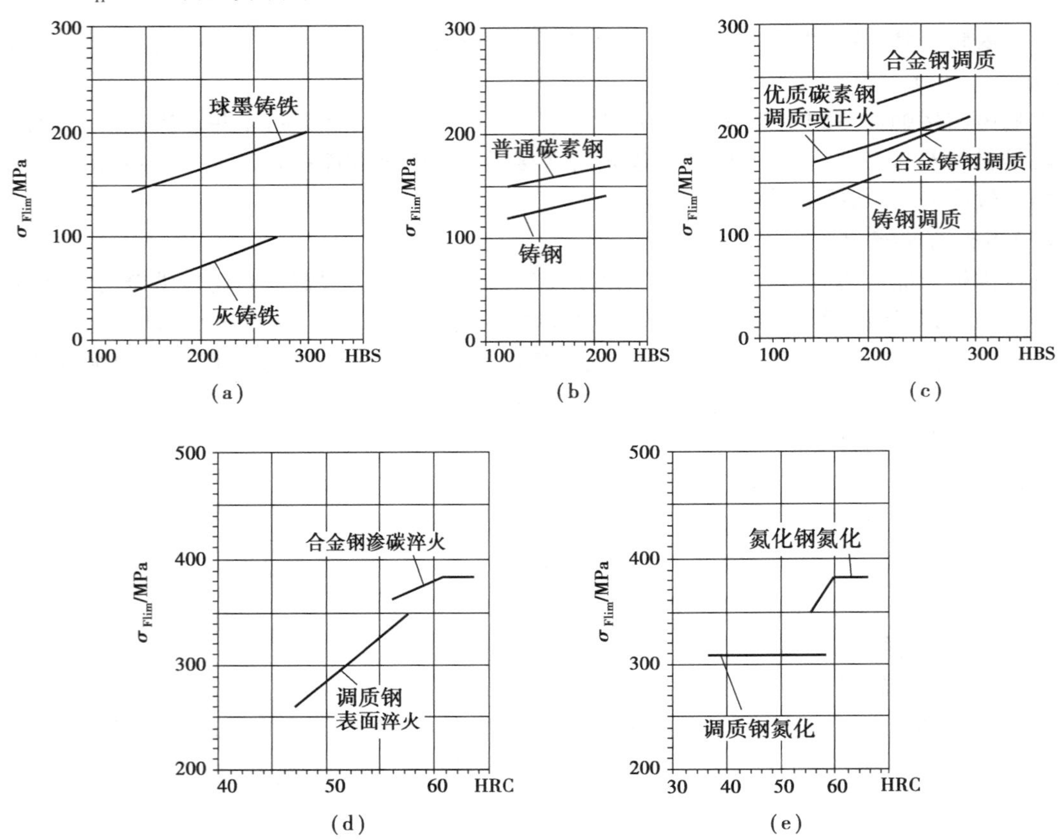

图 3.62　齿轮的弯曲疲劳极限 σ_{Flim}

③弯曲疲劳强度公式。

校核公式为

$$\sigma_F = \frac{2KT_1 Y_{FS}}{bm^2 z_1} \leqslant [\sigma_F] \tag{3.35}$$

引入齿宽系数 $\varphi_a = b/a$，并代入式(3.35)消去 b，可得设计公式为

$$m \geqslant \sqrt[3]{\frac{4KT_1 Y_{FS}}{\varphi_a (u \pm 1) z_1^2 [\sigma_F]}} \tag{3.36}$$

m 计算后，应取标准值。

通常两齿轮的复合齿形系数 Y_{FS1} 和 Y_{FS2} 不相同，材料许用弯曲应力 $[\sigma_F]_1$ 和 $[\sigma_F]_2$ 也不等，$Y_{FS1}/[\sigma_F]_1$ 和 $Y_{FS2}/[\sigma_F]_2$ 比值大者强度较弱，应作为计算时的代入值。

由式(3.35)可知，影响齿根弯曲强度的主要参数有模数 m、齿宽 b 和齿数 z_1 等，因此，加大模数对降低齿根弯曲应力效果最显著。

(4)齿轮传动设计准则

轮齿的失效形式很多，它们不大可能同时发生，却又相互联系、相互影响。例如，轮齿表面产生点蚀后，实际接触面积减少将导致磨损的加剧，而过大的磨损又会导致轮齿的折断。可是在一定条件下，必有一种为主要失效形式。在进行齿轮传动的设计计算时，应分析具体的工作条件，判断可能发生的主要失效形式，以确定相应的设计准则。

对软齿面的闭式齿轮传动，由于齿面抗点蚀能力差，润滑条件良好，齿面点蚀将是主要的失效形式。因此，在设计计算时，通常按齿面接触疲劳强度设计，再作齿根弯曲疲劳强度校核。

对硬齿面的闭式齿轮传动，由于齿面抗点蚀能力强，但易发生齿根折断，齿根疲劳折断将是主要失效形式。因此，在设计计算时，通常按齿根弯曲疲劳强度设计，再作齿面接触疲劳强度校核。

对开式传动，其主要失效形式将是齿面磨损。通常先按齿根弯曲疲劳强度设计，再考虑磨损，将所求得的模数增大10%～20%。

当一对齿轮均为铸铁制造时，一般只需作轮齿弯曲疲劳强度设计计算。

例3.2　试设计两级减速器中的低速级直齿圆柱齿轮传动。已知用电动机驱动，载荷有中等冲击，齿轮相对于支承位置不对称，单向运转，传递功率 $P = 10$ kW，低速级主动轮转速 $n_1 = 400$ r/min，传动比 $i = 3.5$。

解　(1)选择材料，确定许用应力

由表3.13，小轮选用45钢，调质，硬度为220HBS；大轮选用45钢，正火，硬度为190HBS。

由图3.61(c)和图3.62(c)分别查得

$$\sigma_{Hlim1} = 555\ \text{MPa},\quad \sigma_{Hlim2} = 530\ \text{MPa}$$
$$\sigma_{Flim1} = 190\ \text{MPa},\quad \sigma_{Flim2} = 180\ \text{MPa}$$

由表3.16查得 $S_H = 1.1$，$S_F = 1.4$，故

$$[\sigma_H]_1 = \frac{\sigma_{Hlim1}}{S_H} = \frac{555\ \text{MPa}}{1.1} = 504.5\ \text{MPa},\quad [\sigma_H]_2 = \frac{\sigma_{Hlim2}}{S_H} = \frac{530\ \text{MPa}}{1.1} = 481.8\ \text{MPa}$$

$$[\sigma_F]_1 = \frac{\sigma_{Flim1}}{S_F} = \frac{190\ \text{MPa}}{1.4} = 135.7\ \text{MPa},\quad [\sigma_F]_2 = \frac{\sigma_{Flim2}}{S_F} = \frac{180\ \text{MPa}}{1.4} = 128.5\ \text{MPa}$$

因硬度小于350HBS，属软齿面，按接触强度设计，再校核弯曲强度。

(2)按接触强度设计

计算中心距为

$$a \geqslant (u \pm 1)\sqrt[3]{\left(\frac{335}{[\sigma_{H}]}\right)^{2}\frac{KT_{1}}{\varphi_{a}u}}$$

①取$[\sigma_{H}]_{=}[\sigma_{H}]_{2}=481.8$ MPa。

②小轮转矩为

$$T_{1}=9.55\times10^{6}\times\frac{10\ \text{N}}{400\ \text{r/min}}=2.38\times10^{5}\ \text{N}\cdot\text{mm}$$

③取齿宽系数$\varphi_{a}=0.4$,$i=u=3.5$。

因原动机为电动机,中等冲击,支承不对称布置,故选8级精度,由表3.15选$K=1.5$。将以上数据代入,得初算中心距$a_{c}=223.7$ mm。

(3)确定基本参数,计算主要尺寸

①选择齿数。

取$z_{1}=20$,则

$$z_{2}=u\times z_{1}=3.5\times20=70$$

②确定模数。

由公式$a=m(z_{1}+z_{2})/2$,可得$m=4.98$ mm。

由表3.10查得标准模数,取$m=5$ mm。

③确定中心距。

$$a=m\frac{z_{1}+z_{2}}{2}=5\ \text{mm}\times\frac{20+70}{2}=225\ \text{mm}$$

④计算齿宽。

$$b=\varphi_{a}a=0.4\times225\ \text{mm}=90\ \text{mm}$$

为补偿两轮轴向尺寸误差,取$b_{1}=95$ mm,$b_{2}=90$ mm。

⑤计算齿轮几何尺寸。

按表3.11计算,$d_{1}=mz_{1}=5\ \text{mm}\times20=100$ mm;$d_{2}=mz_{2}=5\ \text{mm}\times70=350$ mm,其他从略。

(4)校核弯曲强度

$$\sigma_{F1}=\frac{2KT_{1}Y_{FS1}}{bm^{2}z_{1}}$$

$$\sigma_{F2}=\frac{2KT_{1}Y_{FS2}}{bm^{2}z_{1}}=\sigma_{F1}\frac{Y_{FS2}}{Y_{FS1}}$$

按$z_{1}=20$,$z_{2}=70$,由表3.17查得$Y_{FS1}=4.34$,$Y_{FS2}=3.92$,代入上式得

$$\sigma_{F1}=68.8\ \text{MPa}<[\sigma_{F}]_{1}\quad(安全)$$

$$\sigma_{F2}=62.1\ \text{MPa}<[\sigma_{F}]_{2}\quad(安全)$$

(5)验算齿轮圆周速度

$$v=\frac{\pi d_{1}n_{1}}{60\times1\ 000}=\frac{\pi\times100\ \text{mm}\times400\ \text{r/min}}{60\times1\ 000}=2.09\ \text{m/s}$$

由表3.14可知,选择齿轮精度等级为8级是正确的。

(6)设计齿轮结构,绘制齿轮工作图(略)

2）斜齿圆柱齿轮传动简介

（1）直齿圆柱齿轮和平行轴斜齿轮传动特点

直齿圆柱齿轮啮合时，齿面的接触线均平行于齿轮的轴线（见图3.63）。因此，轮齿是沿整个齿宽同时进入啮合，同时脱离啮合的，载荷沿齿宽突然加上及突然卸下。传动的平稳性较差，易产生冲击、振动和噪声，不适合高速和重载的传动中。

平行轴斜齿轮的一对轮齿进行啮合时，其齿廓是逐渐进入啮合，逐渐脱离啮合的，如图3.64所示。斜齿轮齿廓接触线的长度由零逐渐增到最大值，然后由最大值逐渐减小到零，载荷不是突然加上及突然卸下；同时，斜齿轮的螺旋形轮齿使一对轮齿的啮合过程延长，重合度增大，因此，斜齿轮传动工作平稳，承载能力大。

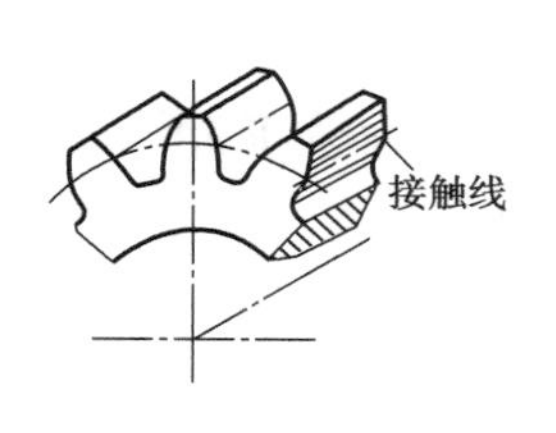

图3.63　直齿圆柱齿轮接触线

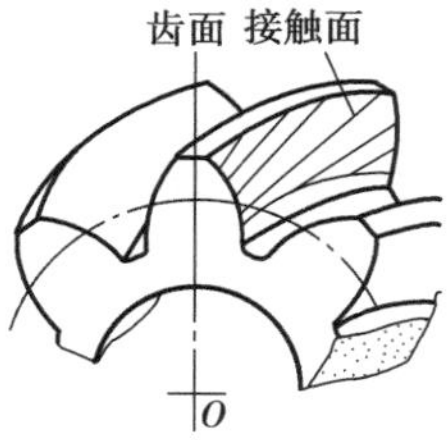

图3.64　斜齿圆柱齿轮接触线

由于斜齿轮传动有上述特点，故无论受力或传动都要比直齿轮好，因此，在高速大功率的传动中，斜齿轮传动应用广泛。但是，斜齿轮的轮齿是螺旋形的，因此比直齿轮传动要多一个轴向力，使轴承的组合设计变得更复杂。

（2）斜齿圆柱齿轮的基本参数

由于斜齿轮的轮齿是螺旋形的，在垂直于轮齿方向法面上的齿廓曲面及齿形与端面的不同，因此，斜齿轮的每一个基本参数都有端面与法面之分。斜齿轮的切制是沿螺旋方向进给的，因此，标准刀具的刃形参数必然与斜齿轮的法向参数（下标以n表示）相同，即以法向参数为标准值。斜齿轮在端面上具有渐开线齿形，因此，计算斜齿轮的几何尺寸大部分是按照端面参数（下标以t表示）进行的。

①螺旋角β。

将斜齿圆柱齿轮的分度圆柱展开（见图3.65），该圆柱上的螺旋线便成为一条斜直线，它与齿轮轴线之间的夹角，就是分度圆柱上的螺旋角，简称斜齿轮的螺旋角β。β大，重合度大，传动平稳，但轴向力加大，一般$\beta=8^\circ\sim20^\circ$。

斜齿轮按其轮齿的旋向，可分为右旋和左旋，如图3.66所示。面对轴线，若齿轮螺旋线左低右高，则为右旋；反之，则为左旋。

②模数。

由图3.65可知，法面齿距与端面齿距的关系为：$p_n=p_t\cos\beta$，而$p_n=\pi m_n$，$p_t=\pi m_t$。因此，法面模数m_n与端面模数m_t的关系式为

$$m_n=m_t\cos\beta \tag{3.37}$$

式中，法面模数m_n为标准值，由表3.10查得。

③压力角。

法向压力角α_n与端面压力角α_t之间的关系式为

$$\tan\alpha_n=\tan\alpha_t\cos\beta \tag{3.38}$$

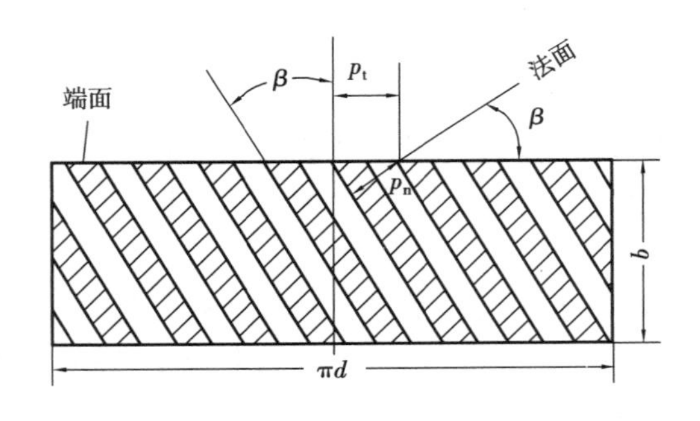

图 3.65 斜齿轮的展开

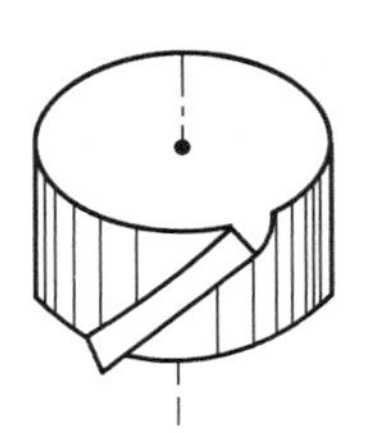
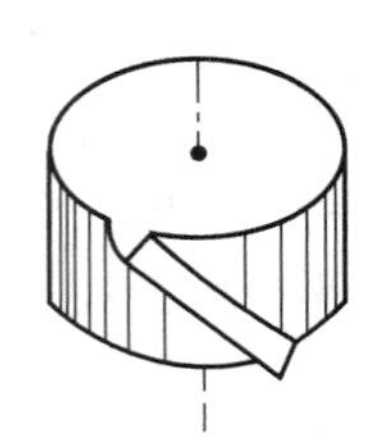
图 3.66 斜齿轮轮齿的旋向

法向压力角 α_n 的标准值为 20°。

④齿顶高系数和顶隙系数。

斜齿轮的齿顶高、齿根高和顶隙,无论从法面或端面来看都是相同的,即

$$h_a = h_{an}^* m_n = h_{at}^* m_t \tag{3.39}$$

$$c = c_n^* m_n = c_t^* m_t \tag{3.40}$$

式中,法向齿顶高系数 $h_{an}^* = 1$,法向顶隙系数 $c_n^* = 0.25$。

⑤斜齿轮的当量齿数。

用仿形法加工斜齿轮时,盘状铣刀是沿螺旋线方向切齿的。因此,刀具需按斜齿轮的法向齿形来选择。斜齿轮的齿形较直齿轮复杂,工程中为计算方便,特引入当量齿轮的概念。斜齿轮的当量齿轮为一假想的直齿轮。当量齿轮的齿数为当量齿数 z_v,可求得

$$z_v = \frac{z}{\cos^3 \beta} \tag{3.41}$$

用仿形法加工时,应按当量齿数选择铣刀号码;强度计算时,可按一对当量直齿轮传动近似计算一对斜齿轮传动;在计算标准斜齿轮不发生根切的齿数时,可求得

$$z_{\min} = z_{v\min} \cos^3 \beta = 17 \ \cos^3 \beta \tag{3.42}$$

由此可知,斜齿轮不根切的最少齿数小于 17,这是斜齿轮传动的优点之一。

(3)重合度

平行轴斜齿轮的重合度随螺旋角 β 和齿宽 b 的增大而增大,较端面参数相同的直齿轮大,这样有利于提高承载能力和传动的平稳性。

(4)斜齿圆柱齿轮传动的正确啮合条件

一对外啮合斜齿圆柱齿轮传动的正确啮合条件是:两轮的法面模数和法向压力角必须分别相等,两轮的螺旋角必须大小相等,旋向相反(内啮合时旋向相同),即

$$\left.\begin{aligned} m_{n1} &= m_{n2} = m_n \\ \alpha_{n1} &= \alpha_{n2} = \alpha_n \\ \beta_1 &= -\beta_2 \end{aligned}\right\} \tag{3.43}$$

式中,“ - ”表示旋向相反。

(5)斜齿轮的几何尺寸

由于斜齿圆柱齿轮的端面齿形也是渐开线的,因此,将斜齿轮的端面参数代入直齿圆柱齿轮的几何尺寸计算公式,可得到斜齿圆柱齿轮相应的几何尺寸计算公式,见表 3.18。

表 3.18　标准斜齿圆柱齿轮几何尺寸计算公式

名　称	符　号	计算公式
顶隙	c	$c = c_n^* m_n = 0.25m_n$
齿顶高	h_a	$h_a = h_{an}^* m_n = m_n$
齿根高	h_f	$h_f = h_a + c = 1.25m_n$
全齿高	h	$h = h_a + h_f = 2.25m_n$
分度圆直径	d	$d = m_t z = \dfrac{m_n z}{\cos\beta}$
齿顶圆直径	d_a	$d_a = d + 2h_a = d + 2m_n$
齿根圆直径	d_f	$d_f = d - 2h_f = d - 2.5m_n$
中心距	a	$a = \dfrac{(d_1 + d_2)}{2} = \dfrac{m_n(z_1 + z_2)}{2\cos\beta}$

3）直齿圆锥齿轮传动简介

（1）锥齿轮传动的特点和应用

锥齿轮是用于轴线相交的一种齿轮机构，两轴交角可由传动来确定，常用的轴交角 $\Sigma = 90°$；轮齿分布在圆锥面上，齿形由大端到小端逐渐减小，如图 3.67 所示。锥齿轮的轮齿有直齿、斜齿和曲齿 3 类。其中，直齿锥齿轮设计、制造和安装均较简单，故应用较广。

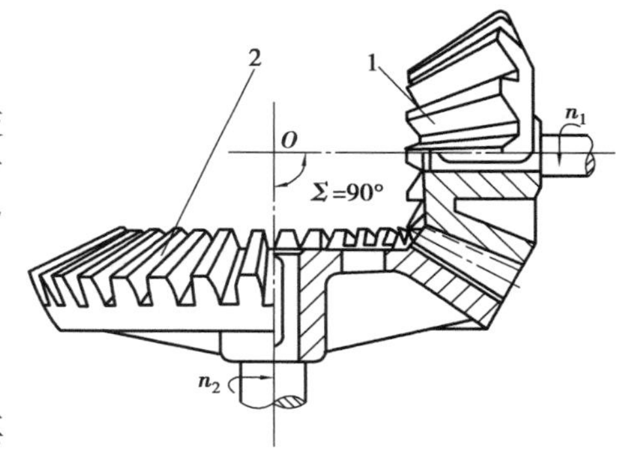

图 3.67　锥齿轮传动
1—小齿轮；2—大齿轮

（2）直齿锥齿轮的基本参数及几何尺寸

如图 3.68 所示为一对标准直齿锥齿轮机构。其节圆锥和分度圆锥重合，轴交角 $\Sigma = \delta_1 + \delta_2 = 90°$。

由于大端轮齿尺寸大，测量时相对误差小，因此，锥齿轮的基本参数以大端为标准值。锥齿轮的基本参数有：大端模数 m，由表 3.19 查取；齿数 z_1, z_2；压力角 $\alpha = 20°$；分度圆锥角 δ_1, δ_2；齿顶高系数 $h_a^* = 1$；顶隙系数 $c^* = 0.2$。

锥齿轮几何尺寸公式见表 3.20。

表 3.19　锥齿轮模数系列/mm

1	1.125	1.25	1.375	1.5	1.75	2	2.25	2.5	2.75	3
3.25	3.5	3.75	4	4.5	5	5.5	6	6.5	7	8

表 3.20　锥齿轮几何尺寸公式

名　称	符　号	计算公式
分度圆直径	d	$d = mz$
分度圆锥角	δ	$\delta_2 = \arctan\dfrac{z_2}{z_1}, \delta_1 = 90° - \delta_2$

续表

名　称	符　号	计算公式
锥距	R	$R=\frac{mz}{2\sin\delta}=m\frac{\sqrt{z_1^2+z_2^2}}{2}$
齿宽	b	$b\leqslant\frac{R}{3}$
齿顶圆直径	d_a	$d_a=d+2h_a\cos\delta=m(z+2h_a^*\cos\delta)$
齿根圆直径	d_f	$d_f=d-2h_f\cos\delta=m[z-2(h_a^*+c^*)\cos\delta]$
顶圆锥角	δ_n	$\delta_n=\delta+\theta_a=\delta+\arctan\frac{h_a^*m}{R}$
根圆锥角	δ_f	$\delta_f=\delta-\theta_f=\delta-\arctan\frac{(h_a^*+c^*)m}{R}$

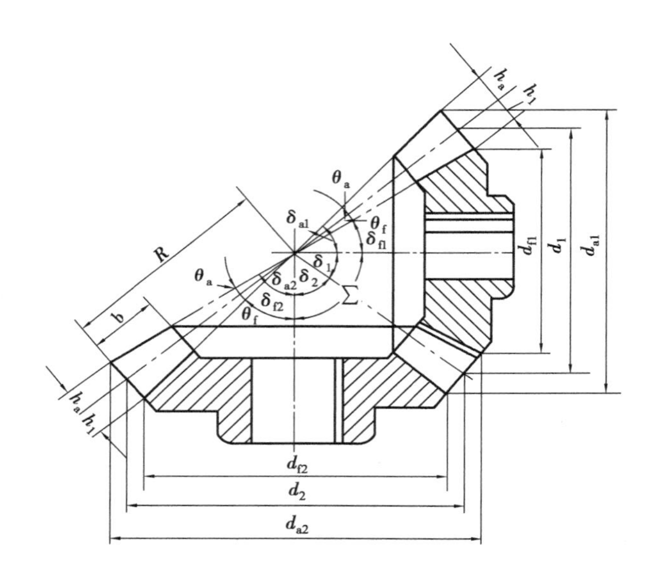

图3.68　锥齿轮尺寸

(3)直齿锥齿轮传动的正确啮合条件

一对标准直齿锥齿轮传动的正确啮合条件为:两轮大端的模数和压力角相等,即

$$\left.\begin{aligned}m_1&=m_2=m\\\alpha_1&=\alpha_2=20^\circ\end{aligned}\right\}\tag{3.44}$$

自测题

一、判断题

1. 渐开线的形状与基圆的大小无关。　(　　)
2. 渐开线上任意一点的法线不可能都与基圆相切。　(　　)
3. 对标准渐开线圆柱齿轮,其分度圆上的齿厚等于齿槽宽。　(　　)
4. 标准齿轮上压力角指的是分度圆上的压力角,其值是30°。　(　　)

5. 分度圆是计量齿轮各部分尺寸的基准。（　）
6. 齿轮传动的特点是传动比恒定，适合于两轴相距较远距离的传动。（　）
7. 齿轮传动的基本要求是传动平稳，具有足够的承载能力和使用寿命。（　）
8. 渐开线齿轮具有可分性，是指两个齿轮可分别制造和设计。（　）
9. 标准齿轮以标准中心距安装时，分度圆与节圆重合。（　）
10. 用范成法加工标准齿轮时，为了不产生根切现象，规定最小齿数不得小于17。（　）
11. 齿面点蚀经常发生在闭式硬齿面齿轮传动中。（　）
12. 硬齿面齿轮的齿面硬度大于350HBS。（　）
13. 开式齿轮传动的主要失效形式是胶合和点蚀。（　）
14. 对闭式齿轮传动，当圆周速度 $v<10$ m/s 时，通常采用浸油润滑。（　）
15. 直齿轮传动相对斜齿轮传动工作更平稳，承载能力更大。（　）
16. 标准斜齿圆柱齿轮的正确啮合条件是：两齿轮的端面模数和压力角相等，螺旋角相等，螺旋方向相反。（　）
17. 锥齿轮只能用来传递两正交轴（$\Sigma=90°$）之间的运动和动力。（　）
18. 圆锥齿轮的正确啮合条件是：两齿轮的小端模数和压力角分别相等。（　）

二、选择题

1. 用一对齿轮来传递平行轴之间的运动时，若要求两轴转向相同，应采用（　）传动。
A. 外啮合　　B. 内啮合　　C. 齿轮与齿条
2. 机器中的齿轮采用最广泛的齿廓曲线是（　）。
A. 圆弧　　B. 直线　　C. 渐开线
3. 在机械传动中，理论上能保证瞬时传动比为常数的是（　）。
A. 带传动　　B. 链传动　　C. 齿轮传动
4. 标准压力角和标准模数均在（　）上。
A. 分度圆　　B. 基圆　　C. 齿根圆
5. 一对标准渐开线齿轮啮合传动，若两轮中心距稍有变化，则（　）。
A. 两轮的角速度将变大一些
B. 两轮的角速度将变小一些
C. 两轮的角速度将不变
6. 基圆越小，则渐开线（　）。
A. 越平直　　B. 越弯曲　　C. 不变化
7. 对齿数相同的齿轮，模数越大，则齿轮的几何尺寸、齿形及齿轮的承载能力（　）。
A. 越大　　B. 越小　　C. 不变
8. 齿轮传动的重合度（　）时，才能保证齿轮机构的连续传动。
A. $\varepsilon \leqslant 0$　　B. $0<\varepsilon<1$　　C. $\varepsilon \geqslant 1$
9. 一对渐开线齿轮啮合时，啮合点始终沿着（　）移动。
A. 分度圆　　B. 节圆　　C. 基圆内公切线
10. 高速重载齿轮传动，当润滑不良时，最可能出现的失效形式是（　）。
A. 齿面胶合　　B. 齿面磨损　　C. 轮齿疲劳折断
11. 设计一般闭式齿轮传动时，齿根弯曲疲劳强度主要针对的失效形式是（　）。
A. 轮齿疲劳折断　　B. 齿面点蚀　　C. 齿面磨损

12. 设计一对材料相同的软齿面齿轮传动时，一般使小齿轮齿面硬度 HBS_1 和大齿轮齿面硬度 HBS_2 的关系为(　　)。

A. $HBS_1 < HBS_2$　　B. $HBS_1 = HBS_2$　　C. $HBS_1 > HBS_2$

13. 选择齿轮的精度等级是依据(　　)。

A. 传动功率　　B. 圆周速度　　C. 中心距

14. 一减速齿轮传动，小齿轮 1 选用 45 钢调质；大齿轮选用 45 钢正火，它们的齿面接触应力应是(　　)。

A. $\sigma_{H1} > \sigma_{H2}$　　B. $\sigma_{H1} < \sigma_{H2}$　　C. $\sigma_{H1} = \sigma_{H2}$

15. 对硬度≤350HBS 的闭式齿轮传动，设计时一般是(　　)。

A. 先按接触强度计算　　B. 先按弯曲强度计算　　C. 先按磨损条件计算

16. 为了提高齿轮传动的接触强度，主要可采取(　　)的方法。

A. 增大传动中心距　　B. 减少齿数　　C. 增大模数

17. 利用一对齿轮相互啮合时，其共轭齿廓互为包络线的原理来加工齿轮的方法是(　　)。

A. 仿形法　　B. 范成法　　C. 成形法

18. 斜齿圆柱齿轮较直齿圆柱齿轮的重合度(　　)。

A. 大　　B. 小　　C. 相等

19. 一般斜齿圆柱齿轮的螺旋角值应在(　　)。

A. 16°～15°　　B. 8°～20°　　C. 8°～25°

20. 渐开线直齿锥齿轮的当量齿数 z_v(　　)其实际齿数 z。

A. 小于　　B. 等于　　C. 大于

三、设计计算题

1. 某镗床主轴箱中有一正常齿渐开线标准齿轮，其参数为：$\alpha = 20°$，$m = 3$ mm，$z = 50$，试计算该齿轮的齿顶高、齿根高、齿厚、分度圆直径、齿顶圆直径及齿根圆直径。

2. 已知一对标准的直齿圆柱齿轮传动，主动轮齿数为 $z_1 = 20$，从动轮齿数 $z_2 = 60$，试计算传动比 i_{12}的值；若主动轮转速 $n_1 = 900$ r/min，试求从动轮转速 n_2 的值。

3. 已知 C6150 车床主轴箱内一对外啮合标准直齿圆柱齿轮，其齿数 $z_1 = 21$，$z_2 = 66$，模数 $m = 3.5$ mm，压力角 $\alpha = 20°$，正常齿。试确定这对齿轮的传动比、分度圆直径、齿顶圆直径、全齿高、中心距、分度圆齿厚及分度圆齿槽宽。

4. 已知一标准渐开线直齿圆柱齿轮，其齿顶圆直径 $d_{a1} = 77.5$ mm，齿数 $z_1 = 29$。现要求设计一个大齿轮与其相啮合，传动的安装中心距 $a = 145$ mm，试计算这对齿轮的主要参数及大齿轮的主要尺寸。

5. 已知一对外啮合标准直齿圆柱齿轮的标准中心距 $a = 120$ mm，传动比 $i_{12} = 3$，小齿轮齿数 $z_1 = 20$，试确定这对齿轮的模数和齿数。

6. 已知一正常齿标准渐开线直齿轮，其齿数为 39，外径为 102.5 mm，欲设计一大齿轮与其相啮合，现要求安装中心距为 116.25 mm，试求这对齿轮主要尺寸。

7. 设计一直齿圆柱齿轮传动，原用材料的许用接触应力为$[\sigma_H]_1 = 700$ MPa，$[\sigma_H]_2 = 600$ MPa，求得中心距 $a = 100$ mm；现改用$[\sigma_H]_1 = 600$ MPa，$[\sigma_H]_2 = 400$ MPa 的材料，若齿宽和其他条件不变，为保证接触疲劳强度不变，试计算改用材料后的中心距。

8. 设计用于螺旋输送机的减速器中的一对直齿圆柱齿轮。已知传递的功率 $P = 10$ kW，小齿轮由电动机驱动,其转速 $n_1=960$ r/min,$n_2=240$ r/min。单向传动,载荷较平稳。

9. 已知一对正常齿标准斜齿圆柱齿轮的模数 $m_n=3$ mm,齿数 $z_1=23$,$z_2=76$,分度圆螺旋角 $\beta=8°6'34''$。试求其中心距、端面压力角、当量齿数、分度圆直径、齿顶圆直径及齿根圆直径。

任务3.5　蜗杆传动

活动情境

装拆蜗杆减速器。

任务要求

掌握蜗轮蜗杆传动的特点,学会正确装拆。

任务引领

通过观察与操作回答以下问题:

1. 减速箱中有哪些传动零件? 它们各有哪些特点?
2. 蜗杆传动的常用类型有哪些?
3. 蜗杆传动的失效形式有哪些?
4. 蜗杆和蜗轮的材料应如何选择?
5. 蜗杆传动机构的散热方式有哪些?

归纳总结

在运动转换中,通常需要进行空间交错轴之间的运动转换,在要求大传动比的同时,又希望传动机构的结构紧凑。采用蜗杆传动机构,则可满足上述要求。蜗杆传动广泛应用于机床、汽车、仪器、起重运输机械、冶金机械以及其他机械制造工业中。如图3.69所示的蜗杆减速器即是其中的一种。

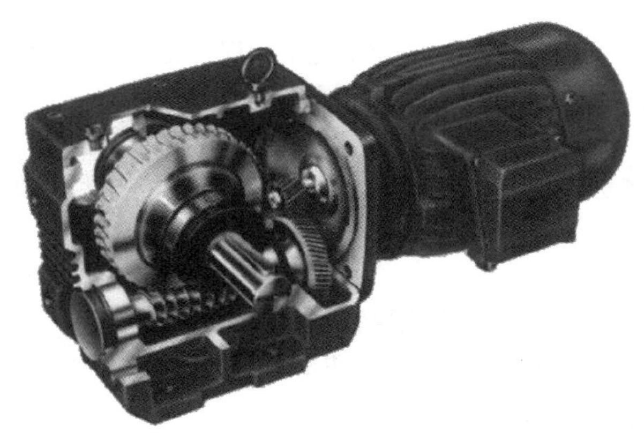

图3.69　蜗杆减速器

3.5.1 蜗杆传动的类型

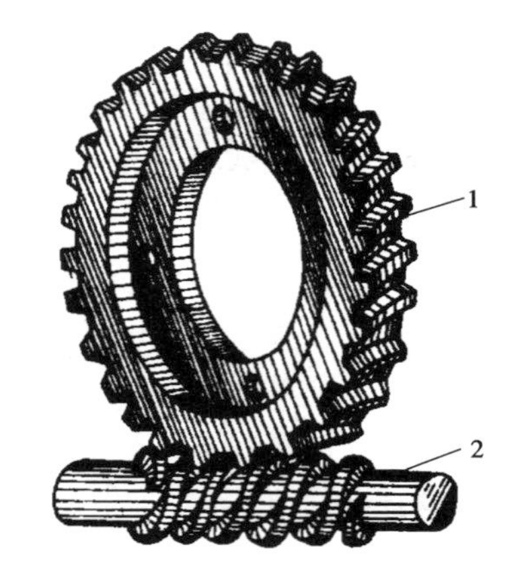

图 3.70 蜗杆传动
1—蜗轮;2—蜗杆

蜗杆传动由蜗杆和蜗轮组成。它常见于传递空间两垂直交错轴之间的运动和动力(见图 3.70)。通常两轴交错角为 90°,蜗杆为主动件,蜗轮为从动件。

根据蜗杆的形状,蜗杆传动可分为圆柱蜗杆传动(见图 3.71(a))、环面蜗杆传动(见图 3.71(b))和锥面蜗杆传动(见图 3.71(c))。圆柱蜗杆传动制造简单,应用广泛。

圆柱蜗杆按其螺旋面的形状不同,可分为普通圆柱蜗杆(又称阿基米德蜗杆)和圆弧圆柱蜗杆。

按蜗杆的螺旋线方向不同,蜗杆可分为右旋和左旋。一般多用右旋。

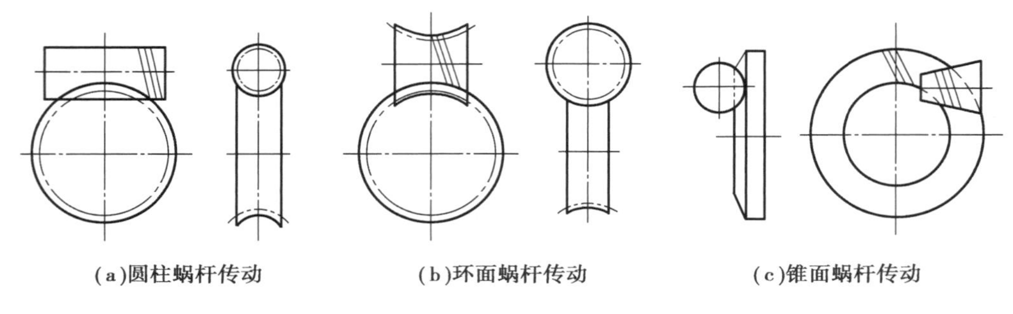

(a)圆柱蜗杆传动　(b)环面蜗杆传动　(c)锥面蜗杆传动

图 3.71 蜗杆传动的类型

3.5.2 蜗杆传动的特点和应用

1)传动比大、结构紧凑

单级传动比一般为 10 ~ 40(<80)。只传递运动时(如分度机构),传动比可达 1 000。

2)传动平稳、噪声小

蜗杆上的齿是连续的螺旋齿,蜗轮轮齿和蜗杆是逐渐进入啮合又逐渐退出啮合的。

3)具有自锁性

当蜗杆升程角小于当量摩擦角时,蜗轮不能带动蜗杆传动,呈自锁状态。手动葫芦和浇铸机械常采用蜗杆传动,以满足自锁要求。

4)传动效率较低

蜗杆传动中齿面之间存在较大的相对滑动,摩擦剧烈发热量大,故效率低,一般为 0.7 ~ 0.9。自锁时,效率仅为 0.4 左右。

5)蜗轮造价高

为了减摩和耐磨,蜗轮齿冠需贵重金属青铜制造,故成本较高。

由上述可知,蜗杆传动适用于传动比大,功率不太大的场合。

3.5.3 蜗杆传动的正确啮合条件

如图 3.72 所示为阿基米德蜗杆传动。通过蜗杆轴线并垂直于蜗轮轴线的平面,称为中间平面。在中间平面上蜗轮与蜗杆的啮合相当于渐开线齿轮和齿条的啮合。在设计蜗杆传动时，均取中间平面上的参数和尺寸为标准，并可沿用齿轮传动的计算方法。因此，蜗杆传动的正确啮合条件为：蜗杆的轴向模数 m_{a1} 等于蜗轮的端面模数 m_{t2}，蜗杆的轴向压力角 α_{a1} 等于蜗轮的端面压力角 α_{t2}，当两轴交角 $\Sigma=90°$ 时，还应保证蜗杆分度圆柱导程角 γ 等于蜗轮的螺旋角 β，且旋向相同，即

$$\left.\begin{aligned}m_{a1}&=m_{t2}=m\\ \alpha_{a_1}&=\alpha_{t_2}=\alpha\\ \gamma&=\beta\end{aligned}\right\}\tag{3.45}$$

式中，m,α 为标准值。

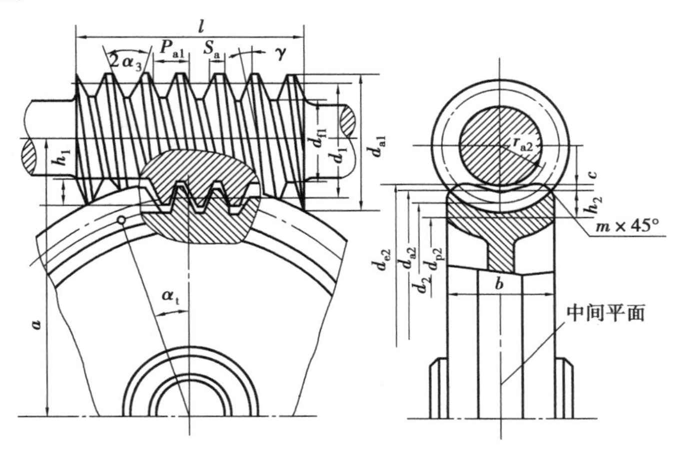

图3.72　阿基米德蜗杆传动

3.5.4　蜗杆传动的基本参数及基本尺寸计算

1）蜗杆头数 z_1，蜗轮齿数 z_2

蜗杆头数 z_1 一般取1，2，4，6。头数 z_1 增大，可提高传动效率，但加工制造难度增加。

蜗轮齿数一般取 $z_2=28\sim80$。若 $z_2<28$，传动的平稳性会下降，且易产生根切；若 z_2 过大，蜗轮的直径 d_2 增大，与之相应的蜗杆长度增加、刚度降低，从而影响啮合的精度。

2）传动比

传动比为

$$i=\frac{n_1}{n_2}=\frac{z_2}{z_1}=\frac{d_2}{d_1\tan\gamma}\tag{3.46}$$

3）蜗杆分度圆直径 d_1 和蜗杆直径系数 q

加工蜗轮时，用的是与蜗杆具有相同尺寸的滚刀，因此，加工不同尺寸的蜗轮，就需要不同的滚刀。为限制滚刀的数量，并使滚刀标准化，对每一标准模数，规定了一定数量的蜗杆分度圆直径 d_1。

蜗杆分度圆直径与模数的比值，称为蜗杆直径系数，用 q 表示，即

$$q=\frac{d_1}{m}\tag{3.47}$$

模数一定时，q 值增大则蜗杆的直径 d_1 增大，刚度提高。因此，为保证蜗杆有足够的刚度，小模数蜗杆的 q 值一般较大。蜗杆基本参数配置见表 3.21。

表 3.21　蜗杆基本参数配置表

模数 m /mm	分度圆直径 d_1 /mm	蜗杆头数 z_1	直径系数 q	m^3q	模数 m /mm	分度圆直径 d_1 /mm	蜗杆头数 z_1	直径系数 q	m^3q
1	18	1	18.000	18	3.15	(28)	1,2,4	8.889	278
1.25	20	1	16.000	31		35.5	1,2,4,6	11.270	352
	22.4	1	17.920	35		(45)	1,2,4	14.286	447
1.6	20	1,2,4	12.500	51		56	1	17.778	556
	28	1	17.500	72	4	(31.5)	1,2,4	7.875	504
2	18	1,2,4	9.000	72		40	1,2,4,6	10.000	640
	22.4	1,2,4,6	11.200	90		(50)	1,2,4	12.500	800
	(28)	1,2,4	14.000	112		71	1	17.750	1 136
	35.5	1	17.750	142		(40)	1,2,4	8.000	1 000
2.5	(22.4)	1,2,4	8.960	140	5	50	1,2,4,6	10.000	1 250
	28	1,2,4,6	11.200	175		(63)	1,2,4	12.600	1 575
	(35.5)	1,2,4	14.200	222		90	1	18.000	2 250
	45	1	18.000	281					

注：表中分度圆直径 d_1 的数字，带括号的尽量不用；黑体的为 $\gamma<3°30'$ 的自锁蜗杆。

4）蜗杆导程角 γ

蜗杆导程角 γ 计算为

$$\tan\gamma=\frac{L}{\pi d_1}=\frac{z_1\pi m}{\pi d_1}=\frac{z_1 m}{d_1}=\frac{z_1}{q} \qquad (3.48)$$

式中　L——螺旋线的导程，$L=z_1p_{x1}=z_1\pi m$，其中，p_{x1} 为轴向齿距。

通常螺旋线的导程角 $\gamma=3.5°\sim27°$，导程角为 $3.5°\sim4.5°$ 的蜗杆可实现自锁。升角大时，传动效率高，但蜗杆加工难度大。

5）蜗杆传动的基本尺寸计算

标准圆柱蜗杆传动的几何尺寸计算公式见表 3.22。

表 3.22　标准普通圆柱蜗杆传动几何尺寸计算公式

名　称	计算公式	
	蜗　杆	蜗　轮
齿顶高	$h_a=m$	$h_a=m$
齿根高	$h_f=1.2m$	$h_f=1.2m$
分度圆直径	$d_1=mq$	$d_2=mz_2$

续表

名　称	计算公式	
	蜗　杆	蜗　轮
齿顶圆直径	$d_{a1}=m(q+2)$	$d_{a2}=m(z_2+2)$
齿根圆直径	$d_{f1}=m(q-2.4)$	$d_{f2}=m(z_2-2.4)$
顶隙	$c=0.2m$	
蜗杆轴向齿距 蜗轮端面齿距	$p=m\pi$	
蜗杆分度圆柱的导程角	$\tan\gamma=\frac{z_1}{q}$	
蜗轮分度圆上轮齿的螺旋角		$\beta=\lambda$
中心距	$a=\frac{m(q+z_2)}{2}$	
蜗杆螺纹部分长度	$z_1=1,2,b_1\geqslant(11+0.06z_2)m$ $z_1=4,b_1\geqslant(12.5+0.09z_2)m$	
蜗轮咽喉母圆半径		$r_{g2}=a-\frac{d_{a2}}{2}$
蜗轮最大外圆直径		$z_1=1,d_{e2}\leqslant d_{a2}+2m$ $z_1=2,d_{e2}\leqslant d_{a2}+1.5m$ $z_1=4,d_{e2}\leqslant d_{a2}+m$
蜗轮轮缘宽度		$z_1=1,2,b_2\leqslant 0.75d_{a1}$ $z_1=4,b_2\leqslant 0.67d_{a1}$
蜗轮轮齿包角		$\theta=2\arcsin\frac{b_2}{d_1}$ 一般动力传动 $\theta=70°-90°$ 高速动力传动 $\theta=90°-130°$ 分度传动 $\theta=45°-60°$

3.5.5　蜗杆传动的失效形式及设计准则

由于蜗杆传动中的蜗杆表面硬度比蜗轮高，因此，蜗杆的接触强度、弯曲强度都比蜗轮高；而蜗轮齿的根部是圆环面，弯曲强度也高，很少折断。蜗杆传动的失效主要发生在蜗轮轮齿上。

蜗杆传动的失效形式主要有胶合、疲劳点蚀和磨损。

由于蜗杆传动在齿面间有较大的滑动速度，发热量大，若散热不及时，油温升高，黏度下降，油膜破裂，更易发生胶合，尤其在开式传动中，蜗轮轮齿磨损严重。因此，蜗杆传动中，要考虑润滑与散热问题。

蜗杆轴细长,弯曲变形大,会使啮合区接触不良。因此,需要考虑其刚度问题。

蜗杆传动的设计要求如下:

①计算蜗轮接触强度。

②计算蜗杆传动热平衡,限制工作温度。

③必要时,验算蜗杆轴的刚度。

3.5.6 蜗杆、蜗轮的材料选择

基于蜗杆传动的失效特点,选择蜗杆和蜗轮材料组合时,不但要求有足够的强度,而且还要有良好的减摩、耐磨和抗胶合的能力。实践表明,较理想的蜗杆副材料是青铜蜗轮齿圈匹配淬硬磨削的钢制蜗杆。

1)蜗杆材料

高速重载的传动,蜗杆常用低碳合金钢(如20Cr,20CrMnTi)经渗碳后,表面淬火使硬度为56~62HRC,再经磨削。对中速中载传动,蜗杆常用45钢、40Cr、35SiMn等,表面经高频淬火使硬度为45~55HRC,再磨削。一般蜗杆可采用45,40等碳钢调质处理(硬度为210~230HBS)。

2)蜗轮材料

常用的蜗轮材料为铸造锡青铜(ZCuSn10P1,ZCuSn6Zn6Pb3)、铸造铝铁青铜(ZCuAl10Fe3)及灰铸铁(HT150,HT200)等。锡青铜的抗胶合、减摩及耐磨性能最好,但价格较高,常用于相对滑动速度 $v_s \geqslant 3$ m/s 的重要传动;铝铁青铜具有足够的强度,并耐冲击,价格便宜,但抗胶合及耐磨性能不如锡青铜,一般用于 $v_s \leqslant 6$ m/s 的传动;灰铸铁用于 $v_s \leqslant 2$ m/s 的不重要场合。

3.5.7 蜗轮转向的判断

蜗杆传动中,蜗杆为主动件,蜗轮为从动件。已知蜗杆的旋向和转动方向,则可判断出蜗轮的转向。如图3.73所示,右旋蜗杆用右手,左旋蜗杆用左手进行判断,四指弯曲方向代表蜗杆的旋转方向,则蜗轮的转向与伸直的大拇指指向相反。

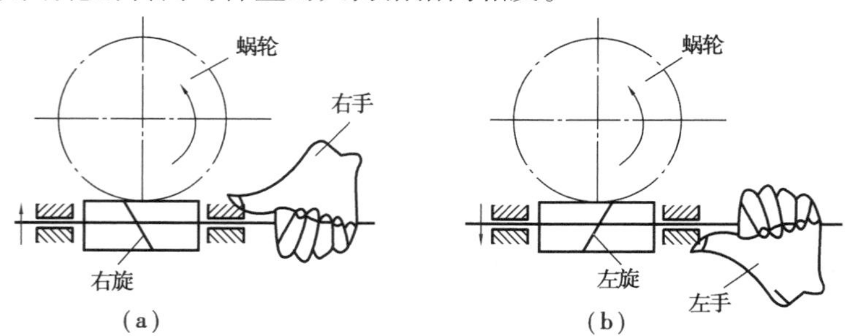

图3.73 蜗轮转向的判断

3.5.8 蜗杆、蜗轮的结构

1)蜗杆的结构

如图3.74所示,一般将蜗杆和轴作成一体,称为蜗杆轴。

2)蜗轮的结构

如图3.75所示,一般为组合式结构,齿圈用青铜,轮芯用铸铁或钢。

图3.75(a)为组合式过盈联接,这种结构常由青铜齿圈与铸铁轮芯组成,多用于尺寸不大或工作温度变化较小的地方。

图3.75(b)为组合式螺栓联接,这种结构装拆方便,多用于尺寸较大或易磨损的场合。

图3.75(c)为整体式,主要用于铸铁蜗轮或尺寸很小的青铜蜗轮。

图3.75(d)为拼铸式,将青铜齿圈浇铸在铸铁轮芯上,常用于成批生产的蜗轮。

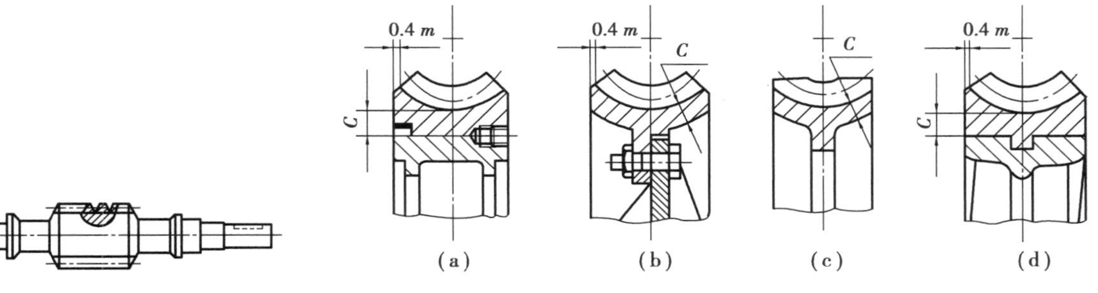

图3.74　蜗杆的结构

图3.75　蜗轮的结构

拓展延伸

蜗杆传动的散热计算

1)蜗杆传动时的滑动速度

蜗杆和蜗轮啮合时,齿面间有较大的相对滑动,相对滑动速度的大小对齿面的润滑情况、齿面失效形式和传动效率有很大影响。相对滑动速度越大,齿面间越容易形成油膜,则齿面间摩擦系数越小,当量摩擦角也越小;但另一方面,由于啮合处的相对滑动,加剧了接触面的磨损,因此,应选用恰当的蜗轮蜗杆的配对材料,并注意蜗杆传动的润滑条件。

滑动速度 v_s(m/s)的计算公式为

$$v_s = \frac{\pi d_1 n_1}{60 \times 1\ 000 \cos \gamma} \tag{3.49}$$

式中　γ——普通圆柱蜗杆分度圆上的导程角;

n_1——蜗杆转速,r/min;

d_1——普通圆柱蜗杆分度圆上的直径。

2)蜗杆传动的效率

闭式蜗杆传动的功率损失包括啮合摩擦损失、轴承摩擦损失和润滑油被搅动的油阻损失。因此,总效率为啮合效率 η_1、轴承效率 η_2、油的搅动和飞溅损耗效率 η_3 的乘积。其中,啮合效率 η_1 是主要的。总效率为

$$\eta = \eta_1 \eta_2 \eta_3 \tag{3.50}$$

当蜗杆主动时,啮合效率 η_1 为

$$\eta_1 = \frac{\tan \gamma}{\tan(\gamma + \rho_v)} \tag{3.51}$$

式中　γ——普通圆柱蜗杆分度圆上的导程角;

ρ_v——当量摩擦角,可按蜗杆传动的材料及滑动速度查表3.23得出。

表 3.23　当量摩擦系数 f_v 和当量摩擦角 ρ_v

蜗轮材料	锡青铜				无锡青铜	
蜗杆齿面硬度	>45HRC		≤350HBS		>45HRC	
滑动速度 $v_s/(m \cdot s^{-1})$	f_v	ρ_v	f_v	ρ_v	f_v	ρ_v
1.00	0.045	2°35′	0.055	3°09′	0.07	4°00′
2.00	0.035	2°00′	0.045	2°35′	0.055	3°09′
3.00	0.028	1°36′	0.035	2°00′	0.045	2°35′

注:1. 蜗杆齿面粗糙度 $Ra=0.8\sim0.2$。

2. 蜗轮材料为灰铸铁时,可按无锡青铜查取 f_v,ρ_v。

由于轴承效率 η_2、油的搅动和飞溅损耗时的效率 η_3 不大,一般取 $\eta_2\eta_3=0.95\sim0.97$。

3)散热计算

对效率不高又连续工作的闭式蜗杆传动,会因油温不断升高而导致胶合失效。因此,应进行散热计算,以限制润滑油工作的最高温度。

按热平衡条件,可得箱体内的工作温度为

$$t_1=\frac{1\ 000P_1(1-\eta)}{hA}+t_0\leqslant 80° \tag{3.52}$$

式中 P_1——蜗杆传动的功率,kW;

η——传动效率;

h——箱体表面传热系数,可取 $h=(8\sim17)$ R/m^2 · ℃,当周围空气流通较好时,取大值;

A——散热面积,m^2,是指内壁能被润滑油飞溅到,而外壁又可被周围空气所冷却的箱体表面面积;

t_0——周围环境温度,常温情况下,可取 20 ℃;

t_1——箱体内油的工作温度,℃,一般限制在 60~70 ℃,最高不超过 80 ℃。

4)散热措施

在连续传动,若油温 $t_1>80$ ℃时,采用下列措施增加散热能力:

①增加箱体的散热面积或加散热片,如图 3.76 所示。

②在蜗杆轴上装风扇,进行人工通风,如图 3.76 所示。

③在箱体油池内安装循环冷却管路,如图 3.77 所示。

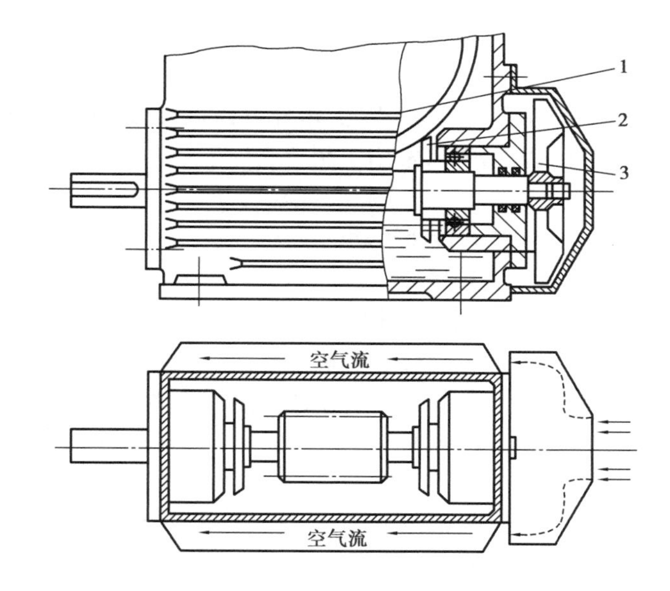

图3.76　加散热片和风扇蜗杆传动

1—散热片;2—溅油轮;3—风扇

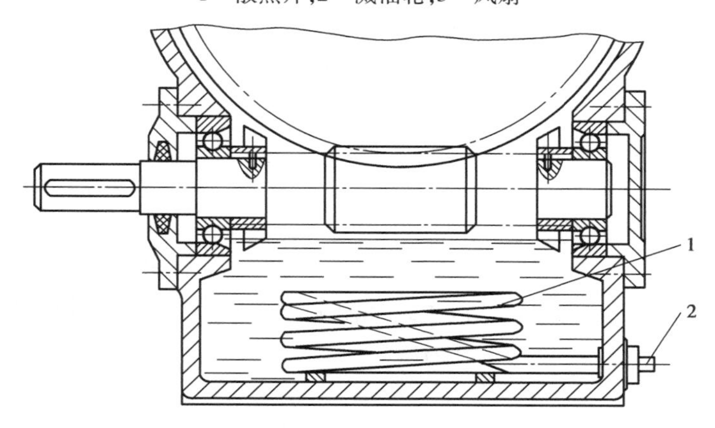

图3.77　装循环冷却管路的蜗杆传动

1—蛇形管;2—冷却水出入口

自测题

一、判断题

1. 蜗杆传动一般适用于传递大功率,大速比的场合。（　　）

2. 蜗轮蜗杆传动的中心距 $a=\frac{1}{2}m(z_1+z_2)$。（　　）

3. 蜗杆机构中,蜗轮的转向取决于蜗杆的旋向和蜗杆的转向。（　　）

4. 利用蜗杆传动可获得较大的传动比,且结构紧凑,传动平稳但效率较低,又易发热。（　　）

5. 蜗杆与蜗轮的啮合相当于中间平面内齿轮与齿条的啮合。（　　）

6. 在蜗杆传动中,由于轴是相互垂直的,因此,蜗杆的螺旋升角应与蜗轮的螺旋角互余。 (　　)

7. 蜗杆的直径系数等于直径除以模数,因此,蜗杆直径越大,其直径系数就越大。 (　　)

8. 青铜的抗胶合能力和耐磨性较好,常用于制造蜗杆。 (　　)

二、选择题

1. 蜗杆传动常用于(　　)轴之间传递运动的动力。

A. 平行　　B. 相交　　C. 交错

2. 与齿轮传动相比较,(　　)不能作为蜗杆传动的优点。

A. 传动平稳,噪声小　　B. 传动效率高　　C. 传动比大

3. 阿基米德圆柱蜗杆与蜗轮传动的(　　)模数,应符合标准值。

A. 法面　　B. 端面　　C. 中间平面

4. 蜗杆直径系数(　　)。

A. $q = d_1/m$　　B. $q = d_1 m$　　C. $q = a/d_1$

5. 在蜗杆传动中,当其他条件相同时,增加蜗杆头数,则传动效率 η(　　)。

A. 降低　　B. 提高　　C. 不变

6. 为了减少蜗轮滚刀型号,有利于刀具标准化,规定(　　)为标准值。

A. 蜗轮齿数　　B. 蜗轮分度圆直径　　C. 蜗杆分度圆直径

7. 蜗杆传动的失效形式与齿轮传动相类似,其中(　　)最易发生。

A. 点蚀与磨损　　B. 胶合与磨损　　C. 轮齿折断与塑性变形

8. 蜗轮常用材料是(　　)。

A. 40Cr　　B. GCr15　　C. ZCuSn10P1

9. 蜗杆传动中较为理想的材料组合是(　　)。

A. 钢和铸铁　　B. 钢和青铜　　C. 钢和钢

10. 闭式蜗杆连续传动时,当箱体内工作油温大于(　　)时,应加强散热措施。

A. 80°　　B. 120°　　C. 50°

三、分析计算题

1. 已知某蜗杆传动,蜗杆为主动件,转动方向及螺旋线方向如图 3.78 所示。试将蜗轮的转向和螺旋线方向标在图中。

2. 如图 3.79 所示为简单手动起重装置。若按图示方向转动蜗杆,提升重物 G,试确定蜗杆和蜗轮齿的旋向。

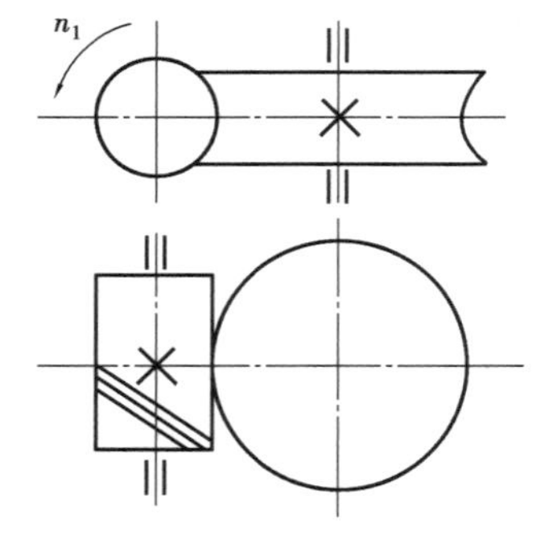

图 3.78　蜗杆传动

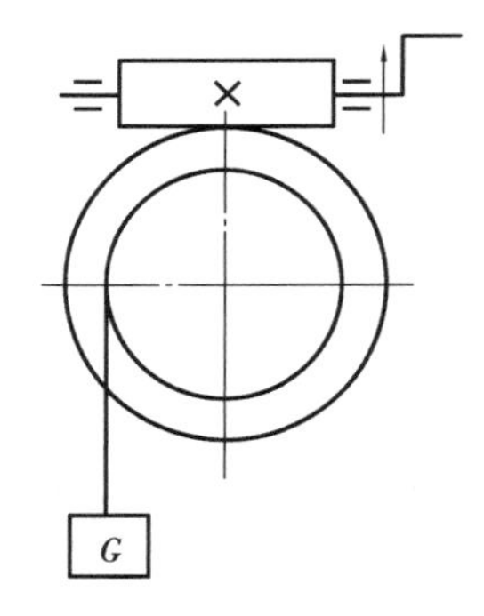

图 3.79　简单手动起重装置

任务3.6　轮　系

活动情境

观察车床主轴箱内齿轮的分布及工作情况(见图3.80)。

图3.80　CA6140普通车床主轴传动系统图

任务要求

熟悉轮系的特点,理解轮系的工作原理,掌握传动比的计算方法。会根据输入轴的转向,判断输出轴的转向。

任务引领

通过观察与操作回答以下问题:

1. 主轴箱内各齿轮是怎样工作的?传动过程中是否每个齿轮都参与啮合?
2. 主轴箱是怎样进行变速的?共可输出几种转速?都是怎样实现的?
3. 怎样确定传动比?
4. 各啮合齿轮之间的转向有什么特点?当输入轴的转向确定之后,如何确定最后一级轴的转动方向?
5. 轮系还有哪些类型?它们各有什么特点?

归纳总结

在主轴箱工作过程中,通过齿轮传动可将主动轴的较快转速变换成从动轴的较慢转速,也可将主动轴的一种转速转换成从动轴的多种转速。这种由一系列相互啮合齿轮(包括蜗杆、蜗轮)所组成的传动系统,称为轮系。如图3.81所示的桑塔纳轿车变速器,就是轮系的一种。

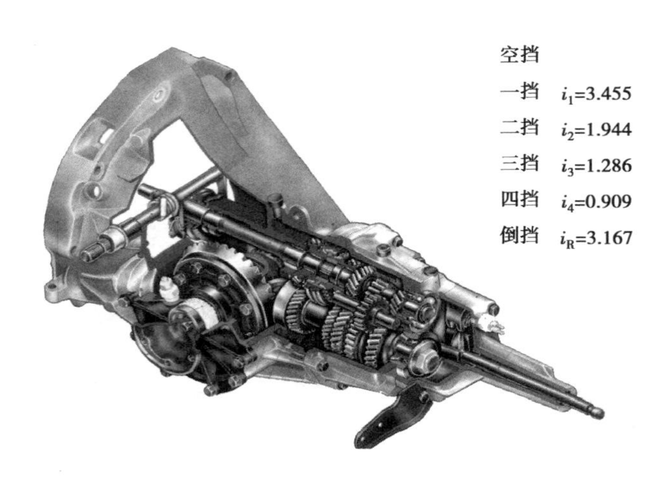

图 3.81 桑塔纳轿车变速器

3.6.1 轮系的分类及功用

由一对齿轮所组成的传动是齿轮传动最简单的形式。但在机械设备中,只用一对齿轮进行传动往往难以满足工作要求。为了获得较大的传动,或变速和换向等,一般需要采用轮系进行传动。

1)轮系的作用

轮系有以下功能:

①大的减速或增速。

②变速、换向。

③多路输出。

④运动的合成与分解。

⑤较远距离的传动。

2)轮系的分类

轮系的形式很多,通常根据轮系在运动过程中各个齿轮的几何轴线在空间的位置是否固定,将轮系分为定轴轮系和周转轮系两大类。

(1)定轴轮系

轮系在传动中,所有齿轮轴线都是固定不动的轮系,称为定轴轮系,如图 3.82 所示。

(2)周转轮系

轮系在传动中,至少有一个齿轮的轴线可绕另一个齿轮的固定轴线转动的轮系,称为周转轮系(又称行星轮系)。在如图 3.83 所示的轮系中,齿轮 2 除绕自身轴线回转外,还随同构件 H 一起绕齿轮 1 的固定几何轴线回转,该轮系即为周转轮系。

在机械传动中,为满足传动的功能要求,还常将定轴轮系和周转轮系或者两个以上不共用系杆的周转轮系组成更复杂的轮系,称为混合轮系。

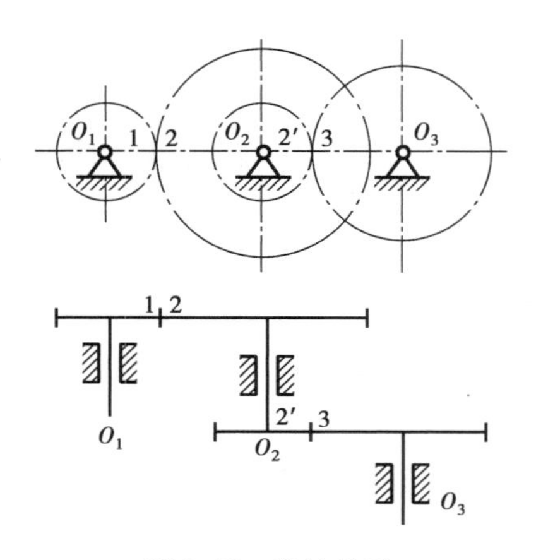

图3.82　定轴轮系

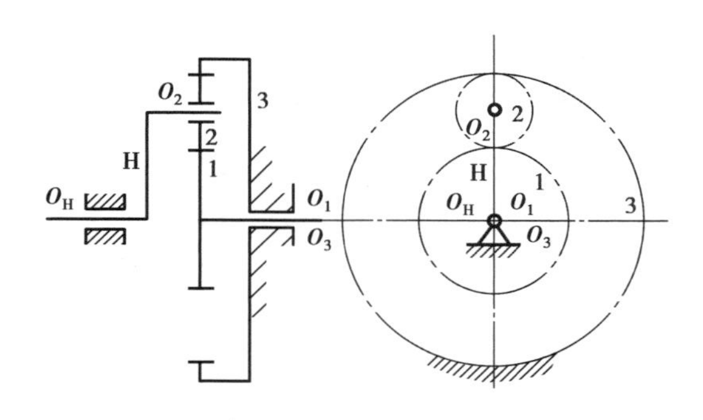

图3.83　周转轮系

3.6.2　定轴轮系传动比计算

轮系中,首末两轮的角速度(或转速)之比,称为轮系的传动比。轮系的传动比计算包括首末两轮角速度(或转速)之比的大小和两轮转向关系的确定两个方面。

1)一对圆柱齿轮的传动比

如图3.84所示,一对圆柱齿轮传动的传动比为

$$i_{12}=\frac{\omega_1}{\omega_2}=\frac{n_1}{n_2}=\pm\frac{z_2}{z_1} \tag{3.53}$$

式中,外啮合时(见图3.84(a)),主、从动齿轮转向相反,取“-”号;内啮合时(见图3.84(b)),主、从动齿轮转向相同,取“+”号。主、从动齿轮的转动方向也可用箭头表示。

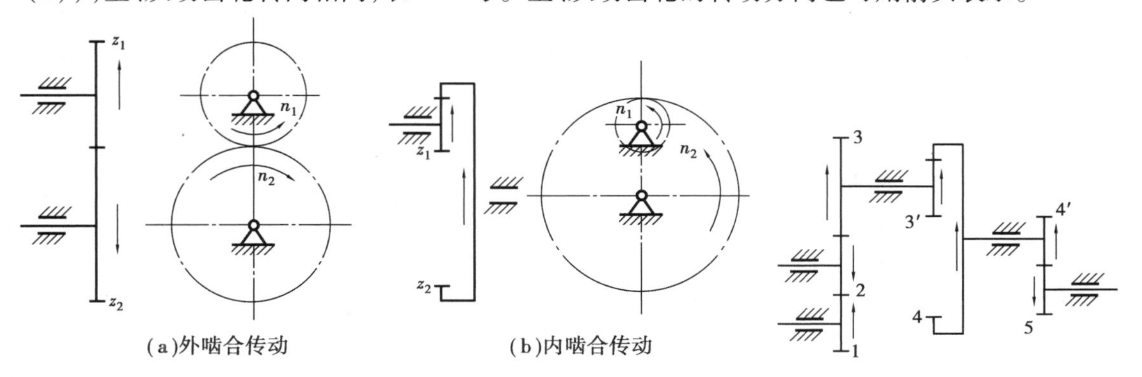

图3.84　一对圆柱齿轮的传动比

图3.85　平行轴定轴轮系的传动比

2)平行轴定轴轮系的传动比

如图3.85所示为所有齿轮轴线均相互平行的定轴轮系。设齿轮1为主动首轮,齿轮5为从动末轮,$z_1,z_2,z_3,z_{3'},z_4,z_{4'},z_5$ 为各轮齿数,$n_1,n_2,n_3,n_{3'},n_4,n_{4'},n_5$ 为各轮的转速。该轮系的传动比表示为

$$n_{15}=\frac{n_1}{n_5}$$

各对齿轮的传动比分别为

$$i_{12}=\frac{n_1}{n_2}=-\frac{z_2}{z_1},i_{23}=\frac{n_2}{n_3}=-\frac{z_3}{z_2},i_{3'4}=\frac{n_{3'}}{n_4}=+\frac{z_4}{z_{3'}},i_{4'5}=\frac{n_{4'}}{n_5}=-\frac{z_5}{z_{4'}}$$

如何确定 i_{15}的大小及 n_5 的转向呢？不难看出，将平行轴定轴轮系中各对齿轮的传动比相乘，恰为首末两轮的传动比 i_{15}，即

$$\begin{aligned}i_{15}=\frac{n_1}{n_5}&=i_{12}\cdot i_{23}\cdot i_{3'4}\cdot i_{4'5}\\&=\frac{n_1\cdot n_2\cdot n_{3'}\cdot n_{4'}}{n_2\cdot n_3\cdot n_4\cdot n_5}\\&=\left(-\frac{z_2}{z_1}\right)\left(-\frac{z_3}{z_2}\right)\left(+\frac{z_4}{z_{3'}}\right)\left(-\frac{z_5}{z_{4'}}\right)\\&=(-1)^3\frac{z_2\cdot z_3\cdot z_4\cdot z_5}{z_1\cdot z_2\cdot z_{3'}\cdot z_{4'}}\\&=-\frac{z_3\cdot z_4\cdot z_5}{z_1\cdot z_{3'}\cdot z_{4'}}\end{aligned}$$

（负号说明 n_5 与 n_1 转向相反）

由上述可知：

①平行轴定轴轮系的传动比等于轮系中各对齿轮传动比连乘积，也等于轮系中所有从动轮齿数乘积与所有主动轮齿数乘积之比。设定轴轮系中轮 1 为主动轮（首轮），轮 K 为从动轮（末轮），则可得平面平行轴定轴轮系传动比的一般表达式为

$$i_{1k}=\frac{n_1}{n_k}=(-1)^m\frac{\text{所有从动轮齿数的乘积}}{\text{所有主动轮齿数的乘积}}\tag{3.54}$$

式中　m——外啮合圆柱齿轮的对数。

②传动比的符号决定于外啮合齿轮的对数 m。当 m 为奇数时，i_{1k}为负号，说明首末两轮转向相反；当 m 为偶数时，i_{1k}为正号，说明首末两轮转向相同。定轴轮系的转向关系也可用箭头在图上逐对标出（见图 3.85）。

③图 3.85 中的齿轮 2 既是主动轮又是从动轮，它对传动比不起作用，但改变了传动装置的转向，这种齿轮称为惰轮。

3）非平行轴定轴轮系的传动

定轴轮系中，若有锥齿轮、蜗杆等传动时（见图 3.86），其传动比的大小仍可用式（3.54）计算，但其转动方向只能用箭头在图上标出，而不能用 $(-1)^m$ 来确定。表 3.24 给出了常用的几种一对啮合齿轮传动时确定相对转向关系的情况。

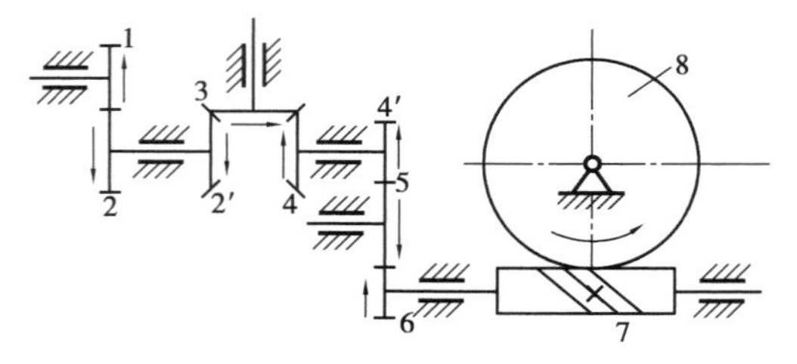

图 3.86　非平行轴定轴轮系

例 3.3　在如图 3.86 所示的定轴轮系中，已知 $z_1=15,z_2=25,z_{2'}=z_4=14,z_3=24,z_{4'}=20$，

$z_5=24$,$z_6=40$,$z_7=2$,$z_8=60$;若 $n_1=800$ r/min,转向如图所示,求传动比 i_{18}、蜗轮8的转速和转向。

解 此轮系为非平行轴定轴轮系,其传动比大小可由式3.54计算为

$$i_{18}=\frac{n_1}{n_8}=\frac{z_2\cdot z_3\cdot z_4\cdot z_5\cdot z_6\cdot z_8}{z_1\cdot z_{2'}\cdot z_3\cdot z_{4'}\cdot z_5\cdot z_7}$$

$$=\frac{25\times 14\times 40\times 60}{15\times 14\times 20\times 2}=100$$

$$n_8=\frac{n_1}{i_{18}}=\frac{800}{100}\text{ r/min}=8\text{ r/min}$$

首末两轮不平行,故传动比不加符号,各轮转向用画箭头的方法确定,蜗轮8的转向最后确定,如图3.86所示。

表3.24 一对啮合齿轮传动相对转向关系确定

两轴平行的齿轮传动		两轴不平行的齿轮传动		
圆柱齿轮传动		锥齿轮传动	蜗杆传动	
外啮合	内啮合		蜗杆为右旋	蜗杆为左旋
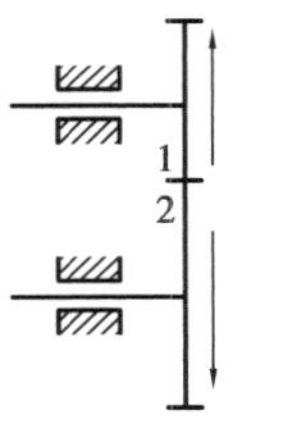	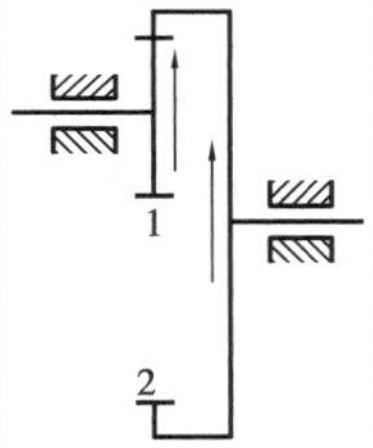	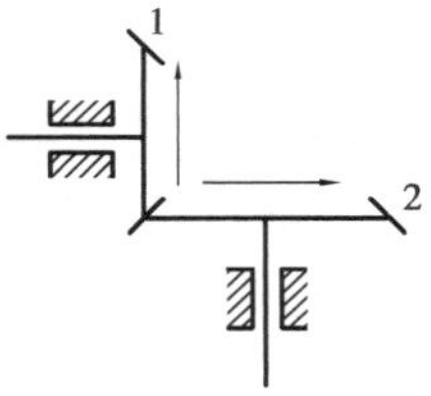	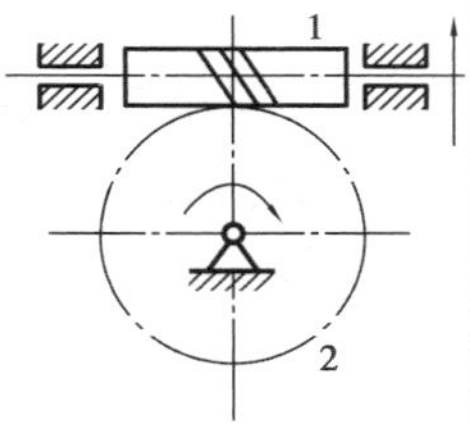	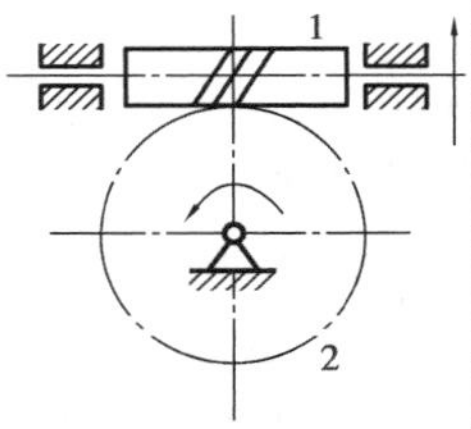
$i_{12}=\frac{w_1}{w_2}=-\frac{z_2}{z_1}$	$i_{12}=\frac{w_1}{w_2}=+\frac{z_2}{z_1}$	$i_{12}=\frac{w_1}{w_2}=-\frac{z_2}{z_1}$		

3.6.3 周转轮系传动比计算

1)周转轮系的组成

若轮系中,至少有一个齿轮的几何轴线不固定,而绕其他齿轮的固定几何轴线回转,则称为周转轮系。如图3.87(a)所示的轮系,即为周转轮系。其中,轮2既绕本身的轴线自转又绕 O_1 或 O_H 的轴线公转,称为行星轮;轮1与轮3的轴线固定不动,称为太阳轮(又称中心轮);构件H称为系杆(又称行星架)。

2)周转轮系传动比计算

在如图3.87(a)所示周转轮系中,行星轮2既绕本身的轴线自转,又绕 O_1 或 O_H 公转,因此,不能直接用定轴轮系传动比计算公式求解周转轮系的传动比,而通常采用反转法来间接求解其传动比。

根据相对运动原理,假想给周转轮系加上一个与系杆转速 n_H 大小相等而方向相反的公共转速 $-n_H$,则系杆H被固定,而原构件之间的相对运动关系保持不变,

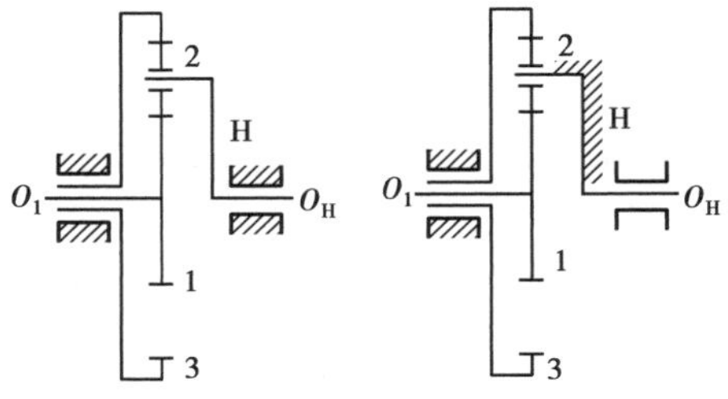

(a)周转轮系　(b)转化轮系

图3.87 周转轮系传动比分析

齿轮 1,2,3 则成为绕定轴转动的齿轮。这样,原来的周转轮系就变成了假想的定轴轮系,这个经过一定条件转化得到的假想定轴轮系,称为原周转轮系的转化轮系,如图 3.87(b)所示。

转化机构中,各构件的转速见表 3.25。

表 3.25 周转轮系及其转化轮系各构件转速

构件名称	原来的转速	转化轮系中的转速
太阳轮 1	n_1	$n_1^H = n_1 - n_H$
行星轮 2	n_2	$n_2^H = n_2 - n_H$
太阳轮 3	n_3	$n_3^H = n_3 - n_H$
行星架(系杆)H	n_H	$n_H^H = n_H - n_H = 0$

既然转化轮系是假想的定轴轮系,可利用定轴轮系传动比的计算方法,列出转化轮系中任意两个齿轮的传动比。

轮 1 和轮 3 之间的传动比可表达为

$$i_{13}^H = \frac{n_1^H}{n_3^H} = \frac{n_1 - n_H}{n_3 - n_H} = (-1)^1 \frac{z_2 z_3}{z_1 z_2} = -\frac{z_3}{z_1}$$

式中,i_{13}^H表示转化轮系中轮 1 与轮 3 相对于行星架 H 的传动比。其中,“$(-1)^1$”号表示在转化轮系中有一对外啮合齿轮传动,传动比为负说明:轮 1 与轮 3 在转化轮系中的转向相反。

一般情况下,若某单级周转轮系由多个齿轮构成,则传动比求法如下:

(1)求传动比大小

传动比大小为

$$i_{1k}^H = \frac{n_1^H}{n_k^H} = \frac{n_1 - n_H}{n_k - n_H} = \frac{\text{从 1 轮到 } k \text{ 轮之间所有从动轮齿数的连乘积}}{\text{从 1 轮到 } k \text{ 轮之间所有主动轮齿数的连乘积}} \tag{3.55}$$

(2)确定传动比符号

标出转化轮系中各个齿轮的转向,来确定传动比符号。当轮 1 与轮 k 的转向相同,取“+”号;反之,取“-”号。将已知转速代入公式时,注意“+”“-”号,一方向代正号,另一方向代负号。求得的转速为正,说明与正方向一致;反之,则方向相反。

例 3.4 如图 3.88 所示的大传动比行星轮系中,已知 $z_1 = 100, z_2 = 101, z_{2'} = 100, z_3 = 99$,均为标准齿轮传动。试求 i_{H1}。

解 由式(3.55)得

$$i_{13}^H = \frac{n_1^H}{n_3^H} = \frac{n_1 - n_H}{n_3 - n_H} = \frac{z_2 z_3}{z_1 z_{2'}}$$

因

$$n_3 = 0$$

故有

$$\frac{n_1 - n_H}{0 - n_H} = \frac{z_2 z_3}{z_1 z_{2'}}$$

$$i_{1H} = \frac{n_1}{n_H} = 1 - \frac{z_2 z_3}{z_1 z_{2'}} = 1 - \frac{101 \times 99}{100 \times 100} = \frac{1}{10\ 000}$$

所以

$$i_{\mathrm{H}1}=\frac{n_{\mathrm{H}}}{n_1}=\frac{1}{i_{1\mathrm{H}}}=10\ 000$$

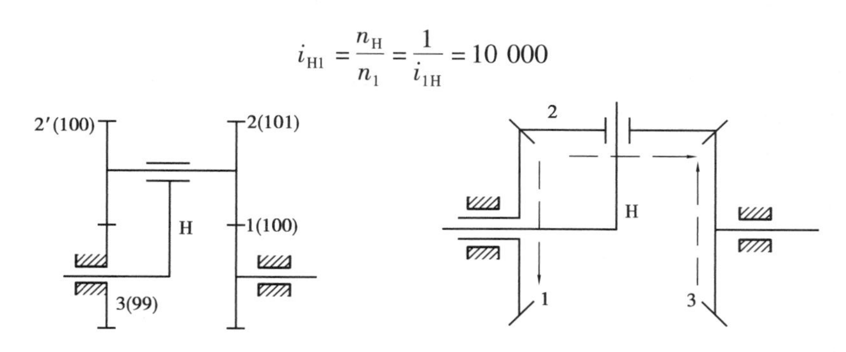

图3.88　大传动比行星轮系　　　　图3.89　锥齿轮周转轮系

例3.5　在如图3.89所示的轮系中，已知 $z_1=40, z_2=40, z_3=40$，均为标准齿轮传动。试求 i_{13}^{H}。

解　由式(3.55)得

$$i_{13}^{\mathrm{H}}=\frac{n_1^{\mathrm{H}}}{n_3^{\mathrm{H}}}=\frac{n_1-n_{\mathrm{H}}}{n_3-n_{\mathrm{H}}}=-\frac{z_2z_3}{z_1z_2}=-\frac{z_3}{z_1}=-1$$

其中，“－”号表示轮1与轮3在转化机构中的转向相反。

3.6.4　轮系的功用

由上述可知，轮系广泛用于各种机械设备中，其功用如下：

1）传递相距较远的两轴间的运动和动力

当两轴间的距离较大时，用轮系传动，则减少齿轮尺寸，节约材料，且制造安装都方便，如图3.90所示。

2）可获得大的传动比

一般一对定轴齿轮的传动比不宜大于5～7。因此，当需要获得较大的传动比时，可用几个齿轮组成行星轮系来达到目的。不仅外廓尺寸小，且小齿轮不易损坏，如例3.4所述的简单周转轮系。

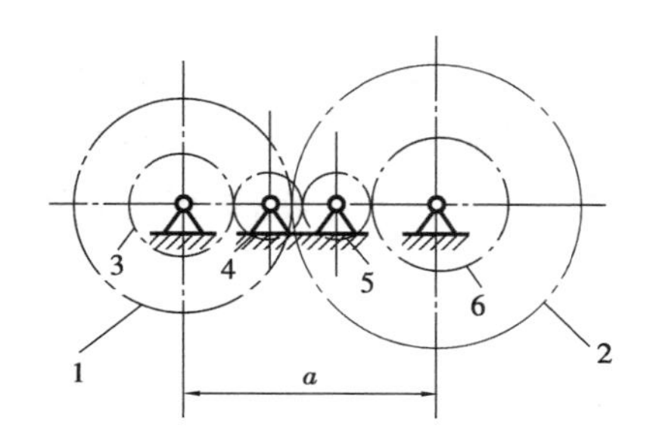

图3.90　相距较远两轴间的传动

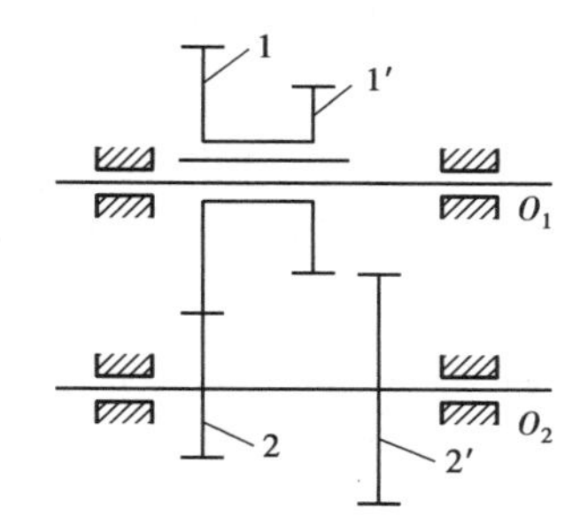

图3.91　变速传动

3）可实现变速传动

在主动轴转速不变的条件下，从动轴可获得多种转速。汽车、机床和起重设备等多种机器设备都需要变速传动。如图3.91所示为最简单的变速传动。

图3.91中，主动轴 O_1 转速不变，移动双联齿轮1—1′，使之与从动轴上两个齿数不同的齿

轮 2,2′分别啮合,即可使从动轴 O_2 获得两种不同的转速,达到变速的目的。

4)变向传动

当主动轴转向不变时,可利用轮系中的惰轮来改变从动轴的转向。如图 3.83 所示的轮 2,通过改变外啮合的次数,达到使从动轮 5 变向的目的。

5)运动合成与分解

由例 3.5 可得

$$i_{13}^{\mathrm{H}}=\frac{n_1^{\mathrm{H}}}{n_3^{\mathrm{H}}}=\frac{n_1-n_{\mathrm{H}}}{n_3-n_{\mathrm{H}}}=-\frac{z_2z_3}{z_1z_2}=-\frac{z_3}{z_1}=-1$$

$$2n_{\mathrm{H}}=n_1+n_3$$

上式表明,1,3 两构件的运动可合成为 H 构件的运动;也可在 H 构件输入一个运动,分解为 1,3 两构件的运动,这类轮系称为差速器。

如图 3.92 所示为船用航向指示器传动装置。它是运动合成的实例。

太阳轮 1 的传动由右舷发动机通过定轴轮系 4—1′传过来;太阳轮 3 的传动由左舷发动机通过定轴轮系 5—3′传过来。当两发动机转速相同,航向指针不变,船舶直线行驶。当两发动机的转速不同时,船舶航向发生变化,转速差越大,指针 M 偏转越大,即航向转角越大,航向变化越大。

如图 3.93 所示的汽车差速器是运动分解的实例。

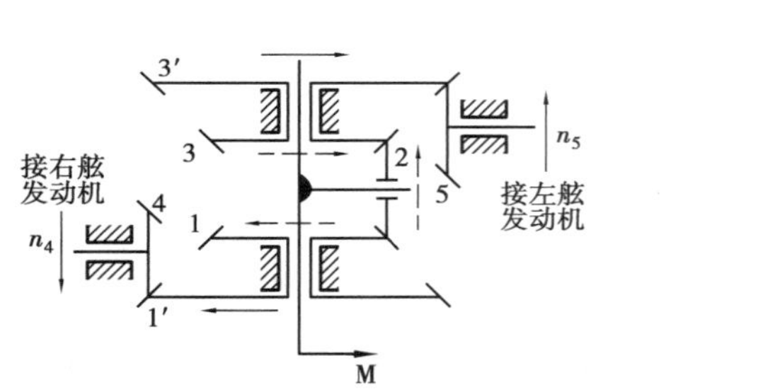

图 3.92　船用航向指示器传动装置

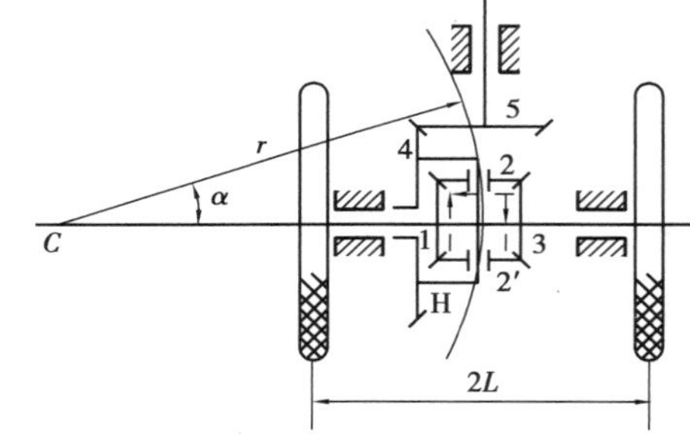

图 3.93　汽车差速器

当汽车直线行驶时,左右两轮转速相同,行星轮不发生自转,齿轮 1,2,3 作为一个整体,随齿轮 4 一起转动。此时,$n_1=n_3=n_4$。当汽车拐弯时,为了保证两车轮与地面作纯滚动,显然左右两车轮行走的距离应不相同,即要求左右轮的转速也不相同。此时,可通过差速器(1,2,3)轮和(1,2′,3)轮将发动机传到齿轮 5 的转速分配给后面的左右轮,实现运动分解。

6)其他应用

①如图 3.94 所示为时钟系统轮系。

②如图 3.95 所示为机械式运算机构。

在如图 3.94 所示的齿轮系中,C,B 两轮的模数相等,均为标准齿轮传动。当给出适当的 z_1,z_2,以及 C,B 各轮的齿数时,可实现分针转 12 圈,而时针转 1 圈的计时效果。

如图 3.95 所示的机构,利用差动轮系,由轮 1、轮 3 输入两个运动,合成轮 5 的一个运动输出。

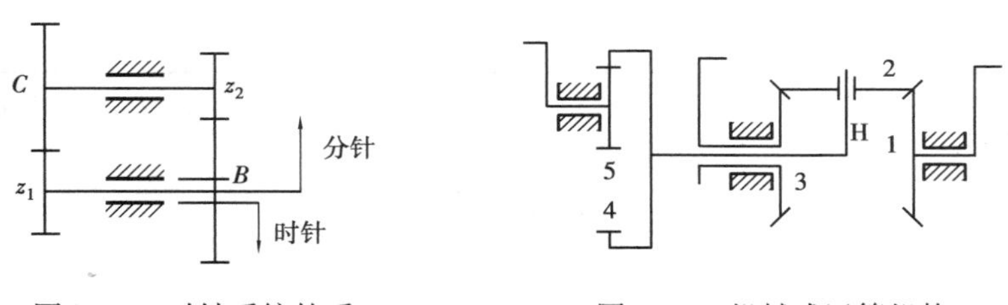

图3.94　时钟系统轮系　　　　图3.95　机械式运算机构

拓展延伸

减速器简介

减速器是由封闭在刚性箱体内的齿轮传动或蜗杆传动所组成的独立传动部件。

减速器常用来降低转速，增大转矩，少数场合也用作增速装置。由于结构紧凑，传动效率高，使用寿命长，并且维护使用简单方便，因此，在机械中应用广泛。

减速器许多形式和主要参数已标准化，并由专业工厂进行生产。使用时，可根据传递的功率、转速、传动比、工作条件及总体布置要求从产品目录或有关手册中选用。必要时，也可自行设计制造。

减速器按传动原理，可分为普通减速器和行星减速器两类。常用减速器的主要形式和分类见表3.26。

表3.26　常用减速器的主要形式和分类

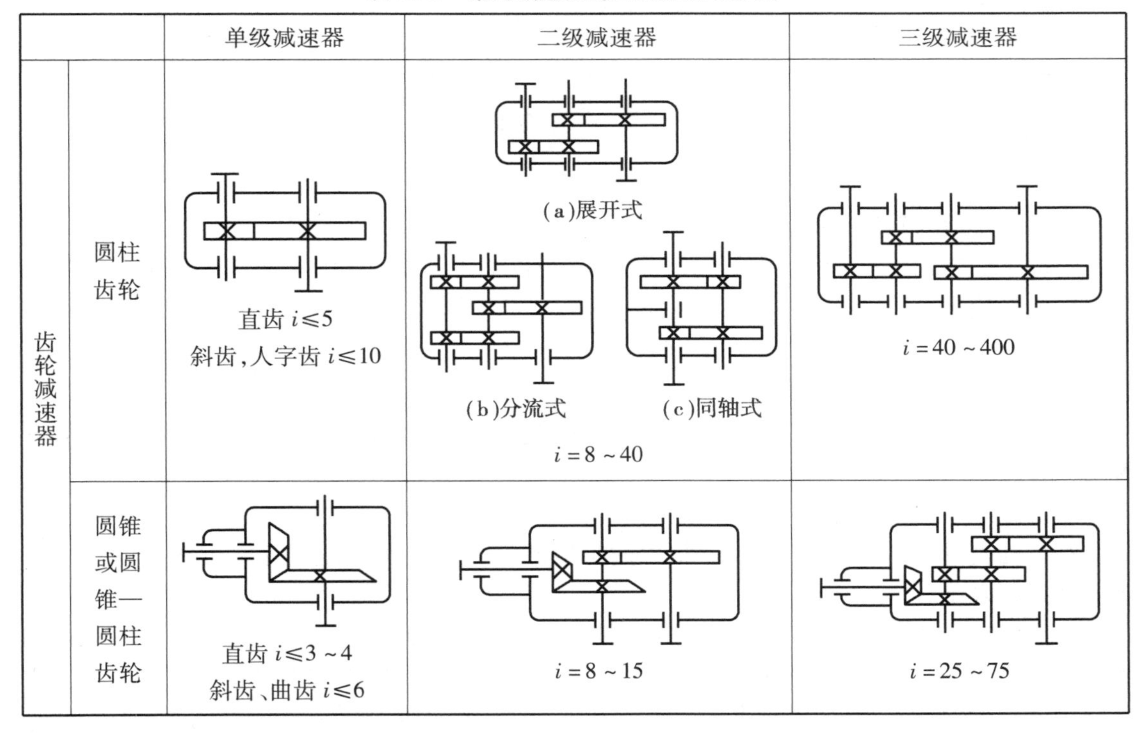

		单级减速器	二级减速器	三级减速器
齿轮减速器	圆柱齿轮	直齿 $i \leqslant 5$ 斜齿，人字齿 $i \leqslant 10$	(a)展开式 (b)分流式　(c)同轴式 $i=8\sim40$	$i=40\sim400$
	圆锥或圆锥—圆柱齿轮	直齿 $i \leqslant 3\sim4$ 斜齿、曲齿 $i \leqslant 6$	$i=8\sim15$	$i=25\sim75$

续表

	单级减速器	二级减速器	三级减速器
蜗杆减速器	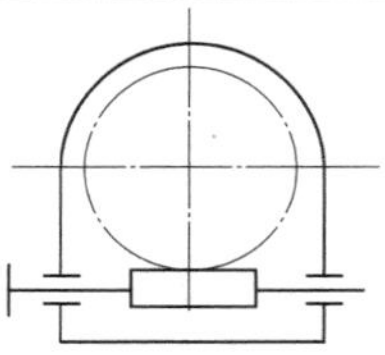 蜗杆下置式 $i=10\sim80$	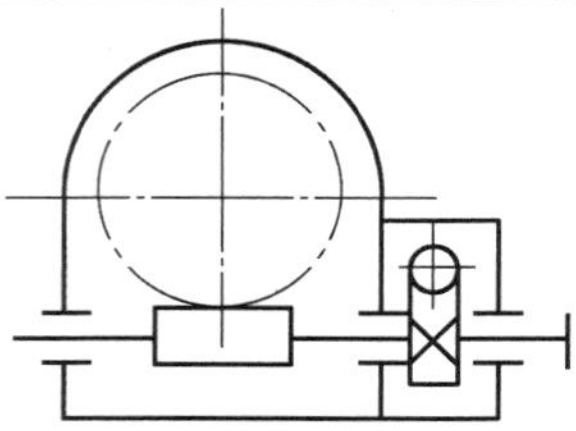 $i=43\sim3\ 600$	—
蜗杆-齿轮减速器	—	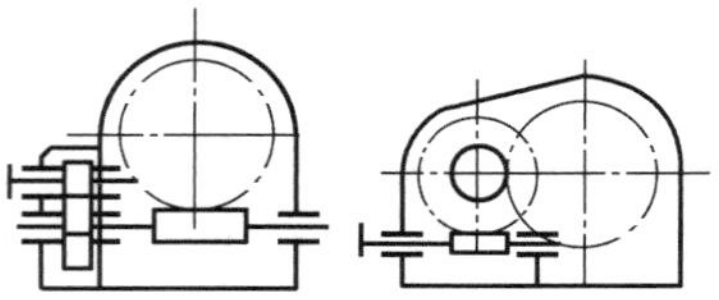 $i=15\sim480$	—
行星齿轮减速器	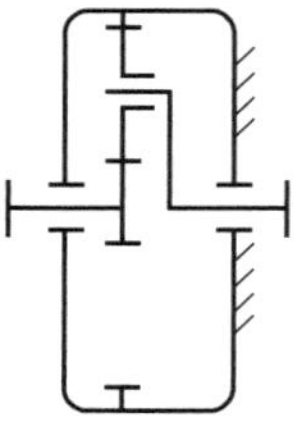 $i=2\sim12$	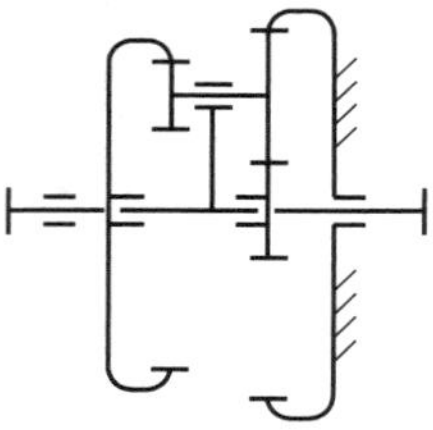 $i=25\sim2\ 500$	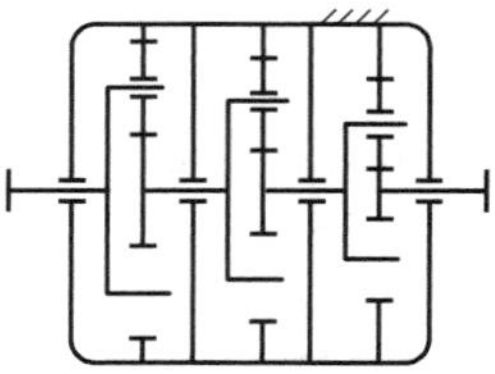 $i=100\sim1\ 000$

自测题

一、填空题

1. 由若干对齿轮组成的齿轮机构,称为________。

2. 对平面定轴轮系,始末两齿轮转向关系可用传动比计算公式中________的符号来判定。

3. 周转轮系由________、________和________ 3 种基本构件组成。

4. 在定轴轮系中,每一个齿轮的回转轴线都是________的。

5. 惰轮对________并无影响,但却能改变从动轮的________方向。

6. 如果在齿轮传动中,其中有一个齿轮和它的________绕另一个________旋转,则这轮系称为周转轮系。

7. 轮系中________两轮________之比,称为轮系的传动比。

8. 定轴轮系的传动比,等于组成该轮系的所有________轮齿数连乘积与所有________轮齿数连乘积之比。

9. 在周转转系中,凡具有________几何轴线的齿轮,称为中心轮;凡具有________几何轴线的齿轮,称为行星轮;支持行星轮并和它一起绕固定几何轴线旋转的构件,称为________。

10. 采用周转轮系可将两个独立运动________为一个运动,或将一个独立的运动________成两个独立的运动。

二、判断题

1. 至少有一个齿轮和它的几何轴线绕另一个齿轮旋转的轮系,称为定轴轮系。 (　　)

2. 定轴轮系首末两轮转速之比,等于组成该轮系的所有从动齿轮齿数连乘积与所有主动齿轮齿数连乘积之比。（　　）

3. 在周转轮系中,凡具有旋转几何轴线的齿轮,则称为中心轮。（　　）

4. 在周转轮系中,凡具有固定几何轴线的齿轮,则称为行星轮。（　　）

5. 轮系传动比的计算,不但要确定其数值,还要确定输入输出轴之间的运动关系,表示出它们的转向关系。（　　）

6. 对空间定轴轮系,其始末两齿轮转向关系可用传动比计算方式中的$(-1)^m$的符号来判定。（　　）

7. 计算行星轮系的传动比时,把行星轮系转化为一假想的定轴轮系,即可用定轴轮系的方法解决行星轮系的问题。（　　）

8. 定轴轮系和行星轮系的主要区别,在于系杆是否转动。（　　）

三、分析计算题

1. 在如图3.96所示的定轴轮系中,已知各齿轮的齿数分别为$z_1,z_2,z_{2'},z_3,z_4,z_{4'},z_5,z_{5'},z_6$。试求传动比$i_{16}$。

2. 在如图3.97的轮系中,已知各齿轮的齿数$z_1=20,z_2=40,z_{2'}=15,z_3=60,z_{3'}=18,z_4=18,z_7=20$,齿轮7的模数$m=3$ mm,蜗杆头数为1(左旋),蜗轮齿数$z_6=40$。齿轮1为主动轮,转向如图所示,转速$n_1=100$ r/min。试求齿条8的速度和移动方向。

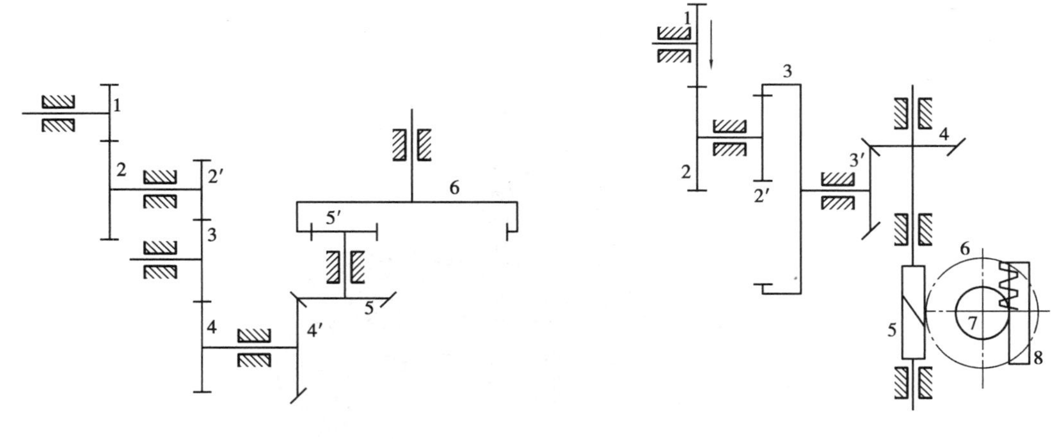

图3.96　定轴轮系　　　　图3.97　轮系

3. 在如图3.98所示的轮系中,已知各齿轮的齿数分别为$z_1=20,z_2=18,z_3=56$。试求传动比i_{1H}。

4. 如图3.99所示为由圆锥齿轮组成的行星轮系。已知$z_1=60,z_2=40,z_{2'}=z_3=20,n_1=n_3=120$ r/min。设中心轮1,3的转向相反,试求n_H的大小与方向。

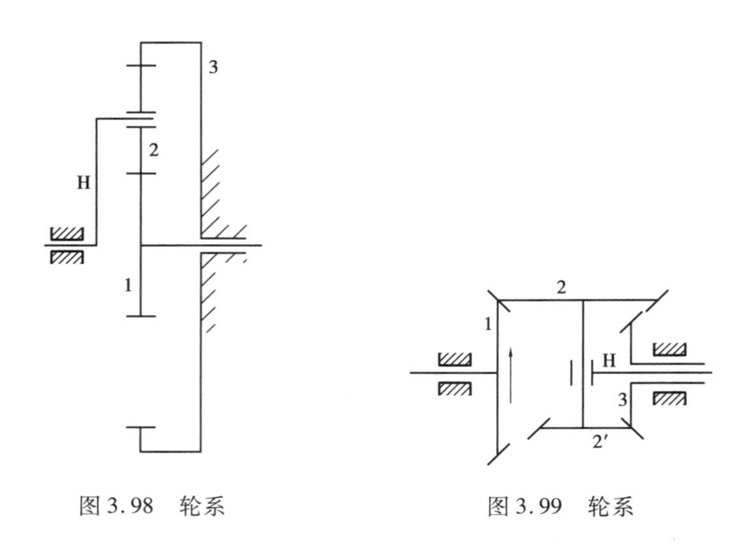

图3.98　轮系　　　　图3.99　轮系

任务3.7　变速机构

活动情境

观察万能升降台铣床主轴传动分布及工作情况(见图3.100和图3.101)。

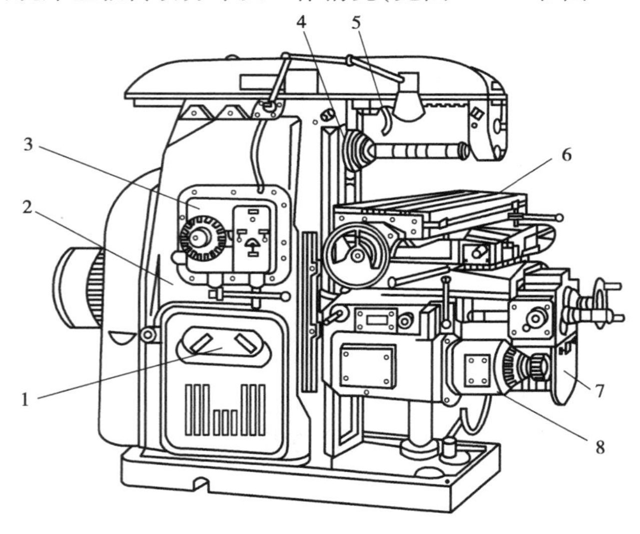

图3.100　万能升降台铣床外形

1—机床电器系统;2—床身系统;3—变速操作系统;4—主轴及传动系统;5—冷却系统;6—工作台系统;7—升降台系统;8—进给变速系统

任务要求

熟悉变速机构的工作原理及常用方式。

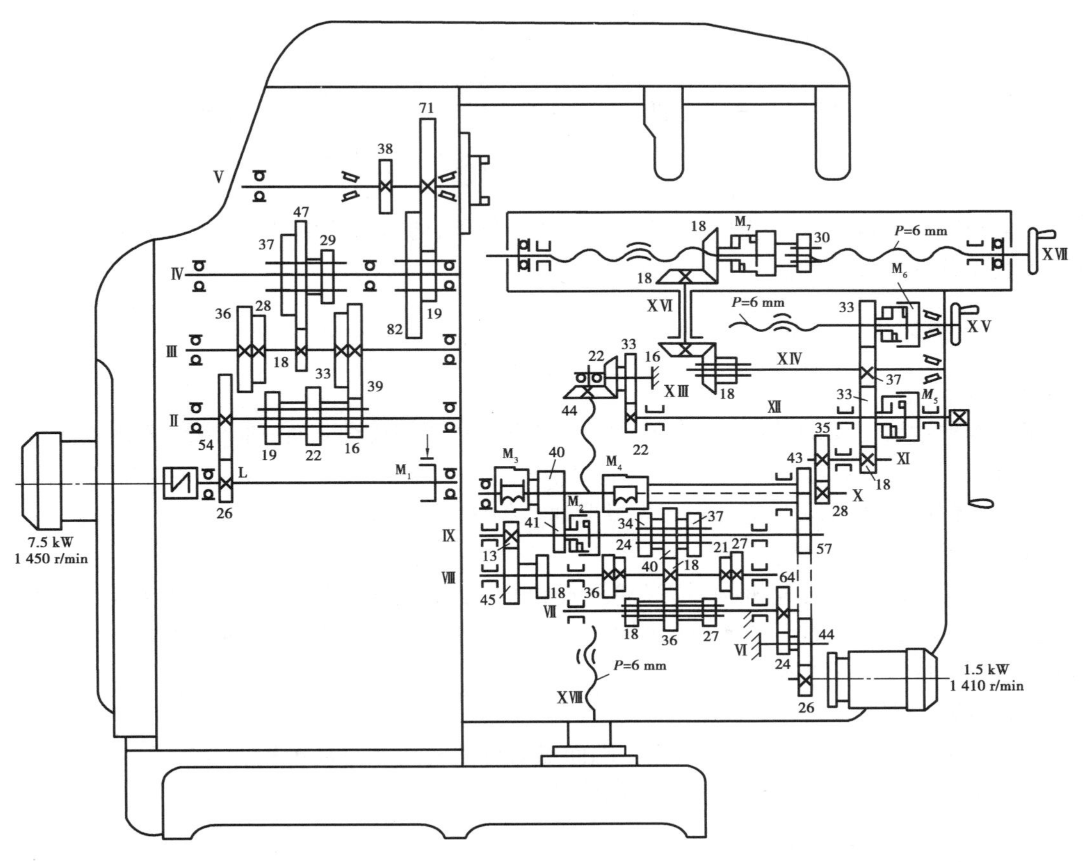

图3.101　万能升降台铣床主轴传动系统

任务引领

通过观察与操作回答以下问题：

1. 主轴箱内各有哪些齿轮？传动过程中是否每个齿轮都参与啮合？
2. 主轴箱是怎样进行变速的？共可输出几种转速？都是怎样实现的？
3. 变速机构是有级变速还是无级变速？
4. 有级变速的常用类型有哪些？

归纳总结

万能升降台铣床主轴旋转运动从7.5 kW,1 450 r/min的主电动机开始，通过一对固定齿轮将轴Ⅰ的旋转运动传至轴Ⅱ，轴Ⅱ上有一个可沿轴向移动用来变速的三联滑移齿轮变速组，通过与轴Ⅲ上相应齿轮的啮合而带动轴Ⅲ转动，轴Ⅳ上也有一个三联滑移齿轮变速组与轴Ⅲ上相应齿轮啮合，轴Ⅳ的右方还设置一个双联滑移齿轮变速组，当它与轴Ⅴ上的相应齿轮啮合时，变速级数 $Z=1\times3\times3\times2=18$，使主轴Ⅴ获得30～1 500 r/min的18种旋转速度。

主运动传动链为

$$\text{主电动机}—\text{I}—\frac{26}{54}—\text{II}—\begin{Bmatrix}\frac{19}{36}\\\frac{22}{33}\\\frac{16}{39}\end{Bmatrix}—\text{III}—\begin{Bmatrix}\frac{28}{37}\\\frac{18}{47}\\\frac{39}{29}\end{Bmatrix}—\text{IV}—\begin{Bmatrix}\frac{82}{38}\\\frac{19}{71}\end{Bmatrix}-\text{V}(\text{主轴})$$

在主轴箱工作过程中,在输入轴转速不变的条件下,通过齿轮传动可将主动轴的一种转速转换成从动轴的多种转速。

3.7.1 变速机构概述

1)定义

在输入轴转速不变的条件下,使输出轴获得不同转速的传动装置,称为变速机构。

2)种类

变速机构可分为有级变速机构和无级变速机构两大类型。

(1)有级变速机构

常用的有滑动齿轮变速机构、塔齿轮变速机构、倍增变速机构及拉键变速机构等。在机床、汽车和其他机械上,有级变速机构应用最为普遍,通常都是通过改变机构中某一级的传动比的大小来实现转速的变换。

(2)无级变速机构

常用的有滚子平盘式变速机构、锥轮端面盘式变速机构和分离锥轮式变速机构。

机械无级变速机构采用摩擦轮来实现传动。

3.7.2 有级变速机构

有级变速机构的优点是:可实现在一定范围内分级变速,具有变速可靠、传动比准确和结构紧凑等。

有级变速机构的缺点是:零件种类数量多,高速回转不平稳,变速时有噪声。

1)滑动齿轮变速机构

滑动齿轮变速机构通常用于定轴轮系中(见图3.102),由于滑动齿轮变速机构能实现转速在较大范围内的多级变速,因此广泛应用于各类机床的主轴变速。滑动齿轮变速机构由固定齿轮和滑移齿轮组成。它靠滑移齿轮来改变啮合位置,改变传动比。

如图3.102所示为万能升降台铣床的主轴传动系统。轴Ⅰ为输入(主动)轴,由转速 $n_{电}=1\,450$ r/min 的电动机直接驱动。轴Ⅴ为输出轴。在轴Ⅱ和轴Ⅳ上分别装有齿数为19—22—16和37—47—26的三联滑移齿轮以及齿数为82—19的双联滑移齿轮。它们与各固定齿轮组成滑动齿轮变速机构。由图3.102可知,轴Ⅰ到轴Ⅱ的传动比1种:54/26,轴Ⅱ可获得一种转速;轴Ⅱ到轴Ⅲ的传动比3种:33/22,39/16,36/19,轴Ⅲ可获 1×3 共3种转速;轴Ⅲ到轴Ⅳ的传动比3种:47/18,26/39,37/28,轴Ⅳ可获 $1\times3\times3$ 共9种转速;轴Ⅳ到轴Ⅴ的传动比2种:38/82,71/19,轴Ⅴ可获 $1\times3\times3\times2=18$ 种转速。其转速变化范围为30~1 500 r/min。各转速计算如下:

$$\mathrm{I}\,(n_{电}/\mathrm{r/min}) \vdots \mathrm{II} \vdots \mathrm{III} \vdots \mathrm{IV} \vdots \mathrm{V}\,(n_{主}/\mathrm{r/min})$$

$$1\,450 \times \frac{26}{54} \times \begin{cases} \dfrac{19}{36} \times \begin{cases} \dfrac{28}{37} \times \begin{cases} \dfrac{82}{38} \approx 600 \\ \dfrac{19}{71} \approx 75 \end{cases} \\ \dfrac{18}{47} \times \begin{cases} \dfrac{82}{38} \approx 300 \\ \dfrac{19}{71} \approx 40 \end{cases} \\ \dfrac{39}{26} \times \begin{cases} \dfrac{82}{38} \approx 1\,200 \\ \dfrac{19}{71} \approx 150 \end{cases} \end{cases} \\ \dfrac{22}{33} \times \begin{cases} \dfrac{28}{37} \times \begin{cases} \dfrac{82}{38} \approx 760 \\ \dfrac{19}{71} \approx 95 \end{cases} \\ \dfrac{18}{47} \times \begin{cases} \dfrac{82}{38} \approx 390 \\ \dfrac{19}{71} \approx 50 \end{cases} \\ \dfrac{39}{26} \times \begin{cases} \dfrac{82}{38} \approx 1\,500 \\ \dfrac{19}{71} \approx 190 \end{cases} \end{cases} \\ \dfrac{16}{39} \times \begin{cases} \dfrac{28}{37} \times \begin{cases} \dfrac{82}{38} \approx 470 \\ \dfrac{19}{71} \approx 60 \end{cases} \\ \dfrac{18}{47} \times \begin{cases} \dfrac{82}{38} \approx 240 \\ \dfrac{19}{71} \approx 30 \end{cases} \\ \dfrac{39}{26} \times \begin{cases} \dfrac{82}{38} \approx 930 \\ \dfrac{19}{71} \approx 115 \end{cases} \end{cases} \end{cases}$$

2)塔齿轮变速机构

塔齿轮变速机构主要由滑移齿轮和一组宝塔式的固定齿轮组组成,如图3.103所示。它常用在转速不高但需要多种转速的场合,如卧式车床进给箱中的基本螺距机构,以及塔齿轮机构传动比成等差数列的变速机构。

在如图3.103所示的塔齿轮变速机构中,从动轴8上8个排成塔形的固定齿轮组成塔齿轮7,主动轴1上的滑移齿轮6和拨叉5沿导向键2可在轴上滑动,并通过中间齿轮4可与塔齿轮中任意一个齿轮啮合,从而将主动轴的运动传递给从动轴,并以离合器9和10将运动传给丝杠11,或经光杆齿轮12将运动传给光杆13。机构的传动比与塔齿轮的齿数成正比,因此,很容易由塔齿轮的齿数实现传动比成等差数列的变速机构(即基本螺距机构),用以变更螺距。

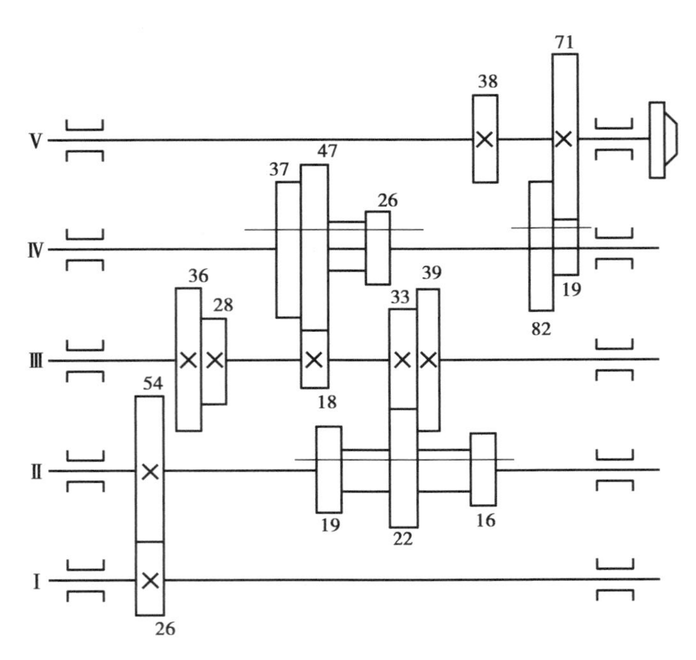

图 3.102　滑动齿轮变速机构

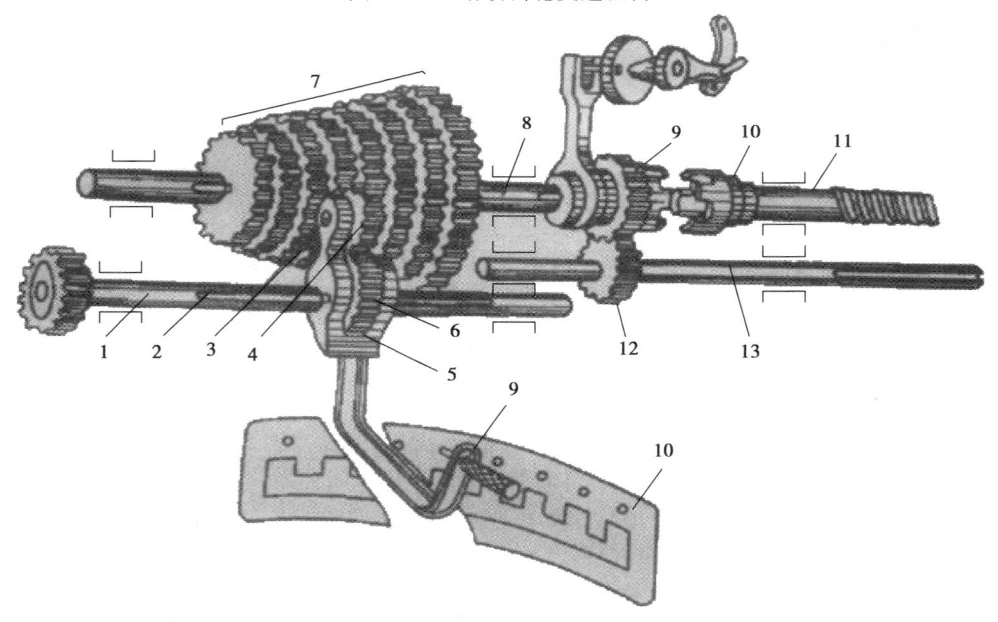

图 3.103　塔齿轮变速机构

1—主动轴;2—导向键;3—中间齿轮支架;4—中间齿轮;5—拨叉;6—滑移齿轮;

7—塔齿轮;8—从动轴;9,10—离合器;11—丝杠;12—光杆齿轮;13—光杆

3)倍增变速机构

倍增变速机构由固定齿轮、空套齿轮和滑移齿轮组成,如图 3.104 所示。通过滑移齿轮的移动,改变啮合的空套齿轮数,改变传动比从而进行变速;可得到不同的传动比:1/2,1,2,4 等,传动比按 2 的倍数增加,故称倍增变速机构。

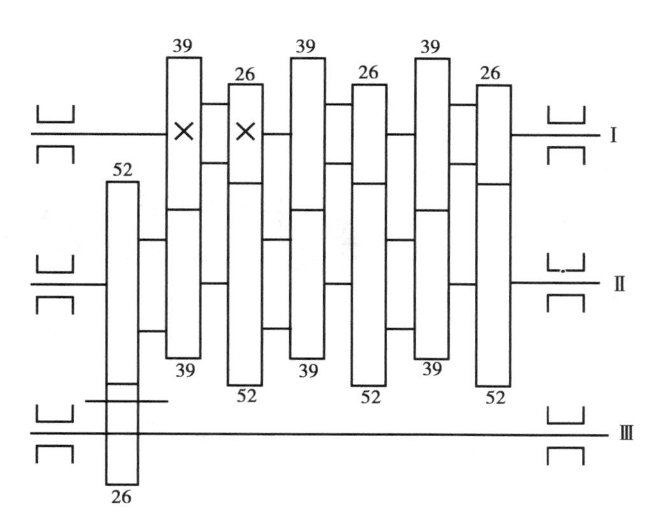

图3.104　倍增变速机构

在如图3.104所示的倍增变速机构中,轴Ⅰ为主动轴,其上装有一个固定的双联齿轮和两个空套的双联齿轮,齿数均为39—26;轴Ⅱ上装有3个齿数为52—39的空套双联齿轮和一个齿数为52空套齿轮;输出轴Ⅲ上装有一个齿数为26的滑移齿轮。移动滑移齿轮可与轴Ⅱ上任意一个齿数为52的齿轮啮合,当滑移齿轮自左向右依次与它们啮合时,变速机构可得到4种传动比,即

$$(i_{\text{I}\,\text{III}})_1=\frac{n_{\text{I}}}{n_{\text{III}}}=\frac{39\times 26}{39\times 52}=\frac{1}{2}$$

$$(i_{\text{I}\,\text{III}})_2=\frac{n_{\text{I}}}{n_{\text{III}}}=\frac{52\times 26}{26\times 52}=1$$

$$(i_{\text{I}\,\text{III}})_3=\frac{n_{\text{I}}}{n_{\text{III}}}=\frac{52\times 39\times 52\times 26}{26\times 39\times 26\times 52}=2$$

$$(i_{\text{I}\,\text{III}})_4=\frac{n_{\text{I}}}{n_{\text{III}}}=\frac{52\times 39\times 52\times 39\times 52\times 26}{26\times 39\times 26\times 39\times 26\times 52}=4$$

4)拉键变速机构

拉键变速机构由空套齿轮、固定齿轮和拉键组成,如图3.105所示。通过拉键位置变化,固定不同的空套齿轮啮合,改变传动比。

在如图3.105所示的拉键变速机构中,齿轮z_1,z_3,z_5,z_7固定在主动轴3上,齿轮z_2,z_4,z_6,z_8空套在从动套筒轴2上,中间用垫圈分开,手柄轴4插入从动套筒轴2中,手柄前端的弹簧键1(拉键),可从套筒轴的键槽中弹出,嵌入任一个空套齿轮的键槽中,从而将主动轴3的运动通过齿轮副和弹簧键1传递给从动轴2。在图示位置中,运动的传递是通过齿轮z_7与z_8实现,此时空套齿轮z_2,z_4,z_6因与齿轮z_1,z_3,z_5啮合,故也在转动,且转速各不相同,但它们的转动与从动轴的回转无关。

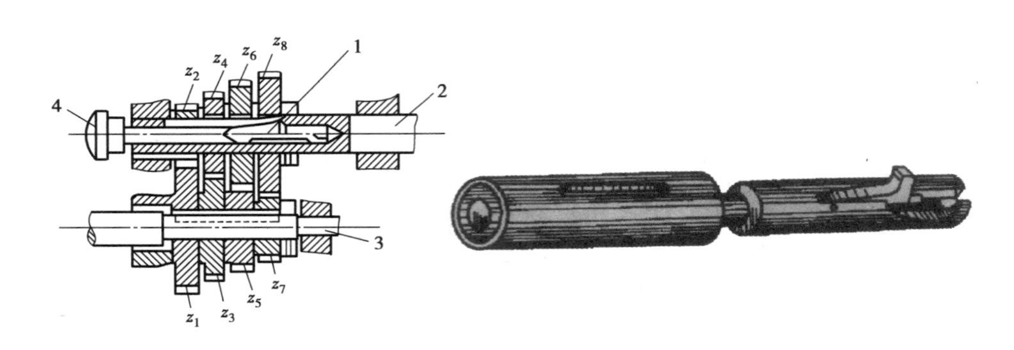

图 3.105 拉键变速机构

1—弹簧键;2—从动套筒轴;3—主动轴;4—手柄轴

3.7.3 机械无级变速机构

机械无级变速机构是依靠摩擦来传递转矩的。其原理是适当地改变主动件和从动件的转动半径,可使输出轴的转速在一定范围内无级变化。

其优点是:平稳,噪声小,零件种类数量少。

其缺点是:依靠摩擦传递转矩,易打滑,承载能力小,不能保证准确的传动比。

1)滚子平盘式无级变速机构

如图 3.106 所示为滚子平盘式无级变速机构。它主要由滚子和平盘组成。

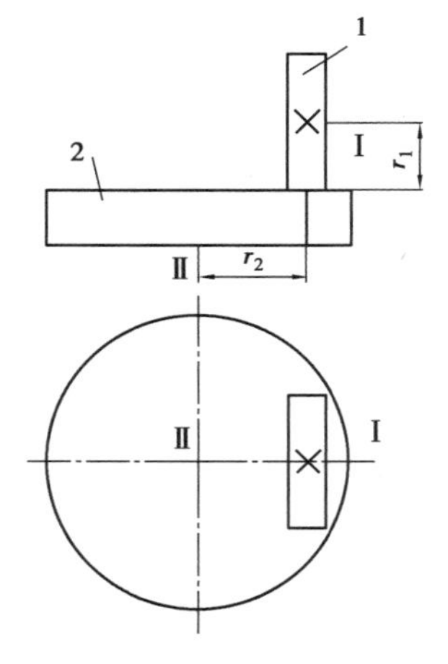

图 3.106 滚子平盘式无级变速机构

1—滚子;2—平盘

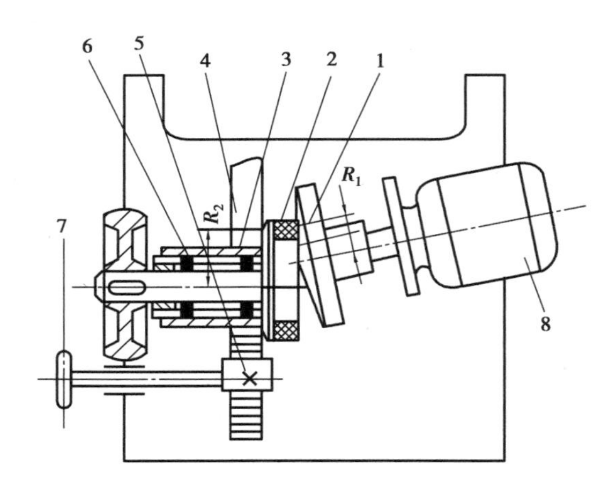

图 3.107 锥轮-端面盘式无级变速机构

1—锥轮;2—端面盘;3—弹簧;4—齿条;5—齿轮;6—支架;7—链条;8—电动机

主、从动轮靠接触处产生的摩擦力传动,传动比 $i=n_1/n_2=r_2/r_1$,由于 r_2 可在一定范围内任意改变,因此,从动轴Ⅱ可获得无级变速。

滚子平盘式无级变速机构结构简单,制造方便,但存在较大的相对滑动,磨损严重。

2)锥轮-端面盘式无级变速机构

如图 3.107 所示为锥轮-端面盘式无级变速机构。锥轮 1 安装在轴线倾斜的电动机轴上,端面盘 2 安装在底板支架 6 上,弹簧 3 的作用使其与锥轮的锥面紧贴。转动齿轮 5 使固定在底板上的齿条4连同支架6移动,从而改变锥轮1与端面盘2的接触半径 R_1 和 R_2,获得不同的传动比实现无级变速,即

$$i=\frac{n_1}{n_2}=\frac{R_2}{R_1} \tag{3.56}$$

式中　n_1, n_2——锥形盘1和端面盘2的转速,r/min;

R_1, R_2——锥形盘1和端面盘2接触点半径,mm。

锥轮-端面盘式无级变速机构传动平稳,噪声小,结构紧凑,变速范围大。

3)分离锥轮式无级变速机构

如图3.108所示为分离锥轮式无级变速机构。两对可滑移的锥形轮2,4分别安装在主动轴8和从动轴5上,并用杠杆3联接,杠杆3以支架6为支点。两对锥形轮间利用传动带10传动。转动手轮,两段螺纹旋向相反的螺杆7通过两个螺母9反向移动,使杠杆3摆动,锥形轮2和4分离或合拢,从而改变传动带10与两对锥形轮2,4的接触半径 R_1 和 R_2,达到无级变速。

在图示位置中,锥形轮2由分开向合拢方向移动,锥形轮4从合拢向分开方向移动,R_1 将增大,R_2 随之减小,从动轴的转速 n_2 将变大。

分离锥轮式无级变速机构运转平稳,变速较可靠。

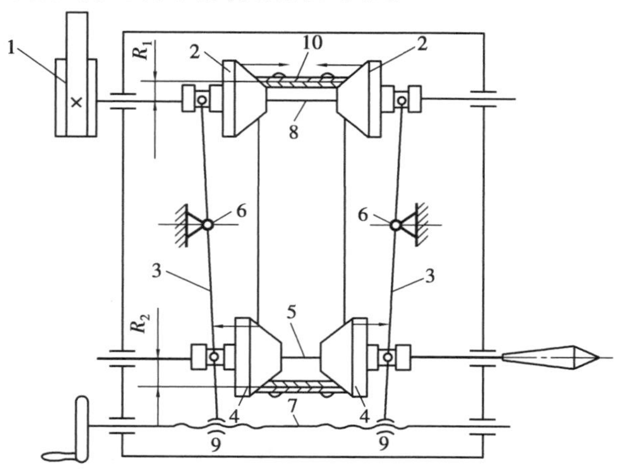

图3.108　分离锥轮式无级变速机构

1—电动机;2,4—锥形轮;3—杠杆;5—从动轴;6—支架;

7—螺杆;8—主动轴;9—螺母;10—传动带

机械无级变速机构的变速范围和传动比 i 在实际使用中均限制在一定范围内,不能随意扩大。由于采用摩擦传动,变速时和使用中随负荷性质的变化,发生打滑现象在所难免,因此,不能保证精确的传动比。

自测题

一、填空题

1. 常用的有级变速机构包括________、________、________及________4种。

2. 常用的无级变速机构包括________、________和________3种。

3. 滑移齿轮变速机构主要由固定齿轮和________组成。它靠________来改变啮合位置,

改变传动比。

4. 倍增变速机构由固定齿轮、________和滑移齿轮组成。

5. 拉键变速机构由________、固定齿轮和拉键组成;通过________位置变化,固定不同的空套齿轮啮合,改变传动比。

6. 机械无级变速机构采用________来实现传动。

7. 滚子平盘式无级变速机构主要由________和________组成。

8. 锥轮-端面盘式无级变速机构主要是改变锥轮与端面盘的________,获得不同的传动比实现无级变速。

二、选择题

1. 在输入轴转速不变情况下,使输出轴获得不同转速的传动装置,称为(　　)。

A. 齿轮机构　　B. 蜗杆机构　　C. 变速机构

2. 塔齿轮变速机构,常用于转速(　　),但需要有多种转速的场合。

A. 高　　B. 不高　　C. 中等

3. 塔齿轮变速机构,因传动比容易实现(　　),故常用于卧式车床进给箱中的基本螺距机构,用以变更螺距。

A. 等差数列　　B. 等比数列　　C. 任意关系

4. 倍增变速机构可得到不同的传动比,传动比按(　　)的倍数增加。

A. 2　　B. 3　　C. 4

5. 分离锥轮式无级变速机构中的螺杆,其上面的两段螺纹旋向(　　)。

A. 相同　　B. 相反　　C. 无所谓

6. 当要求转速级数多、速度变化范围大时,应选择(　　)。

A. 拉键变速机构　　B. 倍增变速机构　　C. 滑移齿轮变速机构

三、分析题

在如图 3.109 所示的滑移齿轮变速机构中,输出轴 V 的转速有几种?列出所有轴 V 转速的关系式。

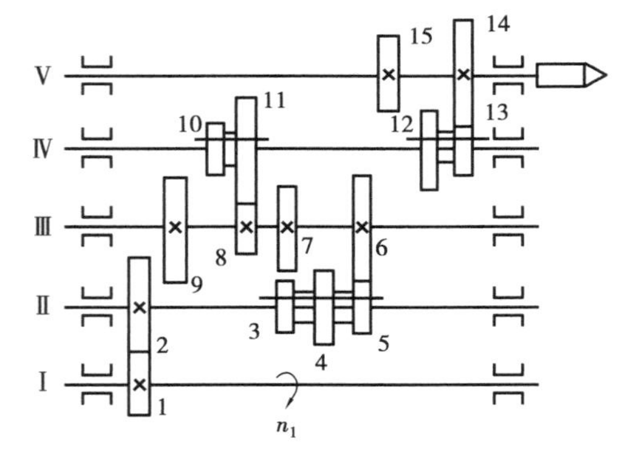

图 3.109　滑移齿轮变速机构

项目小结

传动装置可将机械能由原动装置传递到工作装置，根据工作环境和具体要求的不同，可有针对性地选择传动装置的种类。

带传动可实现较远距离的传送，传动平稳，噪声小，可利用“打滑”，避免过载损坏，起到安全保护作用，但具有传动比不准确、效率低、传力小的缺点。

链传动能传递较大的力矩，平均传动比准确，效率高，能适应恶劣工作环境，但瞬时传动比不能保持恒定，且传动时有冲击和振动。

齿轮传动能保持瞬时传动比恒定，平稳性较高，可实现平行轴、相交轴、交错轴等不同形式的传动，但不适于中心距大的场合，且制造成本较高。

螺旋传动可将回转运动转换成直线运动，具有结构简单、加工方便、易于自锁、传动平稳等优点，但摩擦阻力大，传动效率低。

蜗杆传动将螺旋传动与齿轮传动二者结合起来，具有传动比大、传动平稳等优点，且可改变传动方向，但传动效率较低。

利用轮系可实现增速、减速、变速及变向等不同的组合，极大地节省了空间，增加了速比，而且轮系可与蜗轮、螺旋和皮带等传动方式组合应用，实现较高的综合性能。对专门的轮系产品——减速器，国家标准已经给予规范，设计时可直接选用。

变速机构是一种在输入轴转速不变的条件下，使输出轴获得不同转速的传动装置。变速机构分有级变速机构和无级变速机构两大类型。有级变速机构应用最为普遍，通常是通过改变机构中某一级的传动比的大小来实现转速的变换，而机械无级变速机构采用摩擦轮来实现传动。

项目 4
常用零部件

【项目描述】

机器是由零件组合而成的，而每个零件都有其独特的功能和作用。例如，轴可用来承载转动零件，并且可传递运动、扭矩和弯矩等；轴承可降低设备在传动过程中的机械载荷摩擦系数；螺纹、键销、联轴器及离合器等属于联接类零件。

【学习目标】

1. 掌握螺纹联接的基本类型和特点；理解螺纹联接的预紧与防松。
2. 了解键、销联接的类型、应用特点；理解键、销联接的标准及应用。
3. 熟悉轴的种类、结构和功用；掌握轴上零件的定位和固定方式。
4. 了解常用轴承的类型、工作原理和使用场合；掌握滚动轴承的结构与型号。
5. 掌握联轴器和离合器的类型及特点。

【能力目标】

1. 能正确选用和装拆螺纹，能进行简单的结构设计。
2. 能校核平键的强度。
3. 能正确拆装轴系零件；能进行轴的结构设计和轴系零件组合设计。
4. 能正确安装、拆卸滚动轴承；能正确选用、安装联轴器和离合器。

【情感目标】

1. 培养学生认真观察、辨别事物和勤于思考的习惯。
2. 培养学生理论联系实际的学习态度。

任务4.1 螺纹联接

活动情境

1. 参观普通车床车制螺纹的过程,注意车床丝杠、刀架等的运动。
2. 用扳手等工具装拆一台报废的卷扬机。

任务要求

掌握螺纹的特征,理解联接的作用,会进行简单的螺栓联接结构设计。

任务引领

通过观察与操作回答以下问题:
1. 螺纹联接有哪些基本类型?
2. 用对顶螺母或弹簧垫圈的目的是什么?
3. 螺母拧紧以后不加任何措施会不会自动松开?
4. 拧紧扳手时,为什么不能拧得过紧又不能过松?
5. 如何保证螺纹联接安全可靠?

归纳总结

4.1.1 螺纹概述

1)螺纹的形成

如图4.1所示,根据螺纹的加工过程不难发现,螺纹实际上是由圆柱体的旋转运动和车刀在圆柱体表面上的直线运动叠加而成的,该轨迹称为螺旋线。

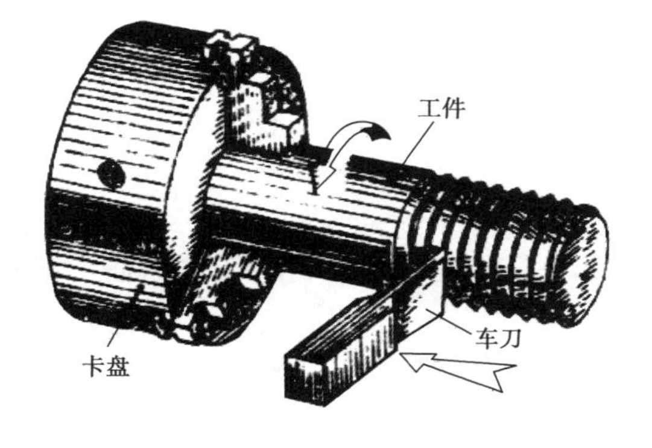

图4.1 车床切削外螺纹

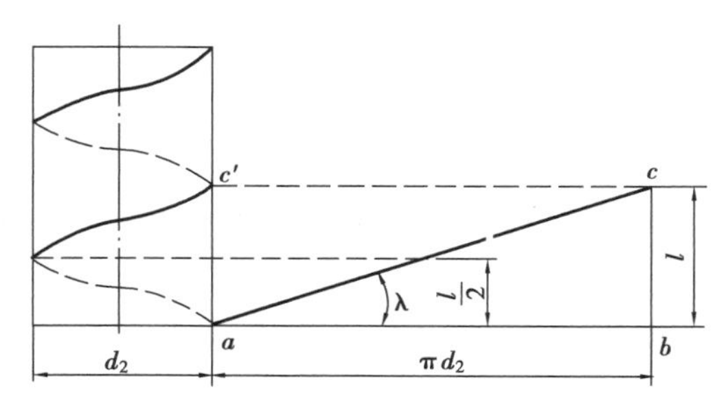

图4.2 螺纹的形成

如图4.2所示,将一直角三角形 abc 绕在直径为 d_2 的圆柱体上,并使底边 ab 与圆柱体的底边重合,斜边 ac 所形成的曲线即为螺旋线。

2)螺纹的分类

螺纹有内螺纹和外螺纹两种类型,二者共同组成螺纹副用于联接和传动。螺纹有米制和英制两种。在我国除管螺纹外都采用米制螺纹。螺纹轴向剖面的形状,称为螺纹的牙型。常用的螺纹牙型有三角形、矩形、梯形、锯齿形及管螺纹等,如图 4.3 所示。其中,三角形螺纹主要用于联接,其余多用于传动。

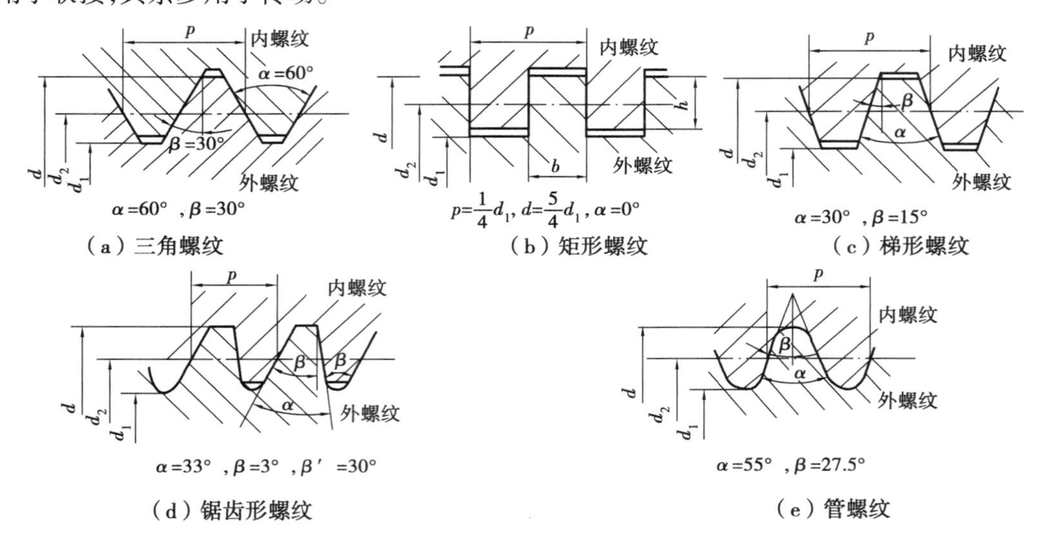

图 4.3　螺纹的牙型

(1)三角形螺纹(普通螺纹)

牙型角为 60°,可分为粗牙和细牙。粗牙用于一般联接;与粗牙螺纹相比,细牙由于在相同公称直径时,螺距小,螺纹深度浅,导程和升角也小,自锁性能好,宜用于薄壁零件和微调装置。

(2)矩形螺纹

牙型角为 0°,适于作传动螺纹。

(3)梯形螺纹

牙型角为 30°,是应用最为广泛的传动螺纹。

(4)锯齿型螺纹

两侧牙型角分别为 3°和 30°,3°的一侧用来承受载荷,可得到较高效率;30°一侧用来增加牙根强度。它适用于单向受载的传动螺纹。

(5)管螺纹

多用于有紧密性要求的管件联接,牙型角为 55°,公称直径近似于管子内径,属于细牙三角螺纹。

螺纹按螺纹线绕行方向的不同,可分为右旋螺纹和左旋螺纹。机械制造中,常采用右旋螺纹。

根据螺纹线的数目,可将螺纹分为单线螺纹和多线螺纹。

3)螺纹的主要参数

螺纹的主要几何参数如下(见图 4.4):

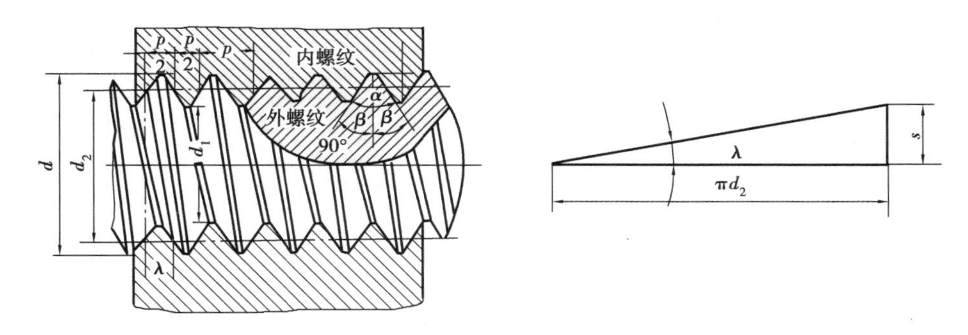

图4.4　螺纹的主要几何参数

(1)大径 d

螺纹的最大直径,在标准中也作公称直径。

(2)中径 d_2

通过螺纹轴向剖面内牙型上的沟槽和凸起宽度相等处的假想圆柱面的直径,近似等于螺纹的平均直径,是确定螺纹几何参数和配合性质的直径。

(3)小径 d_1

螺纹的最小直径,在强度计算中常作为危险剖面的计算直径。

(4)螺距 p

螺纹相邻两牙在中径上对应两点的轴向距离。

(5)线数 n

螺纹的螺旋线数量,也称螺纹头数。

(6)导程 s

同一螺旋线上的相邻两牙在中径线上对应两点之间的轴向距离。对单线螺纹,$s = p$;对多线螺纹,$s = np$。

(7)升角 λ

中径 d_2 圆柱上,螺旋线的切线与垂直于螺纹轴线的平面的夹角,即

$$\tan \lambda = \frac{s}{\pi d_2} = \frac{np}{\pi d_2} \tag{4.1}$$

(8)牙型角 α、牙型角 β

在螺纹的轴向剖面内,螺纹牙型两侧边的夹角,称为牙型角 α。牙型侧边于螺纹轴线的垂线之间的夹角,称为牙侧角 β。对称牙型的,$\alpha = 2\beta$。

对这些几何参数值的规定,国际和国内都已标准化。规定的值不同,就会形成不同的螺纹。需要时,可查阅相关的手册和国家标准。

4.1.2　螺纹联接的主要类型及应用

螺纹联接的主要类型有螺栓联接、双头螺柱联接、螺钉联接及紧定螺钉联接。它们的主要类型、构造、尺寸及应用见表4.1。

表 4.1　螺纹联接的主要类型、构造、尺寸及应用

类型	构　造	主要尺寸关系	特点与应用
螺栓联接	普通螺栓联接 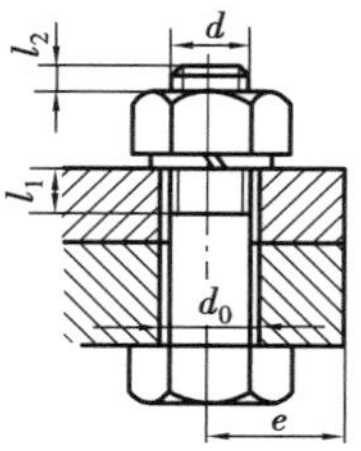	1. 螺纹余留长度 l_1 普通螺栓联接 静载荷 $l_1 \geqslant (0.3 \sim 0.5)d$ 变载荷 $l_1 \geqslant 0.75d$ 冲击、弯曲载荷 $l_1 \geqslant d$ 铰制孔螺栓联接 l_1 尽可能小 2. 螺纹伸出长度 $l_2 \approx (0.2 \sim 0.3)d$ 3. 螺栓轴线到被联接件边缘的距离 $e = d + (3 \sim 6)$ mm 4. 通孔直径 $d_0 \approx 1.1d$	被联接件都不切制螺纹，使用不受被联接件材料的限制。构造简单，装拆方便，成本较低，应用最广
	铰制孔螺栓联接 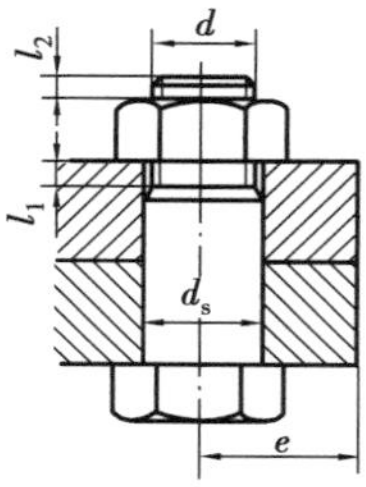		铰制孔螺栓联接，螺栓杆与孔之间紧密配合，有良好的承受横向载荷的能力和定位作用
双头螺柱联接	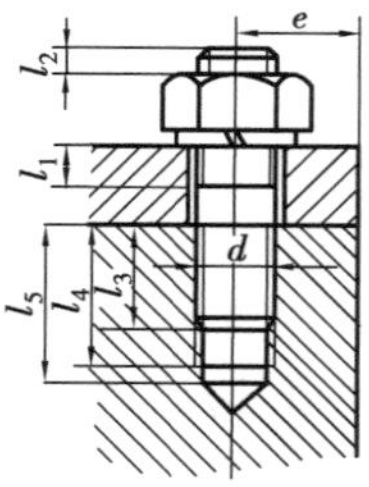	1. 螺纹旋入深度 l_3 由被联接的材料确定。当螺纹孔零件材料为 钢或青钢 $l_3 \approx d$ 铸铁 $l_3 \approx (1.25 \sim 1.5)d$ 合金 $l_3 \approx (1.5 \sim 2.5)d$ 2. 螺纹孔深度 $l_4 \approx l_3 + (2 \sim 2.5)d$ 3. 钻孔深度 $l_5 \approx l_4 + (0.5 \sim 1)d$ l_1，l_2 同上	适用于联接紧密或紧密程度要求较高的场合，常用于不能用螺栓联接且又需经常拆卸的场合
螺钉联接	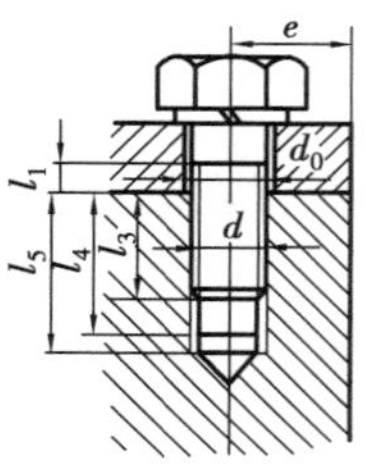	l_1，l_3，l_4，l_5，e 同上	不用螺母，而且能有光整的外露表面，应用与双头螺柱相似，但不宜用于经常拆卸的联接，以免损坏被联接件的螺纹孔

续表

类型	构　造	主要尺寸关系	特点与应用
紧定螺钉联接		$d \approx (0.2 \sim 0.3)d$ 轴转矩大时取大值	头部为一字槽的紧定螺钉最常用。尾部有多种形状，平端用于高硬度表面；圆柱端可压入轴上的凹坑；锥端用于低硬度表面

4.1.3　螺纹联接的预紧和防松

1）螺纹联接的预紧

任何材料在受到外力作用时，都会产生或多或少的形变，螺栓也不例外。当联接螺栓承受外在拉力时，将会伸长。如果在初始时仅将螺母拧上使各个接合面贴合，那么，在受到外力作用时，接合面之间将会产生间隙。因此，为了防止这种情况的出现，在零件未受工作载荷前需要将螺母拧紧，使组成联接的所有零件都产生一定的弹性变形（螺栓伸长、被联接件压缩），从而可有效地保证联接的可靠。这样，各零件在承受工作载荷前就受到了力的作用，这种方式则称为预紧，这个预加的作用力则称为预紧力。

显然，预紧的目的是：增强联接的紧密性、可靠性，防止受载后被联接件之间出现间隙或发生相对滑移。

经验证明，选用适当较大的预紧力，对螺栓联接的可靠性及螺栓的疲劳强度都是有利的。但过大的预紧力会使紧固件在装配或偶尔过载时断裂。因此，对重要的螺栓联接，在装配时需要控制预紧力。

在装配时，预紧力是借助测力矩扳手或定力矩扳手控制的，如图4.5所示。通过控制拧紧力矩来间接保证预紧力的。

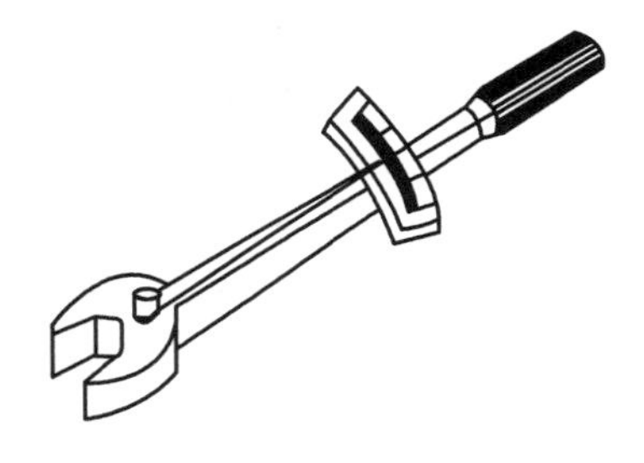

图4.5　测力矩扳手

拧紧力矩 T' 用来克服螺旋副及螺母支承面上的摩擦力矩。预紧时，螺栓杆所受到的拉力称为预紧力 F'。实验表明，M10—M68 的常用粗牙普通钢制普通螺纹，无润滑时，有近似公式为

$$T' \approx 0.2F'd \tag{4.2}$$

式中　T'——拧紧力矩，N·mm；

F'——预紧力，N；

d——螺纹联接件的公称直径，mm。

对只靠经验而不加严格控制预紧力的重要螺栓，如压力容器、输气、输油管道等联接螺栓，不宜采用小于 M12—M16 的紧固件。

2）螺纹联接的防松

机械中联接的失效（松脱），轻者会造成工作不正常，重者要引起严重事故。因此，螺纹联接的防松是工程工作中必须考虑的问题之一。

一般来说,联接螺纹具有一定的自锁性,在静载荷条件下并不会自动松脱。但是,由于联接的工作条件是千变万化、各不相同的具体实际场合,都不可避免地存在冲击、振动、变载荷作用。因此,在这些工况条件下,螺纹副之间的摩擦力会出现瞬时消失或减小的现象;同时,在高温或温度变化较大的场合,材料会发生蠕变和应力松弛,也会使摩擦力减小。在多次的作用下,就会造成联接的逐渐松脱。

防松的本质是防止螺纹副的相对转动,也就是螺栓与螺母之间的相对转动(内螺纹与外螺纹之间)。

常用的防松方法有 3 种,即摩擦防松、机械防松和永久防松,见表 4.2。

表 4.2　常用防松方法及其特点

防松方法		结构形式	特点和应用
摩擦防松	对顶螺母	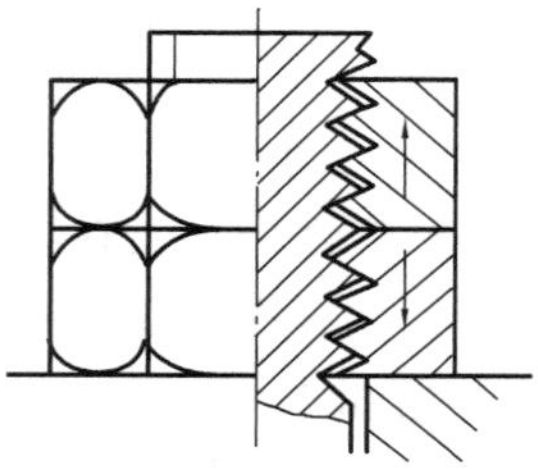	利用两螺母的对顶作用,使螺栓始终受到附加拉力和附加摩擦力的作用。结构简单,可用于低速重载场合
	弹簧垫圈	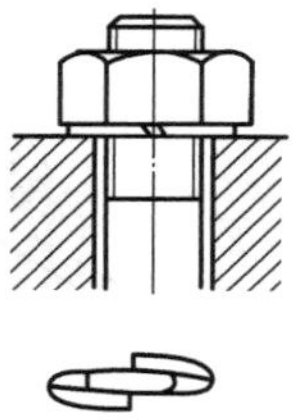	弹簧垫圈材料为弹簧钢,装配后垫圈被压平,其反弹力能使螺纹间保持压紧力和摩擦力,从而实现防松
	自锁螺母	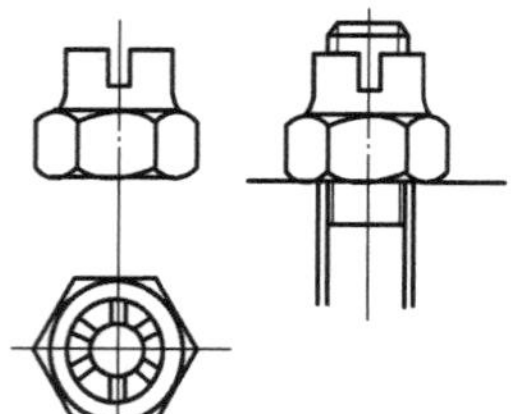	螺母一端制成非圆形收口或开缝后径向收口。当螺母拧紧后,收口胀开,利用收口的弹力使旋合螺纹间压紧 结构简单,防松可靠,可多次装拆而不降低防松性能
机械防松	槽形螺母和开口销	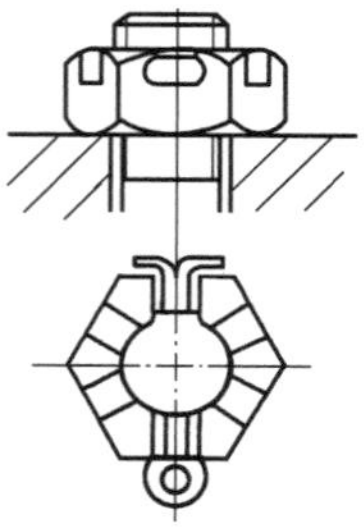	槽型螺母拧紧后,用开口销穿过螺栓尾部小孔和螺母的槽,也可用普通螺母拧紧后进行配钻销孔 适用较大冲击、振动的高速机械运动部件的联接

续表

防松方法		结构形式	特点和应用
机械防松	止动垫圈		螺母拧紧后,将单耳或双耳止动垫圈分别向螺母和被联接件的侧面折弯贴紧,即可将螺母锁住。若两个螺栓需要双联锁紧时,可采用双联止动垫圈,使两个螺母相互制动 结构简单,使用方便,防松可靠
	串联钢丝	(a)正确 (b)不正确	用低碳钢丝穿入各螺钉头部的孔内,将各螺钉串联起来,使其相互制动。使用时,必须注意钢丝的穿入方向 适用于螺钉组联接,放松可靠,但拆装不便

拓展延伸

1)螺栓联接的结构设计

一般情况下,螺栓联接都是成组使用的。设计安装螺栓联接时,必须考虑各个螺栓工作时均匀的承受载荷,因此,合理布置各个螺栓的位置是十分重要的。通常应考虑以下问题:

(1)螺栓的布置

布置螺栓位置时,螺栓与螺栓、螺栓与箱体壁之间给扳手留有足够的空间,以便于装拆(见图4.6)。

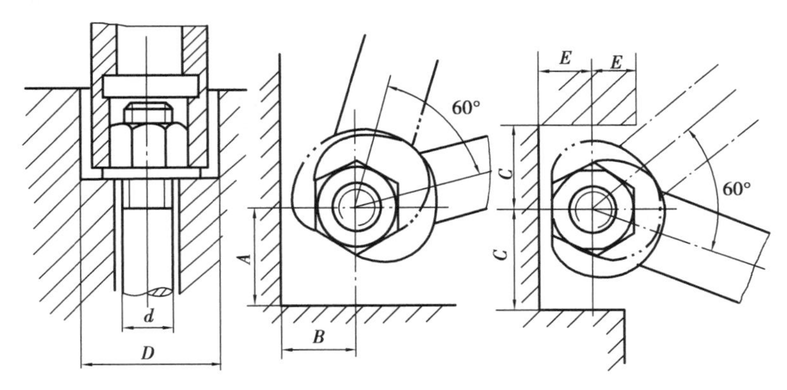

图4.6　扳手空间

(2)螺栓组的布置

①螺栓组的布置尽可能对称,以使结合面受力均匀,一般都将结合面设计成对称的简单几何形状,并应使螺栓组的对称中心与结合面的形心重合(见图4.7)。

②当螺栓联接承受弯矩和转矩时,应尽可能地把螺栓布置在靠近结合面边缘,以减少螺

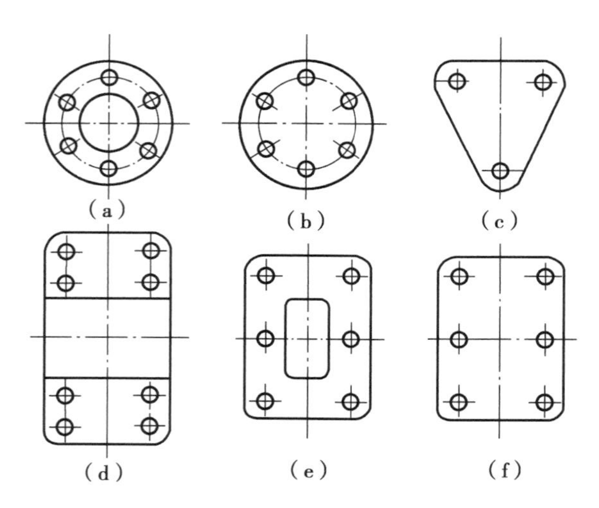

图 4.7 螺栓组的布置

栓中的载荷。

③同一圆周上螺栓的数目宜取 2,3,4,6,8 等易于分度的数目,以便于加工。

④同一组的螺栓,尽可能采用相同的材料和规格,以便安装。

2)螺栓联接的强度计算

螺栓联接的强度计算,主要是确定螺栓的直径或校核螺栓危险截面的强度。至于标准螺纹联接件的其他尺寸,按照等强度的原则及使用经验由标准确定,不必计算。

(1)松螺栓联接的强度计算

松螺栓联接,螺母、螺栓和被联接件不需要拧紧,在承受工作载荷前,联接螺栓是不受力的。典型的结构有起重机吊钩,如图 4.8 所示。

该螺栓联接在外载荷 F 作用下,其强度条件式为

$$\sigma = \frac{F}{\frac{1}{4}\pi d_1^2} \leqslant [\sigma] \tag{4.3}$$

或

$$d_1 \geqslant \sqrt{\frac{4F}{\pi[\sigma]}} \tag{4.4}$$

式中 d_1——螺纹的小径,mm;

$[\sigma]$——许用拉应力,MPa,且$[\sigma] = \frac{\sigma_s}{S}$;

σ——材料的屈服极限;

S—— 安全系数,安全系数需要根据具体情况,参照有关标准和设计规范选择。

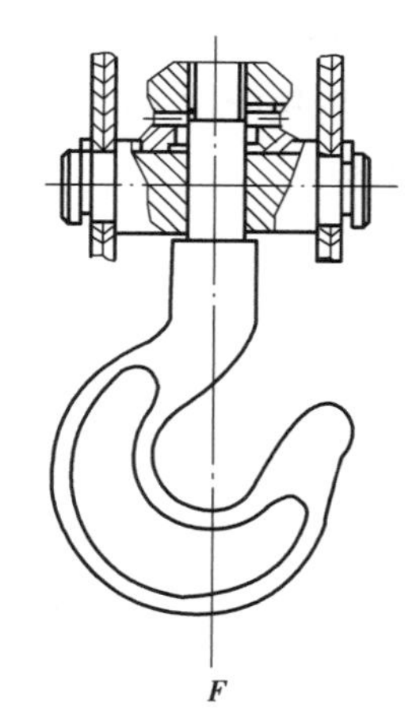

图 4.8 起重机吊钩

(2)紧螺栓联接的强度计算

这种装配,螺栓将承受预紧力和工作载荷的双重作用。工作载荷的作用方式有横向载荷和轴向载荷两种。

①承受横向载荷作用时的强度计算

同样的承受横向载荷,螺栓联接的方式又有两类:普通螺栓联接和铰制孔螺栓联接。

对这两类联接方式，其对应的失效方式是不同的。对于普通螺栓联接来说，如果两联接接合面间发生相对滑移，即被视为失效；而铰制孔螺栓联接是依靠螺栓受挤压的强度决定的。

对普通螺栓联接（见图4.9），强度的计算准则为：预紧力在接合面所产生的摩擦力必须足以阻止被联接件之间的相对滑移。

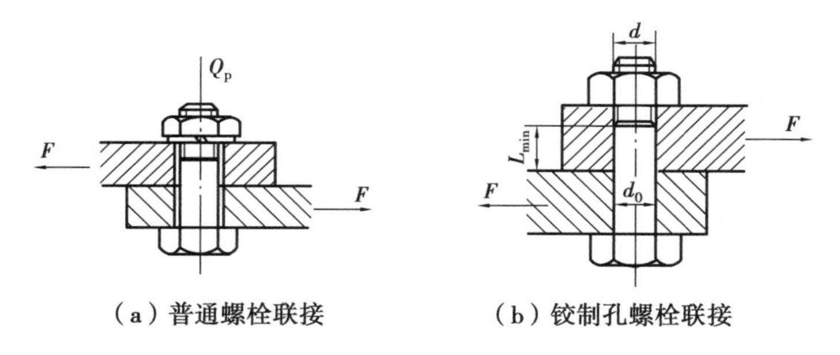

图4.9　承受横向载荷的螺栓联接

设螺栓组中各螺栓所承担的载荷是均等的，则强度关系式可表示为

$$fQ_p zi \geqslant K_s F_\Sigma \text{或} \ Q_p \geqslant \frac{K_s F_\Sigma}{fzi} \tag{4.5}$$

螺栓杆的计算应力为

$$\sigma_{ca} = \frac{1.3Q_p}{\frac{\pi}{4}d_1^2} \leqslant [\sigma] \tag{4.6}$$

式中　Q_p——每个螺栓所受的预紧力；

z,i——螺栓组中的螺栓数目及接合面数；

f——接合面之间的摩擦系数（根据材质的不同而变化）；

K_s——可靠性系数，一般可取 $K_s=1.1\sim1.3$；

F_Σ——外载总和。

已知，f 一般较小，远小于1，这时的 Q_p 需要很大才能满足要求，势必要增加螺栓直径。为避免这种缺陷，可采用如图4.10所示的减载装置结构，利用键、套筒或销来承受横向工作的载荷，使螺栓只用来保证联接，而不再承受工作载荷，因此预紧力不需要很大。

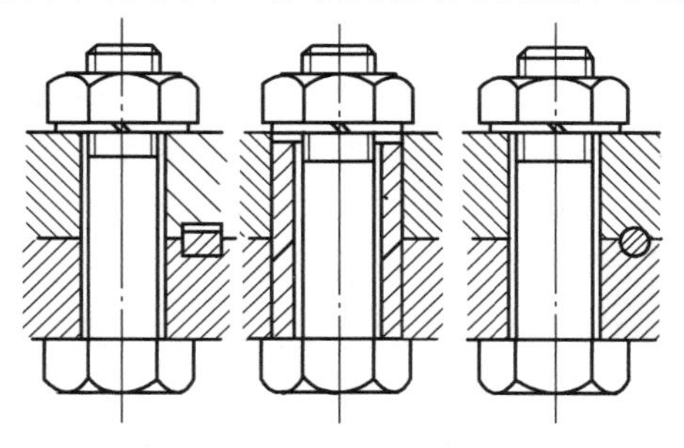

图4.10　减载装置

这种装置的联接强度是按减载零件（键、套筒或销）的剪切、挤压强度条件进行计算。

此外为简化结构，还可采用铰制孔螺栓联接，如图4.9（b）所示。因为螺栓杆与孔壁之间没有间隙，当承受横向载荷时，接触表面受挤压，在联接接合面处，螺栓杆则承受剪切。因此，

应对螺栓杆与孔壁配合面的挤压强度和钉杆横剖面的抗剪切强度进行验算。强度验算式为

$$\sigma_p = \frac{F}{d_0 L_{min}} \leqslant [\sigma]_p \tag{4.7}$$

$$\tau = \frac{F}{\frac{\pi}{4} d_0^2} \leqslant [\tau] \tag{4.8}$$

式中　d_0——螺杆与孔壁配合部分的直径；

L_{min}——螺杆与被联接件孔壁受挤压面的最小高度，按具体要求选取，一般 $L_{min} \geqslant 1.25d_0$。

②承受轴向载荷时的强度计算。

受轴向载荷的额紧螺栓联接是工程上使用最多的一种联接方式。这时，必须同时考虑预紧力和外载力对联接的综合影响。如图 4.11 所示为螺栓联接的预紧和工作的全过程中螺栓与被联接件受力变形过程的结构示意图（注意：为了说明问题，图中的尺寸有些夸大）。

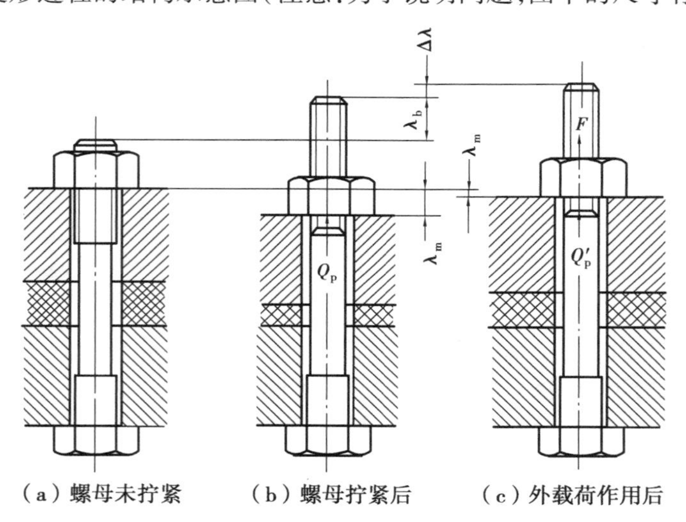

图 4.11　单个紧螺栓联接受力变形图

当螺栓未拧紧时，螺栓和被联接件都处于自然状态。当施加预紧力 Q_p 后，螺母拧紧，螺栓杆对应于 Q_p 伸长 λ_b，被联接件在 Q_p 的作用下产生压缩变形量为 λ_m。当联接上作用有外载 F 时，螺栓杆将继续伸长，其增量为 $\Delta\lambda$，被联接件因压力减小而产生部分弹性恢复，其压缩变形的恢复量也应该等于 $\Delta\lambda$。此时，被联接件上的残余压力，称为残余预紧力，用 Q'_p表示。螺栓杆上所受的总拉力 Q 可表示为

$$Q = Q'_p + F \tag{4.9}$$

可知，螺栓杆和被联接件的变形是彼此相关的，作用在螺栓上的总拉力 Q 并不等于预紧力和外载力之和，这一点计算中要特别注意。

外载荷可通过对螺栓组的受力分析求得。对残余预紧力 Q'_p，一般按螺栓联接要求或重要程度由经验选取，都必须使 $Q'_p > 0$。在没有资料时，可按下面推荐值选用：

$Q'_p = (0.2 \sim 0.6)F$，一般联接，工作载荷稳定。

$Q'_p = (0.6 \sim 1.0)F$，一般载荷，工作载荷不稳定。

$Q'_p = (1.5 \sim 1.8)F$，要求由密封性的联接。

$Q_p' \geqslant F$，地脚螺栓联接。

为了保证可靠预紧，在求得 Q 后，考虑其他因素（如扭转剪切应力等）的影响，应将 Q 增加30%，故

$$\sigma_{ca} = \frac{1.3Q}{\frac{\pi}{4}d_1^2} \leqslant [\sigma] \tag{4.10}$$

（3）螺纹紧固件的材料与许用应力

①材料。

螺纹紧固件的材料是多种多样的，以满足不同行业不同用途的需要。常用的有 Q215，Q235，以及 10，35 和 45 钢。对承受冲击、振动的，可采用高强度材料，如 15Cr，40Cr，30CrMnSi 等；用作其他特殊用途的可采用特殊材料，如不锈钢等。

螺纹联接件常用材料的力学性能见表 4.3。

表 4.3　螺纹联接件常用材料的力学性能

材　料	抗拉强度 σ_b	屈服点 σ_s	疲劳极限	
			弯曲 σ_{-1}	抗拉 σ_b
Q235	410～470	240	170～220	120～160
35 钢	540	320	220～300	170～220
45 钢	610	360	220～340	190～250
40Cr	750～1 000	650～900	320～440	240～340

②许用应力

螺纹联接件的许用应力与载荷性质、装配情况以及螺纹联接的材料、结构尺寸等因素有关。静载荷下的许用应力由表 4.4 确定，对不同预紧力的受拉紧螺栓联接的许用应力值需用试算法确定。

表 4.4　螺纹联接件在静载荷下的许用应力和安全系数

<table>
<tr><td>受载情况</td><td>许用应力</td><td colspan="6">安全系数[S]</td></tr>
<tr><td rowspan="5">受拉螺栓</td><td rowspan="5">$[\sigma]=\sigma_s/[S]$</td><td colspan="2">松联接</td><td colspan="4">1.2～1.7</td></tr>
<tr><td rowspan="4">紧联接</td><td>控制预紧力</td><td colspan="4">1.2～1.5</td></tr>
<tr><td rowspan="3">不控制预紧力</td><td>材料</td><td>M6—M16</td><td>M16—M30</td><td>M30—M60</td></tr>
<tr><td>碳钢</td><td>4～3</td><td>3～2</td><td>2～1.3</td></tr>
<tr><td>合金钢</td><td>5～4</td><td>4～2.5</td><td>2.5</td></tr>
<tr><td rowspan="2">受剪螺栓</td><td>$[\tau]=\sigma_s/[S]$</td><td>剪切</td><td colspan="5">2.5</td></tr>
<tr><td>$[\sigma_p]=\sigma_b/[S]$</td><td>挤压</td><td colspan="5">钢：1～1.25　铸铁：2.0～2.5</td></tr>
</table>

例 4.1　某钢制凸缘联轴器（见图 4.12），用 6 个普通螺栓联接，不控制预紧力。已知螺栓均布在直径 $D=250$ mm 的圆上，联轴器传递的转矩 $T=800\ 000$ N·mm。试确定螺栓的直径。

分析：此螺纹联接为承受横向载荷的普通螺栓联接，由式（4.5）求解预紧力 F、式（4.6）求解螺栓小径。

解　（1）计算螺栓组所受的总圆周力 F_Σ 为

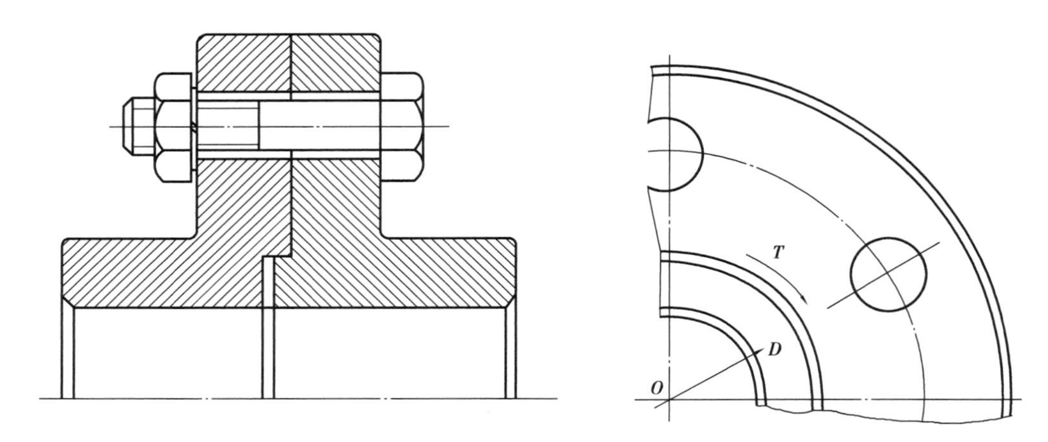

图 4.12　普通螺栓联接的凸缘联轴器

$$F_{\Sigma} = \frac{2}{D}T = \frac{2 \times 800\ 000\ \text{N} \cdot \text{mm}}{250\ \text{mm}} = 6\ 400\ \text{N}$$

(2)计算单个螺栓所受预紧力 F' 为

$$F' = \frac{KF_{\Sigma}}{mz\mu} = \frac{1.2 \times 6\ 400\ \text{N}}{1 \times 6 \times 0.15} = 8\ 533\ \text{N}$$

(3)计算螺栓小径

①选择螺栓材料:由表 4.3 选螺栓材料为 Q235,屈服点 $\sigma_s = 240$ MPa。

②初定螺栓 M16。由表 4.4 查得 $[S] = 3$,则 $[\sigma] = \sigma_s / [S] = 240\ \text{MPa}/3 = 80\ \text{MPa}$

③计算螺栓小径为

$$d_1 \geqslant \sqrt{\frac{5.2F'}{\pi[\sigma]}} = \sqrt{\frac{5.2 \times 8\ 533\ \text{N}}{\pi \times 80\ \text{MPa}}} = 13.29\ \text{mm}$$

(4)确定螺栓公称直径

由标准可查出粗牙螺纹小径大于 13.29 mm 的 $d_1 = 13.835$ mm 对应的公称直径为 M16。与初定相符。

(5)结论

需用螺栓为 M16。

自测题

一、判断题

1. 螺纹的公称直径指的是螺纹中径。（　　）
2. 细牙螺纹常用于薄壁零件和微调装置。（　　）
3. 自行车左右脚踏板都是右旋螺纹。（　　）
4. 双头螺柱联接多用于不经常拆卸的场合。（　　）
5. 所有的螺栓联接都需要预紧。（　　）
6. 防松的实质就是防止螺纹副的相对运动。（　　）

二、选择题

1. 机器中一般用于联接的螺纹是(　　)。

A. 矩形螺纹　　B. 三角形螺纹　　C. 梯形螺纹

2. 下列哪些属于机械防松?(　　)

A. 弹簧垫圈　　B. 对顶螺母　　C. 槽形螺母 + 开口销

3. 为了便于加工,同一圆周上的螺栓的数目宜取(　　)。

A. 偶数　　B. 奇数　　C. 自然数

三、术语・标记・解释

1. 螺距。

2. M14 ×1-7H8H。

3. G2A-LH。

4. Tr24 ×14(P7)LH-7e。

任务4.2　键销联接

活动情境

观察减速器或车床变速箱中齿轮与轴之间的结构。

任务要求

理解键的功能,会正确安装齿轮与轴;掌握键的分类和标准;能校核普通平键的强度。

任务引领

通过观察与讨论回答以下问题:

1. 轴在转动的过程中,键起什么作用?

2. 轴上各处所用键的形状有什么特征? 为什么?

归纳总结

4.2.1　键联接

通过实践可发现,当有键时,轴与齿轮可一起转动,而当把键撤掉后,轴与齿轮之间会产生相对滑动。这时,轴与齿轮互不固定,不能传递力矩,即键可实现轴上零件与轴之间的周向固定并传递转矩,有的兼作轴上零件的轴向固定,还有的在轴上零件沿轴向移动时,起导向作用。通过操作还可发现,键联接结构简单、装拆方便。

1)键联接的类型和应用

键已标准化,按照结构特点和工作原理,键联接可分为平键联接(见图4.13)、半圆键联接(见图4.14)、楔键联接和切向键联接等。

(1)平键联接

如图4.13所示为普通平键联接的结构。键的两侧面靠键与键槽侧面的挤压传递运动和转矩,键的顶面为非工作面,与轮毂键槽表面留有间隙。因此,这种联接只能用于轴上零件的周向固定。平键联接结构简单,装拆方便,对中性好,故应用广泛。

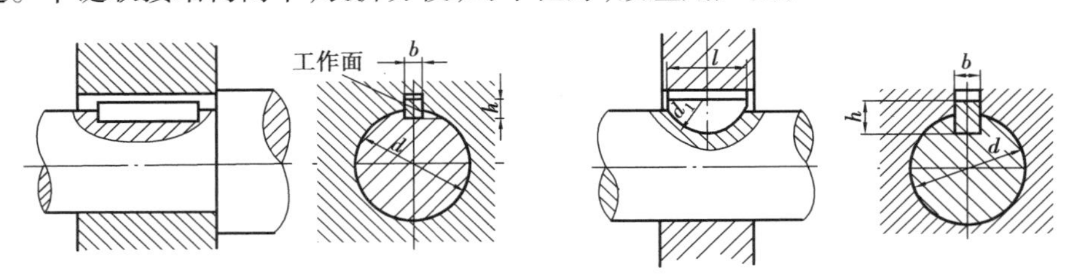

图 4.13　平键联接　　　　图 4.14　半圆键联接

平键按用途可分为普通平键、导向平键和滑键。

①普通平键用于静联接。

按其端部形状不同,可分为圆头(A 型)、方头(B 型)和单圆头(C 型)3 种,如图 4.15 所示。采用圆头平键时,轴上的键槽用指状铣刀加工而成,键在槽中固定较好,但键槽两端的应力集中较大;方头平键的键槽由盘铣刀加工而成,轴的应力集中较小。单圆头平键主要用于轴端。

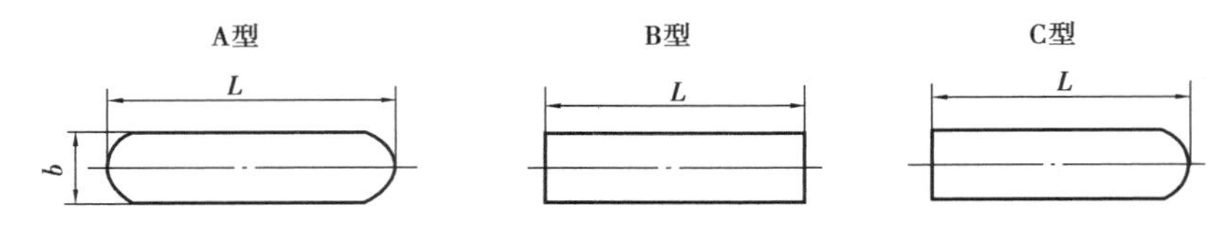

图 4.15　普通平键

②导向平键和滑键。

当轮毂在轴上需沿轴向移动而构成动联接时,可采用导向平键或滑键。如图 4.16 所示的导向平键常用螺钉固定在轴上的键槽中,而轮毂可沿键作轴向滑动,如变速箱中的滑移齿轮等。

当被联接件的滑移距离较大时,宜采用滑键,如图 4.17 所示。滑键固定在轮毂上,与轮毂同时在轴上的键槽中作轴向滑移,如车床中光杆与溜板箱中零件的联接。

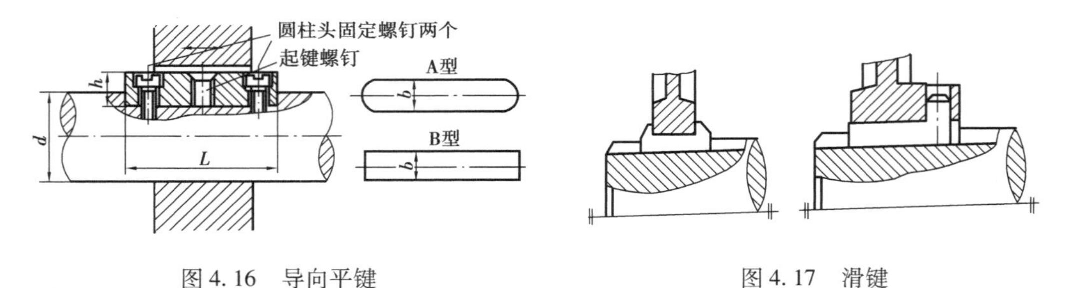

图 4.16　导向平键　　　　图 4.17　滑键

(2)半圆键联接

如图 4.14 所示为半圆键联接。其工作面也是键的两侧面。轴槽呈半圆形,键能在轴槽内自由摆动,以适应轴线偏转引起的位置变化,装拆方便。但轴上的键槽较深,对轴的强度削弱较大,故一般用于轻载,尤其适用于锥形轴端部。

(3)楔键联接

楔键其上下表面为工作面,两侧面与轮毂槽侧有间隙。键的上表面和与之相配合的轮毂键槽底部表面,均具有 1∶100 的斜度,装配时将键打入轴与轴上零件之间的键槽内,使工作面上产生很大的挤压力。工作时,靠接触面之间的摩擦力来传递转矩。

楔键联接的对中性差，当受到冲击或载荷作用时，容易造成联接的松动。因此，楔键仅适用于要求不高、转速较低的场合，如农业机械和建筑机械中。

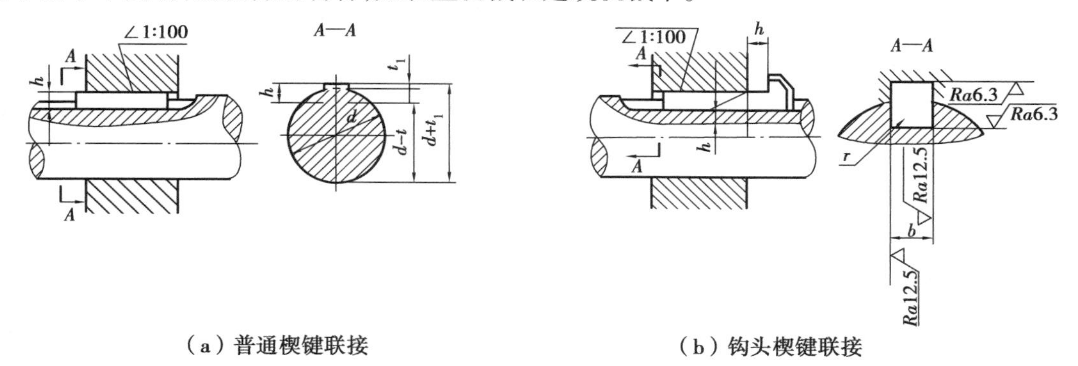

图4.18　楔键联接

楔键分为普通楔键（见图4.18（a））和钩头楔键（见图4.18（b））。为便于拆卸，楔键最好用于轴端，钩头楔键应加装安全罩。

（4）切向键联接

切向键有两个斜度为1∶100的楔键组成，如图4.19所示。装配时，把一对楔键分别从轮毂的两端打入，其斜面相互贴合，共同楔紧在轮毂之间。切向键的上下两面是工作面，工作时依靠其与轴和轮毂的挤压传递转矩。一对切向键只能传递单向转矩，而需传递双向转矩时，必须用两队切向键，且按120°～135°分布，切向键传递转矩较大，但对中性差，对轴的削弱较大，常用于对中性要求不高的重型机械中。

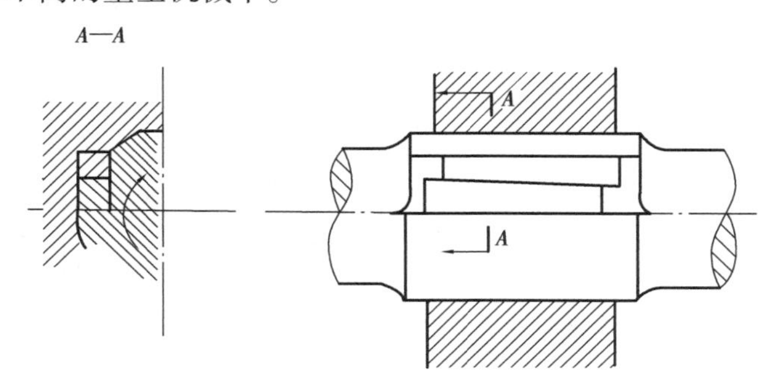

图4.19　切向键联接

2）平键联接的选择和强度校核

键是标准件，通常用中碳钢Q235，45钢制造。平键联接的类型应根据联接特点使用要求和工作条件选定。

（1）尺寸选择

平键的主要尺寸为宽度 b，高度 h 和长度 L。平键的 $b\times h$ 按轴的直径 d 由标准中选定，见表4.5。其中，其长度 L 略短于轮毂长，一般 $L=L_1-(5\sim10)$，从标准中选取。

（2）强度校核

对构成静联接的普通平键联接，其主要失效形式是工作面的压溃，通常只按工作面上的挤压应力进行强度校核计算。对构成动联接的导向平键和滑键联接，其主要失效形式是工作面的过度磨损，通常只作耐磨性计算。

静联接

$$\sigma_p = \frac{4T}{dhl} \leqslant [\sigma_p] \tag{4.11}$$

动联接

$$p = \frac{4T}{dhl} \leqslant [p] \tag{4.12}$$

式中 T——传递的转矩,N·mm;

d——轴的直径,mm;

h——键的高度,mm。键与轮毂的有效接触高度可近似计为0.5 h;

l——键与轮毂的接触长度,对双圆头(A 型)键,$l=L-b$;对方头(B 型)键,$l=L$;对单圆头(C 型)键,$l=L-0.5b$;

$[\sigma_p]$——键联接中较弱零件(一般为轮毂)的许用挤压应力,其值见表4.6。

$[p]$——键联接中较弱零件(一般为轮毂)的许用压强,其值见表4.6。

表4.5 平键联接和键槽的尺寸(GB/T 1095—2003,GB/T 1096—2003)/mm

轴	键	键槽											
直径 d	键尺寸 $b\times h$	宽度 b						深度				半径 r	
		基本尺寸 b	极限偏差					轴 t_1		毂 t_2			
			松联接		正常联接		紧密联接						
			轴 H9	毂 D10	轴 N9	轴和毂	轴和毂	公称尺寸	极限偏差	公称尺寸	极限偏差	最小	最大
自6~8	2×2	2	+0.0250	+0.060 +0.020	-0.004 -0.029	±0.0125	-0.006 -0.031	1.2	+0.10	1.0	+0.10	0.08	0.16
>8-10	3×3	3						1.8		1.4			
>10~12	4×4	4	+0.0300	+0.078 +0.030	0 -0.030	±0.015	-0.012 -0.042	2.5		1.8			
>12~17	5×5	5						3.0		2.3		0.16	0.25
>17~22	6×6	6						3.5		2.8			
>22~30	8×7	8	+0.0360	+0.098 +0.040	0 -0.030	±0.018	-0.015 -0.051	4.0	+0.20	3.3	+0.20	0.25	0.40
>30~38	10×8	10						5.0		3.3			
>38~44	12×8	12	+0.0430	+0.120 +0.50	0 -0.043	±0.0215	-0.018 -0.061	5.0		3.3			
>44~50	14×9	14						5.5		3.8			
>50~58	16×10	16						6.0		4.3			
>58~65	18×11	18						7.0		4.4			
>65~75	20×12	20	+0.0520	+0.149 +0.065	0 -0.052	±0.026	-0.022 -0.074	7.5		4.9		0.40	0.60
>75~85	22×14	22						9.0		5.4			
>85~95	25×14	25						9.0		5.4			
>95~110	28×16	28						10.0		6.4			
键长系列	6,8,10,12,16,18,20,22,25,28,32,36,40,45,50,56,63,70,80,90,100,110,125,140,160,180,200,220,250,280,320,360												

表4.6　键联接的许用挤压应力$[\sigma_p]$/MPa

许用挤压应力	联接工作方式	轮毂材料	载荷性质		
			静载荷	轻微冲击	冲击
$[\sigma_p]$	静联接	钢	120~150	100~120	60~90
		铸铁	70~80	50~60	30~45
$[p]$	动联接	钢	50	40	30

(3)验算强度不够时采取的措施

平键联接如验算强度不够时,可采取以下措施:

①适当增加键和轮毂的长度。当键的长度一般不应超过$2.5d$,否则挤压应力沿键的长度方向分布将很不均匀。

②在轴上相隔180°配置两个普通平键。但强度验算时,只按1.5个平键计算。

例4.2　如图4.20所示,某钢制输出轴与铸铁齿轮采用键联接,已知装齿轮处轴的直径$d=45$ mm,齿轮轮毂长$L_1=80$ mm,该轴传递的转矩$T=240$ kN·mm,载荷有轻微冲击,试选用该键联接。

解　(1)选择键联接的类型

为了保证齿轮传动啮合良好,要求轴毂对中性好,故选用A型普通平键联接。

(2)选择键的主要尺寸

按轴径$d=45$ mm,由表4.5查得键宽$b=14$ mm,键高$h=9$ mm,键长$L=80-(5\sim10)=(75\sim70)$mm,取　$L=70$ mm。故标记为

键　14×70　GB/T 1096—2003

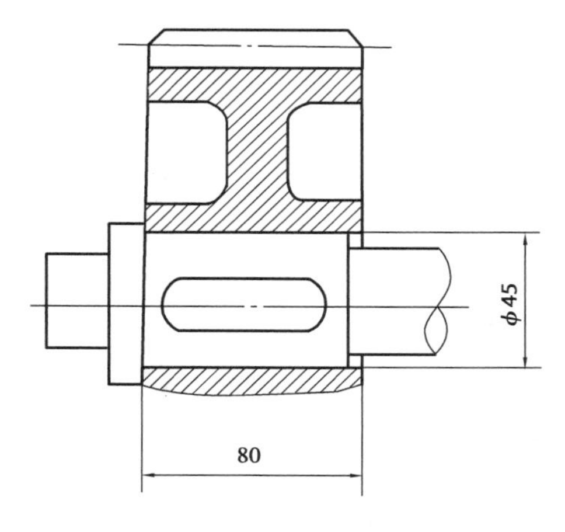

图4.20　键联接

(3)校核键联接强度

由表4.6查得铸铁材料$[\sigma_p]=50\sim60$ MPa,由式(4.11)计算键联接的挤压强度为

$$\sigma_p=\frac{4T}{dhl}=\frac{4\times240\ 000}{45\times9\times(70-14)}=42.33\ \text{MPa}<[\sigma_p]$$

因此,所选键联接强度足够。

(4)标注键联接公差

轴、毂公差的标注如图4.21所示。

4.2.2　花键联接

花键联接由内花键和外花键组成。工作时,靠键齿的侧面互相挤压传递转矩。在轴上加工出多个键齿,称为外花键;在轮毂内孔上加工出多个键槽,称为内花键,如图4.22所示。花键联接的优点是:键齿数多,承载能力强;键槽较浅,应力集中小,对轴和轮毂的强度削弱也小;键齿均布,受力均匀;轴上零件与轴的对中性好;导向性好。花键联接的缺点是需专门设备加工,成本较高。因此,花键联接用于载荷较大和定心精度要求高的动联接或静联接。

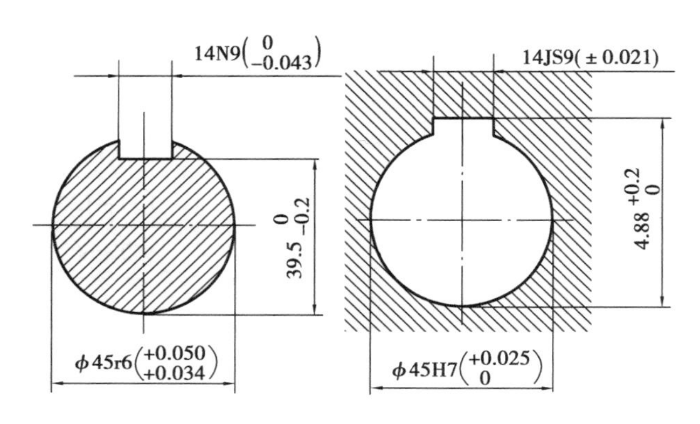

图 4.21　轴、毂公差的标注

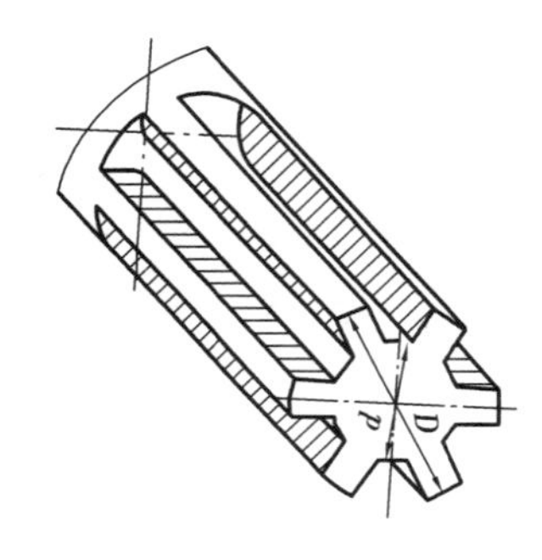

图 4.22　花键联接

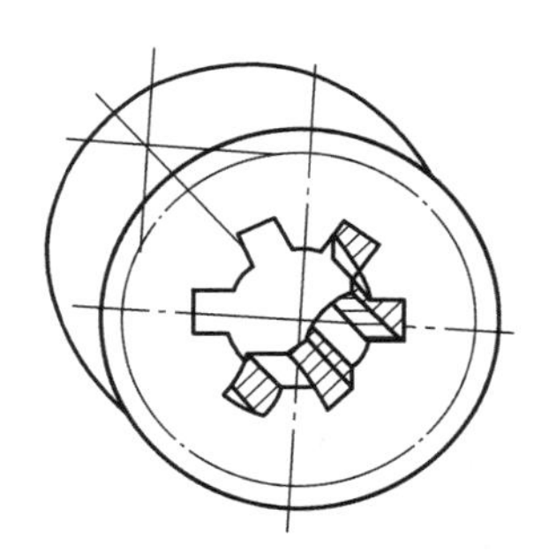

图 4.23　矩形花键联接

外花键可用成形铣刀或滚刀加工；内花键可拉削或插削而成。有时，为了增加花键表面的硬度以减少磨损，内外花键还要经过热处理及磨削加工。

花键联接已标准化，按齿形的不同，可分为矩形花键和渐开线花键。

1）矩形花键

如图 4.23 所示，矩形花键的齿廓为直线，齿的宽度为 b，外径为 D，内径为 d，齿数为 z，标记为

$$z\text{-}D\times d\times b\quad \text{GB/T 1144—2001}$$

按键数和键高的不同，矩形花键分轻、中两个系列。对载荷较轻的静联接，可选用轻系列；对载荷较大的静联接或动联接，可选用中系列。

矩形花键联接通常采用小径定心，这种方式可采用热处理后磨内花键孔的工艺，从而提高定心精度，并在单件生产或花键孔直径较大时避免使用拉刀，以降低制造成本。

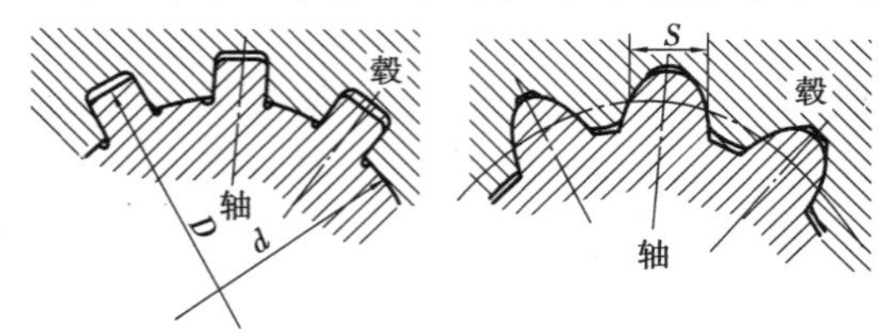

图 4.24　渐开线花键联接

2）渐开线花键

如图 4.24 所示，渐开线花键的齿廓为渐开线，工作时齿面上有径向力，起自动定心作用，使各齿均匀承载，强度高。渐开线花键可用齿轮加工设备制造，工艺性好，加工精度高，互换性好。因此，渐开线花键联接常用于传递载荷较大、轴径较大、大批量及重要的场合。

渐开线花键的标准压力角有 30°和 45°两种。前者用于重载和尺寸较大的联接，后者用于轻载和小直径的静联接，特别适用于薄壁零件的联接。

4.2.3　销联接

销是一种常用的联接。根据销联接的用途，销可分为联接销、定位销、安全销等。联接销主要用于零件之间的联接，并且可传递不大的载荷或转矩（见图 4.25）；定位销主要用于固定机器或部件上零件的相对位置，通常用圆锥销作定位销（见图 4.26）；安全销主要用作安全装置中的剪切元件，起过载保护作用（见图 4.27）。

按照销的形状，销可分为圆柱销、圆锥销和开口销等。圆柱销利用微小过盈固定在铰制孔中，可承受不大的载荷。如果多次拆装，过盈量减小，将会降低联接的紧密性和定位的精确性。普通圆柱销有 A，B，C，D4 种配合型号，以满足不同的使用要求。

圆锥销具有 1∶50 的锥度，安装方便，定位可靠，多次装拆对定位精度的影响较小，应用较为广泛。它有 A，B 两种型号，A 型精度高。圆锥销的上端和尾部可根据使用要求不同，制造出不同的形状，圆锥销的小头直径为标准值。开口销是标准件，常用于联接的防松，它具有结构简单、装拆方便等特点。

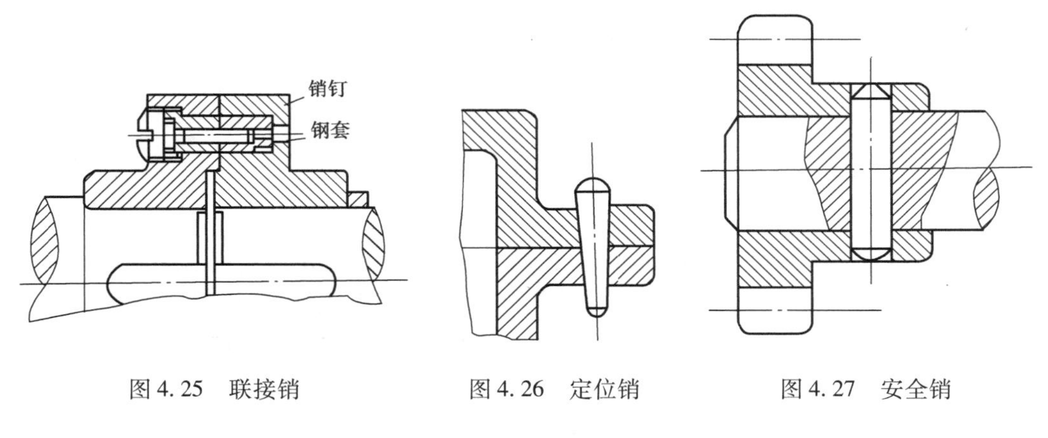

图 4.25　联接销　　图 4.26　定位销　　图 4.27　安全销

自测题

一、判断题

1. 键联接的主要用途是使轴与轮毂之间有确定的相对运动。（　　）

2. 平键中，导向平键联接适用于轮毂滑移距离不大的场合，滑键联接适用于轮毂滑移距较大的场合。（　　）

3. 设计键联接时，键的截面尺寸通常根据传递转矩的大小来确定。（　　）

4. 由于花键联接较平键联接的承载能力强，因此，花键联接主要用于载荷较大的场合。（　　）

5. 普通平键的工作表面是键的两侧面。（　　）

二、选择题

1. 普通平键联接的主要失效形式是（　　）。

A. 工作面疲劳点蚀　　B. 工作面挤压破坏　　C. 压缩破裂

2. 在轴的顶部加工 C 型键槽，一般常（　　）。

A. 用盘铣刀铣削　　B. 在插床上用插刀加工　　C. 用端铣刀铣削

3. 平键联接的主要优点是（　　）。

A. 对中性好　　B. 强度高　　C. 不易磨损

4. 不能经常装拆的销是（　　）。

A. 开口销　　B. 圆锥销　　C. 圆柱销

三、综合题

1. 如图 4.28 所示的轴头安装钢制直齿圆柱齿轮，工作时有轻微冲击，试确定键的尺寸及传递的最大转矩。

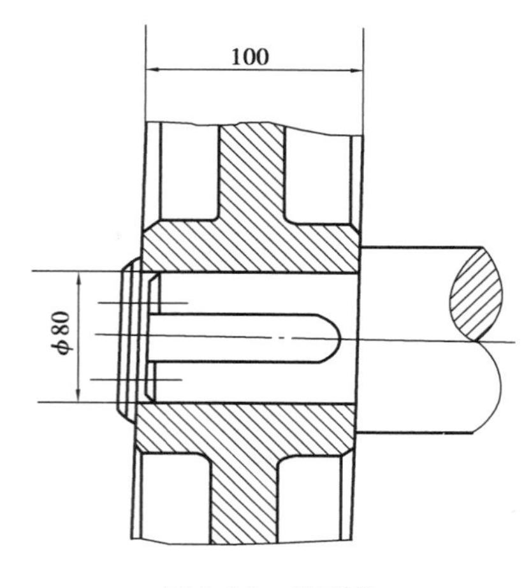

图 4.28　键联接

2. 查手册确定下列各螺纹联接的主要尺寸，并按 1∶1比例画出各自的装配图：

（1）用 M16 六角头螺栓联接两块厚度各为 28 mm 的钢板（加弹簧垫圈）；

（2）用 M16 双头螺柱联接厚度 30 mm 的钢板和另一较厚的铸铁零件。

任务 4.3　轴

活动情境

观察一台车床的主轴箱，如图 4.29 所示。

任务要求

1. 理解轴上零件的固定和定位方式。
2. 掌握轴的结构特点、分类和功用。
3. 掌握轴的结构设计要求和设计方法。
4. 掌握轴的强度计算的两种方法。

图4.29　车床主轴箱

任务引领

通过观察与操作回答以下问题：
1. 轴的结构有什么特点？
2. 轴的主要功用是什么？
3. 轴上主要有哪些零件？
4. 轴上零件是怎样固定的？都需要进行哪些方向的固定？
5. 进行轴的结构设计时应考虑哪些问题？

归纳总结

由观察可以发现，轴是机器中的重要零件之一。它的主要功能是传递运动和转矩并支承回转零件。

4.3.1　轴的类型、特点及应用

1）按承载情况不同分类

按轴所受载荷，可分为心轴、传动轴和转轴。

（1）心轴

主要承受弯矩的轴，称为心轴。按轴工作时是否旋转，可分为转动心轴和固定心轴两种，如铁路车辆的轴（见图4.30（a））、自行车的前轮轴（见图4.30（b））。

（2）传动轴

主要承受扭矩的轴，称为传动轴。如图4.31所示为汽车从变速箱到后桥的传动轴。

（3）转轴

工作时同时承受扭矩和弯矩的轴，称为转轴。转轴在各种机器中最常见，如减速器中的齿轮轴，如图4.32所示。

2）按中心线形状不同分类

按中心线形状不同，可分为直轴、曲轴和挠性软轴3类。

（a）铁路车辆的轴

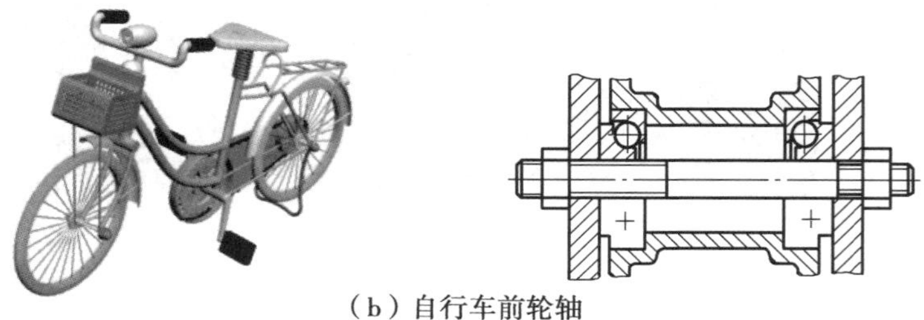

（b）自行车前轮轴

图 4.30　心轴

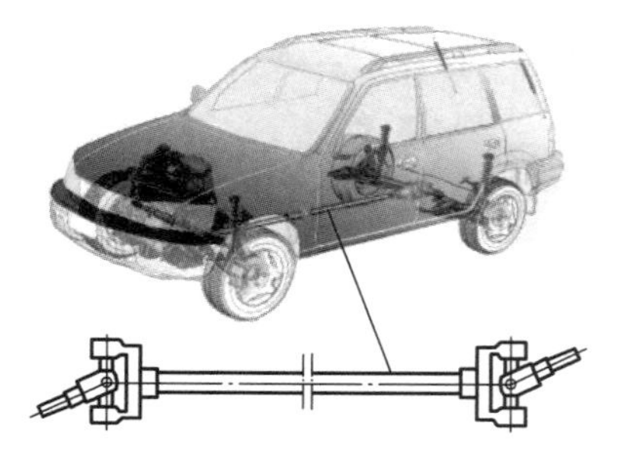

图 4.31　传动轴

图 4.32　转轴

（1）直轴

中心线为一直线的轴，在轴的全长上直径都相等的直轴，称为光轴，如图 4.33（a）所示。各段直径不等的直轴，称为阶梯轴，如图 4.33（b）所示。由于阶梯轴上零件便于拆装和固定，又利于节省材料和减小质量，因此，在机械中应用最普遍。在某些机器中，也有采用空心轴的，以减小轴的质量，或利用空心轴孔输送润滑油、冷却液等。

（a）光轴　　（b）阶梯轴

图 4.33　直轴

（2）曲轴

中心线为折线的轴，称为曲轴，如图 4.34 所示。它主要用在需要将回转运动与往复直线运动相互转换的机械中，如曲柄压力机、内燃机。

(3)挠性软轴

能把旋转运动和转矩灵活地传到任何位置的钢丝软轴,称为挠性软轴,如图 4.35 所示。它由多组钢丝分层卷绕而成。其特点是具有良好的挠性,常用于医疗器械和小型机器等移动设备上。

图 4.34　曲轴　　图 4.35　软轴

4.3.2　轴的材料

轴的材料是决定承载能力的重要因素。选择时,应主要考虑以下因素:

①轴的强度、刚度及耐磨性要求,抗腐蚀性。

②轴的热处理方法及机加工工艺性的要求。

③轴的材料来源和经济性等。

轴的常用材料是碳钢和合金钢。

碳钢比合金钢价廉,加工工艺性好,对应力集中的敏感性小,并可通过热处理提高疲劳强度和耐磨性,故应用最广。常用的碳钢为优质碳素钢,有 30,40,45 钢等。其中,45 钢为最常用的。为保证轴的力学性能,一般应对其进行调质或正火处理。不重要的轴或受载荷较小的轴,也可用 Q235,Q275 结构钢制造。

合金钢比碳素钢机械强度高,热处理性能好。但对应力集中较敏感,价格也较高。主要用于对强度或耐磨性有特殊要求以及处于高温或腐蚀等条件下工作的轴。

高强度铸铁和球墨铸铁有良好的工艺性,并具有价廉、吸振性和耐磨性好以及对应力集中敏感性小等优点,适合于制造结构形状复杂的曲轴、凸轮轴等。

轴的毛坯选择原则是:当轴的直径较小而又不重要时,可采用扎制圆钢;重要的轴,应采用锻造坯件;对大型的低速轴,也可采用铸件。

轴的常用材料及其机械性能见表 4.7。

表 4.7　轴的常用材料及其主要力学性能

材料牌号	热处理	毛坯直径 d/mm	硬度 HBS	力学性能/MPa				许用弯曲应力 $[\sigma_{-1}]$	应用说明
				抗拉强度 σ_b	屈服强度 σ_s	弯曲疲劳极限 σ_{-1}	剪切疲劳极限 τ_{-1}		
Q235-A	热轧或锻后空冷	≤100		400~420	250	170	105	40	用于不重要或载荷不大的轴
		>100~250		375~390	215				
45	正火	≤100	170~217	600	295	255	140	55	应用最广泛
	回火	>100~300	162~217	570	285	245	135		
	调质	≤200	217~255	650	355	275	155	60	

续表

材料牌号	热处理	毛坯直径 d/mm	硬度 HBS	力学性能/MPa 抗拉强度 σ_b	屈服强度 σ_s	弯曲疲劳极限 σ_{-1}	剪切疲劳极限 τ_{-1}	许用弯曲应力 $[\sigma_{-1}]$	应用说明
40Cr	调质	≤100	241~286	735	540	355	200	70	用于载荷较大但无很大冲击的重要轴
		>100~300		685	490	335	185		
35SiMn	调质	≤100	229~286	785	510	355	205		性能接近40Cr，用于中、小型轴
		>100~300	219~269	735	400	335	185		
40MB	调质	≤200	241~286		490	345	195		性能接近40Cr，用于重要轴
40CrNi	调质	≤100	270~300	900	735	430	260	75	低温性能好，用于重载荷轴
		>100~300	240~270	785	570	370	210		
38SiMnMo	调质	≤100	229~286	735	590	365		70	性能接近40CrNi，用于重载荷轴
		>100~300	217~269	685	540	345	195		
20Cr	渗碳淬火回火	≤60	渗碳56~62HRC	640	390	305	160	60	用于强度和韧性均较高的轴
20CrMnti		15		1 080	835	480	300	100	
3Cr13	调质	≤100	≥241	835	635	395	230	75	用于腐蚀条件下的轴
38CrMoAlA	调质	≤60	293~321	930	785	440	280		用于要求高的耐磨性，强度高，且热处理变形较小的轴
		>60~300	277~302	835	685	410	270		
		>100~160	241~277	85	590	370	220		
QT400-15			156~197	400	300	145	125		用于曲轴，凸轮轴等复杂外形的轴
QT600-3			197~269	600	420	215	185		

4.3.3 轴的结构

轴的结构设计主要是确定轴的结构形状和尺寸。合理的结构应是：有利提高轴的强度和刚度；轴上零件定位要准确，固定要可靠；便于轴上零件装拆和调整；具有良好的加工工艺性等。

如图4.36所示为阶梯轴的典型结构。轴上与轴承配合的部分，称为轴颈；与传动零件（带轮、齿轮、联轴器等）配合的部分，称为轴头；联接轴颈与轴头的非配合部分，通称为轴身。设

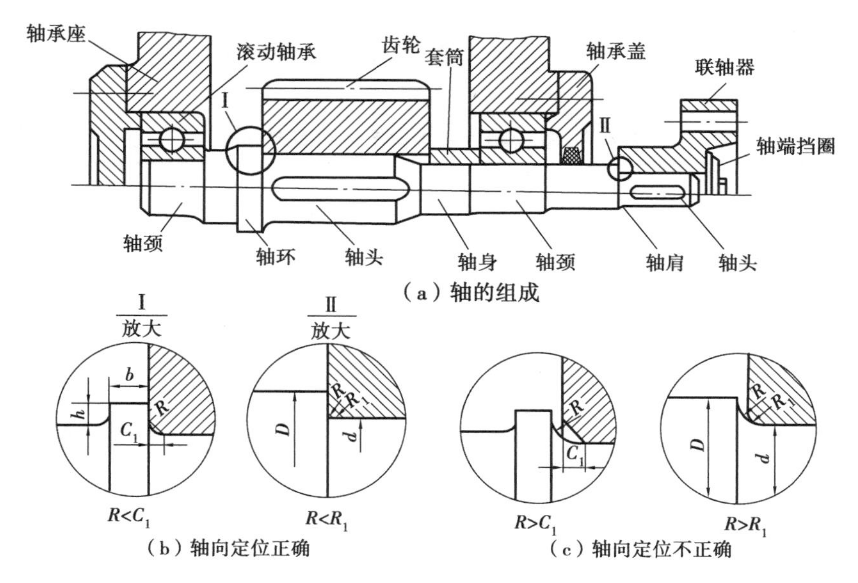

（a）轴的组成

（b）轴向定位正确　（c）轴向定位不正确

图4.36　减速器输出轴的结构

计轴的结构时，主要考虑以下方面：

1）轴上零件的装配方案

所谓装配方案，就是预定出轴上的装配方向、顺序和相互关系。轴的结构形式取决于装配方案，如图4.35所示。为了便于轴上零件的装拆，常将轴做成阶梯轴。将齿轮、套筒、右端轴承、轴承盖及联轴器从轴的右端装配，左端轴承、轴承盖从轴的左端装配。在考虑了轴的加工及轴和轴上零件的定位、装配与调整要求后，确定轴的结构形式。

2）轴长零件的定位和固定

为了保证正常工作，零件在轴上应定位准确、固定可靠。

（1）轴上零件的定位

定位是针对装配而言的，为了保证准确的安装位置，在阶梯轴中，轴上零件一般利用轴肩或轴环等作安装的定位基准。如图4.36所示为齿轮、联轴器左侧的定位。为了保证轴上零件紧靠定位面，轴肩与轴环处的圆角半径必须小于零件毂孔的圆角或倒角 C_1，一般定位高度 h 取为 $(0.07 \sim 0.1)d$，轴环宽度 $b=1.4h$。如图4.36所示的齿轮右端靠套筒作轴向定位。为了定位可靠，应使齿轮轮毂宽 B 大于相配轴段的长度 L，一般取 $B=L+(2\sim3)$ mm。

（2）轴上零件的固定

①轴上零件的周向固定

轴向零件必须可靠地周向固定，才能传递运动和转矩，以防止零件与轴产生相对转动。可采用键、销、成形联接等联接或过盈配合。采用何种固定方式，必须综合考虑轴上载荷的大小及性质、轴的转速、轴上零件的类型及其使用要求等，合理作出选择。如对齿轮与轴一般采用平键联接；对过载和冲击较大的情况，可用过盈配合加键联接；在传递较大转矩、轴上零件须作轴向移动或对中要求较高的情况下，可采用花键联接；对轻载或不重要的场合，可采用销或紧定螺钉联接。

②轴上零件的轴向固定

轴上零件的轴向位置必须固定，以防止工作时与轴发生相对轴向窜动，从而丧失工作能力。轴向定位和固定主要有两类方法：一是利用轴本身部分结构，如轴肩、轴环、锥面及过盈配合等；二是采用附件，如套筒、圆螺母、弹性挡圈、轴端挡圈、紧定螺钉、楔键及销等，具体详见表4.8。

表4.8　轴上零件的轴向定位和固定方法

固定方法及简图		特点及应用
轴肩与轴环	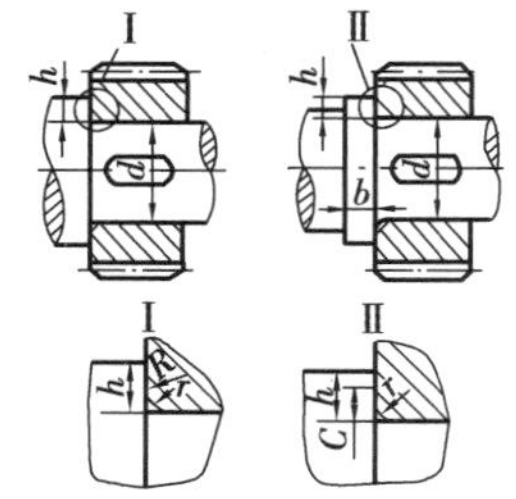	结构简单，定位可靠，可承受较大的轴向载荷。常用于齿轮、链轮、带轮、轴承等定位 为保证零件紧靠定位面，应使 $r<R$ 或 $r<C$，轴肩的高度应大于 R 或 C，通常取 $h=(0.07\sim0.1)d$，轴环宽度 $b=1.4h$ 与滚动轴承相配合的轴肩必须低于轴承内圈面的高度
套筒	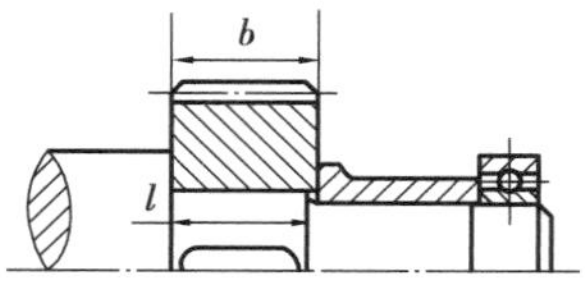	结构简单，可减少轴的阶梯数和避免因螺纹（用螺母时）而削弱轴的强度。一般用于零件间距离较短的场合，与被固定零件配合的轴段长度应小于被固定零件宽度 b，一般 $l=b-(2\sim3)$ mm
圆螺母	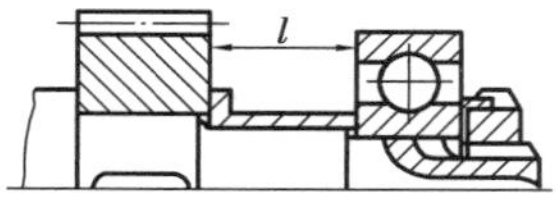	固定可靠，轴上须切制螺纹，使轴的疲劳强度降低。常用双螺母与止动垫圈固定轴端零件，可承受较大的轴向力
弹性挡圈	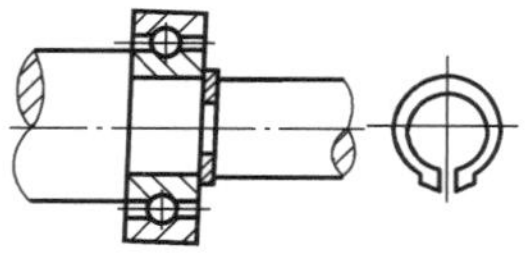	结构简单紧凑，装拆方便，适用于轴向力不大的场合，常用固定滚动轴承
轴端挡圈	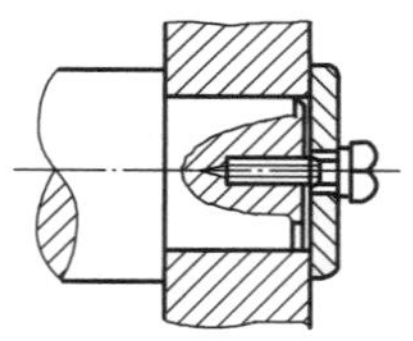	用于轴端零件的固定，可承受较大轴向力
锁紧挡圈	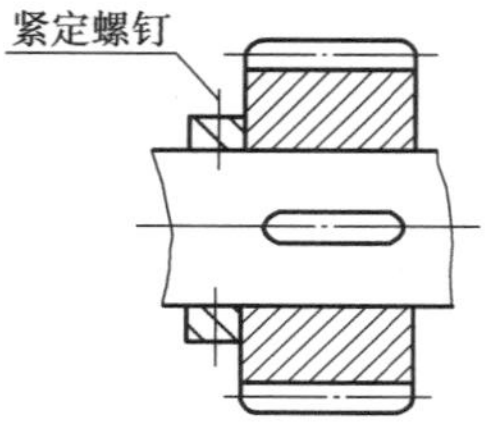 紧定螺钉	结构简单，装拆方便，但不能承受大的轴向力，不宜适用于高速，常用于光轴上零件的固定

续表

固定方法及简图		特点及应用
圆锥面		常用于轴端零件,与轴端挡圈联用实现轴向固定。适用于零件与轴的同轴度要求较高,或受冲击载荷的轴。装拆容易,但加工锥形表面不如圆柱面简便
紧定螺钉		适用于轴向力很小,转速很低的场合。为防止螺钉松动,可加锁圈;可同时起周向和轴向定位作用

3)轴各段直径和长度的确定

轴上零件的装配方案和定位方法确定之后,轴的基本形状就确定下来了。轴的直径大小应根据轴所承受的载荷来确定。但是,初步确定轴的直径时,往往不知道支反力的作用点,不能决定弯矩的大小和分布情况。因此,在实际设计中,通常是按扭矩强度条件来初步估算轴的直径,并将这一估算值作为轴段受扭的最小直径(也可凭经验和参考同类机械用类比的方法确定)。

轴的最小直径确定后,可按轴上零件的装配方案和定位要求,逐步确定各轴段的直径,并根据轴上零件的轴向尺寸、各零件的相互位置关系以及零件装配所需的装配和调整空间,确定轴的各段长度。

具体工作时,需要注意以下 5 个问题:

①轴上与零件相配合的直径应取成标准值,与标准件相配合的轴段应采用相应标准值。如与滚动轴承相配合的直径,必须符合滚动轴承的内径标准和所选公差配合;与密封装置相接触的轴径应按密封装置的标准选取。

②对非标准轴段,主要按轴肩高度来确定,允许为非标准值,但最好取为整数。

③滚动轴承的定位轴肩高度必须低于轴承内圈端面厚度,以便轴承的拆卸。

④轴上与零件相配合部分的轴段长度,应比轮毂长度短 2 ~ 3 mm,以保证零件轴向定位可靠。

⑤若在轴上装有滑移的零件,应考虑零件的滑移距离。

4)轴的结构工艺性

制造工艺性往往是评价设计优劣的一个重要方面,为了便于制造、降低成本,一根轴上的具体结构都必须认真考虑以下问题:

①轴的形状应力求简单,阶段级数尽可能少,为了便于切削加工。

②一根轴上的键槽、圆角半径、倒角、中心孔等尺寸应尽可能相同,以便于加工和检验。

③ 一根轴上各键槽应开在同一母线上(见图 4.37),以减少换刀次数。

④需要磨削的轴段,应留有砂轮越程槽(见图 4.37),以便磨削时砂轮可磨削到轴肩的端部。

⑤需要切制螺纹的轴段，应留有退刀槽，以保证螺纹牙均能达到预期的高度，如图 4.37 所示。

⑥为了便于装配，轴端应加工出倒角（一般为 45°），以免装配时把轴上零件的孔壁擦伤，如图 4.37 所示。

⑦过盈配合零件的装入端应加工出导向锥面（见表 4.8），以便装配。

⑧轴上各段的精度和表面粗糙度不同。

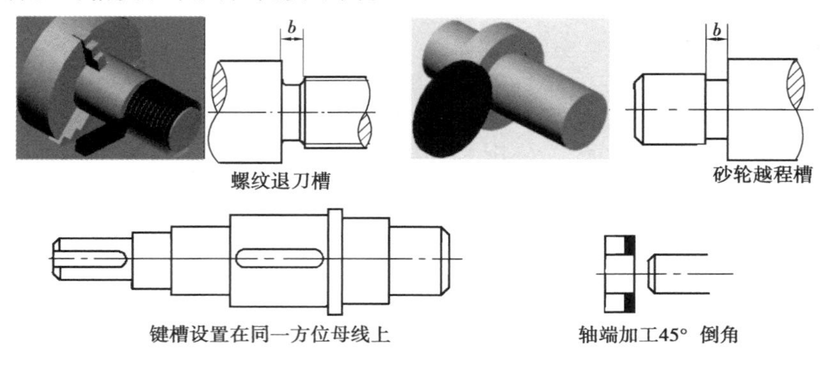

图 4.37 砂轮越程槽、退刀槽、倒角

5）提高轴强度的措施

轴的基本形状确定之后，需要按照工艺的要求，对轴的结构细节进行合理设计，从而提高轴的加工和装配工艺性，改善轴的疲劳强度。

（1）减小应力集中

轴上的应力集中会严重削弱轴的疲劳强度，因此，轴的结构应尽量避免和减小应力集中。为了减小应力集中，应在轴剖面发生突变的地方制成适当的过渡圆角；由于轴肩定位面要与零件接触，加大圆角半径经常受到限制，这时可采用凹切圆角或肩环结构等，如图 4.38 所示。

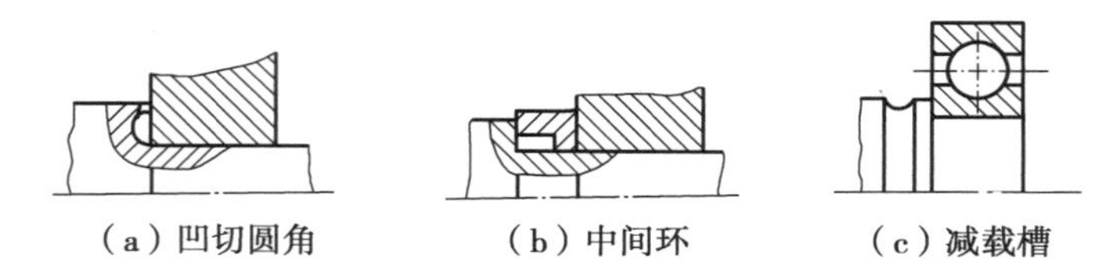

图 4.38 减少轴肩处应力集中的结构

（2）改善轴的表面质量

表面粗糙度对轴的疲劳强度也有显著的影响。实践表明，疲劳裂纹常发生在表面粗糙的部位。降低表面及圆角处的粗糙度，如采用辗压、喷丸、渗碳淬火、氮化及高频淬火等表面强化的方法，可显著提高轴的疲劳强度。

（3）改善轴的受力情况

改进轴上零件的结构，减小轴上载荷或改善其应力特征，也可提高轴的强度和刚度，如果把轴毂配合面分成两段（见图 4.39(b)），可显著减小轴的弯矩，从而提高轴的强度和刚度。把转动的心轴（见图 4.39(a)）改成不转的心轴（见图4.39(b)），可使轴不承受交变应力的作用。

拓展延伸

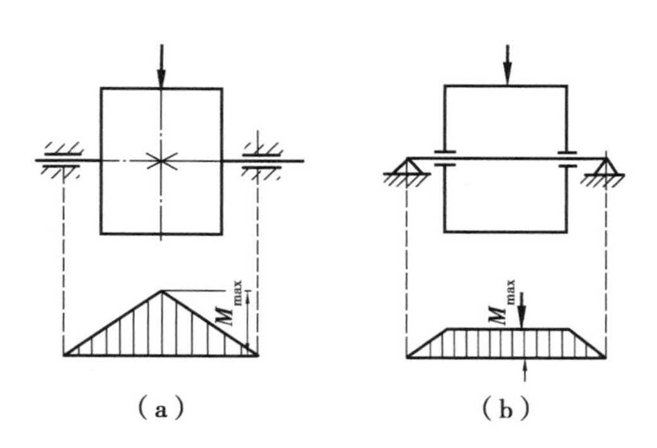

图4.39　减少轴向载荷或改善应力特征

轴的强度计算

1)按扭转强度条件计算

这种方法是按轴所受的转矩来计算轴的强度。如果还受不大的弯矩时,则用降低许用扭转切应力的办法予以考虑。在作轴的结构设计时,通常用这种方法初估最小直径。对不太重要的轴,也可作为最后计算结果。

由工程力学可知,圆轴扭转时的强度条件为

$$\tau = \frac{T}{W_T} = \frac{9.55 \times 10^6 P}{0.2d^3 n} \leqslant [\tau] \tag{4.13}$$

式中　τ,$[\tau]$——轴的扭转切应力和许用扭切应力,MPa;

T——轴所传递的转矩,N·mm;

W_T——轴的抗扭截面系数,mm³;

P——轴所传递的功率,kW;

d——轴的估算直径,mm;

n——轴的转速,r/min。

改成设计式

$$d = \sqrt[3]{\frac{9.55 \times 10^6 P}{0.2[\tau]n}} \geqslant C\sqrt[3]{\frac{P}{n}} \tag{4.14}$$

式中,$C = \sqrt[3]{\frac{9.55 \times 10^6}{0.2[\tau]}}$是由轴的材料和承载情况确定的常数,其值见表4.9。

表4.9　轴常用材料的许用扭转切应力$[\tau]$值和C值

轴的材料	Q235-A,20	35	45	40Cr,35SiMn
$[\tau]$	12~20	20~30	30~40	40~52
C	160~135	135~118	118~103	103~98

注:1. 当弯矩相对转矩很小或只传递转矩时,$[\tau]$取较大值,C取较小值;反之,则$[\tau]$取较小值,C取较大值。

2. 当轴径较大或用Q235,35SiMn钢时,$[\tau]$取较小值,C取较大值。

当轴上开有键槽时,若$d<100$ mm,一个键槽$d=d_0 \times (1+3\%)$,两个键槽$d=d_0 \times (1+7\%)$;若$d \geqslant 100$ mm,一个键槽$d=d_0 \times [1+(5\% \sim 7\%)]$,两个键槽$d=d_0 \times [1+(10\% \sim 15\%)]$。

2)按弯扭合成强度计算

进行弯扭合成强度计算通常是在初步完成轴的结构设计后的效核计算。此时,轴的主要结构尺寸,轴上的零件的位置和外载荷、支反力作用位置都已确定,故轴上的载荷已可求解。其具体计算步骤如下:

①画出轴的空间受力简图,计算出水平面内支反力和垂直面内支反力。

②根据水平面内受力图画出水平面内弯矩(M_H)图。

③根据垂直面内受力图画出垂直面内弯矩(M_V)图。

④将矢量合成，并计算画合成弯矩 $M=\sqrt{M_H^2+M_V^2}$，绘出合成弯矩图。

⑤画出轴的扭矩(T)图。

⑥计算危险截面的当量弯矩，则计算当量弯矩为 $M_e=\sqrt{M^2+(\alpha T)^2}$。式中，$\alpha$ 为考虑弯矩与扭矩所产生的应力的循环特征不同的影响，引入循环特征差异系数 α，其值见表4.10。

表4.10 循环特征差异系数

扭转应力特征	静应力	脉动循环变应力	对称循环变应力
α	0.3	0.6	1

⑦进行危险截面的强度计算（校核轴的强度）。对有键槽的截面，应将计算的直径增大。当校核轴的强度不够时，应重新进行设计。其计算公式如下：

校核式为

$$\sigma_e=\frac{M_e}{W}=\frac{\sqrt{M^2+(\alpha T)^2}}{0.1d^3}\leqslant[\sigma_{-1}] \tag{4.15}$$

设计式为

$$d\geqslant\sqrt[3]{\frac{M_e}{0.1[\sigma_{-1}]}} \tag{4.16}$$

式中 σ_e——轴的计算应力，MPa；

M——轴所受的弯矩，N·mm；

T——轴所受的扭矩，N·mm；

W——轴的抗弯截面系数，mm^3；

$[\sigma_{-1}]$——对称循环变应力时轴的许用弯曲应力，MPa，见表4.7。

例4.3 设计如图4.40所示的斜齿圆柱齿轮减速器的从动轴。已知传递功率 $P=5$ kW，从动齿轮的转速 $n=140$ r/min，分度圆直径 $d=280$ mm，圆周力 $F_t=2\ 436$ N，径向力 $F_r=858$ N，轴向力 $F_a=833$ N。作用在右端联轴器上的力 $F=380$ N，方向未定。$L_1=200$ mm，$L_2=150$ mm，载荷平稳，单向运转。

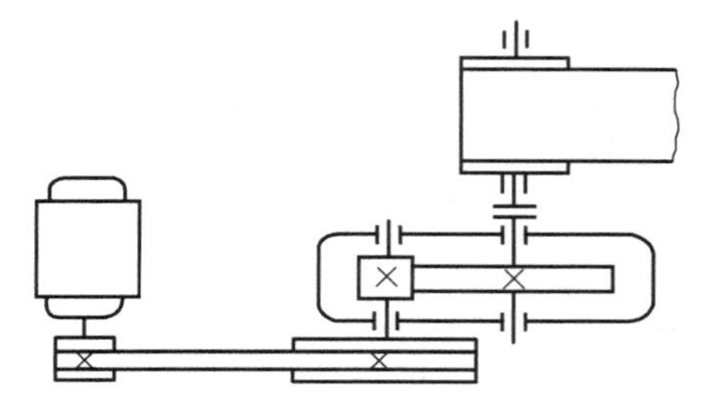
图4.40 带式输送机减速器

解 (1)选择轴的材料，确定许用应力

由已知条件可知，减速器传递的功率属中小功率，对材料无特殊要求，故用45钢并经调质处理。由表4-7查得强度极限 $\sigma_b=650$ MPa，许用弯曲应力 $[\sigma_{-1}]=60$ MPa。

(2)设计轴的结构并绘制结构草图

①确定轴上零件的位置和固定方式。轴上零件方案拟订，零件的位置和固定方式（见图4.36）。

②确定各轴段直径。按扭转强度估算轴径，根据表4.9取 $C=118$，则由式(4.14)得

$$d_D\geqslant C\sqrt[3]{\frac{P}{n}}=118\sqrt[3]{\frac{P}{n}}=38.85\ \text{mm}$$

考虑轴的最小直径处要安装联轴器，会有键槽存在，故将估算直径加大3%～5%，取

$d_D=38.85\times3\%=39.67$ mm。由设计手册取标准直径 $d_D=40$ mm。根据轴系结确定轴 C 处直径 $d_c=65$ mm。

③确定各轴段的长度。由此可知,轴支承点到受力点的距离为 $L_1=200$ mm,$L_2=150$ mm(已知)。

(3)按弯扭合成强度校核轴径

①画出轴的空间受力图:如图4.41所示。

②求水平面支反力,画水平面弯矩图:

水平面支反力

$$F_{Ay}=F_{By}=\frac{F_t}{2}=\frac{2\ 436}{2}\ \text{N}=1\ 218\ \text{N}$$

水平面弯矩

$$M_{Cy}=F_{Ay}\cdot\frac{L_1}{2}=1\ 218\times\frac{200}{2}\ \text{N}\cdot\text{mm}=121.8\ \text{N}\cdot\text{m}$$

③求垂直面支反力,画垂直面弯矩图。

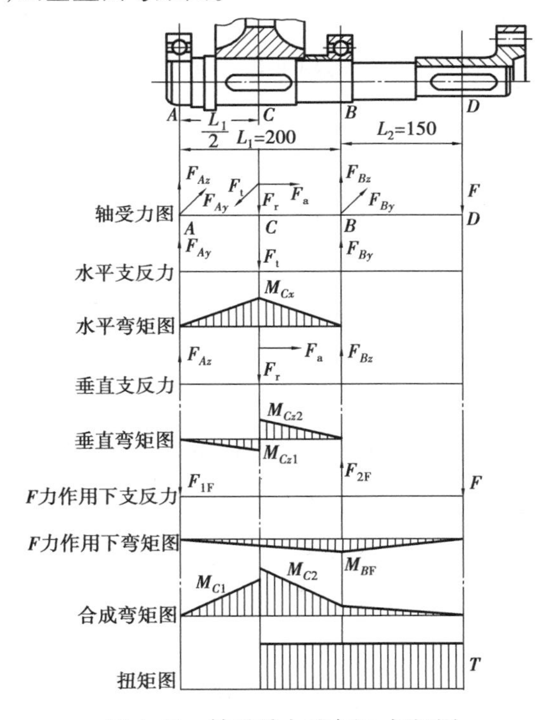

图4.41 轴系受力及弯矩、扭矩图

垂直面支反力

$$F_r\frac{L_1}{2}-F_a\frac{d}{2}-F_{Az}L_1=0$$

$$F_{Az}=\frac{F_r\frac{L_1}{2}-F_a\frac{d}{2}}{L_1}=\frac{858\times\frac{200}{2}-833\times\frac{280}{2}}{200}\ \text{N}=-154\ \text{N(方向向下)}$$

$$F_{Bz}=F_r+F_{Az}=(858+154)\ \text{N}=1\ 012\ \text{N}$$

垂直面弯矩图

$$M_{Cz1} = F_{Az}\frac{L_1}{2} = 154 \times \frac{200}{2}\ \text{N}\cdot\text{mm} = 15.4\ \text{N}\cdot\text{mm}$$

$$M_{Cz2} = F_{Bz}\frac{L_1}{2} = 1\ 012 \times \frac{200}{2}\ \text{N}\cdot\text{mm} = 101.2\ \text{N}\cdot\text{mm}$$

④求 F 力在支承点的反力及弯矩。

F 力在支承点的反力

$$F_{AF} = \frac{FL_2}{2} = \frac{380 \times 150}{200}\ \text{N} = 285\ \text{N}$$

F 力在支承点 B 的弯矩

$$M_{BF} = FL_2 = 380 \times 150\ \text{N}\cdot\text{mm} = 57\ \text{N}\cdot\text{m}$$

F 力在支承点 C 的弯矩

$$M_{CF} = F_{AF}\frac{L_1}{2} = 285 \times \frac{200}{2}\ \text{N}\cdot\text{mm} = 28.5\ \text{N}\cdot\text{m}$$

⑤求合成弯矩,并画合成弯矩图。

按最不利因素考虑,将联轴器所产生的附加弯矩直接相加,得

$$\begin{aligned} M_{C1} &= \sqrt{M_{Cy}^2 + M_{Cz1}^2} + M_{CF} \\ &= \sqrt{121.8^2 + 15.4^2}\ \text{N}\cdot\text{m} + 28.5\ \text{N}\cdot\text{m} \\ &= 151\ \text{N}\cdot\text{m} \end{aligned}$$

$$\begin{aligned} M_{C2} &= \sqrt{M_{Cy}^2 + M_{Cz2}^2} + M_{CF} \\ &= \sqrt{121.8^2 + 101.2^2}\ \text{N}\cdot\text{m} + 28.5\ \text{N}\cdot\text{m} \\ &= 186.8\ \text{N}\cdot\text{m} \end{aligned}$$

⑥求扭矩,画扭矩图,则

$$T = F_t\frac{d}{2} = 2\ 436 \times \frac{280}{2}\ \text{N}\cdot\text{mm} = 341\ \text{N}\cdot\text{m}$$

由图可知,C—C 截面最危险,求当量弯矩为

$$M_e = \sqrt{M_C + (aT)^2} = \sqrt{186.8^2 + (0.6 \times 341)^2}\ \text{N}\cdot\text{m} = 277\ \text{N}\cdot\text{m}$$

(考虑轴的应力为脉动循环应力,$\alpha = 0.6$)

则

$$d_c \geqslant \sqrt[3]{\frac{M_e}{0.1[\sigma_{-1}]}} = \sqrt[3]{\frac{277 \times 10^3}{0.1 \times 60}}\ \text{mm} = 35.87\ \text{mm}$$

考虑 C 截面处键槽的影响,直径增加 3%,则

$$d_C = 1.03 \times 35.8\ \text{mm} = 37\ \text{mm}$$

结构设计确定 C 处直径为 65 mm,故强度足够。

自测题

一、填空题

1. 铁路车辆的车轮轴是____________________。

2. 最常用来制造轴的材料是________________。

3. 轴上安装零件有确定的位置，因此要对轴上的零件进行__________固定和__________固定。

4. 阶梯轴应用最广的主要原因是____。

5. 轴环的用途是________________________________。

6. 在轴的初步计算中，轴的直径是按________________来初步确定的。

7. 工作时既传递扭矩又承受弯矩的轴，称为________________。

8. 一般的转轴，在计算当量弯矩 $M_e = \sqrt{M^2 + (\alpha T)^2}$ 时，α 应根据____________的变化特征而取不同的值。

9. 对转轴的强度计算，应按________________计算。

二、选择题

1. 自行车前轮的轴是(　　)。

A. 转轴　　B. 心轴　　C. 传动轴

2. 按承受载荷的性质分类，减速器中的齿轮轴属于(　　)。

A. 传动轴　　B. 固定心轴　　C. 转轴　　D. 转动心轴

3. 轴与轴承相配合的部分，称为(　　)。

A. 轴颈　　B. 轴头　　C. 轴身

4. 当轴上安装的零件要承受轴向力时，采用(　　)来进行轴向定位时，所能承受的轴向力较大。

A. 圆螺母　　B. 紧钉螺钉　　C. 弹性挡圈

5. 增大轴在剖面过渡处的圆角半径，其优点是(　　)。

A. 使零件的轴向定位比较可靠　　B. 降低应力集中，提高轴的疲劳强度

C. 使轴的加工方便

6. 利用轴端挡圈，套筒或圆螺母对轮毂作轴向固定时，必须使安装轴上零件的轴段长度 l 与轮毂的长度 b 满足(　　)关系，才能保证轮毂能得到可靠的轴向固定。

A. $l > b$　　B. $l < b$　　C. $l = b$

三、综合题

1. 指出减速器输出轴(见图4.42)结构中的错误，并加以改正。

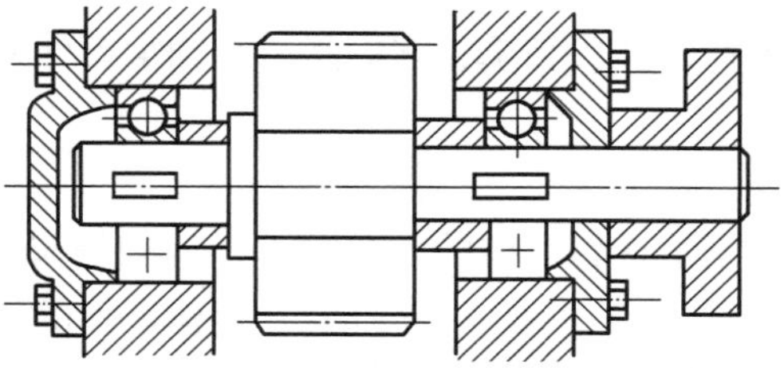

图4.42　减速器输出轴

2. 试设计直齿圆柱齿轮减速器的从动轴。已知轴的传动功率 $P = 7.5$ kW，转速 $n = 730$ r/min，轴上大齿轮齿数 $z = 50$，模数 $m = 2$ mm，齿宽 $b = 60$ mm，采用深沟球轴承，单向传动，希望轴的跨距为120 mm。

3. 已知一传动轴所传递的功率 $P=16$ kW，转速 $n=720$ r/min，材料为 Q235 钢。求该轴所需要的最小直径。

任务4.4 滑动轴承

活动情境

观察一个对开式滑动轴承，一个整体式滑动轴承，如图 4.43 所示。

图 4.43 滑动轴承

任务要求

了解滑动轴承的结构，掌握滑动轴承的组成及特点。

任务引领

通过观察与讨论回答以下问题：
1. 轴承有什么作用？
2. 滑动轴承一般用于什么场合？
3. 滑动轴承由哪几部分组成？
4. 滑动轴承有哪几种类型？
5. 轴瓦的结构有哪些特点？
6. 在日常生活中还见过什么样的轴承？它们与滑动轴承有什么区别？

归纳总结

轴承是支承轴并与轴之间形成转动副的重要零件。一般情况下，轴承与轴承座都是与机架相联的，起固定与支承的作用。轴可在其上转动，它能保证轴的旋转精度，减小摩擦和磨损。按照摩擦性质，轴承可分为滑动轴承和滚动轴承。这里先介绍滑动轴承。

4.4.1 滑动轴承的类型、特点及应用

工作时轴套和轴颈的支承面形成直接或间接滑动摩擦的轴承，称为滑动轴承。滑动轴承工作面间一般有润滑膜且为面接触，它具有结构简单，制造、加工、拆装方便，承载能力大、抗冲

击、噪声低、工作平稳、回转精度高及高速性能好等优点。

滑动轴承的不足之处是:润滑的建立和维护要求较高(尤其是液体润滑轴承),润滑不良,使滑动轴承迅速失效,且轴向尺寸较大。

滑动轴承根据润滑状态不同,可分为非液体摩擦滑动轴承和液体摩擦滑动轴承。按承受载荷方向,可分为承受径向载荷的向心滑动轴承和承受轴向载荷的推力滑动轴承。

滑动轴承主要应用在以下场合:

①工作转速极高的轴承。

②要求轴的支承位置特别精确、回转精度要求高的轴承。

③工作转速低、承受巨大冲击和振动载荷的轴承。

④必须采用剖分结构的轴承。

⑤要求径向尺寸特别小以及特殊工作条件的轴承。

在大型汽轮机、发电机、压缩机、轧钢机金属切削机床及高速磨床上多采用滑动轴承。此外,在低速而带有冲击载荷的机器中,如水泥搅拌器、滚筒清砂机、破碎机等冲压机械、农业机械中也多采用滑动轴承。

4.4.2　滑动轴承的结构形式

滑动轴承一般由轴承座、轴瓦(或轴套)、润滑装置和密封装置组成。

1)向心滑动轴承

向心滑动轴承只能承受径向载荷。它有整体式和剖分式两种形式。

(1)整体式滑动轴承

如图4.44所示为典型的整体式滑动轴承。它由轴承座和轴套组成。整体式滑动轴承结构简单、成本低,但无法调节轴颈和轴承孔之间的间隙,当轴承磨损到一定程度时必须更换。装拆这种轴承时轴或轴承必须做轴向移动,很不方便,故多用于轻载、低速、间歇工作的简单机械中,其结构已标准化。

(2)剖分式滑动轴承

如图4.45所示为典型的剖分式滑动轴承。它由轴承座、轴承盖、对开轴瓦及螺栓组成。轴瓦和轴承座均为剖分式结构,在轴承盖与轴承座的剖分面上制有阶梯形成位口,便于安装时定心。轴瓦直接支承轴颈,因而轴承盖应适度压紧轴瓦,以使轴瓦不能在轴承孔中转动。轴承盖顶端制有螺纹孔,以便装油杯或油管。因这种轴承装拆方便,故应用较广。

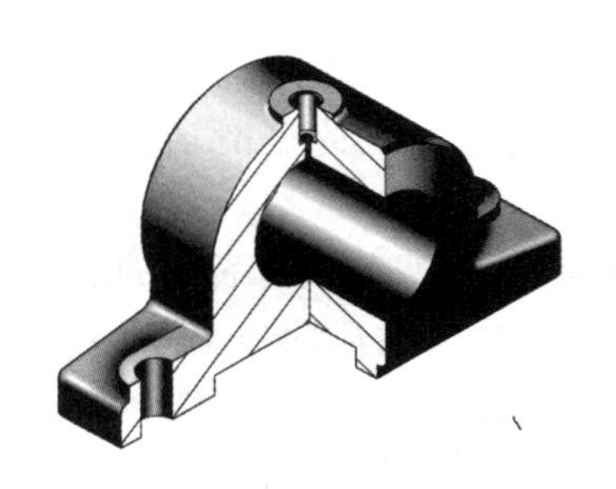

图4.44　整体式滑动轴承

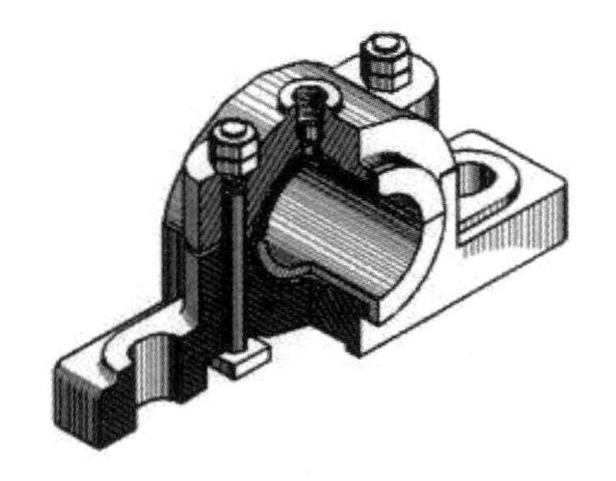

图4.45　剖分式滑动轴承

图4.46　调心式滑动轴承

(3)调心式滑动轴承

如图 4.46 所示为调心滑动轴承。当轴颈较长(宽径比大于 1.5 ~ 1.75),轴的刚度较小,或由于两轴承不是安装在同一刚性机架上,同心度较难保证时,都会造成轴瓦端部的边缘接触(见图 4.46),使轴瓦局部严重磨损,如图 4.47(a)所示。因此,可采用能相对轴承自行调节轴线位置的滑动轴承,称为调心滑动轴承,如图 4.47(b)所示。这种滑动轴承的结构特点是轴瓦的外表面做成凸形球面,与轴承盖及轴承座上的凹形球面相配合,当轴变形时,轴瓦可随轴线自动调节位置,从而保证轴颈和轴瓦为球面接触,避免出现边缘接触。

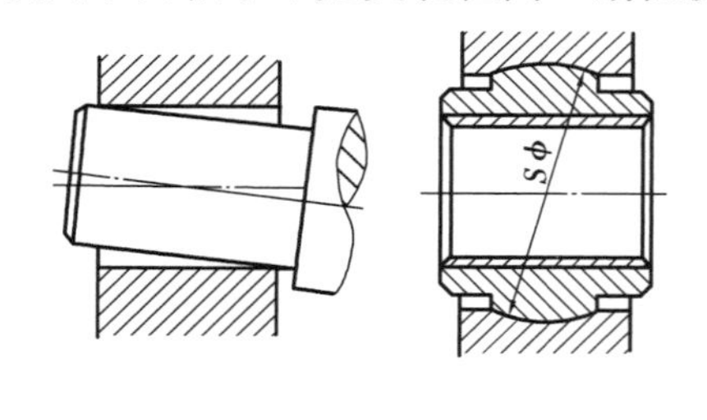

图 4.47　调心式向心轴承

2)推力滑动轴承

如图 4.48 所示为常见的推力滑动轴承。按推力轴颈支承面的不同,可分为实心、空心和多环等。对实心推力轴颈,由于它距支承面中心越远处滑动速度越大,边缘磨损越快,因此使边缘部分压强减少,靠近中心处压强很高,轴颈与轴瓦之间的压力分布很不均匀。如采用空心或环形轴颈,则可使压力分布趋于均匀。根据承受轴向力的大小,环形支承面可做成单环或多环,多环式轴承载能力较大,且能承受双向轴向载荷。

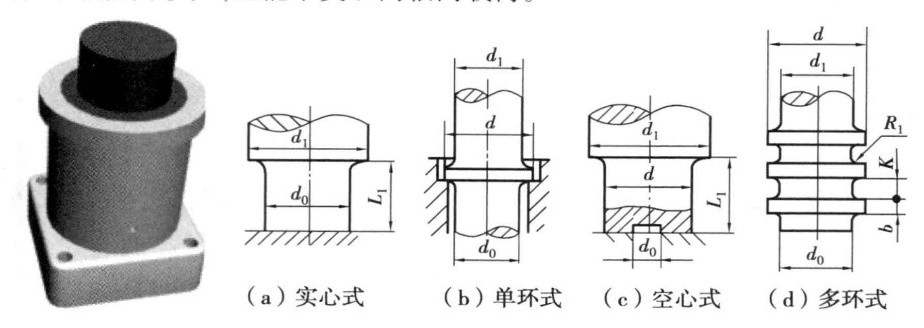

图 4.48　普通推力轴承简图

4.4.3　滑动轴承轴瓦的结构形式和轴承的材料

轴瓦(轴套)是轴承中直接与轴颈相接触的重要零件,它的结构形式和性能将直接影响轴承的寿命、效率和承载能力。

1)轴瓦(轴套)的结构

整体式滑动轴承通常采用圆筒形轴套结构(见图 4.49(a));剖分式滑动轴承则采用对开式轴瓦结构(见图 4.49(b))。轴瓦的工作表面既是承载面,又是摩擦面,因此是滑动轴承中的核心零件。

为了节省贵重金属,常在轴瓦内表面浇注一层轴承合金减摩材料,以改善轴瓦表面的摩擦状况,提高轴承的承载能力,这层材料通常称为轴承衬。为保证轴承衬与轴瓦贴附牢固,一般在轴瓦内表面预制一些沟槽等,如图 4.50 所示。轴瓦应开设供油孔及油沟,以便润滑油进入轴承并流到整个工作面上,通常油沟的轴向长度约轴瓦宽度的 80%(见图 4.51),以便在轴瓦两端留出封油部分防止润滑油的流失。轴瓦的油沟一般应开设在非承载区或剖分面上。

(a)轴套

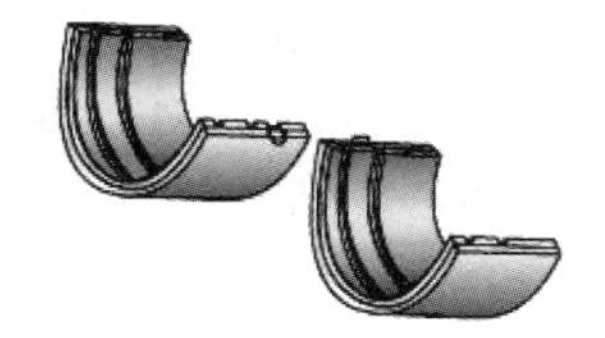

(b)对开式轴瓦

图4.49　轴瓦的结构

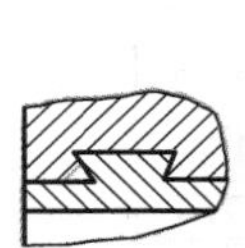

(a)适用于铸铁或钢制轴瓦

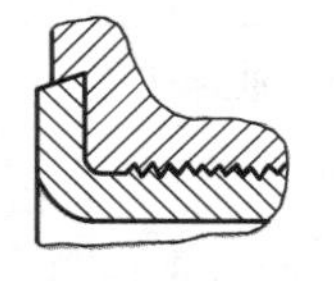

(b)适用于青铜轴瓦

图4.50　轴承衬浇铸沟槽的形式

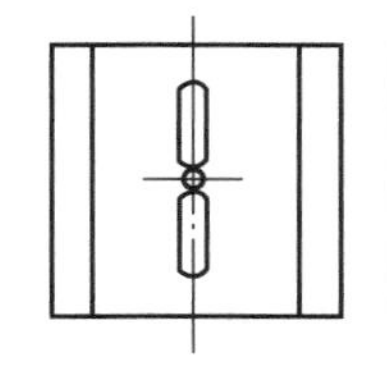

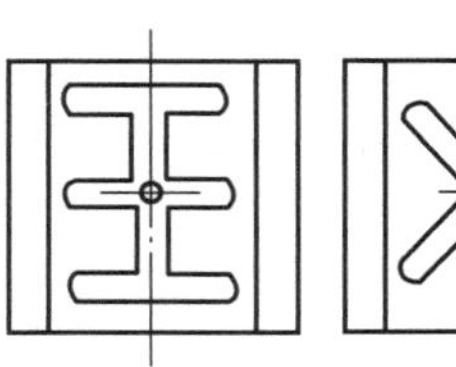

图4.51　油沟的形式

2)轴瓦材料

常用的轴承材料有以下3类:

(1)金属材料

如轴承合金(常用的有锡基和铅基两种)、青铜、铸铁。这些材料的减摩性、抗胶合性、塑性好,但强度低、价格贵。青铜强度高,承载能力大,导热性好,且可在较高温度下工作,但与轴承合金相比,其抗胶合能力较差。

(2)粉末冶金材料

以粉末状的铁或铜为基本材料与石墨粉混合,经压制和烧结制成的多孔性材料。用这种材料制成的成行轴瓦,可在材料孔隙中存储润滑油,具有自润滑作用,因不需要经常加油,故称含油轴承。这种材料价格低廉、耐磨性好,但韧性差,常用于低、中速、轻载或中载、润滑不便或要求清洁的场合,如食品机械、纺织机械或洗衣机等机械中。

(3)非金属材料

非金属材料有塑料、硬木、橡胶等,使用的最多的是塑料。塑料轴承材料的特点是:有良好的耐磨性和抗腐蚀能力,良好的吸振和自润滑性。但是,承载能力差,导热性和尺寸稳定性差,适合于工作温度不高、载荷不大的场合。

4.4.4　滑动轴承的润滑

润滑的目的主要是降低摩擦功耗,减少磨损,同时还起到冷却、防尘、防锈及缓冲吸振等作用。润滑对轴承的工作能力和使用寿命影响很大。

1)润滑剂及其选择

滑动轴承中,常用的润滑剂是润滑油和润滑脂。其中,润滑油应用最广。此外,石墨、二硫化钼、水和空气等也可作为润滑剂,用于一些特殊场合。在润滑油和润滑脂中,还常用各种添加剂,以提高使用性能。

(1)润滑油

黏度是润滑油最主要的性能指标。用它来表征液体流动的内摩擦性能,黏度高液体内摩擦阻力大,承载后油不易被挤出,有利用油膜形成。黏度是选择润滑油的主要依据。

润滑油的选择应考虑轴承的载荷、速度、工作情况以及摩擦表面状况等条件。对载荷大、温度高的轴承,宜选用黏度高的油;反之,对载荷小、速度高的轴承,宜选用黏度低的油。对非液体摩擦的滑动轴承,具体选择见表4.11。

(2)润滑脂

对润滑要求不高、难以经常供油或摆动工作的非液体摩擦的滑动轴承,可采用润滑脂润滑。选择润滑脂品种的一般原则如下:

①当压力高和滑动速度低时,选择锥入度小一些的品种;反之,选择锥入度大一些的品种。

表4.11 滑动轴承润滑油的选择

轴颈速度 /($m \cdot s^{-1}$)	平均压力 $p<3$ MPa	轴颈速度 /($m \cdot s^{-1}$)	平均压力 $p<(3\sim7.5)$MPa
<0.1	L-AN68,100,150	<0.1	L-AN150
0.1~0.3	L-AN68,100	0.1~0.3	L-AN10,150
0.3~2.5	L-AN46,68	0.3~0.6	L-AN100
2.5~5.0	L-A32,46	0.6~1.2	L-AN68,100
5.0~9.0	L-AN15,22,32	1.2~2.0	L-AN68
>9.0	L-AN7,10,15		

②所用润滑脂的滴点,一般应较轴承的工作温度高20~30 ℃,以免工作时润滑脂过多地流失。

③在由水淋或潮湿的环境下,应选择防水性强的钙基润滑脂和锂基润滑脂。在温度较高处,应选用钠基或复合钙基润滑脂。选择润滑脂牌号见表4.12。

表4.12 滑动轴承润滑脂的选择

压力 P/MPa	轴颈速度/($m \cdot s^{-1}$)	最高工作温度/℃	选用牌号
≤1.0	≤1	75	3号钙基脂
1.0~6.5	0.5~5	55	2号钙基脂
≥6.5	≤0.5	75	3号钙基脂
≤6.5	0.5~5	120	2号钠基脂
>6.5	≤0.5	110	1号钙基脂
1.0~6.5	≤1	-50~100	锂基脂
>6.5	0.5	60	2号压延机脂

2)润滑方式的选择

润滑方式可根据以下经验公式计算出系数K值,通过查表4.13确定滑动轴承的润滑方式

和润滑剂类型，即

$$K = \sqrt{pv^3} \tag{4.17}$$

式中　p——轴径上的平均压强，MPa，则

$$p = \frac{F}{Ld}$$

F——轴承所受的载荷，N；

d——轴径直径，mm；

L——轴瓦的宽度，mm；

v——轴瓦的圆周速度，m/s。

表4.13　滑动轴承润滑方式的选择

K	≤1 900	>1 900～16 000	>1 600～30 000	>30 000
润滑方式	润滑脂润滑(可用油杯)	润滑油滴油润滑(可用针阀油杯)	飞溅式润滑(水或循环油冷却)	循环压力润滑

自测题

一、填空题

1. 滑动轴承的轴瓦多采用青铜材料，主要是为了提高________能力。

2. 滑动轴承的润滑作用是减少________，提高________。选用滑动轴承润滑油时，转速越高，选用的油黏度越________。

3. 为了保证滑动轴承的润滑，油沟应开在轴承的________。

4. 滑动轴承轴瓦上浇注轴承衬的目的是________________。

二、选择题

1. 向心滑动轴承的主要结构形式有3种，以(　　)滑动轴承应用最广泛。

A. 整体式　　B. 对开式　　C. 调心式

2. 高速、重载下工作的重要滑动轴承，其轴瓦材料宜选用(　　)。

A. 锡锑轴承合金　　B. 铸锡青铜　　C. 铸铝铁青铜　　D. 耐磨铸铁

3. 适合于做轴承衬的材料是(　　)。

A. 铝合金　　B. 铸铁　　C. 巴氏合金　　D. 非金属材料

任务4.5　滚动轴承

活动情境

装拆一台小型减速器，如图4.52所示。

任务要求

1. 了解滚动轴承的结构及其特点。
2. 会正确选择滚动轴承型号。

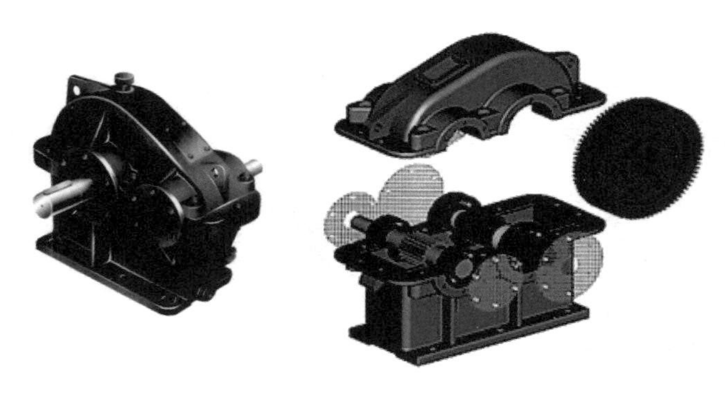

图 4.52　减速器

3. 能合理地进行滚动轴承的组合设计。

4. 会装拆滚动轴承。

任务引领

通过观察与讨论回答以下问题：

1. 滚动轴承由哪几部分组成？

2. 日常生活中见得最多的是滑动轴承还是滚动轴承？为什么？

3. 滚动轴承的型号标在什么位置？有什么含义？

4. 选用滚动轴承都与哪些因素有关？应怎样选用？

5. 怎样拆装滚动轴承？有哪些注意事项？

归纳总结

滚动轴承在各种机械中广泛使用着，类型很多，滚动轴承已标准化，并由轴承厂批量生产。只需根据工作条件，选择合适的类型和尺寸。

4.5.1　滚动轴承的结构和特点

滚动轴承一般由内圈、外圈、滚动体及保持架 4 部分组成，如图 4.53 所示。内圈用过盈配合与轴颈装配在一起，外圈则较小的间隙配合与轴承座孔装配在一起，内外圈的一侧均有滚道，多数情况下，外圈不转动，内圈与轴一起转动。当内外圈之间相对旋转时，滚动体沿着滚道滚动。保持架使滚动体均匀分布在滚道上，并减少滚动体之间的碰撞和磨损。

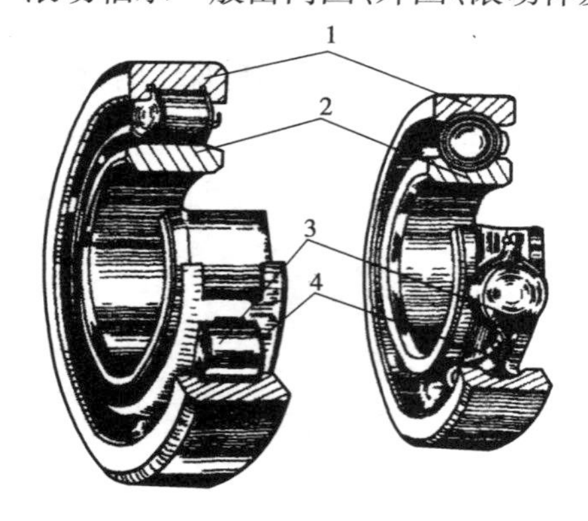

图 4.53　滚动轴承基本结构

1—内圈；2—外圈；3—滚动体；4—保持架

与滑动轴承相比，滚动轴承摩擦阻力小，启动灵敏，效率高，润滑简便，易于互换，价格便宜，但抗冲击性能差，高速时噪声大，工作寿命和回转精度不及精心设计和润滑好的滑动轴承。

滚动轴承的内外圈和滚动体一般采用轴承铬钢（如 GCr9，GCr15，GCr15SiMn 等）经淬火制成，

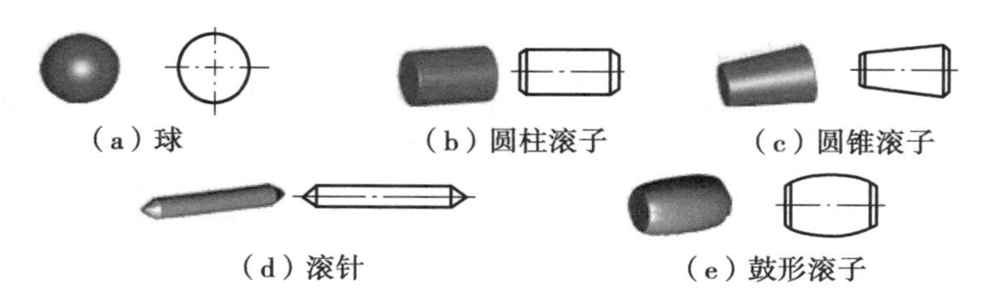

图 4.54　滚动体的形式

硬度为 60HRC 以上。保持架有冲压式和实体式两种。冲压式用低碳钢冲压制成；实体式用铜合金、铝合金或工程塑料，具有较好的定心精度，适用于较高速的轴承。

4.5.2　滚动轴承的类型和性能

1) 按滚动体形状不同分类

滚动轴承可分为球轴承和滚子轴承。滚子轴承又分为圆锥滚子轴承和圆柱滚子轴承等。滚子的类型如图 4.54 所示。

2) 按滚动轴承承受载荷方向不同分类

(1) 向心轴承($0° \leq \alpha \leq 45°$，见图 4.55)

主要承受或只承受径向载荷。当接触角 $\alpha = 0°$，称为径向接触向心轴承(如深沟球轴承、圆柱滚子轴承)，只能承受纯的径向力；若接触角 $0° < \alpha \leq 45°$，称为角接触向心轴承(如角接触球轴承、圆锥滚子轴承)，能同时承受径向和轴向力。

图 4.55　向心轴承

图 4.56　推力轴承

(2) 推力轴承($45° < \alpha \leq 90°$，见图 4.56)

主要承受或只承受轴向载荷。当 $\alpha = 90°$，称为轴向推力轴承(如推力球轴承、推力圆柱滚子轴承)只能承受纯的轴向力；若接触角 $45° < \alpha < 90°$，称为推力角接触轴承，既承受径向力又承受轴向力。

接触角的概念：轴承的径向平面(垂直于轴承轴心线的平面)与滚动体和外圈滚道接触点的法线的夹角，称为接触角 α，如图 4.57 所示。α 越大，承受轴向载荷的能力越大。

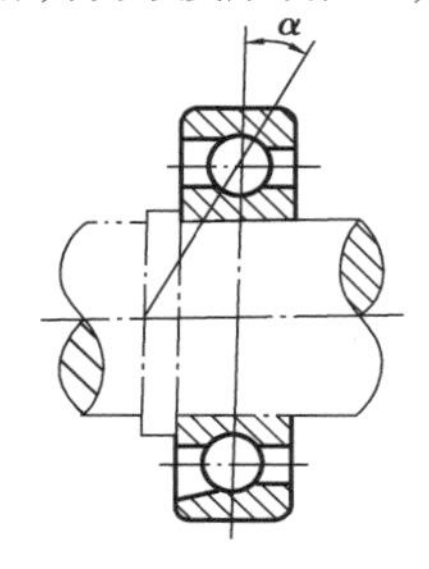

图 4.57　滚动轴承的接触角

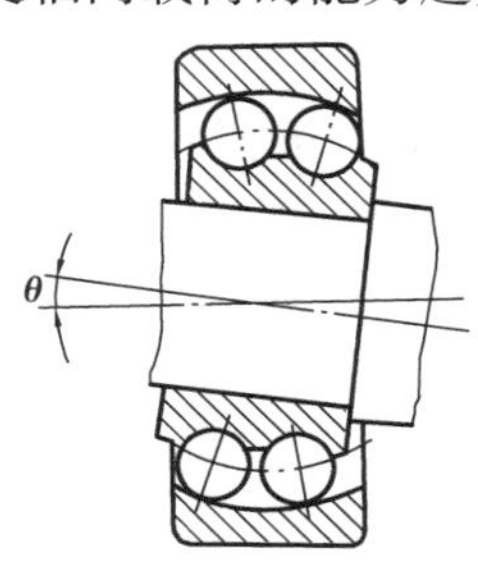

图 4.58　滚动轴承的轴心线倾斜

3）按滚动轴承工作时能否调心分类

调心轴承（调心球轴承、调心滚子轴承）和非调心轴承。轴的安装误差或轴的变形都会引起内外圈轴心线发生相对倾斜，其倾斜角用 θ 表示（见图 4.58）。各类轴承的允许角偏差见表 4.14。当内外圈倾斜角过大时，可用外滚道为球面的调心轴承，这类轴承能自动适应两套圈轴心线的偏斜。

常见滚动轴承类型、特性及应用见表 4.14。

表 4.14　常用滚动轴承的类型、特性及应用

类型名称代号	结构简图	承载方向	极限转速	允许角偏位	主要特性和应用
调心球轴承 10000			中	2°～3°	主要承受径向载荷，也可同时承受少量的双向轴向载荷。外圈滚道为球面，具有自动调心性能，适用于弯曲刚度小的轴
调心滚子轴承 20000			低	0.5°～2°	用于承受径向载荷，其承载能力比调心球轴承大，也能承受少量的双向轴向载荷。具有调心性能，适用于弯曲刚度小的轴
圆锥滚子轴承 30000			中	2′	能承受较大的径向载荷和轴向载荷。内外圈可分离，故轴承游隙可在安装时调整，通常成对使用，对称安装
双列深沟球轴承 40000			高	2′～10′	主要承受径向载荷，也能承受一定的双向轴向载荷。它比深沟球轴承具有更大的承载能力
推力球轴承 单列 51000 双列 52000			低	不允许	只能承受单向（51000 型）或双向（52000型）轴向载荷，适用于轴向载荷大而转速较低的场合
深沟球轴承 60000			高	8′～16′	主要承受径向载荷，也可同时承受少量双向轴向载荷。摩擦阻力小，极限转速高，结构简单，价格便宜，应用最广泛

续表

类型名称代号	结构简图	承载方向	极限转速	允许角偏位	主要特性和应用
角接触球轴承 7000C 7000AC 7000B			高	8′~16′	能同时承受径向载荷与轴向载荷，接触角 α 有 15°，25°，40°这 3 种。适用于转速较高、同时承受径向和轴向载荷的场合
推力圆柱滚子轴承 80000			低	不允许	只能承受单向轴向载荷，承载能力比推力球轴承大得多，不允许轴线偏移。适用于轴向载荷大而不需调心的场合
圆柱滚子轴承 N0000			较高	2′~4′	只能承受径向载荷，不能承受轴向载荷。承受载荷能力比同尺寸的球轴承大，尤其是承受冲击载荷能力大
滚针轴承 NA0000			低	不允许	只能承受径向载荷，承受载荷能力大，径向尺寸小，摩擦系数大，内外圈可分离

4.5.3　滚动轴承的代号

滚动轴承的种类很多，而各类轴承又有不同结构、尺寸和公差等级等，为了表征各类轴承的不同特点，便于组织生产、管理、选择和使用，国家标准中规定了滚动轴承代号的表示方法，由数字和字母所组成。滚动轴承的代号由前置代号、基本代号和后置代号 3 个部分代号所组成。其顺序组成见表 4.15。

1）基本代号

基本代号是表示轴承主要特征的基础部分，包括轴承类型、尺寸系列和内径。

（1）类型代号

类型代号用基本代号右起第五位数字或字母表示，见表 4.15。

表 4.15 滚动轴承代号

<table>
<tr><td>前置代号</td><td colspan="5">基本代号</td><td>后置代号</td></tr>
<tr><td rowspan="3">成套轴承分部件代号</td><td>五</td><td>四</td><td>三</td><td>二</td><td>一</td><td>字母</td></tr>
<tr><td rowspan="2">类型代号</td><td colspan="2">尺寸系列代号</td><td colspan="2" rowspan="2">内径代号</td><td rowspan="2">特殊要求 S</td></tr>
<tr><td>宽(高)度系列</td><td>直径系列</td></tr>
</table>

(2)尺寸系列代号

尺寸系列代号是由轴承的直径系列代号和宽(高)度系列代号组合而成,用两位数字表示。

①宽(高)度系列。

指结构、内外径都相同的向心轴承或推力轴承在宽(高)度方面的变化。当宽度系列为 0 系列时,多数轴承在代号中可不予标出(但对调心轴承需要标出)。用基本代号右起第四位数字表示 。

②直径系列。

表示同类型、内径的轴承在外径和宽度上的变化系列,用基本代号右起第三位数字表示,如图 4.59 所示。

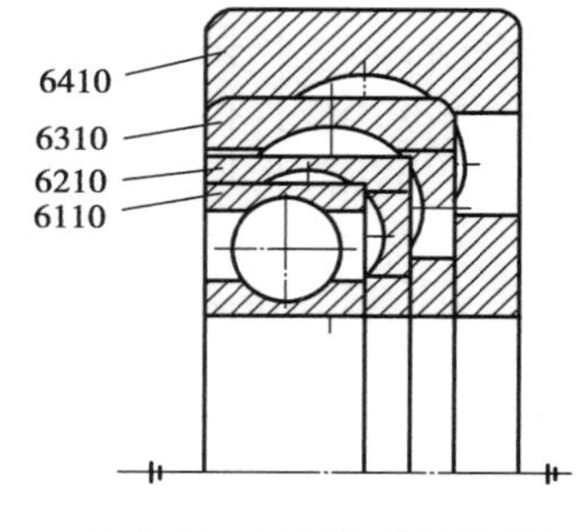

图 4.59 轴承的直径系列

(3)内径代号

内径代号是用两位数字表示轴承的内径($d = 10 \sim 480$ mm),表示方法见表 4.16(其他有关尺寸的轴承内径需查阅有关手册和标准),用基本代号右起第一、二两位位数表示。

表 4.16 常用轴承内径代号

内径代号	00	01	02	03	04 ~ 99
轴承内径/mm	10	12	15	17	代号数 ×5

2)前置、后置代号

前置、后置代号是轴承在结构形状、尺寸、公差、技术要求等有改变时,在基本代号左右添加补充代号。前置代号用字母表示,用以说明成套轴承部件的特点。一般轴承无须作此说明,则前置代号可省略。

后置代号用字母和字母-数字的组合来表示,按不同的情况可紧接在基本代号之后或者用“—”“/”号隔开。其含义见轴承代号表格所示。

常见的轴承内部结构代号及公差等级代号见表 4.17、表 4.18。

表4.17　轴承内部结构

代号	含义及示例
C	角接触球轴承　公称接触角　$\alpha=15°$　7210C 调心滚子轴承　C型　23122C
AC	角接触球轴承　公称接触角　$\alpha=25°$　7210AC
B	角接触球轴承　公称接触角　$\alpha=45°$　7210B 圆滚子轴承　接触角加大　32310B
E	加强型(即内部结构设计改进,增大轴承承载能力)N207E

表4.18　轴承公差代号

代　号		含义和示例
新标准 GB/T 272—2017	原标准 GB 272—1988	
/P0	G	公差等级符合标准规定的0级,代号中省略不标　6203
/P6	E	公差等级符合标准中的6级　6203/P6
/P6X	EX	公差等级符合标准中的6X级　6203/P6X
P5	D	公差等级符合标准中的5级　6203/P5
P4	C	公差等级符合标准中的4级　6203/P4
P2	B	公差等级符合标准中的2级　6203/P2

例4.4　试说明轴承代号6206,7312C的含义。

解　6206:(从左至右)6深沟球轴承;2尺寸系列代号,直径系列为2,宽度系列为0(省略);06为轴承内径30 mm;公差等级为0级。

7312C:(从左至右)7为角接触球轴承;3为尺寸系列代号,直径系列为3、宽度系列为0(省略);12为轴承内径60 mm;C公称接触角$\alpha=15°$;公差等级为0级。

4.5.4　滚动轴承的类型选择

选用轴承首先是选择类型。而选择类型必须依据各类轴承的特性,表4.14给出了各类轴承的性能特点,供选用时参考(也可查阅相关手册)。同时,在选用轴承时还要考虑下面5个方面的因素以及应遵循的原则。

1)轴承的转速高低

球轴承与同尺寸和同精度的滚子轴承相比,它的极限转速和旋转精度较高,因此,更适合于高速或旋转精度要求较高的场合。高速轻载时,宜选用超轻、特轻或轻系列轴承;低速重载时应选用重或特重系列轴承,推力轴承的极限转速较低。因此,在轴向载荷较大和转速高的装置中,宜采用角接触轴承。

2)轴承所受的载荷大小、方向和性质

滚子轴承比同尺寸的球轴承的承载能力大,承受冲击载荷的能力也较高,故适合于重载及有一定冲击载荷的地方。受纯径向载荷时,应选用向心轴承,受纯轴向载荷时,应选用推力轴承;对同时承受径向载荷和轴向载荷的轴承,可选用深沟球轴承、角接触球轴承及圆锥滚子轴承;当轴承的轴向载荷比径向载荷大很多时,则应考虑采用向心轴承和推力轴承的组合结构,以分别承受径向载荷和轴向载荷。

3)调心性能的要求

对因支点跨距大而使轴刚性较差,或因轴承座孔的同轴度低等原因而使轴挠曲时,为了适应轴的变形,应选用允许内外圈有较大相对偏斜的调心轴承。非调心的滚动轴承对于轴的挠曲敏感,因此,这类轴承适合于刚性较大的轴和能保证严格对中的地方。各类轴承内外圈轴线相对偏转角不能超过许用值,否则会使轴承寿命降低,故在刚度较差或多支点轴上,应选用调心轴承。

4)安装、调整性能

当轴承的径向尺寸受安装条件限制时,应选用轻系列、特轻系列轴承或滚针轴承;当轴向尺寸受到限制时,宜选用窄系列轴承;为了便于安装、拆卸和调整轴承间隙,可选用内外圈可分离的轴承。当轴承同时受较大轴向载荷和径向载荷且需要对轴向调整时,宜采用圆锥滚子轴承。

5)经济性

球轴承比滚子轴承价格便宜;公差等级越高,价格越贵。

拓展延伸

1)滚动轴承寿命计算

(1)滚动轴承的失效形式和设计准则

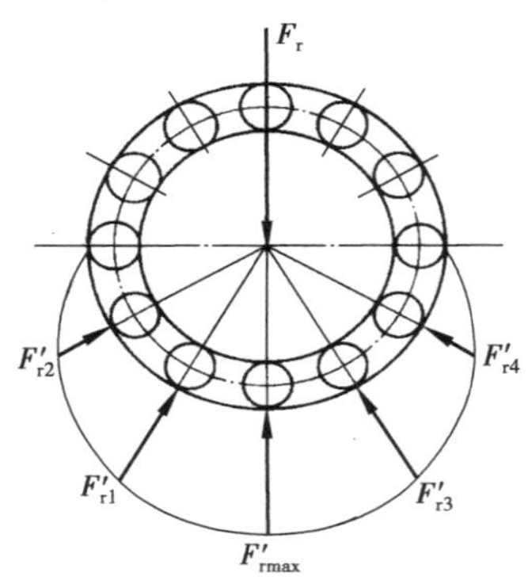

图 4.60　滚动轴承的承载情况

滚动轴承(以深沟球轴承为例)在运转过程中,滚动体相对于径向载荷 F_r 方向的不同方位处的载荷大小是不同的,处于最低位置的滚动体的载荷最大,各滚动体承受的载荷呈周期性变化。如图 4.60 所示,滚动轴承的主要失效形式与设计准则如下:

①疲劳点蚀。

实践表明,在安装、润滑、维护良好的条件下,滚动轴承的正常失效形式是滚动体或内外圈滚道上的点蚀破坏。其原因是大量地承受变化的接触应力,金属表层会出现麻点状剥落现象,这就是疲劳点蚀。发生点蚀破坏后,在运转中将会产生较强烈的振动、噪声和发热现象,故应对轴承进行疲劳强度计算(即寿命计算)。

②塑性变形。

在特殊情况下也会发生其他形式的破坏,如压凹、烧伤、磨损、断裂等。当轴承受大的静载荷、冲击载荷、低速转动($n<10$ r/min)时,一般不会产生疲劳损坏。但过大的静载荷或冲击载荷会使套圈滚道与滚动体接触处产生较大的局部应力,在局部应力超过材料的屈服极限时将

产生较大的塑性,从而导致轴承失效。因此,对这种工况下的轴承需作静强度计算。

③磨损。

在润滑不良和多粉尘条件下,轴承的滚道和滚动体会产生磨损,速度较高时还可能产生胶合。为防止和减轻磨损,应限制轴承的工作转速,并加强润滑和密封。

(2)滚动轴承寿命计算

①几个基本概念。

A. 轴承的寿命。

滚动轴承中任一滚动体或内外圈滚道上出现疲劳点之前所工作的总的转数(以 10^6r 为单位)或小时数。

B. 基本额定寿命。

同一型号的轴承,因材料和制造过程必然会存在一些差异,即使所受工作载荷和工作条件相同,轴承的寿命也不相同,甚至相差很大,达到几十倍,故一般将一组在相同条件下运转的近于相同的轴承,按有10%的轴承发生疲劳点蚀,而其余90%的轴承未发生疲劳点蚀前的转数 L_{10}(以 10^6r 为单位)或工作小时数 L_h 作为基本额定寿命。

C. 基本额定动载荷。

基本额定动载荷是指轴承的基本额定寿命恰好为 10^6r 时,轴承所能承受的载荷值,用 C 表示。对向心及向心推力轴承,指的是径向力(径向载荷);对推力轴承,指的是轴向力。基本额定动载荷代表了不同型号轴承的承载特性。已通过大量的试验和理论分析得到,在轴承样本中对每个型号的轴承都给出了基本额定动载荷,在使用时可直接查取。

D. 当量动载荷。

轴承的基本额定动载荷是在假定的运转条件下确定的,实际上在大多数场合下,轴承一般同时承受径向和轴向的载荷。因此,在进行轴承计算时,必须把实际载荷换算为与额定条件下等效的载荷。这个经换算而得到的载荷是一个假定的载荷,称为当量动载荷 P。在此载荷的作用下,轴承的寿命与实际载荷作用下的寿命相同。

②滚动轴承寿命计算公式。

轴承工作条件是千变万化各不相同的。对具有基本额定动载荷 C 的轴承,当它所受的载荷 P(计算值)等于 C 时,其基本额定寿命就是 10^6r。如果轴承承受的实际载荷为 $P \neq C$,该轴承的基本额定寿命 L 将不同于基本额定寿命,如果轴承应该承受的载荷 P,而且要求轴承的寿命为 L,那么,应如何选择轴承?当工作中有冲击和振动时,轴承实际工作载荷加大,因此,引入载荷性质系数 f_p(见表4.19)对 P 加于修正;当轴承的工作温度高于120°时,会影响轴承的寿命,因此,引入温度系数 f_t(见表4.20)对 C 加于修正,则轴承的寿命计算式为

$$L_h = \frac{10^6}{60n}\left(\frac{f_t C}{f_p P}\right)^{\varepsilon} \tag{4.18}$$

式中　ε——寿命指数,对球轴承 $\varepsilon = 3$;对滚子轴承 $\varepsilon = 10/3$。

由式(4.18)求得的轴承寿命应满足

$$L_h \geqslant [L_h]$$

式中　$[L_h]$——滚动轴承的预期寿命。

如果当量载荷 P 与转速 n 均已知,预期寿命 L_h' 已选定,也可根据下式选择轴承的型号,即

$$C' = \frac{f_p P}{f_t} \sqrt[\varepsilon]{\frac{60nL'_h}{10^6}} \tag{4.19}$$

对不经常满载使用的一般机械，滚动轴承预期寿命 L'_h的推荐为 10 000 ~ 25 000 h，见表4.21。

按式(4.19)可算出待选轴承所应具有的基本额定动载荷，并根据 $C \geqslant C'$确定型号。

表 4.19　载荷性质系数f_p

载荷性质	f_p	举　例
无冲击或轻微冲击	1.0 ~ 1.2	电机、起轮机、通风机、水泵
中等冲击	1.2 ~ 1.8	车辆、机床、起重机、冶金设备、内燃机、减速器
强大冲击	1.8 ~ 3.0	破碎机、轧钢机、石油钻机、振动筛

表 4.20　温度系数f_t

轴承的工作温度/℃	≤120	125	150	175	200	225	250	300	350
温度系数f_p	1.00	0.95	0.90	0.85	0.80	0.75	0.70	0.6	0.5

表 4.21　轴承预期寿命$[L_h]$的参考值

机器的种类		预期寿命
不经常使用的仪器及设备，如闸门开关装置等		500
航空发动机		500 ~ 2 000
间断使用的机器	中断使用不致引起严重后果的手动机械、农业机械等	3 000 ~ 8 000
	中断使用会引起严重后果的机器设备，如升降机、输送机、吊车等	8 000 ~ 12 000
每天工作 8 h 的机器	利用率不高的机械，如一般的齿轮传动、某些固定的电动机等	12 000 ~ 20 000
	利用率较高的机械，如连续使用的起重机、金属切削机床等	20 000 ~ 30 000
连续工作 24 h 的机器	一般可靠性的空气压缩机、电动机、水泵等	40 000 ~ 60 000
	高可靠性的电站设备、给排水装置等	>100 000

表 4.22 列出了深沟球轴承的主要尺寸和基本额定载荷，可供参考。

③当量动载荷的计算。

滚动轴承寿命计算的关键是当量动载荷 P 的计算。当轴承承受大小和方向恒定的工作载荷时，其当量动载荷可计算为

$$P = xF_r + yF_a \tag{4.20}$$

式中　x——径向载荷系数；

y——轴向载荷系数，见表 4.22；

F_r——轴承承受的径向载荷，N；

F_a——轴承承受的轴向载荷，N。

显然，对只受纯径向载荷的向心轴承(如深沟球轴承、圆柱滚子轴承等)，其当量动载荷为

$P=F_r$；对只受纯轴向载荷的推力轴承(如推力轴承)，其当量动载 $P=F_a$。

表 4.22　深沟球轴承的主要尺寸和基本额定载荷

轴承代号	基本尺寸/mm			基本额定载荷/kN		原轴承代号	轴承代号	基本尺寸/mm			基本额定载荷/kN		原轴承代号
	d	D	B	C_r	C_{or}			d	D	B	C_r	C_{or}	
6004	20	42	12	9.38	5.02	104	6009	45	75	16	21.0	14.8	109
6204		47	14	12.8	6.65	204	6209		85	19	31.5	20.5	209
6304		52	15	15.8	7.88	304	6309		100	25	52.8	31.8	309
6005	25	47	12	10.0	5.85	105	6010	50	80	16	22.0	16.2	110
6205		52	15	14.0	7.88	205	6210		90	20	35.0	23.2	210
6305		62	17	22.2	11.5	305	6310		110	27	61.8	38.0	310
6006	30	55	13	13.2	8.30	106	6011	55	90	18	30.2	21.8	111
6206		62	16	19.5	11.5	206	6211		100	21	43.2	29.2	211
6306		72	19	27.0	15.2	306	6311		120	29	71.5	44.8	311
6007	35	62	14	16.2	10.5	107	6012	60	95	18	31.5	24.2	112
6207		72	17	25.5	15.2	207	6212		110	22	47.8	32.8	212
6307		80	21	33.2	19.2	307	6312		130	31	81.8	51.8	312
6008	40	68	15	17.0	11.8	108	6013	65	100	18	32.0	24.8	113
6208		80	18	29.5	18.0	208	6213		120	23	57.2	40.0	213
6308		90	23	40.8	24.0	308	6313		140	33	93.8	60.5	313

例 4.5　已知某轴上用 6308 型滚动轴承，其径向载荷 $F_r=15\ 000$ N，转速 $n=120$ r/min，工作平稳，工作温度低于 120 ℃，轴承预期寿命 $L_h=2\ 000$ h。试问此轴承是否满足工作要求。

解　6308 型轴承的基本额定动载荷

$$C=40\ 800\ \text{N}$$

轴承的当量动载荷

$$P=F_r=15\ 000\ \text{N}$$

温度系数

$$f_t=1$$

载荷系数

$$f_p=1$$

寿命系数

$$\varepsilon=3$$

轴承的寿命为

$$L_h=\frac{10^6}{60n}\left(\frac{f_c C}{f_p p}\right)^{\varepsilon}=\frac{10^6}{60\times 120}\times\left(\frac{1\times 40\ 800}{1\times 15\ 000}\right)^3\text{h}=279\ 495\ \text{h}>2\ 000\ \text{h}$$

6308 型满足要求。

2)滚动轴承的静载荷计算

轴承在极低的转速或缓慢摆动工作时,其主要失效形式是塑性变形,尤其是受到过大的静载荷或冲击作用会发生明显的永久变形,因此,应对此类轴承进行静强度计算。

按静强度选择或验算轴承的公式

$$\frac{C_0}{P_0} \geqslant S_0 \tag{4.21}$$

式中 C_0——基本额定静载荷,N;

P_0——当量静载荷,N;

S_0——静载荷安全系数。

$P_0 = X_0 F_r + Y_0 F_a$, X_0,Y_0 为滚动轴承静载荷的径向和轴向系数,X_0, Y_0, C_0, S_0 可从有关手册中查取。

3)滚动轴承的极限转速

对高速下工作的轴承,常常应摩擦而升温,影响润滑剂性能,从而导致滚动体回火或胶合失效,因此需进行极限转速验算。极限转速是指滚动轴承在一定载荷、润滑条件下所允许的最高转速,以 $n_{\lim}$ 表示,可从滚动轴承的标准和手册中查取。

极限转速的验算公式为

$$n \leqslant n_{\lim} \tag{4.22}$$

4)滚动轴承的组合设计

为了保证轴承和整个轴系正常地工作,除了正确地选择轴承的类型和尺寸外,还应根据具体情况合理地分析滚动轴承的组合结构。正确地解决轴承安装、配合、紧固、调整等问题。在具体进行设计时,应主要考虑以下方面的问题:

(1)滚动轴承的轴向固定

为了保证轴和轴上零件的轴向位置并能承受轴向力,轴承内圈与轴之间以及外圈与轴承座孔之间,均应有可靠的轴向固定。表 4.23 为轴承内圈轴向固定常用的方法,一端常用轴肩定位固定,另一端则可采用圆螺母、轴用弹性挡圈、轴端挡板等。外圈在轴承孔中的轴向位置常用轴承盖、座孔的台肩、孔用弹性挡圈、止动环以及外螺母等来保证。常用的方法见表 4.24。

表 4.23 轴承内圈轴向定位固定方式

定位固定方法	轴肩定位固定	弹性挡圈嵌在轴的沟槽内	用螺钉固定轴端挡板	用圆螺母定位固定
简 图	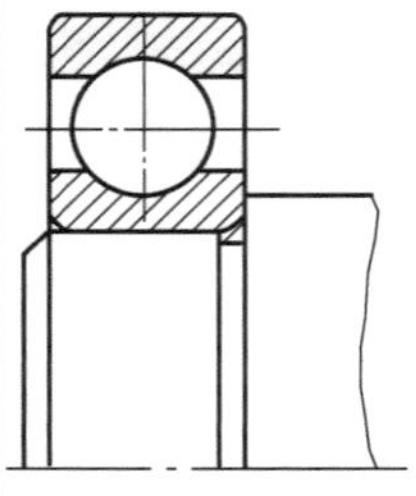	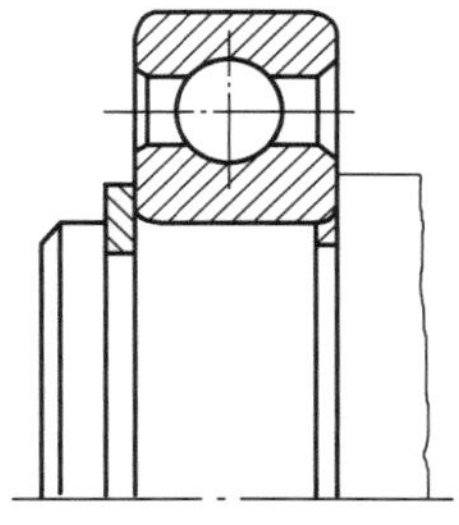	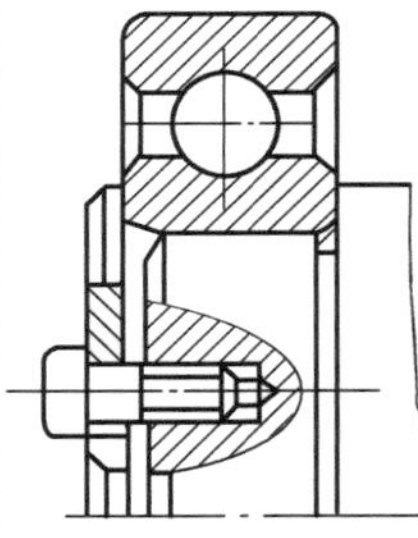	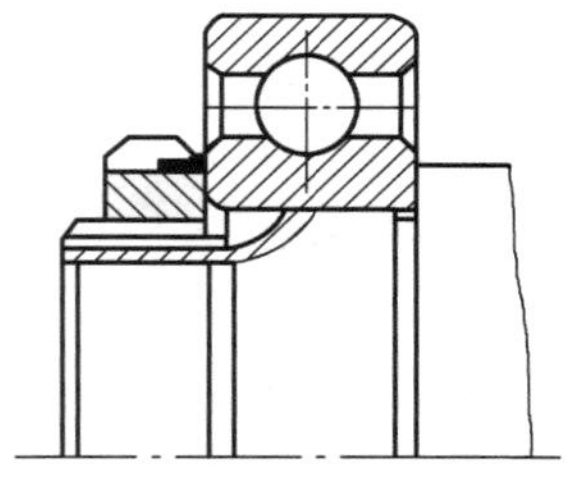

续表

定位固定方法	轴肩定位固定	弹性挡圈嵌在轴的沟槽内	用螺钉固定轴端挡板	用圆螺母定位固定
特点和应用	单向定位，简单可靠，最为常见的一种方式，适合各种轴承	结构紧凑，装拆方便，无法调整游隙，承受轴向载荷较小，适合于转速不高的深沟球轴承	定位固定可靠，能承受较大的轴向力，适合于高转速下的轴承定位	放松、定位安全可靠，承受轴向力大，适用于高速、重载

表 4.24　轴承外圈轴向定位固定方式

定位固定方法	轴承端盖固定	弹性挡圈固定	止动卡环固定	螺纹环固定
简　图				
特点和应用	固定可靠，调整简便，应用广泛，适合各种轴承的外圈单向固定	结构简单、紧凑，适合于转速不高轴向力不大的场合	轴承外圈带有止动槽，结构简单、可靠，适合于箱体外壳不便设凸肩的深沟球轴承固定	轴承座孔须加工螺纹，适用于转速高、轴向载荷大的场合

(2)滚动轴承轴系的支承结构形式

机器中的轴的位置是靠轴承来定位的。当轴工作时，既要防止轴向窜动，又要保证轴承工作受热膨胀后不致引起卡死，轴系必须有正确的轴向位置。常用的结构形式有以下 3 种：

①双支承单向固定(两端固定式)。

如图 4.61 所示，这种方法是利用轴肩和轴承盖的挡肩单向固定内外圈，每一个支承只能限制单方向移动，两个支承共同防止轴的双向移动。考虑温度升高后轴的伸长，为使轴的伸长不致引起附加应力，在轴承盖与外圈端面之间留出热补偿间隙 $c=0.25\sim0.4$ mm(见图 4.61(b))。游隙的大小是靠轴承盖和外壳之间的调整垫片增减来实现的。这种支承方式结构简单，便于安装，适用于工作温度变化不大的短轴。

②单支承双向固定式(一端固定、一端游动)。

如图 4.62 所示，对工作温度较高的长轴，受热后伸长量比较大，应采用一端固定而另一端游动的支承结构。作为固定支承的轴承，应能承受双向载荷，故此内外圈都要固定(如左端图)。作为游动支承的轴承，若使用的是可分离型的圆柱滚子轴承等，则其内外圈都应固定(使用的是内外圈不可分离的轴承，则固定其内圈，其外圈在轴承座孔中应可游动，如中间图)。

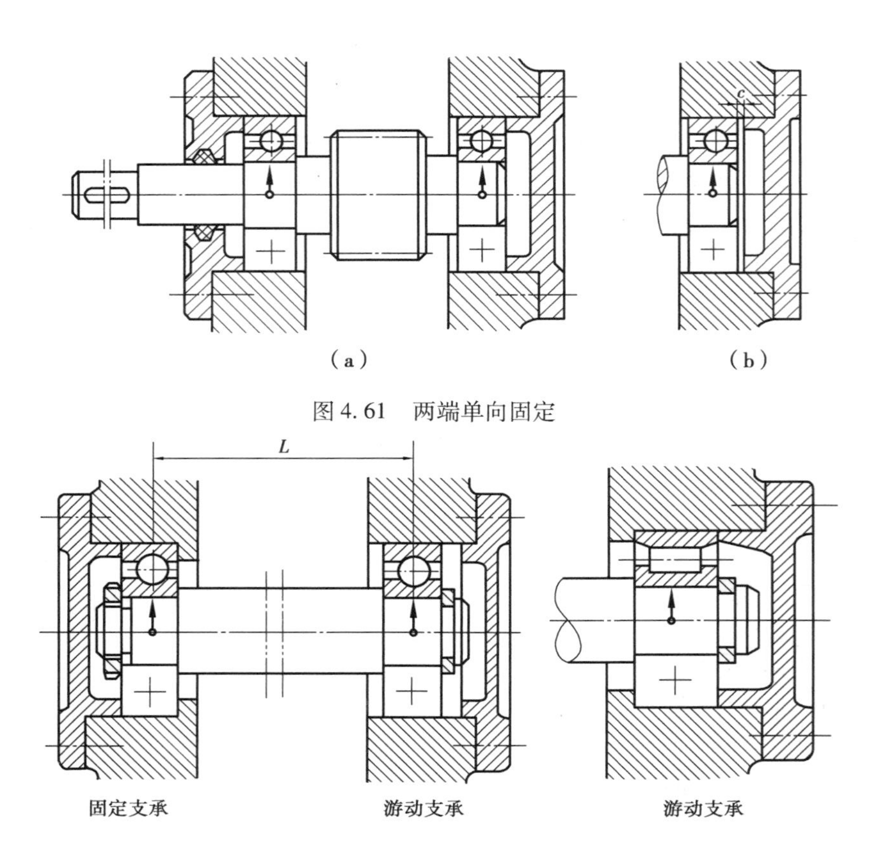

图 4.61　两端单向固定

图 4.62　一端固定及一端游动

③两端游动支承(全游式)。

要求能左右双向移动的轴,可采用全游式支承。如图 4.63 所示为人字齿轮轴。因人字齿轮本身的相互轴向限位作用,故一根轴的轴向位置被限制后,另一根轴便可采用这种全游式结构,以防止齿轮卡死或人字齿两侧受力不均。

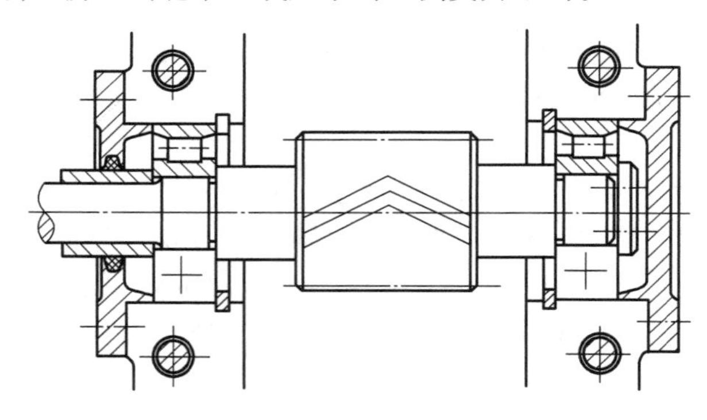

图 4.63　两端游动

(3)滚动轴承的配合

滚动轴承的配合是指内圈与轴颈、外圈与座孔的配合,这些配合的松紧程度直接影响轴承间隙的大小,从而关系轴承的运转精度和使用寿命。为了防止工作时轴承内圈与轴颈之间以及外圈与轴承座孔之间相对运动,必须选用适当的配合。滚动轴承是标准件,其轴承内孔与轴颈的配合采用基孔制,轴承外圈与轴承座孔的配合采用基轴制,这是为了便于标准化生产。在具体选取时,要根据轴承的类型和尺寸、载荷的大小和方向、载荷的性质工作温度以及轴承的旋转精度等来确定:工作载荷不变时,转动圈(一般为内圈)要紧(如采用过盈配合),转速越高、载荷越大、振动越大、工作温度变化越大,配合应该越紧;固定套圈(通常为外圈)、游动套圈或经常拆卸的轴承应该选择较松的配合,也就是采用间隙或过渡配合。具体配合的选择可参考《机械零件设计手册》。

(4)滚动轴承的装配与拆卸

在设计任何一部机器时,都必须考虑零件能够装得上、拆得下。在轴承结构设计中也是一样,必须考虑轴承的装拆问题,而且要保证不因装拆而损坏轴承或其他零件。装配轴承的长度,在满足配合长度的情况下,应尽可能设计得短一些。

轴承内圈与轴颈的配合通常较紧,可采用压力机在内圈上施加压力将轴承压套在轴颈上。有时为了便于安装,尤其是大尺寸、精度要求高的轴承,可用热油(不超过 80 ~ 90 ℃)加热轴承,或用干冰冷却轴颈。中小型轴承可使用软锤直接均匀敲入或用另一段管子压住内圈敲入。在拆卸时,要考虑便于使用拆卸工具,以免在拆装的过程中损坏轴承和其他零件(见图 4. 64),

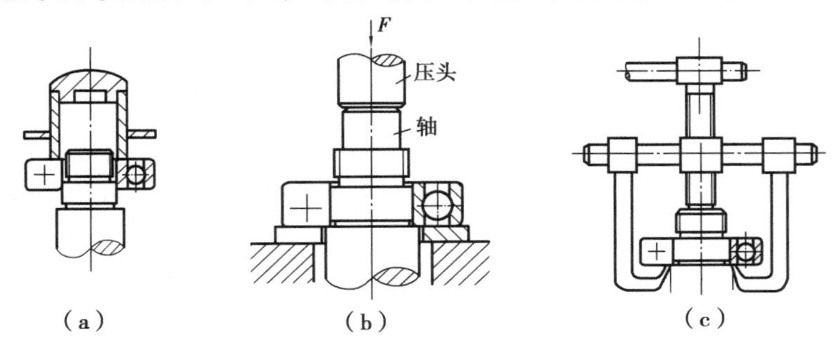

图 4. 64　轴承的装拆

为了便于拆卸轴承,内圈在轴肩上应露出足够的高度,或在轴肩上开槽,以便放入拆卸工具的钩头。如图 4. 65 所示,也可采用其他结构,如在轴上装配轴承的部位预留出油道,需要拆卸时利用打入高压油进行拆卸。

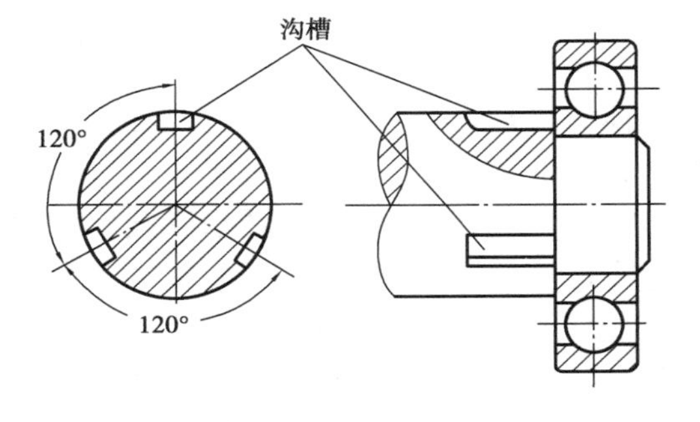

图 4. 65　轴肩上开槽

(5)滚动轴承装置的调整

①轴承间隙的调整。

为了保证轴上传动件获得正确位置,使其正常运转。在装配时,轴系部件应能进行必要的调整,轴承位置组合调整,包括轴承间隙调整和轴系的轴向位置调整。

如图 4. 66 所示的结构,图 4. 66(a)中轴承工作时靠增减轴承盖与机座之间的垫片厚度来调整轴承的轴向位置;图 4. 66(b)中用螺钉通过轴承外圈压盖移动外圈的位置来调整;图 4. 66(c)用调整环来调整轴承的轴向位置。

如图 4. 67 所示,锥齿轮轴系支承结构,锥齿轮传动中,为使其两个节锥顶点重合,可通过调整移动轴承轴向位置来实现,套杯与机座之间的垫片 1 用来调整锥齿轮的轴向位置,而垫片 2 则用来调整游隙。

②滚动轴承的预紧。

为了提高轴承的旋转精度,增加轴承装置的刚性,减小机器工作时的振动,滚动轴承一般都要有预紧措施,也就是在安装时采用某种方法,在轴承中产生并保持一定的轴向力,以消除轴承中轴向游隙,并在滚动体与内外圈接触处产生预变形。预紧力的大小要根据轴承的载荷、使用要求来决定。预紧力过小,会达不到增加轴承刚性的目的;预紧力过大,又将使轴承中摩

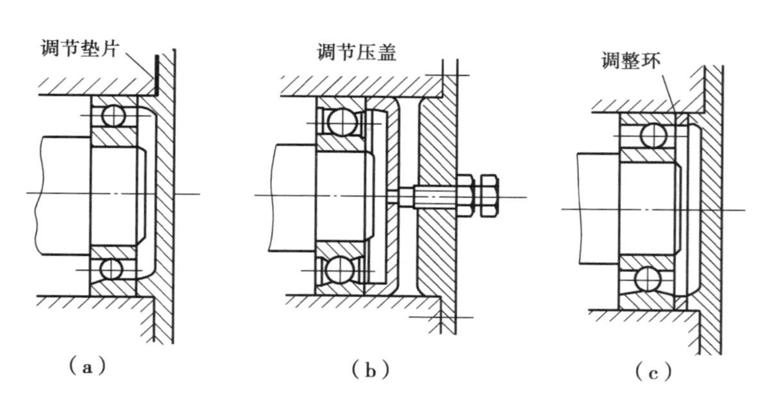

图 4.66　轴向间隙的调整

擦增加,温度升高,影响轴承寿命。在实际工作中,预紧力大小的调整主要依靠经验或试验来决定。常见的预紧结构如图 4.68、图 4.69 所示。

(6)保证支承部分的刚性和同心度

也就是说支承部分必须有适当的刚性和安装精度。刚性不足或安装精度不够,都会导致变形过大,从而影响滚动体的滚动而导致轴承提前破坏。增大轴承装置刚性的措施很多。例如,机壳上轴承装置部分及轴承座孔壁应有足够的厚度;轴承座的悬臂应尽可能缩短,并采用加强筋提高刚性,如图 4.70 所示;对轻合金和非金属机壳,应采用钢或铸铁衬套。如同一根轴上装有不同外径的轴承时,可在轴承较小的孔处加一套杯,使轴衬座孔直径相同,如图 6-71 所示;为了保证同一轴上各轴孔的同轴度,箱体一般采用整体铸造的方法生产,并采用直径相同的轴承孔一次加工。

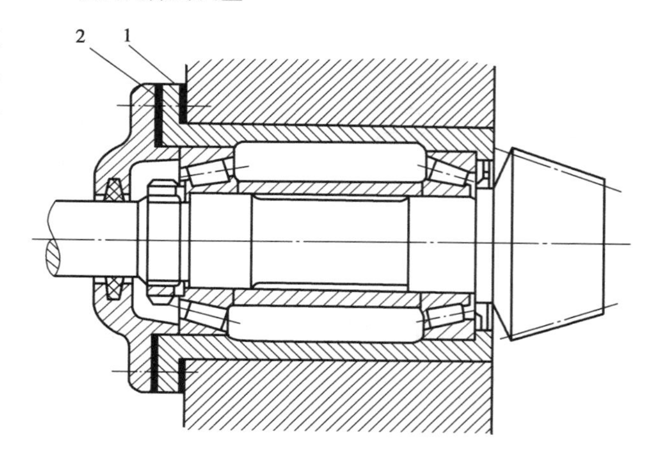

图 4.67　轴承组合位置调整

1,2—垫片

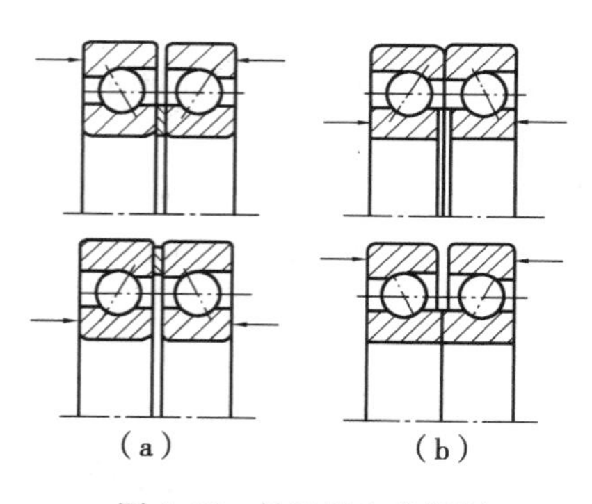

图 4.68　轴承的定位预紧

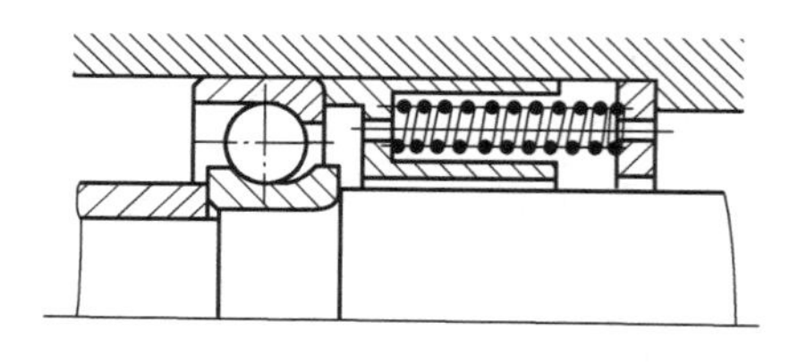

图 4.69　轴承的定压预紧

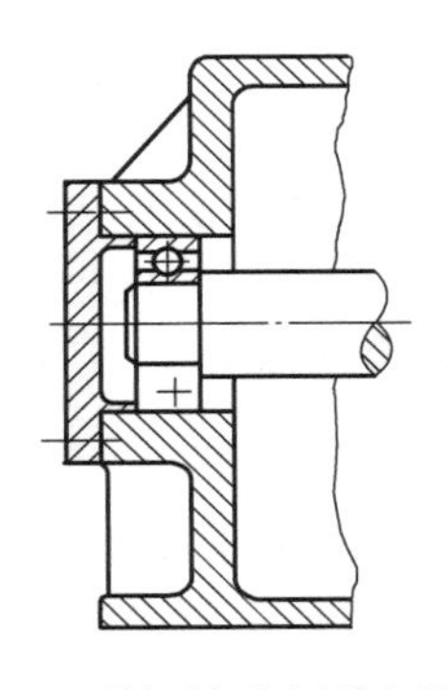

图4.70　增加轴承座刚度的结构

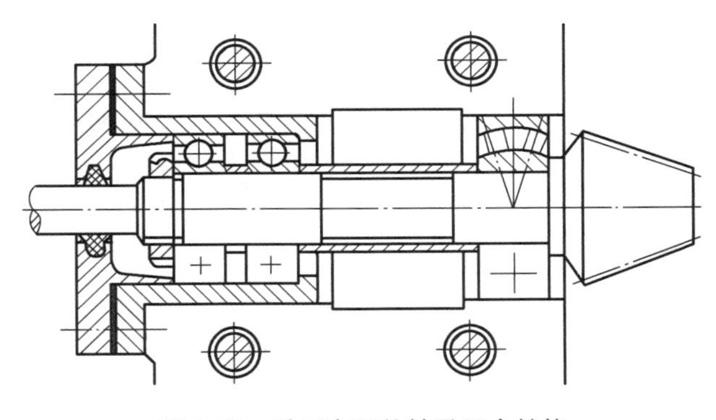

图4.71　采用套环的轴承组合结构

5）滚动轴承的润滑与密封

（1）滚动轴承的润滑

轴承润滑的目的主要是减少摩擦，降低磨损，同时还有散热冷却、缓冲吸振、密封及防锈的作用。

滚动轴承常用的润滑剂有润滑脂、润滑油及固体润滑剂。一般情况下，轴承采用润滑脂润滑，但在轴承附近已经具有润滑油时，可采用润滑油润滑。

润滑方式和润滑剂的选择，可根据轴颈的速度因数 dn 的值来确定。通常，当在轴径圆周速度 $v<4\sim5$ m/s 或 $dn<(2\sim3)\times10^5$ mm·r/min 时，一般采用脂润滑。超过这一范围宜采用油润滑。滚动轴承的装脂量为轴承内部空间的1/3～2/3。另外，在适当部位用油杯来定期补充润滑脂。脂润滑适用于 dn 值较小的场合，其特点是润滑脂不易流失、便于密封，油膜强度较高，且一次填充润滑脂可运转较长时间，故能承受较大的载荷。油润滑的优点是比脂润滑摩擦阻力小且散热好，主要用于高速或工作温度较高的轴承。润滑油最重要的物理性能黏度，它也是选择润滑油的主要依据。润滑油黏度可根据轴承的速度因数 dn 值和工作温度选择（见图4.72），然后根据黏度从润滑油产品目录中选出相应的润滑油。

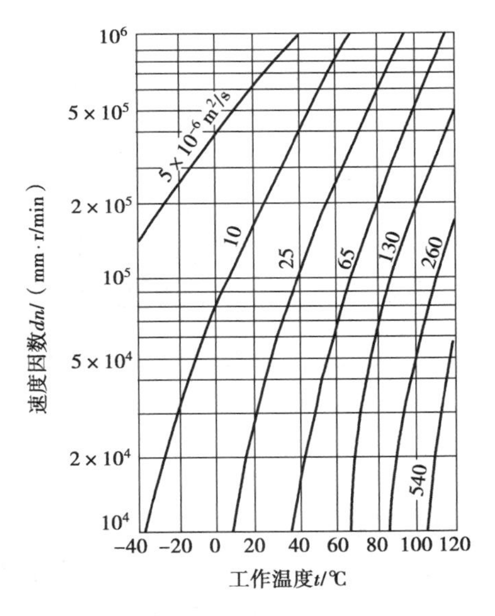

图4.72　滚动轴承润滑黏度的选择

（2）滚动轴承的密封

对轴承进行密封是为了阻止灰尘、水和其他杂物进入轴承，并阻止润滑剂流失。密封方法的选择与润滑的种类、工作环境的温度、密封表面的圆周速度有关。

滚动轴承的密封方法一般分为接触式密封、非接触式密封和组合式密封。

各种密封装置的结构、特点及应用见表4.25。

表 4.25 常用滚动轴承的密封形式

密封类型	简图		适用场合	说明
接触式密封	毛毡圈密封		脂润滑。要求环境清洁，轴颈圆周速度不大于4~5 m/s，工作温度不大于90 ℃	矩形断面的毛毡圈被安装在梯形槽内，它对轴产生一定的压力而起到密封作用
	皮碗密封		脂或油润滑。圆周速度 <7 m/s，工作温度不大于100 ℃	皮碗是标准件。密封唇朝里，目的是防漏油；密封唇朝外，防灰尘、杂质进入
非接触式密封	油沟式密封		脂润滑。干燥清洁环境	靠轴与盖之间的细小环形间隙密封，间隙越小越长，效果越好，间隙0.1~0.3 mm
	迷宫式密封		脂或油润滑。密封效果可靠	将旋转件与静止件之间间隙做成迷宫形式，在间隙中充填润滑油或润滑脂以加强密封效果
组合密封			脂或油润滑	这是组合密封的一种形式，毛毡加迷宫，可充分发挥各自优点，提高密封效果。组合方式很多，不一一列举

自测题

一、填空题

1. 滚动轴承的典型结构是由内圈、外圈、保持架及__________组成的。

2. 滚动轴承的选择主要取决于__________。滚动轴承根据受载不同，可分为：推力轴承，主要承受__________载荷；向心轴承，主要承受__________载荷；角接触向心轴承，主要承受__________。

3. 滚动轴承的主要失效形式__________、__________和__________。

4. 30207 轴承的类型名称是__________轴承，内径是__________ mm，这种类型轴承以承受__________向力为主。

5. 滚动轴承的配合制度是轴承与轴的配合为______________，轴承与轴承座孔的配合为______________。

二、选择题

1. 在下列滚动轴承的滚动体中，极限转速最高的是(　　)。

A. 圆柱滚子　　B. 球
C. 圆锥滚子　　D. 球面滚子
2. 在下列滚动轴承中，只能承受径向载荷的是(　　)。
A. 51000 型的推力球轴承
B. N0000 型的圆柱滚子轴承
C. 30000 型的圆锥滚子轴承
D. 70000C 型的角接触球轴承
3. 角接触轴承确定基本额定动载荷 C 值时，所加的载荷为(　　)。
A. 纯径向载荷
B. 纯轴向载荷
C. 较大的径向载荷和较小的轴向载荷
D. 同样大小的径向载荷和轴向载荷
4. 深沟球轴承，内径 100 mm，正常宽度，直径系列为 2，公差等级为 0 级，游隙级别为 0，其代号为(　　)。
A. 60220/CO　　B. 6220/PO
C. 60220/PO　　D. 6220
5. 从经济性考虑在同时满足使用要求时，就应优先选用(　　)。
A. 圆锥滚子轴承　　B. 圆柱滚子轴承　　C. 深沟球轴承
6. 在相同的外廓尺寸条件下，滚子轴承的承载能力和抗冲击能力(　　)球轴承的能力。
A. 大于　　B. 等于　　C. 小于
7. 角接触球轴承和圆锥滚子轴承的轴向承载能力随接触角 α 的增大而(　　)。
A. 增大　　B. 减小
C. 不变　　D. 增大或减小随轴承型号而定
三、解释滚动轴承代号的含义
1. 23228。
2. 57308。
3. 33100。
4. 6111/P6。

任务 4.6　联轴器、离合器和制动器

活动情境

拆装一台凸缘联轴器，观察冲压机的工作原理。

任务要求

理解联轴器、离合器的工作原理及用途，总结不同种类的联轴器。

任务引领

通过观察与讨论回答以下问题：

1. 联轴器、离合器有什么功能？它们是如何实现其功能的？
2. 如何选用不同类型的联轴器？

归纳总结

联轴器和离合器主要用于联接两轴，使两轴共同回转以传递运动和转矩。用联轴器联接的两根轴在机器运转时不能分开，只有在机器停止运转后，通过拆卸才能分离。而离合器在机器运转时，可通过操作机构随时能使两轴（或两回转件）接合或分离。

联轴器、离合器类型很多，现已标准化和系列化。

4.6.1 联轴器

联轴器联接的两轴，因制造和安装等误差将引起两轴线位置的偏移，故不能严格对中。其两轴的偏移形式如图 4.73 所示。

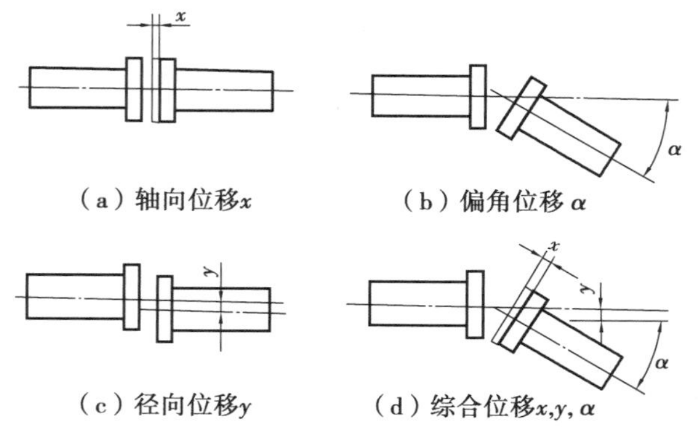

图 4.73　轴线的相对偏移

联轴器分为两类：一类是刚性联轴器，用于两轴对中严格，且在工作时不发生轴线偏移的场合；另一类是挠性联轴器，用于两轴有一定限度的轴线偏移场合。挠性联轴器又可分为无弹性元件联轴器和弹性联轴器。

1）刚性联轴器

（1）套筒联轴器

如图 4.74 所示，套筒联轴器利用套筒将两轴套接，然后用键（见图 4.74(a)）或销（见图 4.74(b)）将套筒和轴联接。这种联轴器结构简单，制造容易，径向尺寸小，但两轴线要求严格对中，装拆时必须作轴向移动。适用于工作平稳、启动频繁的传动中。可根据不同轴径自行设计制造，在仪器中应用较广。

（2）凸缘联轴器

如图 4.75 所示，凸缘联轴器由两个带凸缘的半联轴器和一组螺栓组成，半联轴器与轴用键联接。凸缘联轴器有两种对中方式：一种是用两半联轴器上的凸肩和凹槽相互嵌合来对中，用普通螺栓联接紧固，装拆时轴需作轴向移动（见图 4.75(a)）；另一种是通过铰制孔用螺栓与孔的紧密对中。当尺寸相同时，后者传递的转矩较大，且装拆时轴不必作轴向移动（见图 4.75

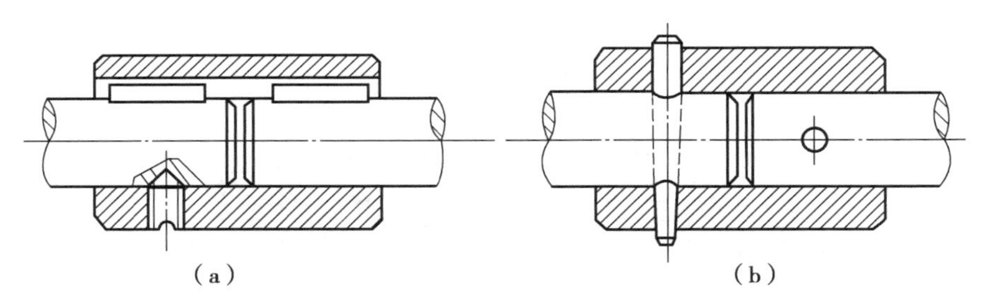

图4.74　套筒联轴器

(b))。这种联轴器结构简单,价格低廉,能传递较大的转矩,但不具有位移补偿功能。因不能补偿两轴线的相对位移,也不能缓冲减振,故只适用于两轴能严格对中、载荷平稳的场合,即对被联接的两轴对中性要求高。

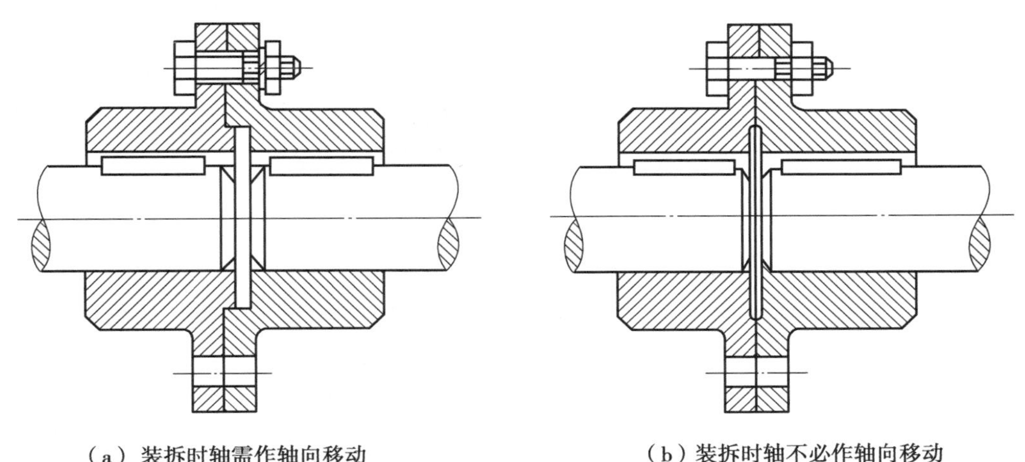

图4.75　凸缘联轴器

2)无弹性元件联轴器

(1)十字滑块联轴器

如图4.76所示,十字滑块联轴器由两个具有径向通槽的半联轴器和一个具有相互垂直凸榫的十字滑块组成。凸榫与凹槽相互嵌合能作相对移动,故可补偿两轴径向偏移。其结构简单,径向尺寸小,适用于两轴径向偏移较大、低速无冲击的场合。

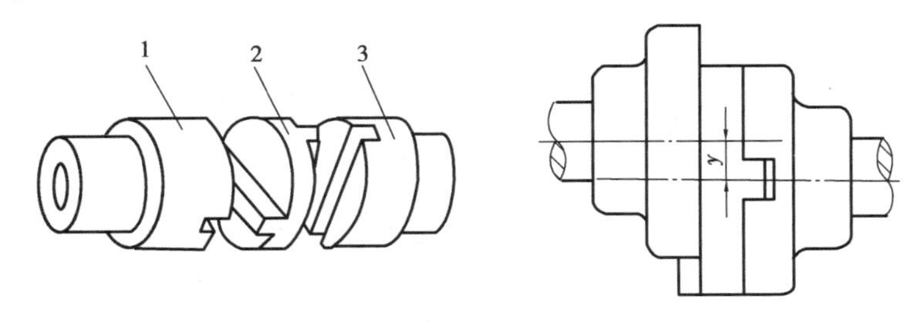

图4.76　十字滑块联轴器

(2)齿式联轴器

如图4.77所示,齿式联轴器有两个带外齿的轮毂2,4,分别与主、从动轴相联接,两个带内齿的凸缘1,3用螺栓紧固,利用内外齿啮合以实现两轴联接。其外廓尺寸紧凑、传递转矩

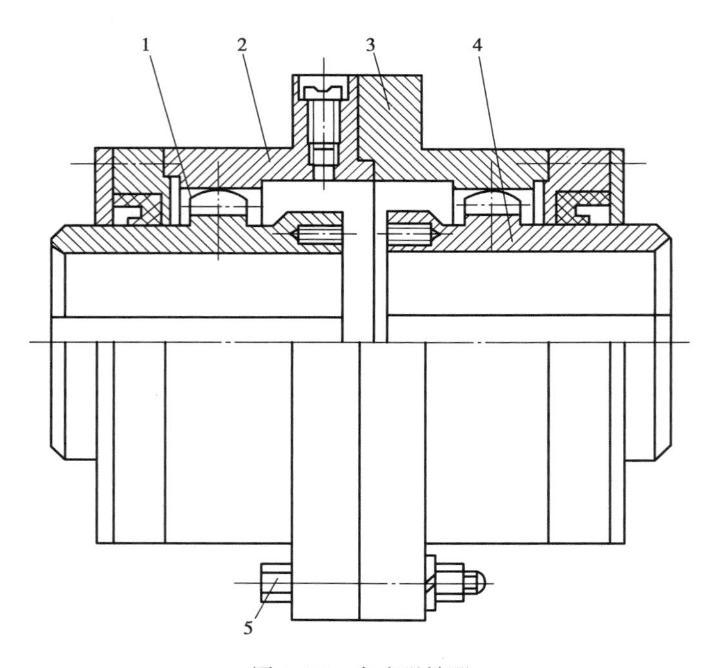

图 4.77　齿式联轴器

1,4—半内套筒;2,3—凸缘外壳;5—螺栓

大,可补偿综合偏移,但成本较高,适用于高速、重载、启动频繁和经常正反转的场合。

(3)万向联轴器

如图 4.78 所示,万向联轴器由两个叉形接头 1,3 和十字轴 2 组成。利用叉形接头与十字轴之间构成的转动副,使被联接的两轴线能成任意角度,一般可达 35°~45°,且将两个万向联轴器成对使用。

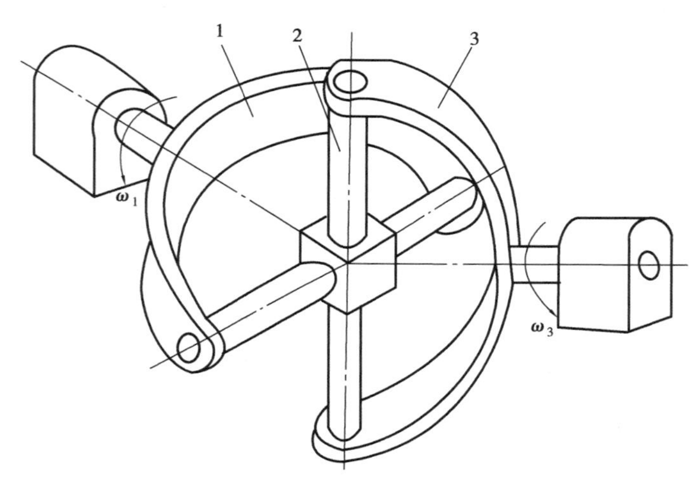

图 4.78　万向联轴器

万向联轴器结构紧凑,维护方便,能传递较大转矩,广泛应用于汽车、拖拉机和金属切削机床中。

3)弹性联轴器

常用的弹性联轴器有弹性套柱销联轴器和弹性柱销联轴器。

(1)弹性套柱销联轴器

弹性套柱销联轴器如图4.79所示。构造与凸缘联轴器相似,只是用套有弹性套的柱销代替了联接螺纹,利用弹性套的弹性变形来补偿两轴的相对位移。

弹性套柱销联轴器结构简单,装拆方便,成本低,但弹性套易损坏,故适用于载荷平稳、启动频繁的中小功率传动。

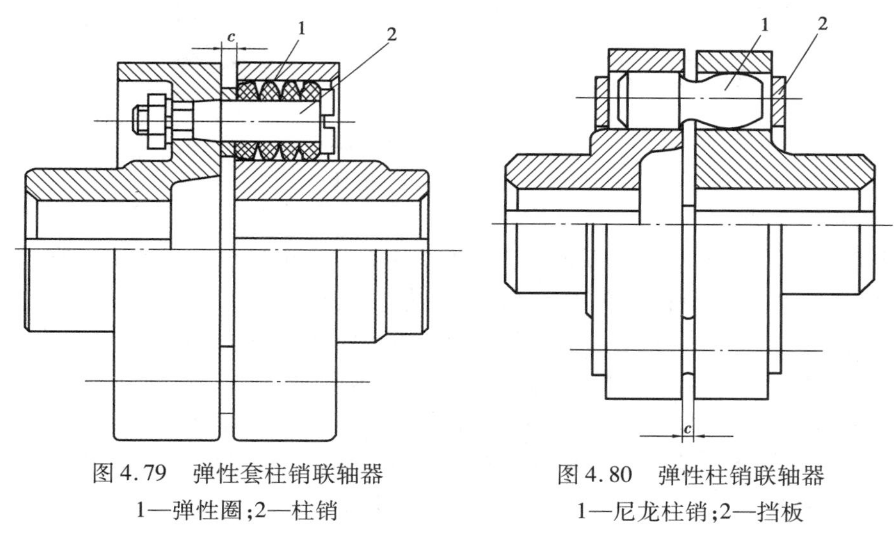

图4.79 弹性套柱销联轴器
1—弹性圈;2—柱销

图4.80 弹性柱销联轴器
1—尼龙柱销;2—挡板

(2)弹性柱销联轴器

弹性柱销联轴器如图4.80所示。它是用尼龙柱销将两个半联轴器联结起来。与弹性套柱销联轴器比较,其特点:弹性柱销联轴器利用弹性柱销,如尼龙柱销,将两半联轴器联接在一起,柱销形状一端为柱形,另一端制成腰鼓形,以增大角度位移的补偿能力。这种联轴器适用于启动及换向频繁,转矩较大的中、低速轴的联接。

4.6.2 离合器

1)功用及要求

可根据需要方便地使两轴接合或分离,以满足机器变速、换向、空载启动及过载保护等方面的要求。

对离合器的基本要求是:接合平稳、分离迅速;工作可靠,操作灵活、省力;调节和维护方便。

2)分类

按离合器的工作原理,可分为嵌合式离合器和摩擦式离合器。

(1)嵌合式离合器

如图4.81所示,嵌合式离合器是由两个端面上有牙的半离合器1,2组成。其牙型有三角形、梯形、锯齿形及矩形。一个半离合器固定在主动轴上,另一个半离合器用导向键或花键与从动轴联接,并通过操作机构带动滑环3使其作轴向移动,从而起到离合作用。

嵌合式离合器结构简单,尺寸较小,工作时无相对滑动,但应在两轴不转动或转速差很小时结合或分离。

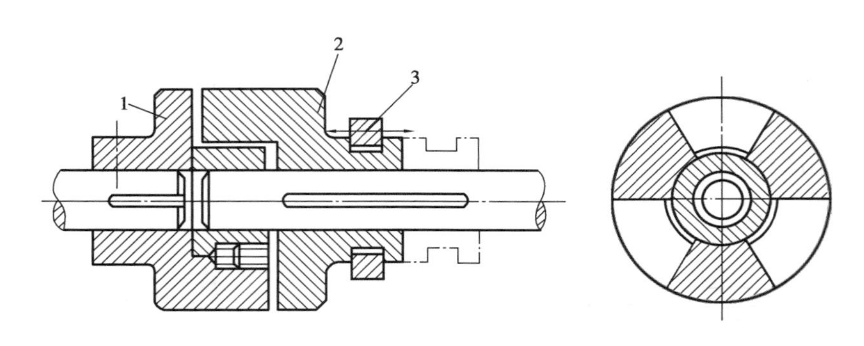

图 4.81　嵌合式离合器

1,2—半离合器;3—滑环

(2)摩擦式离合器

摩擦式离合器可分为单盘式、多盘式和圆锥式 3 类。这里只简单介绍前两种。

摩擦离合器是靠摩擦盘接触面间产生的摩擦力来传递转矩的。摩擦式离合器可在任何转速下实现两轴的接合和分离;接合过程平稳。冲击振动较小;有过载保护作用。但尺寸较大,在接合或分离过程中要产生滑动摩擦,故发热量大,磨损较大。

如图 4.82 所示为单盘式摩擦离合器的工作原理图。在主动轴 5 和从动轴 4 上分别安装了摩擦盘 1,2,操纵环 3 可使摩擦盘沿轴向移动。接合时,将从动盘压在主动盘上,主动轴上的转矩即由两盘接触面间产生的摩擦力矩传到从动轴上。

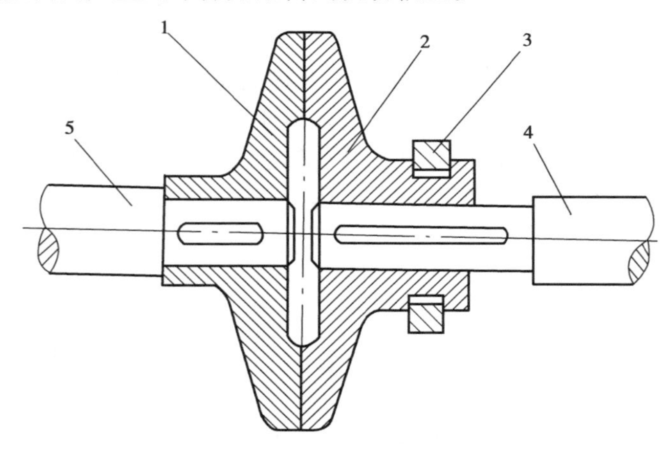

图 4.82　摩擦式离合器

1,2—半离合器;3—滑环;4—从动轴;5—主动轴

如图 4.83 所示,多盘式摩擦离合器是由外摩擦片 4、内摩擦片 5 和主动套筒 2 及从动轴套筒 9 组成。主动轴套筒用平键(或花键)安装在主动轴 1 上,从动轴套筒与从动轴 10 之间为动联接。当操作杆拨动滑环 7 向左移动时,通过安装在从动轴套筒上的压杆 8 的作用,使内外摩擦盘压紧并产生摩擦力,使主、从动轴一起转动;当滑环向右移动时,则使两组摩擦片放松,从而主、从动轴分离。压紧力的大小可通过从动轴套筒上的调节螺母 6 来控制。

摩擦片的形状如图 4.83(b)、(c)和(d)所示。碟形摩擦片在离合器分离时能借助其弹性自动恢复原状,有利于内外摩擦片快速分离。

多盘式摩擦离合器的优点是径向尺寸小而承载能力大,联接平稳,因此,适用载荷范围大,

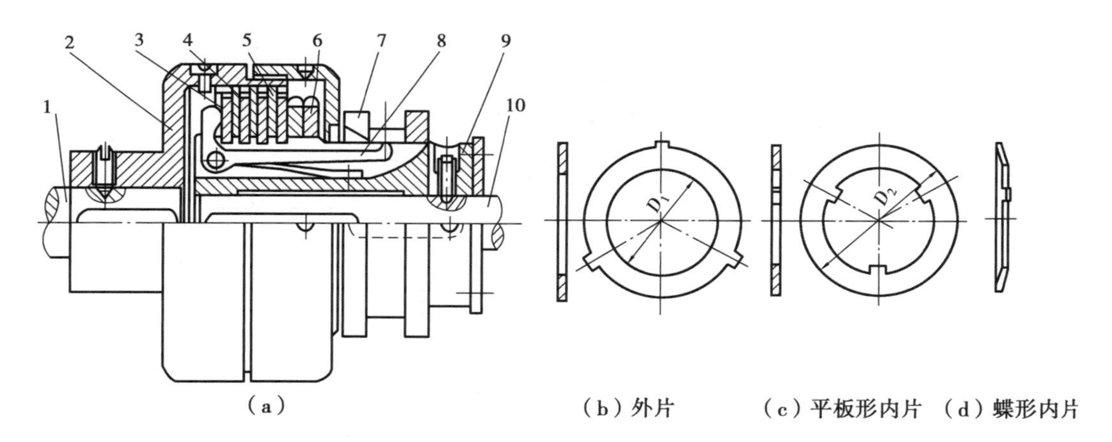

图4.83 多盘式摩擦离合器

1—主动轴;2—主动轴套筒;3—压板;4—外摩擦片;5—内摩擦片;6—调节螺母;7—滑环;8—压杆;9—从动轴套筒;10—从动轴

应用较广。其缺点是盘数多,结构复杂,离合动作缓慢,发热、磨损严重。

摩擦离合器与嵌合式离合器相比,它的传动平稳,联接不受转速的限制,可保护机械不致因过载而损坏,应用广泛。

4.6.3 制动器

1)制动器的功用和类型

制动器一般是利用摩擦力来降低物体的速度或停止运动的。按制动零件的结构特征,制动器可分为摩擦式和非摩擦式两大类。摩擦式应用很普遍。操作方式有机械、液压、气压及电磁等。

各种制动器的构造和性能必须满足以下要求:

①能产生足够的制动力矩。

②松闸与合闸迅速,制动平稳。

③构造简单,外形紧凑。

④制动器的零件有足够的强度和刚度,而制动器摩擦带要有较高的耐磨性和耐热性。

⑤调整和维修方便。

2)典型的制动器

(1)外抱块式制动器

外抱块式制动器(块式制动器)分为常闭式和常开式。

常闭式外抱式制动器(见图4.84)的工作过程是:通电时松闸,断电制动时,主弹簧3通过制动臂4使闸瓦块2压紧在制动轮1上,使制动器经常处于闭合(制动)状态,当松闸器6通入电流时,利用电磁作用把顶柱顶起,通过推杆5推动制动臂4,使闸瓦块2与制动器松脱。闸瓦块磨损时,可调节推杆5的长度进行补偿。这种制动器性能可靠,较安全,因此常用于起重运输机械。

常开式外抱块式制动器的工作过程是:通电时制动,断电时松闸。常用于车辆的制动,如汽车防抱死制动系统(简称ABS)。

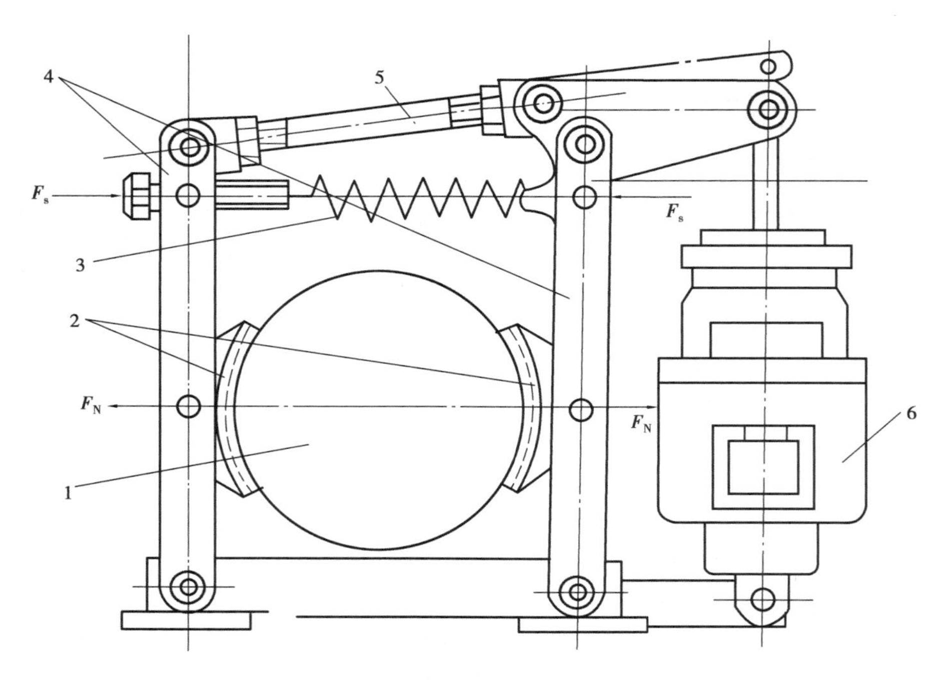

图 4.84　常闭式外抱式制动器

1—制动轮;2—闸瓦块;3—主弹簧;4—制动臂;5—推杆;6—松闸器

电磁外抱式制动器制动和开启迅速,尺寸小,质量小,易于调整瓦块间隙,更换瓦块和电磁铁也很方便。但制动时冲击大,电能消耗也大,不宜用于制动力矩大和需要频繁启动的场合。

电磁外抱式制动器已有标准,可按标准规定的方法选用。

(2)内涨蹄式制动器

如图 4.85 所示为内涨蹄式制动器工作简图。制动蹄 2 和 7 的外表面装有摩擦片 3,并分别通过销轴 1 和 8 与机架铰接,制动轮毂 6 与需要制动的轴固联。当压力油进入双向作用的泵 4 后,推动左右两个活塞,克服弹簧 5 的作用,使制动蹄 2,7 压紧制动轮 6,从而使制动轮(或轴)制动。油路卸压后,弹簧 5 的拉力使两制动蹄与制动轮分离而松闸。这种制动器结构紧凑,制动力矩大,广泛应用于各种车辆以及结构尺寸受限制的机械中。

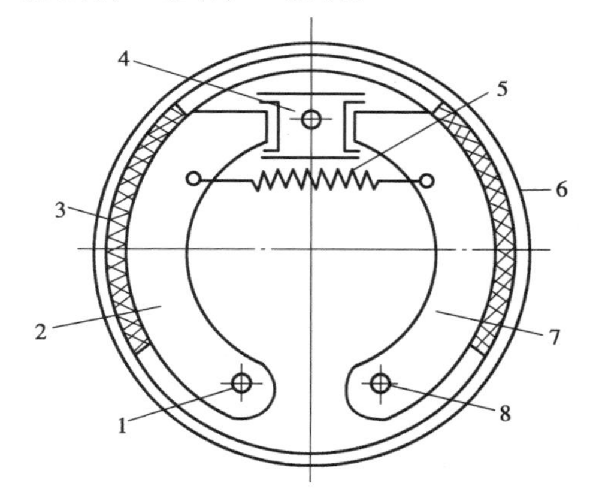

图 4.85　内涨蹄式制动器

1,8—销轴;2,7—制动蹄;3—摩擦片;4—泵;5—弹簧;6—制动轮毂

(3)带式制动器

如图 4.86 所示为由杠杆控制的带式制动器。钢带环绕在被制动的轮轴上,制动力 F_Q 通过杠杆放大后使钢带张紧,从而实现制动。这种制动器构造简单,制动转矩大,但散热差,制动带磨损不均匀,常用于中小载荷的起重运输机械、车辆、一般机械及人力操纵的机械中。

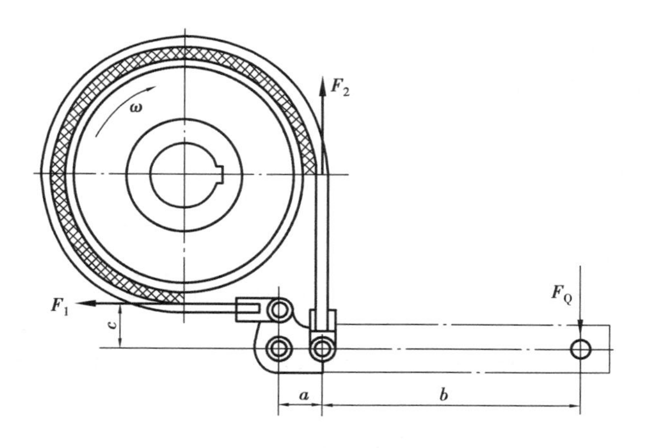

图4.86　带式制动器

拓展延伸

1)联轴器类型的选择

根据工作载荷的大小和性质、转速高低、两轴相对偏移的大小及形式、环境状况,兼顾使用寿命、装拆、维护及经济性等方面的因素,选择合适的类型。例如,载荷平稳、转速恒定,低速的场合,刚性大的轴,可选用刚性联轴器;刚性小的长轴,可选用无弹性元件的挠性联轴器。载荷多变、高速回转、频繁启动、经常反转以及两轴不能保证严格对中的场合,可选用弹性元件的挠性联轴器。

2)联轴器型号的确定

根据计算转矩、轴伸直径和工作转速,确定联轴器的型号及相关尺寸。

(1)计算联轴器的计算转矩

联轴器的计算转矩可计算为

$$T_C = KT \tag{4.23}$$

式中　T——名义转矩,N·m;

T_C——计算转矩,N·m;

K——工作情况系数,见表4.26。

表4.26　联轴器工作情况系数

原动机	工作机类型	K
电动机	带式运输机、鼓风机、连续运动的金属切削机床	1.25~1.50
	螺旋输送机、链板运输机、离心泵、木工机械	1.50~2.00
	往复运动的金属切削机床	1.50~2.50
	往复式泵、活塞式压缩机、球磨机、破碎机、冲剪机	2.00~3.00
	升降机、起重机、轧钢机	3.00~4.00
汽轮机	发电机、离心泵、鼓风机	1.20~1.50
往复式发动机	发电机	1.50~2.00
	离心泵	3.00~4.00
	往复式工作机(如压缩机、泵)	4.00~5.00

(2)初选联轴器型号

根据计算转矩,初选联轴器型号应使

$$T_C \leqslant T_n \tag{4.24}$$

式中 T_n——公称转矩,N·m,由联轴器标准查出。

(3)校核最大转速

$$n \leqslant [n] \tag{4.25}$$

式中 $[n]$——联轴器的许用转速,(r/mm),由联轴器标准查出。

(4)检查轴孔直径

所选联轴器型号的孔径应含被联接的两轴端直径,否则应重选联轴器型号,直到同时满足上述3个条件。

例4.6 某起重机用电动机与圆柱齿轮减速器相联。已知电机的输出功率 $P=10$ kW,转速 $n=960$ r/min,输出轴直径为42 mm,输出轴长为112 mm,减速器输入轴直径45 mm,长为112 mm,试选择电动机与减速器之间的联轴器。

解 (1)类型选择

因考虑启动、频繁制动,并且正反转,选用弹性柱销联轴器。

(2)型号选择

名义转矩

$$T = 9\ 550\frac{P}{n} = 9\ 550 \times \frac{10}{960}\ \text{N}\cdot\text{m} = 99.48\ \text{N}\cdot\text{m}$$

取 $K=3$,则:

计算转矩

$$T_C = KT = 3 \times 99.48\ \text{N}\cdot\text{m} = 298.44\ \text{N}\cdot\text{m}$$

联轴器型号由表4.27查得

$$\text{LH3}\ \frac{\text{YA42} \times 112}{\text{YA45} \times 112}$$

许用转矩

$$[T] = 630\ \text{N}\cdot\text{m} \qquad T_C \leqslant T_n$$

许用转速

$$[n] = 5\ 000\ \text{r/min} \qquad n \leqslant [n]$$

轴孔范围30~48 mm,故包括42,45。

表4.27 LH弹性柱销联轴器的部分基本参数和主要尺寸

型号	公称转矩 T_n/(N·m)	许用转速[n] /(r·min⁻¹)		轴孔直径 d_1,d_2,d_3	轴孔长度		
					Y型	J,J_1,Z型	
		钢	铁		L	L_1	L
LH1	160	7 100	7 100	12,14	32	27	32
				16,18,19	42	30	42
				20,22,(24)	52	38	52

续表

型号	公称转矩 T_n/(N·m)	许用转速[n] /(r·min^{-1})		轴孔直径 d_1,d_2,d_3	轴孔长度		
					Y型	J,J_1,Z型	
		钢	铁		L	L_1	L
LH2	315	5 600	5 600	20,22,24	52	38	52
				25,28	62	44	62
				30,32,(35)	82	60	82
LH3	630	5 000	5 000	30,32,35,38	82	60	82
				40,42,(45),(48)	112	84	112
LH4	1 250	4 000	2 800	40,42,45,48,50,55,56	112	84	112
				(60),(63)	142	107	142
LH5	2 000	3 550	2 500	50,55,56,60,63,65,70,(71),(75)	142	107	142
LH6	3 150	2 800	2 100	60,63,65,70,71,75,80	142	107	142
				(85)	172	132	172

自测题

一、判断题

1. 联轴器和离合器的主要区别是:联轴器靠啮合传动,离合器靠摩擦传动。　(　　)

2. 套筒联轴器主要适用于径向安装尺寸受限并要求严格对中的场合。　(　　)

3. 若两轴刚性较好,且安装时能精确对中,可选用刚性凸缘联轴器。　(　　)

4. 齿轮联轴器的特点是有齿顶间隙,能吸收振动。　(　　)

5. 工作中有冲击、振动,两轴不能严格对中时,宜选用弹性联轴器。　(　　)

6. 弹性柱销联轴器允许两轴有较大的角度位移。　(　　)

7. 要求某机器的两轴在任何转速下都能接合和分离,应选用牙嵌离合器。　(　　)

8. 对多盘摩擦式离合器,当压紧力和摩擦片直径一定时,摩擦片越多,传递转矩的能力越大。　(　　)

二、选择题

1. 十字滑块联轴器主要适用于(　　)。

A. 转速不高、有剧烈的冲击载荷、两轴线又有较大相对径向位移的联接的场合

B. 转速不高、没有剧烈的冲击载荷、两轴线有较大相对径向位移的联接的场合

C. 转速较高、载荷平稳且两轴严格对中的场合

2. 牙嵌离合器适用于什么场合?(　　)

A. 只能在很低转速差或停车时接合

B. 任何转速下都能接合

C. 高速转动时接合

3. 刚性联轴器和弹性联轴器的主要区别是什么?(　　)

A. 弹性联轴器内有弹性元件，而刚性联轴器内没有

B. 弹性联轴器能补偿两轴较大的偏移，而刚性联轴器不能补偿

C. 弹性联轴器过载时打滑，而刚性联轴器不能

4. 生产实践中，一般电动机与减速器的高速级的联接常选用(　　)。

A. 凸缘联轴器

B. 十字滑块联轴器

C. 弹性套柱销联轴器

三、设计计算题

离心式泵与电动机用凸缘联轴器相联。已知电动机功率 $P=22$ kW，转速 $n=1\ 470$ r/min，轴的外伸直径 $d_1=48$ mm。泵轴的外伸端直径 $d_2=42$ mm。试选择联轴器的型号。

任务4.7　弹性联接

活动情境

如图4.87所示，观察火车、汽车上车厢与车轮轴联接处的弹簧、自行车坐垫下的弹簧及机械式钟表中的发条弹簧等。

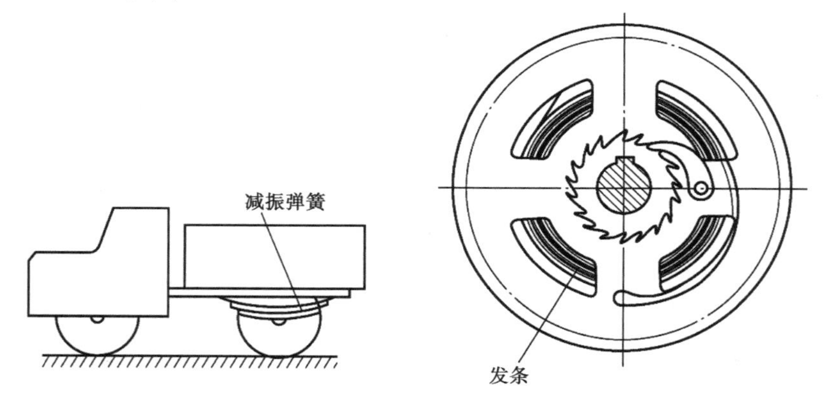

图4.87　弹簧

任务要求

1. 总结不同类型弹簧的功用。
2. 掌握圆柱形螺旋弹簧的结构、参数和计算方法。

任务引领

通过观察与讨论回答下列问题：

1. 弹簧秤下悬挂的物体质量，如果超出其承载范围会出现什么情况？
2. 结合日常生活，举例说明什么地方用的是拉伸弹簧，什么地方用的是压缩弹簧。
3. 圆柱形螺旋弹簧的尺寸是如何确定？

归纳总结

4.7.1　弹性联接的功用和类型

通过操作和使用各种弹簧可发现，仪表中不同形状的簧片、膜片等受载后会变形，卸载便恢复原有的形状和尺寸。把这类特性的元件，称为弹性零件。依靠弹性件实现被联接件在有限相对运动时仍保持固定联系的联接，称为弹性联接。弹性联接具有缓冲、吸振和储存能量等作用。典型的弹性联结件为弹簧。

弹簧是一种利用弹性来工作的机械零件。一般用弹簧钢制成，用以控制机件的运动、缓和冲击或振动、储蓄能量、测量力的大小等，广泛应用于各种机器、仪表及日常用品中。

1）弹簧的主要功能

①缓冲减振。如各种车辆上的悬挂弹簧。

②控制运动。如内燃机中的进排气阀门。

③储能输能。如机械式钟表中的发条弹簧。

④测量载荷。如弹簧秤、测力器中的弹簧。

⑤保持两零件接触。如仪表中接头处的弹簧。

2）弹簧的类型

弹簧的类型很多，表4.28列出了常用类型弹簧特性和应用。

表4.28　弹簧的主要类型和特点

类型		承载	简　图	特点及应用
螺旋弹簧	圆柱形	压缩	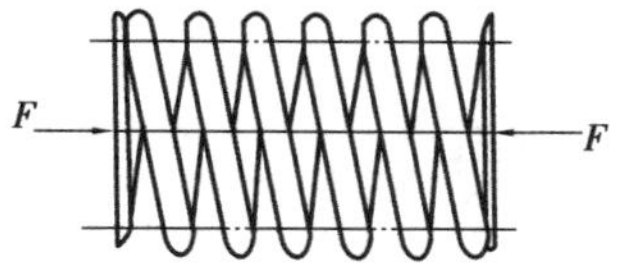	结构简单，制造方便，应用最广
		拉伸	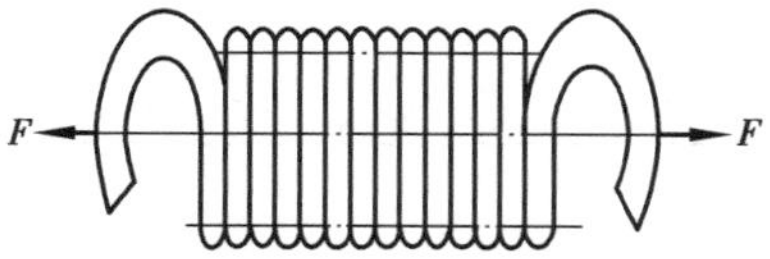	
		扭转	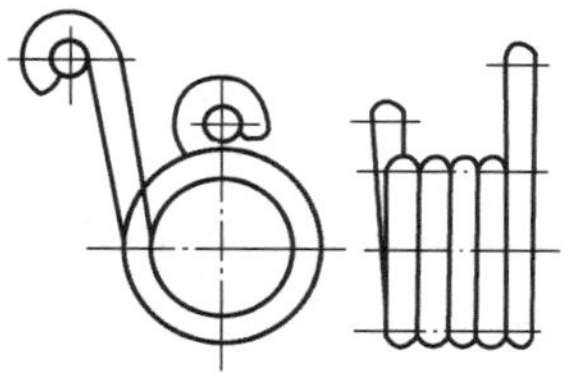	主要用于各种装置中的压紧和储能
	圆锥形	压缩	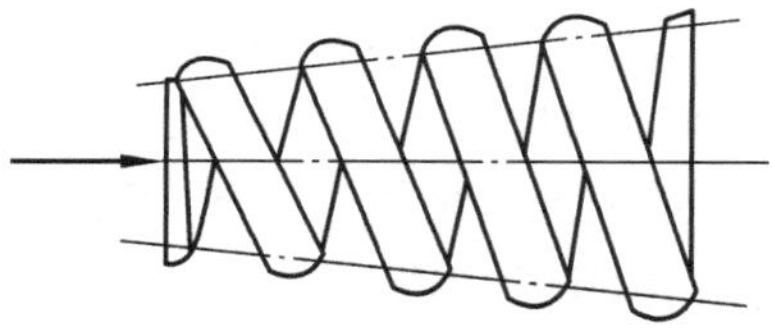	结构紧凑，稳定性好，防振性能较好，多用于承受大载荷和减振的场合

续表

类型	承载	简　图	特点及应用
碟形弹簧	压缩	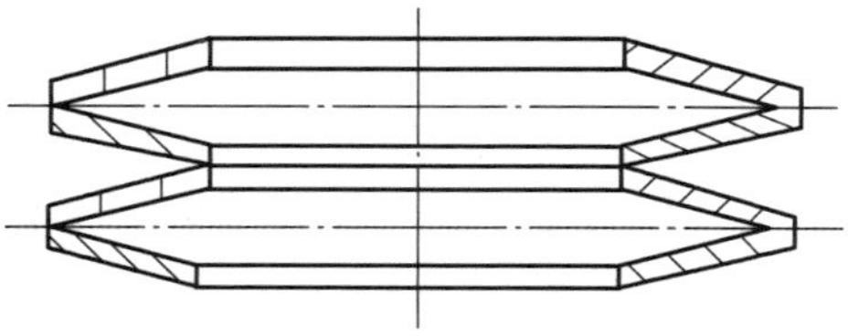	缓冲及减振能力强，多用于中型车辆的缓冲和减振装置、车辆牵引钩和压力安全阀等
环形弹簧	压缩		具有很强的缓冲和吸振能力，常用于重型设备（如机车、锻压设备）的缓冲装置
蜗卷弹簧	扭转	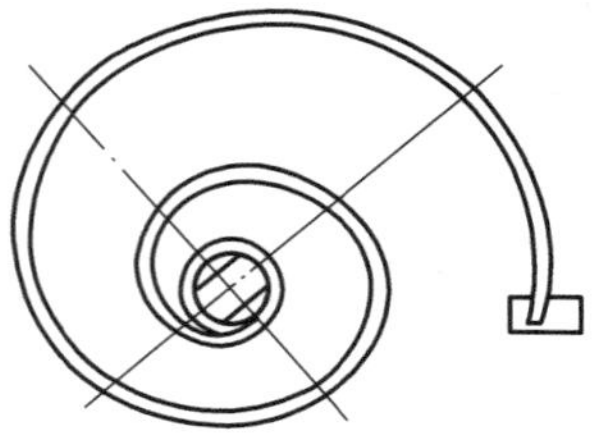	圈数多，变形角大，能储存较大的能量，常用作仪表、钟表和玩具中的储能弹簧
板弹簧	弯曲	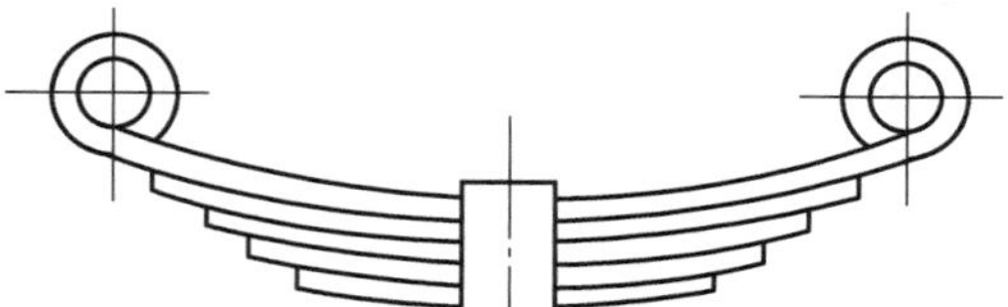	具有良好的缓冲和减振性能，主要用于车辆（汽车、拖拉机）的悬挂装置

4.7.2　弹簧的材料与制作

1）弹簧的材料

弹簧一般在变载荷和冲击载荷下工作，因此，弹簧材料应具有高的弹性极限和疲劳极限、足够的冲击韧性和塑性，以及具有良好的热处理性能，不易脱碳，便于卷绕。

弹簧常用的材料主要是热轧和冷拉弹簧钢，也有非金属的橡胶、塑料、软木等。热轧钢以圆钢、扁钢、钢板等形式供应，其尺寸公差较大，表面质量较差，常用于截面尺寸较大的重型弹簧，如65Mn，60Si2MnA，50CrVA 等牌号。冷拉钢以钢丝、钢带等形式供应，其尺寸公差较小，表面质量和力学性能好，应用广泛。其中，碳素弹簧钢丝是优选材料，其强度高成本低，但淬透性差，适用于制作小弹簧，常用的有 25—80 钢。40Mn—70Mn 等牌号，分 B，C，D 3 个等级，分别用于低、中、高应力弹簧。

合金弹簧钢丝的淬透性和回火稳定性都好，普通机械的较大弹簧选用60Si2MnA等硅锰钢。抗疲劳、抗冲击选用50CrVA等络钒钢；有防腐要求的选用1Cr18Ni9Ti等不锈钢丝；有防腐、防磨、防磁要求的选用硅青铜线QSi3-1等弹簧材料。

2）弹簧的制作

弹簧的制作过程为：卷制—端部加工—热处理—工艺试验—强压处理或喷丸处理—表面保护处理（喷漆或镀锌）。

①卷制：小批量单件生产时，一般在卧式车床上进行，大批量生产时，则在自动卷簧机上进行，卷制分冷卷和热卷两种，冷卷多用于簧丝直径 $d \leqslant 8 \sim 10$ mm，用冷拉碳素钢丝在常温下卷成，热卷多用于弹簧丝直径 $d \geqslant 8$ mm，且在800～1 000 ℃进行。

②端部加工。大多数压缩弹簧两端各有3/4～5/4并紧磨平，拉伸弹簧则制成钩环。

③热处理。冷卷后低温回火消除内应力，热卷后淬火加回火处理。

④工艺试验。检验弹簧热处理效果和材料缺陷。

⑤强压处理或喷丸处理。提高弹簧承载能力或疲劳强度。

4.7.3　圆柱形螺旋弹簧的结构、参数及尺寸

1）弹簧的端部结构

圆柱形螺旋弹簧包括压缩弹簧和拉伸弹簧两种。

(1)圆柱形压缩螺旋弹簧

圆柱形螺旋弹簧的端部结构形式较多。如图4.88所示，YⅠ型端部并紧磨平，两支承断面与弹簧的轴线垂直，弹簧受压时不致歪斜，适用于重要场合；YⅡ型端部并紧不磨平，适用于不重要场合。

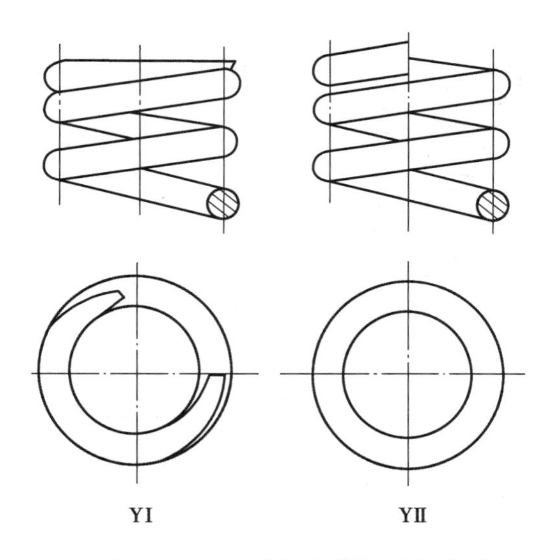

图4.88　圆柱形压缩螺旋弹簧的端部结构

(2)圆柱形拉伸缩螺旋弹簧

拉伸弹簧的端部只有挂钩，以便安装和加载，如图4.89所示。LⅠ和LⅡ型制造方便，应用广泛，常用于弹簧丝直径 $d \leqslant 10$ mm的不重要场合。LⅦ和LⅧ型挂钩受力情况较好，因挂钩可转向而便于安装，但制造成本较高，对受力较大的重要弹簧，多采用LⅦ。

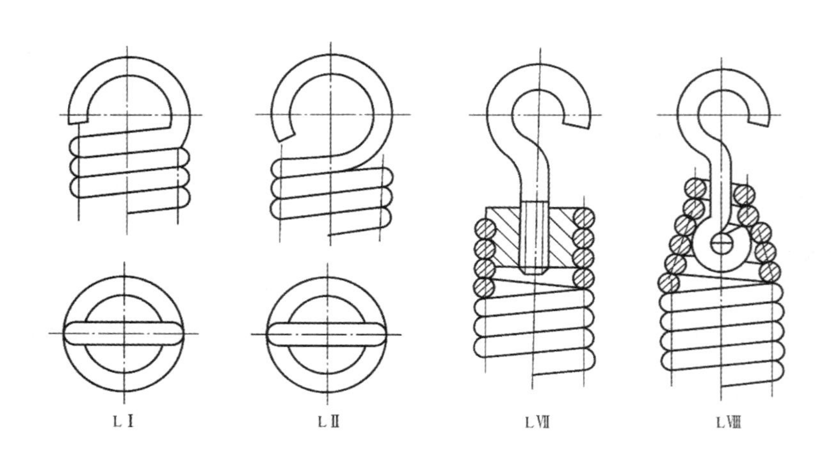

图 4.89　圆柱形拉伸螺旋弹簧端部的结构

2)弹簧的主要参数

如图 4.90 所示,圆柱螺旋弹簧的主要参数:弹簧丝直径 d、弹簧圈外径 D_2、内径 D_1、中径 D、节距 t、螺旋升角 α、有效工作圈数 n、自由高度 H_0 和螺旋比 C_0。其中,螺绕比 $C=D/d$,它是弹簧的一个重要参数。当 d 一定时,C 越小,弹簧就越硬,制造时簧丝卷绕越困难;C 越大,弹簧就越软,承载能力也越小。故 C 值一般取 4 ~ 14,其荐用值见表 4.29。

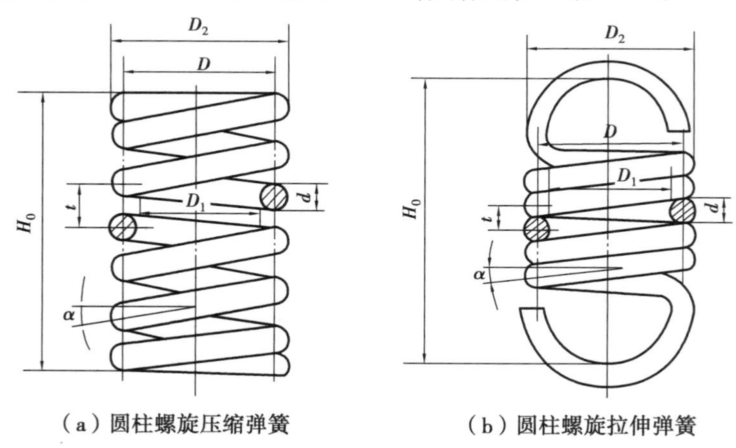

(a)圆柱螺旋压缩弹簧　　(b)圆柱螺旋拉伸弹簧

图 4.90　圆柱螺旋压缩(拉伸)弹簧

表 4.29　弹簧螺旋比 C 的常用取值

弹簧丝直径 d/mm	0.2 ~ 0.4	0.5 ~ 1.0	1.1 ~ 2.2	2.5 ~ 6.0	7.0 ~ 16	≥18
C	7 ~ 14	5 ~ 12	5 ~ 10	4 ~ 9	4 ~ 8	4 ~ 6

3)几何尺寸

圆柱螺旋弹簧的几何尺寸计算公式见表 4.30,弹簧曲度系数及旋绕比见表 4.31。

表4.30 圆柱螺旋弹簧的几何尺寸计算公式

<table>
<tr><th>名 称</th><th>压缩弹簧</th><th colspan="2">拉伸弹簧</th></tr>
<tr><td>弹簧丝直径 d</td><td colspan="3">$d \geqslant 1.6\sqrt{\frac{KF_2C}{[\tau]}}$
F_2—弹簧的最大工作载荷,N
K—弹簧的曲度系数,查表4.16
C—螺旋比</td></tr>
<tr><td>中径 D</td><td colspan="3">$D = Cd$</td></tr>
<tr><td>内径 D_1</td><td colspan="3">$D_1 = D - d$</td></tr>
<tr><td>弹簧外径 D_2</td><td colspan="3">$D_2 = D + d$</td></tr>
<tr><td>有效工作圈数 n</td><td colspan="3">$n = \frac{Gd}{8kC^3}$
G—弹簧材料的切变模量,MPa
k—弹簧的刚度,N/mm,$k = F/\lambda$,λ 为在载荷 F 作用下相应的变形量</td></tr>
<tr><td>支承圈数 n_2</td><td>$n_2 = 1.5 \sim 3.5$</td><td colspan="2">$n_2 = 0$</td></tr>
<tr><td>总圈数 n_1</td><td>$n_1 = n + n_2$</td><td colspan="2">$n_1 = n$</td></tr>
<tr><td>节距 t</td><td>$t = (0.28 \sim 0.5)D$</td><td colspan="2">$t = d$</td></tr>
<tr><td>螺旋升角 α</td><td colspan="3">$\alpha = \arctan \frac{t}{\pi D_2}$</td></tr>
<tr><td rowspan="2">自由高度 H_0</td><td rowspan="2">$H_0 = nt + (n_2 - 0.5)d$</td><td>LⅠ型</td><td>$H_0 = (n+1)d + D_1$</td></tr>
<tr><td>LⅡ型</td><td>$H_0 = (n+1)d + 2D_1$</td></tr>
<tr><td>弹簧展开长度 L</td><td>$L = \frac{\pi D n_1}{\cos \alpha}$</td><td colspan="2">$L \approx \pi D n$</td></tr>
</table>

表4.31 弹簧曲度系数及旋绕比

C	4.0	4.5	5.0	5.5	6.0	6.5	7.0	7.5	8.0	8.5	9.0	10	12	14
K	1.40	1.35	1.31	1.28	1.25	1.23	1.21	1.20	1.18	1.17	1.16	1.14	1.12	1.10

自测题

一、选择题

1. 弹性联接的主要功能是(　　)。

　A. 缓冲减振　　B. 储能输能　　C. 控制运动

2. 机械钟表中用于储能的弹簧是(　　)。

　A. 圆柱螺旋弹簧　　B. 板弹簧　　C. 蜗卷弹簧

3. 下列材料中,通常用于制造弹簧的是(　　)。

A. 45 钢　　　　B. 65Mn　　　　C. 50CrVA

4. 当弹簧丝直径小于 8 ~ 10 mm 时,常采用(　　)。

A. 冷卷法　　　　B. 热卷法　　　　C. 低温回火

二、填空题

1. 弹簧卷制分＿＿＿＿＿＿和＿＿＿＿＿＿＿。

2. 对弹簧进行强压处理或喷丸处理的目的是＿＿＿＿＿＿＿＿＿＿＿＿＿＿＿＿＿＿。

3. 螺绕比 C 是弹簧的一个重要参数。当 d 一定时,C 越小,弹簧就越＿＿＿＿＿＿,制造时簧丝卷绕越＿＿＿＿＿＿。

4. 拉伸弹簧端部做成钩环是为了＿＿＿＿＿＿＿＿＿＿＿＿＿＿＿＿＿＿＿＿＿＿＿＿。

项目小结

机器结构虽然复杂,但各种机器都是由许多的零件组成的,而这些零散的零件要经过多次加工才能完成。各种机器设备的零件数量虽然繁多,但从它们的形状及功能上大体可分为轴类零件、套类零件和支座类零件。轴类零件主要起支承与传力的作用;套类零件主要起定位作用;支座类零件主要起支承固定作用。有时几个相关的零件按照固定的方式组合在一起发挥固定作用,如滚动轴承(可认为由滑动轴承演变而来)等。也可认为它们等同一个零件,这部分零件大部分已标准化,可从标准中直接选用。零件是组成机器的最小单元。

联接是将零散的零件组合成机器的主要手段。常用的联接方式主要有螺纹联接、键联接、销联接等。在机器组装的过程中,有时把某一完整的内容先行组合起来,形成部件,如电动机、减速器等,再用适当的方式把各部件进行联接,如电动机与减速器之间的联接,可选用联轴器或离合器。这样,可极大地提高组装及维修的效率。为了实现互换性,在实际应用中,许多零部件都已标准化,如螺栓、键、销、联轴器及减速器等。在实际工作中,可根据具体情况直接选用。

学习本项目的主要目的就是要熟悉各种联接件的性能、特点和应用;掌握它们的标准及选用方法;初步掌握机器安装与拆卸的基本方法和注意事项,具有维修简单机械的动手能力。通过学习轴系类零件,掌握轴、轴承的主要类型、结构及特点以及轴的设计要求和设计方法,并能进行轴的强度计算;学会正确地选择滚动轴承,并能合理地进行滚动轴承的组合设计。

项目 5 液压传动

【项目描述】

一部完整的机器是由原动机、传动机构和工作机组成。传动机构是在原动机和工作机之间起传递运动和动力的中间环节。常见的传动机构有机械传动、电气传动和流体传动。在大多数实际应用中，都是这3种方法进行组合，形成复合传动，使整个传动系统的效率最高。

液压传动属于流体传动，它是靠密封容器内受静压力的液体传送动力的。利用液体的压力能来实现运动和动力传递的一种传动方式，利用各种液压控制元件组成不同特定功能的基本回路，再由若干回路组合成能完成一定控制功能的传动系统，从而进行能量的转换、传递与控制。

【学习目标】

1. 理解液压传动的基本原理和液压传动的优缺点。
2. 掌握常用液压元件的结构及工作原理，熟悉其简化符号。
3. 掌握液压基本回路及其应用。

【能力目标】

1. 能识别液压系统的常用元件。
2. 能分析常见液压回路。
3. 能分析典型液压系统。

【情感目标】

1. 培养学生细心观察的习惯，提高善于发现问题并解决问题的能力。
2. 培养学生团结协作的精神，培养自主学习、主动质疑的能力。

任务5.1　液压传动的基本知识

活动情境

观察并操作液压千斤顶,如图5.1所示。

图5.1　液压千斤顶

任务要求

1. 理解液压传动的基本原理。
2. 掌握液压传动系统的组成部分及功用。
3. 了解流体力学的基本原理。

任务引领

通过观察与操作回答以下问题:
1. 液压系统由哪几部分组成? 它们各起什么作用?
2. 液压传动与机械传动、电气传动和气压传动相比较,有哪些优缺点?
3. 帕斯卡原理是什么? 它有什么物理意义?
4. 液压系统的压力损失和流量损失是如何形成的? 应如何降低?

归纳总结

5.1.1　液压传动原理及其系统组成

1)液压传动的原理

液压传动是以液体作为工作介质,以液体的压力能来进行能量传递和控制的一种传动形式。它通过液压泵将电动机的机械能转化为液体的压力能,又通过管路、控制阀等元件经液压缸(或液压马达)将液体的压力能转化成机械能,驱动负载,使执行机构运动。

液压千斤顶是一个简单的液压传动装置。以液压千斤顶为例说明液压传动的工作原理。

如图5.2所示为液压千斤顶工作原理图。大活塞8和大液压缸9组成举升液压缸,杠杆手柄1、小液压缸2、小活塞3,以及单向阀4和7组成手动液压泵。

提起手柄使小活塞向上移动,小活塞下端油腔容积增大,形成局部真空,这时单向阀通过吸油管5从油箱吸油;用力压下手柄,小活塞下移,小活塞下端油腔压力升高,单向阀4关闭,单向阀7打开,下腔的油液经管道6输入举升缸(大液压缸9)的下腔,迫使大活塞8向上移动,顶起重物。再次提起手柄吸油时,单向阀7自动关闭,使油液不能倒流,从而保证了重物不会自行下落。不断地往复扳动手柄,就能不断地把油液压入举升缸下腔,使重物逐渐地升起。如果打开截止阀11,举升缸下腔的油液通过管道10,截止阀11流回油箱,重物就向下移动。

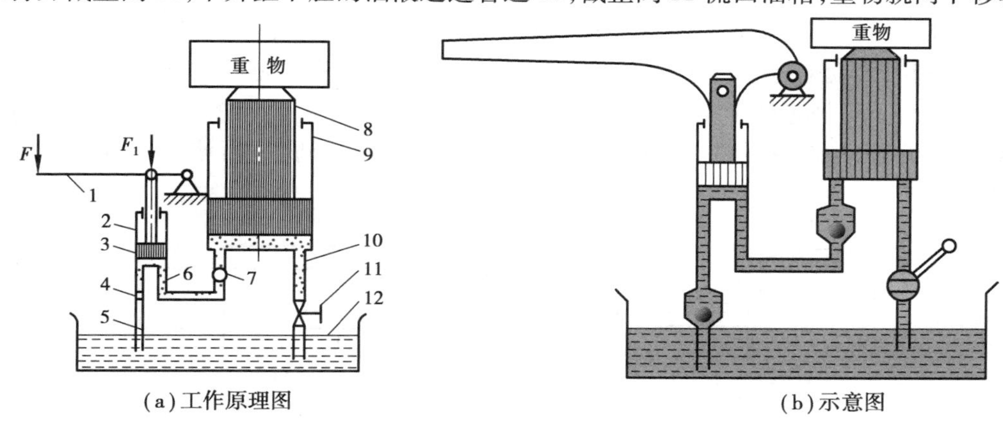

(a)工作原理图　　(b)示意图

图5.2　液压千斤顶工作原理图

1—杠杆手柄;2—小液压缸;3—小活塞;4,7—单向阀;5—吸油管;
6,10—管道;8—大活塞;9—大液压缸;11—截止阀;12—油箱

液压千斤顶的液压传动工作原理是:以油液作为工作介质,通过密封容积的变化来传递运动,依靠油液内部的压力来传递动力。

2)液压系统的组成

从以上实例可知,液压系统由以下5部分组成:

(1)动力部分

将原动机的机械能转换为油液的压力能(液压能)。能量转换元件为液压泵。在液压千斤顶中为手动液压泵。

(2)执行部分

将液压泵输入的油液压力能转换为带到工作机构的机械能。执行元件有液压缸或液压马达。在液压千斤顶中是举升液压缸。

(3)控制部分

用来控制和调节油液的压力、流量及流动方向。控制元件有各种压力控制阀,流量控制阀和方向控制阀。在液压千斤顶中为截止阀、单向阀。

(4)辅助部分

将前面3部分连接在一起,组成一个系统,起连接、储油、过滤、储存压力能、测量油压力及密封等作用。辅助元件有油管、管接头、油箱、过滤器、蓄能器及压力表等。在液压千斤顶中是油管和油箱。

(5)工作介质

通常为液压油,是传递能量的介质,同时还可起润滑、冷却和防锈的作用。它直接影响着液压系统的性能和可靠性。

3)液压元件图形符号

如图5.3(a)所示为一简化了的机床工作台液压传动系统。其动力部分为液压泵1,执行部分为双活塞杆液压缸4,控制部分有手动三位四通换向阀3、节流阀2、溢流阀6,辅助部分包括油箱8、过滤器7和管路等。

液压泵由电动机驱动进行工作,油箱中的油液经过过滤器流向液压泵吸油口,经液压泵升压后送往系统。当换向阀3的阀芯处于右位时,压力油经节流阀2→换向阀3→管道→液压缸4的左腔,推动活塞连同工作台向右运动;液压缸右腔的油液经管道→换向阀3→油箱。当换向阀3的阀芯处于左端位置时,液压缸活塞连同工作台反向运动。当换向阀3的阀芯处于中位时,换向阀的进、回油口全被堵死,活塞静止不动,从而使工作台可在任意位置停止。

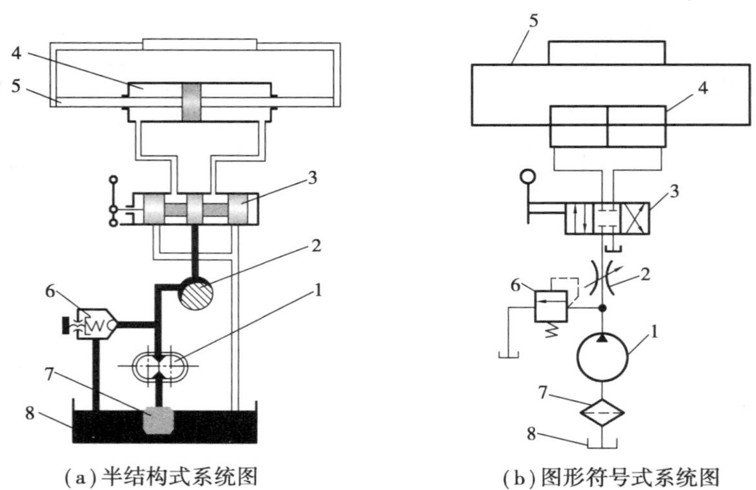

图5.3 机床工作台液压传动系统

1—液压泵;2—节流阀;3—换向阀;4—液压缸;5—工作台;
6—溢流阀;7—过滤器;8—油箱

改变节流阀2的开口大小,可改变油液的流量,从而调节液压缸连同工作台的运动速度。

液压泵的最大工作压力由溢流阀6调定,其调定值应为液压缸的最大工作压力及系统中油液流经阀和管道的压力损失之总和。

如图5.2(a)所示的液压传动系统图为结构原理图。它比较直观,易于理解,在系统发生故障时按此类图来检查和判断故障原因较为方便。但其图形复杂,特别是在系统元件较多时不便绘制。为了简化液压原理图的绘制,实际绘制时,都是采用我国制订的液压与气动元辅件图形符号标准(GB/T 786.1—2009)。与结构或半结构式系统图相比,它便于阅读、分析、设计和绘制液压传动系统图。如图5.3(b)所示,这些符号只表示元件的职能,不表示元件的结构和参数,并以元件的静止状态或零位状态来表示。一般液压传动系统图均应按标准规定的职能符号绘制。

4)液压传动的优缺点

液压传动具有结构紧凑、传动平稳、输出功率大、易于实现无级调速及自动控制等特点,被广泛应用在机械制造、工程建筑、石油化工、交通运输、军事器械、矿山冶金、航空航海、轻工、农机、渔业及林业等方面,也被应用在宇宙航行、海洋开发、核能建设及地震预测等新的技术领域中。

液压传动与机械传动、电气传动相比有以下优点:

①功质比大。单位功率的质量小,体积小,惯性小,结构紧凑。

②调速方便。可方便实现运行中无级调速,调速范围大,可达1/2 000。

③工作平稳。传动运动平稳,反应快,冲击小,能快速启动、制动和频繁换向。

④易实现自动化。控制调节简单,操作方便,易实现自动化。

⑤功率大。易获得很大的推力和转矩,可使传动结构简单。

⑥安全可靠。易实现过载保护,用油作传动介质,相对运动表面能自行润滑,元件寿命长。

⑦易三化。易实现标准、系列和通用化,有利于液压系统的设计、制造、使用及维修。

液压传动存在以下缺点:

①不能保证严格的传动比。因为液压介质可压缩和泄漏等。

②系统工作时对温度敏感。介质的黏度随温度而变化,从而不易保证系统在高、低温下工作的平稳性。

③传输效率较低。液压传动过程中有两次能量的转换,并有流量和压力的损失,故传输效率较低。

④成本较高。液压元件制造精度较高,成本较大,对使用和维护有较高的要求。

⑤故障难排除。出现故障时,比较难以查找和排除,对维修人员的技术水平要求较高。

5.1.2　工作介质

液压系统的工作介质是液压油。液压油也是液压元件的润滑剂和冷却剂。液压油的性质对液压传动性能有明显的影响。因此,有必要了解有关液压油的性质和选用方法。

1)工作介质的主要物理性质

(1)密度

单位体积的油液的质量,称为密度,用ρ(单位:kg/m^3)表示,即

$$\rho = \frac{m}{V} \tag{5.1}$$

式中　ρ——液体的密度;

V——液体的体积;

m——液体的质量。

常用液压油的密度为850~960 kg/m^3。密度随压力的增加而增大,随温度的升高而减小,但变化很小,一般可忽略不计。

(2)可压缩性和膨胀性

随压力的增高液压油体积缩小的性质,称为可压缩性。随温度的升高液压油体积增大的性质,称为膨胀性。在一般液压传动中,液压油的可压缩性和膨胀性值很小,可忽略不计。

(3)黏性

液体在外力作用下流动时,液体分子间的内聚力阻碍其分子间的相对运动而产生一种摩擦力,这种现象称为液体的黏性。液体只有在流动时才会呈现黏性。表示液体黏性大小程度的物理量,称为黏度。液压传动中常用的黏度有动力黏度、运动黏度和相对黏度。

①动力黏度μ。

动力黏度μ是表征流动液体内摩擦力大小的黏性系数。其量值等于液体在以单位速度梯度流动时,单位面积上的内摩擦力。

在我国法定计量单位制及 SI 制中,动力黏度μ的单位是 Pa · s(帕 · 秒)或用 $N \cdot s/m^2$(牛 · 秒/米^2)表示。

②运动黏度ν。

液体动力黏度μ与其密度ρ之比,称为该液体的运动黏度ν,即

$$\nu = \frac{\mu}{\rho}$$

其单位 m^2/s,也常用单位 St(沲)(cm^2/s)和 cSt(厘沲)(mm^2/s)表示,它们的关系为

$$1\ m^2/s = 10^4\ cm^2/s(St) = 10^6\ mm^2/s(cSt)$$

国际标准化组织 ISO 已规定统一采用运动黏度来表示油的黏度。我国液压油的牌号采用它在 40 ℃温度下运动黏度平均 cSt(厘沲)值来标号。例如,N32 号液压油是指这种油在 40 ℃时的运动黏度平均值为 32cSt。

③相对黏度。

相对黏度是根据特定测量条件制订的,故称条件黏度。测量条件不同,采用的相对黏度单位也不同。

④温度对黏度的影响。

温度变化使液体内聚力发生变化,因此,液体的黏度对温度的变化十分敏感:温度升高,黏度下降。这一特性称为液体的黏-温特性。黏-温特性常用黏度指数 *VI* 来度量。*VI* 表示该液体的黏度随温度变化的程度与标准液的黏度变化程度之比。通常在各种工作介质的质量指标中都给出黏度指数。黏度指数高,说明黏度随温度变化小,其黏-温特性好。

⑤压力对黏度的影响。

压力增大时,液体分子间距离缩小,内聚力增加,黏度也会有所变大。但是,这种影响在低压时并不明显,可忽略不计;当压力大于 50 MPa 时,其影响才趋于显著。

2)液压系统工作介质的种类

(1)对工作介质的要求

①合适的黏度和良好的黏-温特性。

②良好的润滑性。

③成分纯净,杂质少。

④良好的化学稳定性和对金属及密封件材料有良好的相容性。

⑤无害、无毒,污染少,性价比好。

(2)工作介质的种类及性质

液压传动所用工作介质的种类较多,主要可分为石油型、合成型和乳化型三大类。工作介质的主要类型及其性质见表 5.1。

表 5.1　工作介质的主要类型及其性质

性　能	种　类						
	可燃性液压油			抗燃性液压油			
	石油型			合成型		乳化型	
	通用液压油	抗磨液压油	低温液压油	磷酸酯液	水-乙二醇液	油包水乳化液	水包油乳化液
	L-HL	L-HM	L-HV	L-HFDR	L-HFC	L-HFB	L-HFA
密度/(kg·m^{-3})	850~900			1 120~1 200	1 040~1 100	920~940	1 000
黏度	低至高					小	小
黏度指数 *VI* 不小于	90	95	130	130~180	140~170	130~150	极高
润滑性	优				良		可
防腐蚀性	优			良			可
闪点/℃(不低于)	170~200	170	150~170	难燃			不燃
凝点/℃(不高于)	-10	-25	-50~-35	-50~-20	-50	-25	-5

抗燃性液压油普遍价格较高,合成型使用效果较好,但有一定的毒性,乳化型润滑效果较差。因此,目前85%以上的液压设备采用石油型液压油。石油型液压油采用统一的命名方式。其一般形式为

类-品种　数字

例如,L-HV22,其中:

L——类别(润滑剂及有关产品,GB/T 7631.1);

HV——品种(低温抗磨);

22——牌号。

液压油的黏度牌号由GB/T 3141—1994做出了规定,等效采用ISO的黏度分类法,以40 ℃运动黏度的中心值来划分牌号。石油型液压油有很多种类,其常用种类和适用范围见表5.2。

表 5.2　石油型液压油的适用范围

类　型	牌　号	特　性	应用场合
机械油 L-HH	15, 22, 32, 46,68	不含任何添加剂的矿物油安定性差,易起泡	液压系统很少使用,常用于零件清洗,一般机械润滑
通用液压油 L-HL	15, 22, 32, 46,68,100	精制深度较高的中性基础油,适宜的黏度和良好的黏-温特性,具有良好的防锈性、抗氧化安定性	中、低压液压系统;对润滑油无特殊要求,环境温度在0 ℃以上的各类机床的轴承箱、低压循环系统或类似机械设备循环系统的润滑。该产品具有较好的橡胶密封适应性,其最高使用温度为80 ℃
抗磨液压油 L-HM	22,32,46,68	合适的黏度和良好的黏-温特性,良好的极压抗磨性,良好的抗乳化性,以及良好的防锈性	各种中、高压液压系统,以及叶片泵、柱塞泵的液压系统,中等负荷工业齿轮(蜗轮、双曲线齿轮除外)的润滑

续表

类　型	牌　号	特　性	应用场合
低温液压油 L-HV	15，22，32，46,68,100	有低的倾点，优良的抗磨性、低温流动性和低温泵送性	HV 低温液压油主要用于寒区或温度变化范围较大和工作条件苛刻的工程机械，引进设备和车辆的中压或高压液压系统，使用温度在 -30 ℃以上
液压导轨油 L-HG	32,46,68	不仅具有优良的防锈、抗氧、抗磨性能，而且具有优良的抗黏滑性。低速情况下，防爬效果良好	各种机床液压和导轨合用的润滑系统或机床导轨润滑系统及机床液压系统
高黏度指数油 L-HR	22,32,46	具有良好的防锈、抗氧性能，并在此基础上加入了黏度指数改进剂，使油品具有较好的黏-温特性	适用于各类精密液压系统，如数控机床、高精度坐标镗床

3）正确选用液压油种类需要注意的问题

选用液压油主要考虑液压油的种类和液压油的黏度两个方面。

①工作环境、环境温度、潮湿、消防防火和环保。

环境温度低，可选用低温液压油；环境温度变化大，可选用高黏度指数液压油；环境温度高，可选用高黏度液压油。

环境潮湿，则要求液压的防锈、抗乳化和抗水解的能力要强。

有火源和消防要求、易燃易爆的工作场所要选用难燃液压液。

②工作条件。

高压高速泵、马达可选用抗磨液压油；齿轮泵抗磨要求低，可选用 HL 或 HM。叶片泵和柱塞泵抗磨要求高，应选用 HM。

③正确选用液压油黏度需要注意的问题。

选用液压油黏度必须参考泵制造厂家的黏度推荐值，制造厂家一般规定了黏度范围值。在范围值内，一般情况下，系统压力高、温度高和转速高都选择黏度较大的液压油。

5.1.3　液压传动的重要参数

液压传动的重要参数有两个，即压力和流量。

1）压力

（1）液体的压力

如图 5.4 所示为一密闭容器。容器内静止的油液受到外力和油液自重的作用。由于在液压系统中，通常外力产生的压力比液体自重产生的压力大得多，因此，可将液体自重产生的压力忽略不计。静止液体在单位面积上所受的法向力，称为静压力，简称压力。用公式表示为

$$p = \frac{F}{A} \tag{5.2}$$

式中　p——压力，N/m^2；

F——作用力，N；

A——作用面积，m^2。

压力的单位为 N/m^2，称为帕斯卡，简称帕（Pa），$1\ N/m^2 = 1\ Pa$。由于Pa单位太小，工程使用不便，因此，常采用kPa（千帕）和MPa（兆帕），$1\ MPa = 10^3\ kPa = 10^6\ Pa$。

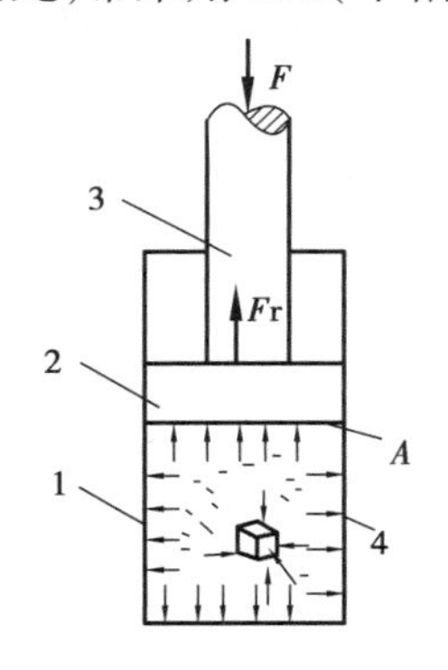

图5.4　液体的压力

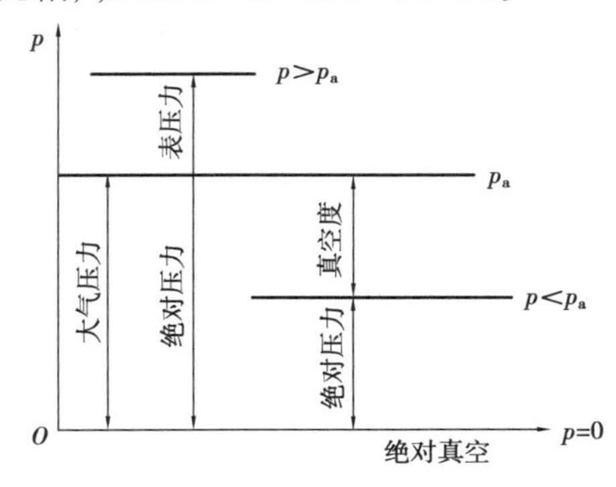

图5.5　绝对压力、相对压力和真空度的关系

压力的表示方法有两种：一种是以绝对真空作为基准表示的压力，称为绝对压力；另一种是以大气压作为基准所表示的压力，称为相对压力。由于大多数测压仪表所测得的压力都是相对压力。因此，相对压力也称表压力。通常人们所讲的液压系统的压力是指大于大气压力的表压力。当绝对压力低于大气压力时，比大气压力小的那部分数值称为真空度。

绝对压力、相对压力和真空度的关系为（见图5.5）

绝对压力 = 大气压力 + 相对压力

相对压力 = 绝对压力 − 大气压力

真空度 = 大气压力 − 绝对压力

（2）静压力的传递

帕斯卡定律加在密闭容器中液体上的压力，能等值地被液体向各个方向传递。

根据帕斯卡原理和静压力的特性，液压传动不仅可进行力的传递，而且还能将力放大和改变力的方向并进行运动的传递。

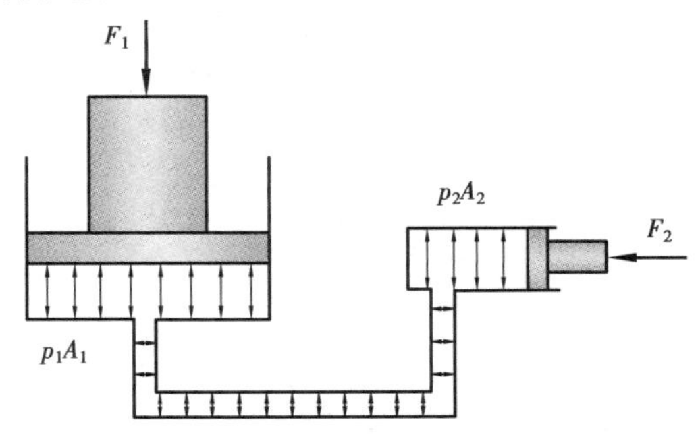

图5.6　绝对压力、相对压力和真空度的关系

如图5.6所示为应用帕斯卡原理推导压力与负载关系的实例。其中，垂直液压缸（负载缸）的截面积为 A_1，水平液压缸截面积为 A_2，两个活塞上的外作用力分别为 F_1，F_2，则缸内压力分别为 $p_1 = F_1/A_1$，$p_2 = F_2/A_2$。由于两缸充满液体且互相连接，根据帕斯卡原理有 $p_1 = p_2$，

因此有

$$F_1 = \frac{F_2A_1}{A_2} \tag{5.3}$$

式(5.3)表明,只要 A_1/A_2 足够大,用很小的力 F_2 就可产生很大的力 F_1(负载力);若 A_1/A_2 为一定值,则 F_1 越大,所需的力 F_2 也越大。液压千斤顶和水压机就是按此原理制成的。

如果垂直液压缸的活塞上没有负载,即 $F_1=0$,当略去活塞质量及其他阻力时,不论怎样推动水平液压缸的活塞,也不能在液体中形成压力。这说明,液压系统中的压力是由外界负载决定的,这是液压传动的一个基本概念。

2)流量和平均流速

(1)液体的流量

液体在管道中流动时,垂直于液体流动方向的截面,称为通流截面。单位时间内流过某通流截面的液体体积,称为流量,用 q_V 表示,即

$$q_V = \frac{V}{t} \tag{5.4}$$

其单位为 m^3/s 或 L/min,则

$$1\ m^3/s = 6 \times 10^4\ L/min$$

(2)平均流速

平均流速是一种假想的流速,即按通流截面上各点流速相同所计算的流量来代替实际的流量。流速是指液流质点在单位时间内流过的距离,用 v 表示,即

$$v = \frac{s}{t} \tag{5.5}$$

其单位为 m/s。若将式(5.5)分子和分母各乘以通流面积 A,则得 $v=sA/tA=q_V/A$,即

$$v = \frac{q_V}{A} \tag{5.6}$$

由于油液之间和油液与管壁之间的摩擦力大小不同,而在油液流动时在同一截面上各点的真实流速并不相同,因此,可用平均流速作近似计算。

(3)活塞(或液压缸)运动速度与流量的关系

活塞(或液压缸)的运动是由于流入液压缸的油液迫使密封容积增大而产生的,因此,活塞(或液压缸)运动速度与流入油液流量有直接关系。活塞(或液压缸)随油液流动而移动,以图 5.2 液压千斤顶为例,设在单位时间 t 内大活塞 8 移动的距离为 H,活塞的有效作用面积为 A,则密封容积变化即所需流入的油液的体积为 AH,则流量

$$q_V = \frac{AH}{t} = vA \tag{5.7}$$

活塞(或液压缸)的运动速度为

$$v = \frac{H}{t} = \frac{q_V}{A} \tag{5.8}$$

由式(5.8)可得出以下结论:

①活塞(或液压缸)的运动速度与液压缸内液体的平均流速相同。

②活塞(或液压缸)运动速度 v 与活塞有效作用面积 A 和流入液压缸中流量 q_V 有关,与油液的压力 p 无关。

③活塞(或液压缸)的有效作用面积一定时,活塞(或液压缸)的运动速度取决于流入液压缸中油液的流量,改变流量就能改变运动速度。

(4)液流的连续性

液体在管中作稳定流动时(流动液体中任一点的压力、速度和密度都不随时间而变化),因液体是几乎不可压缩的,则液体在流动过程中遵守质量守恒定律,在单位时间内通过任意截面的液体质量相等(见图5.7),故

$$m_1 = m_2$$

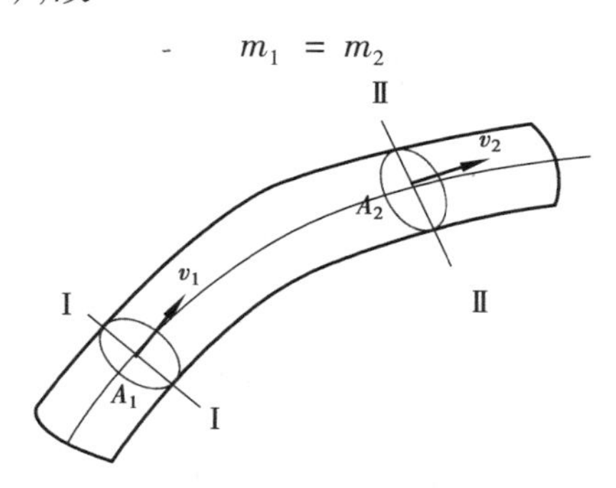

图5.7　液流的连续性

根据式(5.1),则

$$\rho_1 v_1 A_1 = \rho_2 v_2 A_2$$

若忽略液体可压缩性,即 $\rho_1 = \rho_2 = \rho$,最终得

$$v_1 A_1 = v_2 A_2 = 常量$$

就是说,液体流过无分支管道时在任一截面上的流量一定是相等的,这就是液流连续性方程。根据公式 $v_1 A_1 = v_2 A_2 =$ 常量,可得出结论:液体在无分支管路中稳定流动时,流经不同截面的平均流速与其截面面积成反比。管路截面积大(管粗)的地方平均流速慢,管路截面积小(管细)的地方平均流速快。

5.1.4　液压传动的压力、流量损失

1)液阻和压力损失

油液由液压泵输出到进入液压缸,其间要经过直管、弯管以及各种阀孔等。由于油液具有黏性,因此,油液各质点之间、油液与管壁之间会产生摩擦、碰撞等,对液体的流动产生阻力。这种阻碍油液流动的阻力,称为液阻。

液阻要损耗一部分能量。这种能量损失主要表现为液流的压力损失。压力损失可分为沿程损失和局部损失。

(1)沿程压力损失

沿程压力损失是指油液沿等直径直管流动时所产生的压力损失。它一般用 Δp_λ 表示。

由于管壁对油液的摩擦,因此,油液的部分压力用于克服这一摩擦阻力。管路越长,沿程压力损失越大。

(2)局部压力损失

局部压力损失是指油液流经局部障碍(如弯管、接头、管道截面突然扩大或收缩)时,由于液流的方向和速度的突然变化,在局部形成旋涡引起油液质点间以及质点与固体壁面间相互碰撞和剧烈摩擦而产生的压力损失。它一般用 Δp_ζ 表示。

(3)总压力损失

管路系统的总压力损失等于所有沿程压力损失和所有局部压力损失之和,即

$$\sum \Delta P = \sum \Delta p_{\lambda} + \sum \Delta p_{\zeta} \tag{5.9}$$

液压传动系统中的压力损失,绝大部分转变为热能,造成油温升高和泄漏增多,使液压元件受热膨胀而“卡死”,使传动的效率降低,影响系统的工作性能。因此,尽量注意减少压力损失。布置管路时,应尽量缩短管路长度,减少管路和截面的突然变化,管路内壁力求光滑,选取合理的管径。由于局部压力损失与液压油速度的平方成正比关系,因此,在液压系统中管路的流速不应过高。

2)泄漏和流量损失

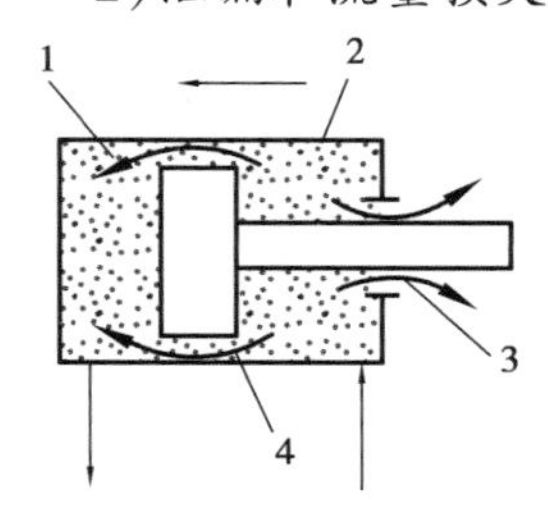

图5.8　液压缸中的泄漏
1—低压腔;2—高压腔;
3—外泄漏;4—内泄漏

液压元件不可能绝对密封,液压元件内各零件间有相对运动,必须要有适当间隙。当间隙两端有压力差时,就会有油液从这些间隙流出。从液压元件的密封间隙漏出少量油液的现象,称为泄漏。

泄漏分为内泄漏和外泄漏两种。如图5.8所示为液压缸的两种泄漏现象。内泄漏是液压元件内部高、低压区间的泄漏,外泄漏则是系统内部向系统外部的泄漏。

液压系统的泄漏必然引起流量损失,使液压泵输出的流量不能全部流入液压缸等执行元件。此外,内泄漏的损失转换为热能,使油温升高,外泄漏污染环境,两者均影响系统的性能与效率。

5.1.5　液压冲击与气穴现象

1)液压冲击

在液压系统中,因某种原因使液体压力突然产生很高的峰值,这种现象称为液压冲击。

发生液压冲击时,由于瞬间的压力峰值比正常的工作压力大好几倍,因此,对密封元件、管道和液压元件都有损坏作用,还会引起设备振动,产生很大的噪声。液压冲击经常使压力继电器、顺序阀等元件产生误动作。

液压冲击的产生多发生在阀门突然关闭或运动部件快速制动的场合。这时,液体的流动突然受阻,液体的动量发生了变化,从而产生了压力冲击波。这种冲击波迅速往复传播,最后因液体受到摩擦力作用而衰减。

现将减小压力冲击的措施归纳如下:

①尽量延长阀门关闭和运动部件制动换向的时间。

②在冲击区附近安装卸荷阀、蓄能器等缓冲装置。

③正确设计阀口,限制管道流速及运动部件速度,使运动部件制动时速度变化较平稳;如果换向精度要求不高,可使液压缸两腔油路在换向阀回到中位时瞬时互通。

2)气穴现象

流动的液体,当压力低于其空气分离压时,原先溶解在液体中的空气就会分离出来,使液体中充满大量的气泡,这种现象称为气穴现象。当液体的压力进一步降低,低到饱和蒸气压时,液体本身将汽化,产生更多的蒸气泡,气穴现象将更加严重。

气穴多发生在阀口和液压泵的入口处。因阀口处液体的流速增大,故压力将降低。如果

液压泵吸油管太细,也会造成真空度过大,发生气穴现象。

当液压系统出现气穴现象时,大量气泡使液流的漏洞特性变坏,造成流量不稳定,噪声突增,特别是当带有气泡的液流进入高压区时,气泡受到高压的压迫迅速破灭,使局部产生非常高的温度和冲击压力。这样高的局部温度和冲击压力,一方面使金属表面疲劳,另一方面又使液压油变质,对金属产生化学腐蚀作用,从而使液压元件表面受到侵蚀、剥落,甚至出现海绵状的小洞穴,此现象称为气蚀。气蚀会严重损伤元件表面质量,大大缩短其使用寿命。

为减少气穴现象带来的危害,通常采取下列措施:

①减小孔口或缝隙前后的压力降。一般希望相应的压力比 $p_1/p_2<3.5$。

②降低液压泵的吸油高度,适当加大吸油管直径。对自吸能力差的液压泵要安装辅助泵供油。

③管路要有良好的密封,防止空气进入。

自测题

一、综合题

1. 液压系统由哪几部分组成?各部分的作用是什么?

2. 石油液压油有哪几种?它们各应用于什么场合?

3. 什么是气穴现象?它一般产生在何处?有什么危害?

4. 什么是液压系统的泄漏?生产中如何消除压力损失和流量损失对工作的影响?

二、填空题

1. 液压传动的工作原理是________________,即密闭容积中的液体既可传递________,又可传递________。

2. 液压传动是以________为工作介质,利用________来驱动执行机构的传递方式。

3. 液压系统中的压力取决于________,执行元件的速度取决于________。

4. 液压传动装置由________、________、________、________及________组成。其中,________、________为能量转换装置。

5. 单位时间内流过某通流截面的液体的体积,称为________。它决定了执行元件的________。

6. 根据液流连续性的原理,同一管道中各个截面的平均流速与过流断面面积成反比,管子细的地方流速________,管子粗的地方流速________。

7. 液压油的黏度随温度的升高而________,随压力的升高而________。

8. 根据度量基准的不同,液体压力的表示方法有两种,即________和________。其中,大多数的压力表测得的压力是________。

9. 牌号为 L-HL40 的液压油,是指油液在________℃时油液的黏度值为________。

10. 液体在管道中流动时产生的压力损失有________和________。

11. 在液压系统中,由于某些原因使液体压力突然急剧上升,形成很高的压力峰值,这种现象称为________。

12. 绝对压力等于大气压力________,真空度等于大气压力________。

任务 5.2　常用液压动力元件

活动情境

观察液压试验台上各种液压元件的结构和形态以及工作过程。

任务要求

1. 掌握各液压元件的作用和特点。
2. 掌握各液压元件的工作原理和基本结构。
3. 用简化表示方法识记各液压元件。

任务引领

通过观察与操作回答以下问题：
液压试验台由哪些部分组成？各部分有哪些元件？各起什么作用？

5.2.1　液压泵与液压马达

1）概述

液压泵在液压系统中属于能量转换装置。液压泵是将电动机输出的机械能（电动机轴上的转矩 T_P 和角速度 ω_P 的乘积）转变为液压能（液压泵的输出压力 p_P 和输出流量 q_P 的乘积），为系统提供一定流量和压力的油液，是液压系统中的动力源。

液压泵的分类如图 5.9 所示。

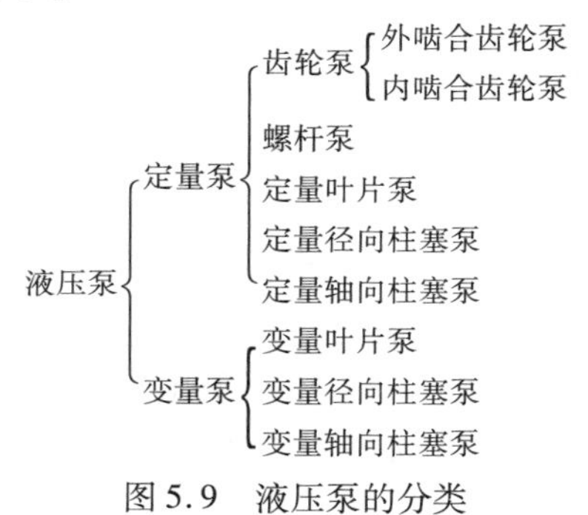

图 5.9　液压泵的分类

泵职能符号如图 5.10 所示。

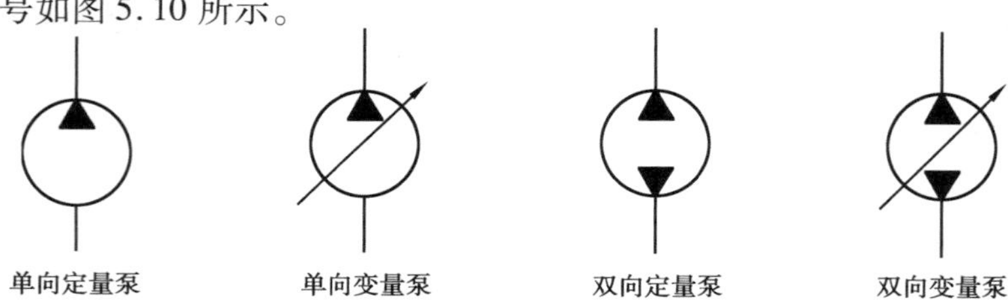

图 5.10　泵职能符号

马达职能符号如图5.11所示。

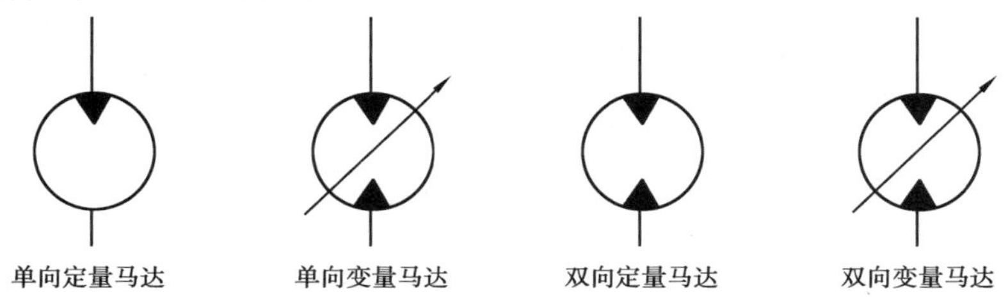

图5.11　马达职能符号

(1)液压泵的工作原理

如图5.12所示为简单柱塞式液压泵的工作原理图。柱塞2在弹簧3的作用下紧压在凸轮1上,凸轮1旋转,使柱塞在泵体中作往复运动。当柱塞向外伸出时,密封油腔4的容积由小变大,形成真空,油箱(必须和大气相通或密闭充压油箱)中的油液在大气压力的作用下,顶开单向阀5(这时,单向阀6关闭)进入油腔4,实现吸油。当柱塞向里顶入时,密封油腔4的容积由大变小,其中的油液受到挤压而产生压力,当能克服单向阀6中弹簧的作用力时,油液便会顶开单向阀6(这时,单向阀5封住吸油管)进入系统实现压油。凸轮连续旋转,柱塞就不断地进行吸油和压油。

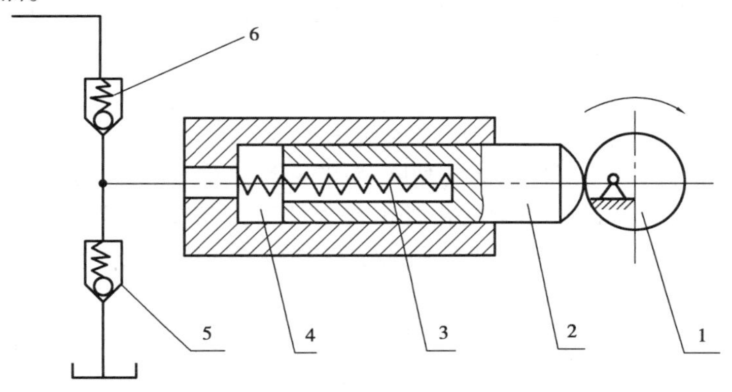

图5.12　液压泵的工作原理

1—凸轮;2—柱塞;3—弹簧;4—密封油腔;5,6—单向阀

由上述可知,液压泵是靠密封油腔容积的变化来进行工作的,故称容积式泵。泵的输油量取决于密封工作油腔的数目以及容积变化的大小和频率。单向阀5,6是保证泵正常工作所必需的,称为配流装置。

(2)液压泵基本工作条件(必要条件)

①形成密封容积。

②密封容积变化。

③吸压油腔隔开(配流装置)。

(3)液压泵(马达)的工作压力和额定压力

液压泵和液压马达的工作压力是指泵(马达)实际工作时的压力。

对泵来说,工作压力是指它的输出油液压力;对马达来说,则是指它的输入压力。在实际工作中,泵的压力是由负载大小决定的。

液压泵(液压马达)的额定压力是指泵(马达)在正常工作条件下,按试验标准规定连续运转的最高压力。超过此值就是过载。

因为液压传动的用途不同,所以系统所需的压力也各不相同,为了便于组织液压元件的设计和生产,将压力分为若干等级,见表5.3。

表5.3 压力分级

压力级	低压	中压	中高压	高压	超高压
压力/MPa	≤2.5	2.5~8	8~16	16~32	>32

(4)液压泵(马达)的排量和流量

液压泵(马达)的排量 V 是指在没有泄漏的情况下,液压泵(马达)轴转一转所排出的油液体积。排量用 V_P 表示,常用单位为 m^3/r 或 mL/r。

液压泵(马达)的理论流量 q_t 是指在没有泄漏的情况下,单位时间内输出的油液体积。它等于排量 V 和转速 n 的乘积,即

$$q_t = Vn \tag{5.10}$$

因此,液压泵的理论流量只与排量和转速有关,而与压力无关。工作压力为零时,实际测得的流量可近似作为其理论流量。

泵工作时,实际排出的流量 q 等于泵的理论流量 q_t 减去泄漏流量 q_1,即

$$q = q_t - q_1$$

对马达,实际流量 q 与理论流量 q_t 的关系为

$$q = q_t + q_1$$

式中 q_1——容积流失,它与工作油液的黏度、泵的密封性及工作压力 p 等因素有关。

液压泵(马达)额定流量 q_n 是指在正常工作条件下,按试验标准规定必须保证的最大流量,即在额定转速和额定压力下泵输出(或输入马达中)的实际流量。

(5)液压泵(马达)功率和效率

液压泵由原动机(电机等)驱动,输入量是转矩和转速(角速度),输出量是液体的压力和压强;液压马达则相反,输入量是液体的压力和压强,输出量是转矩和转速(角速度)。

如果不考虑液压泵(液压马达)在能量转换过程中的损失,则输出功率等于输入功率,也就是它们的理论功率为

$$P_t = pq_t(\text{泵}) = T_t\omega(\text{马达}) \tag{5.11}$$

其中,理论输入(输出)转矩为

$$T_t = \frac{pV}{2\pi} \tag{5.12}$$

工作压力为

$$p = 2\pi\frac{T_t}{V} \tag{5.13}$$

理论流量为

$$q_t = Vn \tag{5.14}$$

式中 P_t——液压泵、马达的理论功率,W;

T_t——液压泵、马达的理论转矩,N·m。

液压泵和液压马达在能量转换过程中是有损失的,因此,输出功率小于输入功率,两者的

差值即为功率损失。输出功率和输入功率之比值,称为液压泵的效率 η。功率损失可分为容积损失和机械损失 η_m 两部分。

机械损失是指因摩擦而造成的转矩损失。对液压泵来说,泵的驱动转矩总是大于其理论上需要的驱动转矩,机械损失 η_V 用机械效率 η_m 来表征,即

$$\eta_m = \frac{T_t}{T} = \frac{1}{1 + \frac{\Delta T}{T_t}} \tag{5.15}$$

对于液压马达来说,由于摩擦损失,使液压马达实际输出转矩小于其理论转矩;它的机械效率为

$$\eta_m = \frac{T}{T_t} = \frac{T_t - \Delta T}{T_t} = 1 - \frac{\Delta T}{T_t} \tag{5.16}$$

式中　η_m——液压泵、马达的机械效率;

ΔT——液压泵、马达的损失转矩,N·m;

T——液压泵、马达的实际转矩,N·m。

容积损失是因泄漏、气穴和油液在高压下压缩等造成的流量损失。对于液压泵来说,输出压力增大时,泵实际输出的流量减小,泵的流量损失可用容积效率来表示,即

$$\eta_V = \frac{q_t}{q} = 1 - \frac{\Delta q}{q} \tag{5.17}$$

式中　η_V——液压泵、马达的容积效率;

Δq——液压泵、马达的泄漏流量,m^3/s;

q——液压泵、马达的实际流量,m^3/s。

液压泵的总效率是其输出功率和输入功率之比,即

$$\eta = \frac{P_{出}}{P_{入}} = \eta_V \times \eta_m \tag{5.18}$$

主要液压泵的容积效率和总效率见表5.4。

表5.4　泵的容积效率和总效率

泵的类别	齿轮泵	叶片泵	柱塞泵
容积效率 η_V	0.7~0.95	0.8~0.95	0.85~0.95
总效率 η	0.63~0.87	0.65~0.82	0.81~0.88

例5.1　已知某液压泵的转速为950 r/min,排量为 $V_P = 168$ mL/r,在额定压力29.5 MPa和同样转速下,测得的实际流量为150 L/min,额定工况下的总效率为0.87,求:

(1)液压泵的理论流量 q_t;

(2)液压泵的容积效率 η_V;

(3)液压泵的机械效率 η_m;

(4)在额定工况下,驱动液压泵的电动机功率 P_i;

(5)驱动泵的转矩 T。

解　(1)$q_t = V_n = 950 \times \frac{168}{1\ 000} = 159.6$ L/min

(2) $\eta_V = \frac{q}{q_t} = \frac{150}{159.6} = 0.94$

(3) $\eta_m = \frac{0.87}{0.94} = 0.925$

(4) $P_i = \frac{pq}{60 \times 0.87} = 84.77\ kW$

(5) $T_i = 9\ 550\ \frac{P}{n} = 9\ 550 \times \frac{84.77}{950} = 852\ N \cdot m$

例 5.2　已知液压马达的排量 $V_M = 250\ mL/r$；入口压力为 9.8 MPa；出口压力为 0.49 MPa；此时的总效率 $\eta = 0.9$；容积效率 $\eta_{VM} = 0.92$；当输入流量为 22 L/min 时，试求：

(1)液压马达的输出转矩(N·m)；

(2)液压马达的输出功率(kW)；

(3)液压马达的转速(r/min)。

解　(1)液压马达的输出转矩

$T_M = 1/2\pi \cdot \Delta p_M V_M \eta_m = 1/2\pi \times (9.8 - 0.49) \times 250 \times 0.9/0.92 = 362.4\ N \cdot m$

(2)液压马达的输出功率

$P_{MO} = \Delta p_M q_M \eta_M / 60 = (9.8 - 0.49) \times 22 \times 0.9/60 = 3.07\ kW$

(3)液压马达的转速

$n_M = q_M \eta_{MV} / V_M = 22 \times 10^3 \times 0.92/250 = 80.96\ r/min$

2)齿轮泵

齿轮泵是一种常用的液压泵，如图 5.13 所示。其主要特点是结构简单，制造方便，价格低廉，体积小，质量小，自吸性能好，对油液污染不敏感，工作可靠；其主要缺点是流量和压力脉动大，噪声大，排量不可调。

齿轮泵被广泛地应用于采矿设备、冶金设备、建筑机械、工程机械及农林机械等各个行业。

齿轮泵按照其啮合形式的不同，可分为外啮合和内啮合两种。其中，外啮合齿轮泵应用较广，而内啮合齿轮泵则多为辅助泵。

图 5.13　齿轮泵

(1)齿轮泵的工作原理

如图 5.14 所示为外啮合齿轮泵的工作原理。一对啮合着的渐开线齿轮安装于泵体内部，齿轮的两端面靠端盖密封，齿轮将泵体内部分隔成左右两个密封的油腔。当齿轮按图示的箭头方向旋转时，轮齿从右侧退出啮合，使该腔容积增大，形成局部真空，油箱中的油液在大气压力的作用下经泵的吸油管进入右腔——吸油腔，填充齿间。随着齿轮的转动，每个齿轮的齿间把油液从右腔带到左腔，轮齿在左侧进入啮合，齿间被对方轮齿填塞，容积减小，齿间的油液被挤出，使左腔油压升高，油液从压油口输出，因此，左腔便是泵的排油腔。齿轮不断转动，泵的吸排油口便连续不断地吸油和排油。

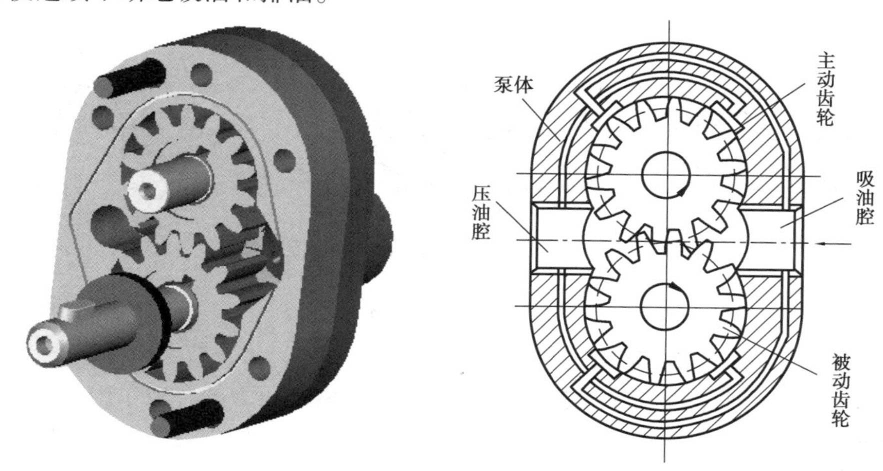

图5.14　外啮合齿轮泵的工作原理

齿轮泵没有单独的配流装置，齿轮的啮合线起配流作用。

(2)外啮合齿轮泵的结构特点和优缺点

外啮合齿轮泵的泄漏、困油和径向液压力不平衡是影响齿轮泵性能指标和寿命的三大问题。各种不同齿轮泵的结构特点之所以不同，是因为都采用了不同结构措施来解决这三大问题。

①困油现象及消除措施。

为了使齿轮平稳地啮合运转，根据齿轮啮合原理，齿轮的重叠系数应大于1，即存在两对轮齿同时进入啮合的时候。因此，就有一部分油液困在两对轮齿所形成的封闭容腔之内，如图5.15所示。这个封闭容腔先随齿轮转动逐渐减小(见图5.16(a)、(b))，以后又逐渐增大(见图5.16(b)、(c))。减小时会使被困油液受挤压而产生高压，并从缝隙中流出，导致油液发热，同时也使轴承受到不平衡负载的作用；封闭容腔的增大会造成局部真空，使溶于油液中的气体分离出来，产生气穴，这就是齿轮泵的困油现象。其封闭容积的变化如图5.16所示。困油现象使齿轮泵产生强烈的噪声和气蚀，影响并缩短其工作的平稳性和寿命。

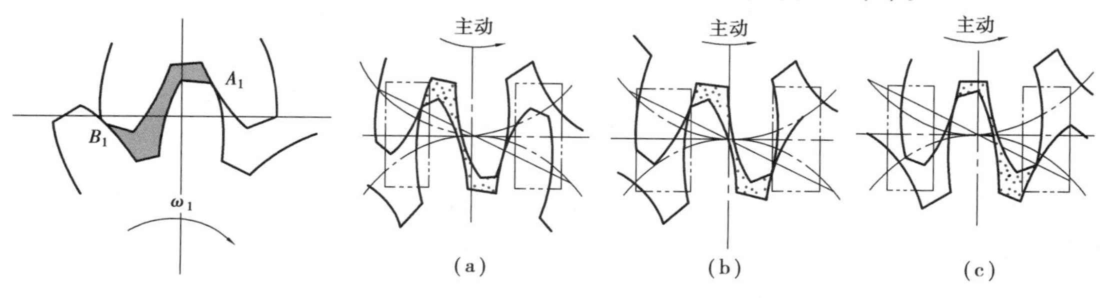

图5.15　困油现象

图5.16　困油区域变化图

消除困油现象的方法通常是在两端盖板上开一对矩形卸荷槽，如图5.17所示的虚线。开卸荷槽的原则是：当封闭容腔减小时，让卸荷槽与泵的压油腔相通，这样可使封闭容腔中的高压油排到压油腔中;当封闭容腔增大时,使卸荷槽与泵的吸油腔相通,使吸油腔的油及时补入封闭容腔中,从而避免产生真空,这样使困油现象得以消除。在开卸荷槽时,必须保证齿轮泵吸、压油腔任何时候不能通过卸荷槽直接相通,否则将使泵的容积效率降低很多。卸荷槽间距过大,则困油现象不能彻底消除。

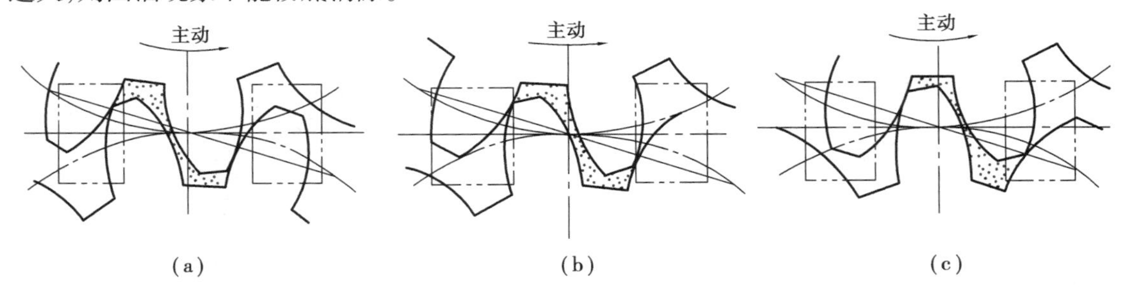

图 5.17　卸荷槽

②齿轮泵的径向液压力不平衡问题。

在齿轮泵中,因在压油腔和吸油腔之间存在压差,故液体压力的合力作用在齿轮和轴上是一种径向不平衡力,如图 5.18 所示。当泵的尺寸确定后,油液压力越高,径向不平衡力就越大。其结果是加速轴承的磨损,增大内部泄漏,甚至造成齿顶与壳体内表面的摩擦。减小径向不平衡力的方法如下:

a. 缩小压油腔。

b. 开压力平衡槽。

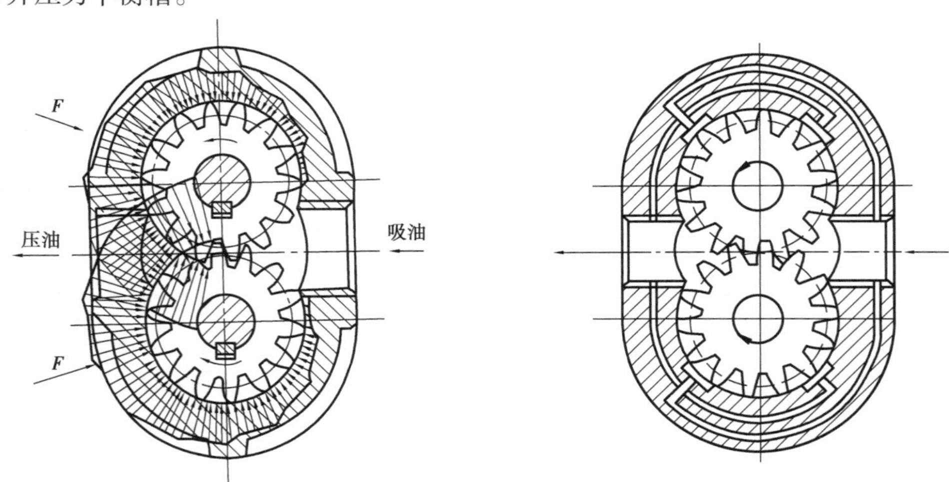

图 5.18　径向不平衡力

③泄漏。

外啮合齿轮泵高压腔的压力油可通过齿轮两侧面和两端盖之间的轴向间隙、泵体内孔和齿顶圆之间的径向间隙以及齿轮啮合线处的间隙泄漏到低压腔中。

齿侧泄漏约占齿轮泵总泄漏量的 5%。

径向泄漏占齿轮泵总泄漏量的 20% ~25%。

端面泄漏占齿轮泵总泄漏量的 75% ~80%。

泵压力越高,泄漏越大。

降低端面泄漏的措施如下：

a. 浮动轴套补偿。其原理是将压力油引入轴套背面，使之紧贴齿轮端面，补偿磨损，减小间隙。

b. 弹性侧板式补偿。其原理是将泵出口压力油引至侧板背面，靠侧板自身的变形来补偿端面间隙。

④特点。

外啮合齿轮泵的优点是结构简单，尺寸小，质量小，制造方便，价格低廉，工作可靠，自吸能力强（允许的吸油真空度大），对油液污染不敏感，维护容易。

它的缺点是一些部件承受径向不平衡力，磨损严重，泄漏大，工作压力的提高受到限制。此外，它的流量脉动大、压力脉动和噪声都较大。

3）叶片泵

如图5.19所示为叶片泵。叶片泵具有结构紧凑、流量均匀、噪声小、运转平稳等优点，因而被广泛用于中、低压液压系统中。但它也存在着结构复杂，吸油能力差，对油液污染较敏感等缺点。叶片泵按结构，可分为单作用式和双作用式两大类。单作用叶片泵多用于变量泵，双作用叶片泵均为定量泵。

当转子转一圈时，油泵每一工作容积吸、排油各一次，称为单作用叶片泵。

当转子转一圈时，油泵每一工作容积吸、排油各两次，称为双作用叶片泵。

图5.19　叶片泵

单作用叶片泵往往是做成变量泵结构。双作用叶片泵则只能做成定量泵结构。

（1）单作用叶片泵

如图5.20所示为单作用叶片泵工作原理图。单作用叶片泵是由配油盘1、轴2、转子3、定子4、叶片5及壳体6等零件组成。与双作用叶片泵明显不同之处是，定子的内表面是圆形的，转子与定子之间有一偏心量e，配油盘只开一个吸油窗口和一个压油窗口。当转子转动时，由于离心力作用，叶片顶部始终压在定子内圆表面上。这样，两相邻叶片间就形成了密封容腔。显然，当转子按图示方向旋转时，图中右侧的容腔是吸油腔，左侧的容腔是压油腔，它们容积的变化分别对应着吸油和压油过程。由于在转子每转一周的过程中，每个密封容腔完成吸油、压油各一次，因此为单作用式叶片泵。单作用式叶片泵的转子受不平衡液压力的作用，故称非卸荷式叶片泵。

其特点如下：

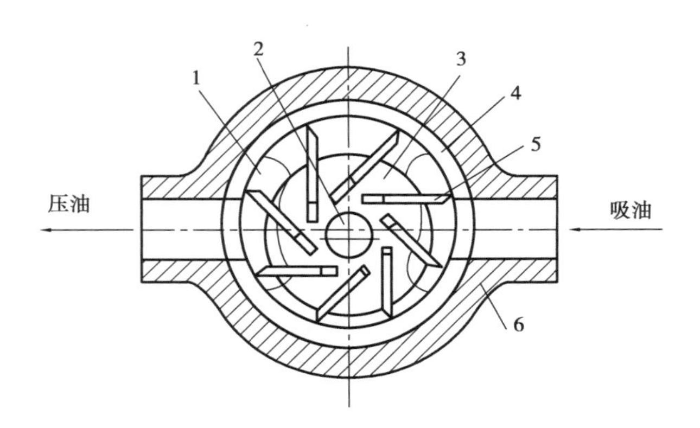

图 5.20　单作用叶片泵结构图

1—配油盘;2—轴;3—转子;4—定子;5—叶片;6—壳体

①单作用叶片泵的转子上有单方向的液压不平衡作用力,轴承负载较大。

②通过变量机构改变定子和转子之间的偏心距 e,就可改变泵的排量使其成为一种变量泵。

③为了使叶片在离心力作用下可靠地压紧在定子内圆表面上可采用特殊沟槽使压油一侧的叶片底部和压油腔相通,吸油腔一侧的叶片底部和吸油腔相通。

④单作用叶片泵定子、转子偏心安装,其容积变化不均匀,故其流量是有脉动的。

泵内叶片数越多,流量脉动率越小。

此外,奇数叶片泵的脉动率比偶数叶片泵的脉动率小,一般叶片取 13 ~ 15 片。

(2)双作用叶片泵

如图 5.21 所示为双作用叶片泵的工作原理图。它的作用原理和单作用叶片泵相似,不同之处只在于定子内表面是由两段长半径圆弧、两段短半径圆弧和 4 段过渡曲线组成,且定子和转子是同心的,当转子逆时针方向旋转时,密封工作腔的容积在左上角和右下角处逐渐减小,为压油区;在左下角和右上角处逐渐增大,为吸油区。

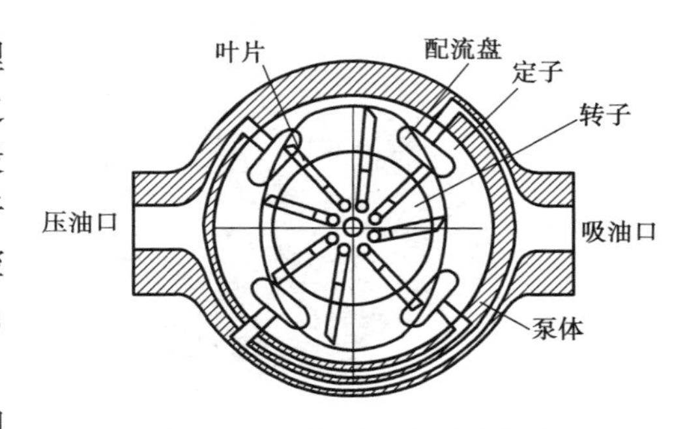

图 5.21　双作用叶片泵结构图

由于双作用叶片泵有两个吸油区和两个排油区,并且各自的中心夹角是对称的,故作用在转子上的油压作用力互相平衡。因此,这种油泵也称平衡式叶片泵。

吸油区和压油区之间有一段封油区将吸、压油区隔开。这种泵的转子每转一周,每个密封工作腔完成吸油和压油动作各两次,故称双作用叶片泵。

双作用叶片泵工作原理如下:

密封容积的形成:定子、转子和相邻两叶片、配流盘围成。

密封容积的变化 $\begin{cases}\text{右上、左下,叶片伸出,密封容积}\uparrow\text{吸油。}\\ \text{左上、右下,叶片缩回,密封容积}\downarrow\text{压油。}\end{cases}$

吸压油口隔开:配油盘上封油区及叶片。

(3)外反馈限压式变量叶片泵

如图 5.22 所示为限压式变量叶片泵是单作用叶片泵。根据前面介绍的单作用叶片泵的工作原理,改变定子和转子之间的偏心距 e,就能改变泵的输出流量,限压式变量叶片泵能借助输出压力的大小自动改变偏心距 e 的大小来改变输出流量。当压力低于某一可调节的限定压力时,泵的输出流量最大;压力高于限定压力时,随着压力增加,泵的输出流量线性地减少。限压式变量叶片泵的特性特别适用于既有快速运动,又有慢速运动(工作进给过程)要求的系统。限压式变量叶片泵在能量利用上是比较合理的,因此,可减少油液发热,可简化液压系统的设计。不足之处是这种泵的泄漏较大,造成执行机构的运动速度不够平稳。

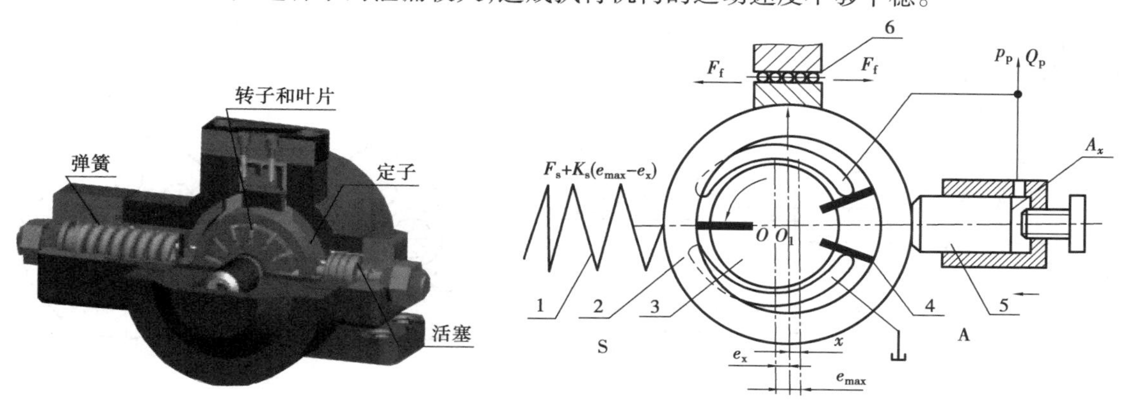

图 5.22　外反馈限压式变量叶片泵结构及原理图

4)柱塞泵

如图 5.23 所示,柱塞泵是依靠柱塞在缸体中往复运动,使密封工作容腔的容积发生变化来实现吸油、压油的。与齿轮泵和叶片泵相比它具有工作压力高、易于变量、流量范围大的特点。

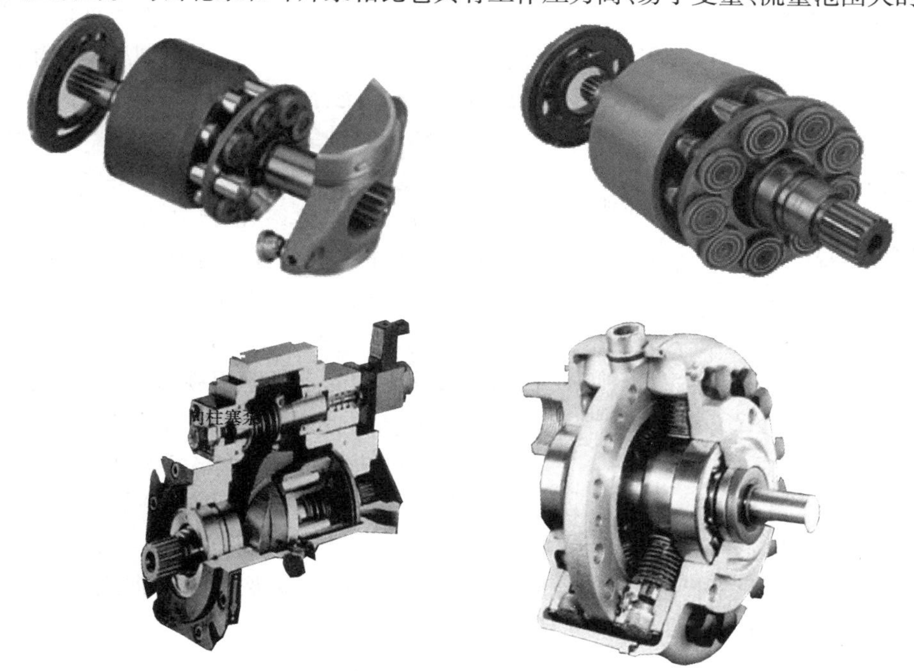

图 5.23　柱塞泵

当然,柱塞泵也存着在对油污染敏感和价格较昂贵等缺点。

上述特点表明,柱塞泵具有额定压力高、结构紧凑、效率高及流量调节方便等优点,故被广泛应用于高压、大流量和流量需要调节的场合,如液压机、工程机械和船舶中。

柱塞泵按柱塞的排列和运动方向不同,可分为径向柱塞泵和轴向柱塞泵两大类。

工作时缸体转动,斜盘、配油盘不动。

轴向柱塞泵工作原理是:工作时,缸体逆转,在其自下而上回转的半周内的柱塞,在机械装置的作用下逐渐向外伸出,使缸体孔内密封工作腔容积不断增大,产生真空,将油液从配油盘配油窗口 a 吸入;在自上而下的半周内的柱塞被斜盘推着逐渐向里缩入,使密封工作腔容积不断减小,将油液经配油盘配油窗口 b 压出,如图 5.24 所示。

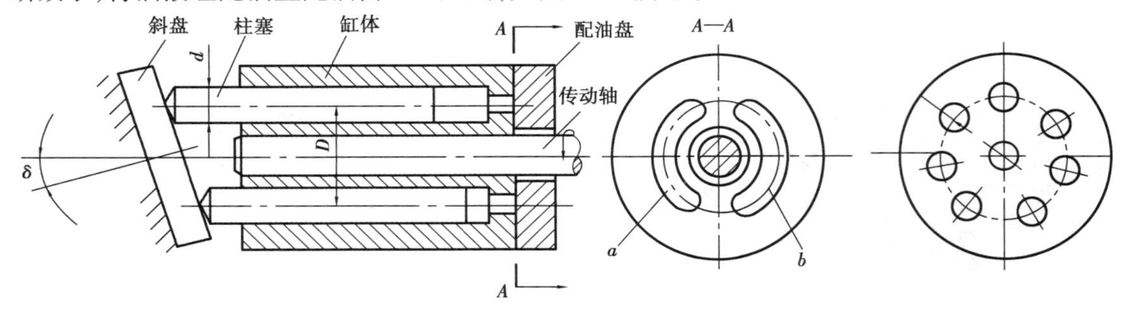

图 5.24　轴向柱塞泵结构简图

斜盘式轴向柱塞泵变量原理是:当斜盘与缸体中心线的夹角 $\delta=0$,则 $q=0$;当 δ 大小变化,输出流量大小变化;当 δ 方向变化,输油方向变化。因此,斜盘式轴向柱塞泵可作双向变量泵。

柱塞泵的特点是:容积效率高,压力高($\eta_V=0.98,p=32$ MPa),柱塞和缸体均为圆柱表面,易加工,精度高,内泄小,结构紧凑,径向尺寸小,转动惯量小;易于实现变量;构造复杂,成本高;对油液污染敏感。因此,它应用于高压、高转速的场合。

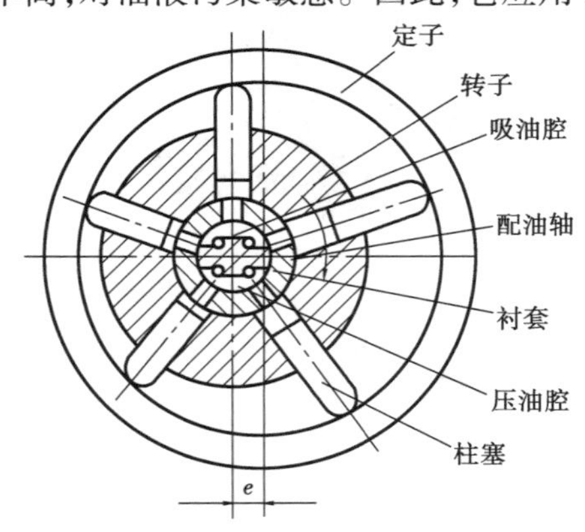

图 5.25　径向柱塞泵结构简图

径向柱塞泵轴线垂直于转子轴线。如图 5.25 所示,它由柱塞、定子、转子及配油轴等组成。转子上沿周向均匀分布径向柱塞孔,孔中装有柱塞。当电动机带动转子旋转时,每个柱塞分别在缸体内径向往复滑动。由于定子和转子间有偏心距 e,因此,当转子按图示方向转动时,柱塞在上半周时逐渐向外伸出柱塞底部与柱塞孔之间的密封容积逐渐增大,形成局部真空,从而从配油轴的吸油口吸油;当柱塞在下半周时逐渐向柱塞孔内缩进,密封容积逐渐减小,压力增加,向配油轴的压油口压油。转子每转一周,各柱塞各吸、压油一次。改变转子与定子的偏心距 e 时,可改变泵的输油量,因此,径向柱塞泵是一种变量泵。若改变偏心方向,就可改变吸、排油方向成为双向变量泵。

液压泵的选用如下:

①一般在负载小、功率小的机械设备中,可用齿轮泵和双作用叶片泵。

②精度较高的机械设备(如磨床),可用螺杆泵和双作用叶片泵。

③负载较大并有快速和慢速行程的机械设备(如组合机床),可用限压式变量叶片泵。

④负载大、功率大的机械设备,可使用柱塞泵。

⑤机械设备的辅助装置,如送料、夹紧等要求不太高的地方,可使用价廉的齿轮泵。

选择液压泵的原则是:根据主机工况、功率大小和系统对工作性能的要求,首先确定液压泵的类型,然后按系统所要求的压力、流量大小确定其规格型号,还要考虑价格、维护方便与否等问题。常用液压泵的主要性能见表5.5。

表5.5　常用液压泵的性能比较

项　目	类　型					
	齿轮泵	双作用叶片泵	限压式变量叶片泵	轴向柱塞泵	径向柱塞泵	螺杆泵
工作压力/MPa	<20	6.3~21	≤7	20~35	10~20	<10
转速/($r \cdot min^{-1}$)	300~7 000	500~4 000	500~2 000	600~6 000	700~1 800	1 000~18 000
容积效率	0.7~0.95	0.8~0.95	0.8~0.9	0.9~0.98	0.85~0.95	0.75~0.95
总效率	0.6~0.85	0.75~0.85	0.7~0.85	0.85~0.95	0.75~0.92	0.7~0.85
功率质量比	中	中	小	大	小	中
流量脉动率	大	小	中	中	中	很小
自吸特性	好	较差	较差	较差	差	好
对有污染的敏感性	不敏感	敏感	敏感	敏感	敏感	不敏感
噪声	大	小	较大	大	大	很小
寿命	较短	较长	较短	长	长	很小
单位功率造价	最低	中等	较高	高	高	较高
应用范围	机床、工程机械、农机、矿机、起重机	机床、注射机、液压机、起重机械、工程机械	机床、注射机	工程机械、锻压机械、矿山机械、冶金机械、起重运输机械、船舶、飞机等	机床、液压机、船舶机械	精密机床,精密机械,食品、化工、石油、纺织机械

5)*液压马达*

液压马达是液压系统中的执行元件,是将液压泵供给的液压能(p,q)转换为机械能(n,T)的能量转换装置,是用来实现工作机构转动运动的能量转换装置。

从能量转换的观点来看,液压泵与液压马达是可逆工作的液压元件,向任何一种液压泵输入工作液体,都可使其变成液压马达工况;反之,当液压马达的主轴由外力矩驱动旋转时,也可变为液压泵工况。因为它们具有同样的基本结构要素——密闭而又可周期变化的容积和相应的配油机构。但是,由于液压马达和液压泵的工作条件不同,对它们的性能要求也不一样,因此,同类型的液压马达和液压泵之间仍存在许多差别。首先液压马达应能正反转,因而要求其内部结构对称;液压马达的转速范围需要足够大,特别对它的最低稳定转速有一定的要求。因此,它通常都采用滚动轴承或静压滑动轴承;其次液压马达由于在输入压力油条件下工作,因而不必具备自吸能力,但需要一定的初始密封性,才能提供必要的启动转矩。因存在着这些差别,故使液压马达和液压泵在结构上较相似,但不能可逆工作。

液压马达按其结构类型,可分为齿轮式、叶片式、柱塞式和其他形式。

按液压马达的额定转速,可分为高速和低速两大类。额定转速高于 500 r/min 的属于高速液压马达,额定转速低于 500 r/min 的属于低速液压马达。

高速液压马达的基本形式有齿轮式、螺杆式、叶片式及轴向柱塞式等。它们的主要特点是转速较高、转动惯量小,便于启动和制动,调节(调速及换向)灵敏度高。通常高速液压马达输出转矩不大(仅几十牛·米到几百牛·米),故称高速小转矩液压马达。

低速液压马达的基本形式是径向柱塞式,此外在轴向柱塞式、叶片式和齿轮式中也有低速的结构形式,低速液压马达的主要特点是排量大、体积大转速低(有时可达每分钟几转甚至零点几转),因此,可直接与工作机构连接,不需要减速装置,使传动机构大为简化,通常低速液压马达输出转矩较大(可达几千牛·米到几万牛·米),故称低速大转矩液压马达。

(1)轴向柱塞马达(见图 5.26)

改变供油方向——马达反转,为双向马达。改变斜盘倾角——排量变,转速变。变量马达应用于高转速、较大扭矩的场合。

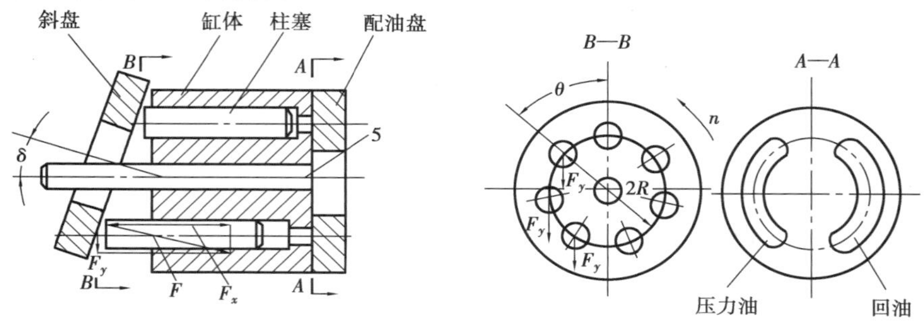

图 5.26　轴向柱塞马达结构简图

(2)径向柱塞马达(见图 5.27)

工作时,油液通过配油轴上的配油窗口分配到工作区段的柱塞底部油腔,压力油使柱塞组的滚轮顶紧导轨表面,在接触点上导轨对滚轮产生法向反作用力 N,其方向垂直导轨表面并通过滚轮中心,该力可分解为两个分力,沿柱塞轴向的分力 P 和垂直于柱塞轴线的分力 T,它通过横梁侧面传给缸体,对缸体产生力矩。进排油口互换,则马达反转。

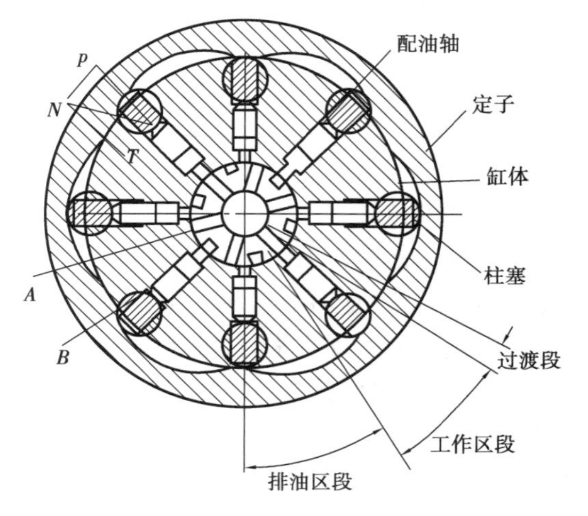

图 5.27　径向柱塞马达结构简图

5.2.2　液压缸

液压缸是液压系统中的执行元件,是将液压泵供给的液压能(p,q)转换为机械能(v,F)的能量转换装置,是用来实现工作机构直线往复运动或小于 360°的摆动运动的能量转换装置。

液压缸按其结构形式，可分为活塞式、柱塞式、摆动式（也称摆动液压马达）及伸缩式，如图 5.28 所示。活塞缸和柱塞缸实现往复直线运动，输入为压力 p 和流量 q，输出为推力 F 和速度 v。输出推力或拉力和直线运动速度；摆动缸则能实现小于 360°的往复摆动，输出角速度（转速）和转矩。

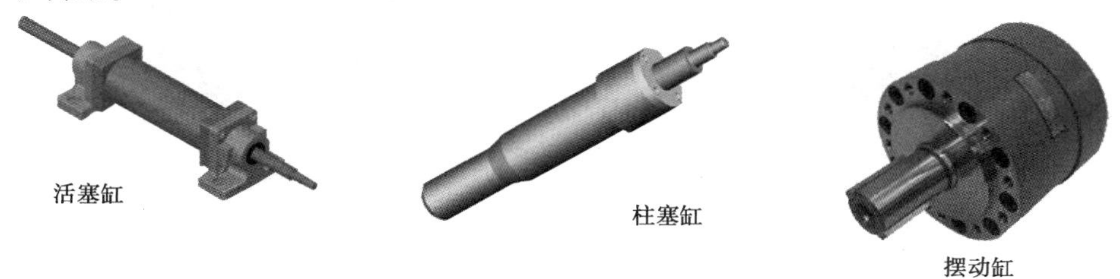

图 5.28　液压缸

液压缸按不同的使用压力，可分为中低压缸（额定压力为 2.5 ~ 6.3 MPa）、中高压缸（额定压力为 10 ~ 16 MPa）和高压缸（额定压力为 25 ~ 31.5 MPa）。

1）液压缸的图形符号

在液压系统回路中，液压缸一般用图形符号表达。其图形符号见表 5.6。

液压缸按油压作用形式，可分为单作用和双作用液压缸两类。单作用式液压缸只有一个外接油口输入压力油（见图 5.28），液压作用力仅作单向驱动，而反行程只能在其他外力（自重、负载或弹簧力）的作用下完成，可节省动力。而双作用式液压缸是分别由液压缸两端外接油口输入压力油，如图 5.29 所示。

表 5.6　常用液压缸图形符号

单作用缸			双作用缸		
单活塞杆缸	单活塞杆缸（带弹簧复位）	伸缩缸	单活塞杆缸	双活塞杆缸	伸缩缸
详细符号	详细符号		详细符号	详细符号	
简化符号	简化符号		简化符号	简化符号	

2）活塞式液压缸

在液压系统中，应用最普遍的是活塞式液压缸。

单作用液压缸

双作用液压缸

图 5.29 活塞式液压缸

活塞式液压缸可分为双杆式和单杆式两种结构形式，如图 5.29 所示。油缸的基本参数是油缸往复运动的速度 v 和牵引力 F。

(1) 双杆活塞式液压缸

①双杆活塞式液压缸的结构机工作原理。

这种液压缸其活塞两端都有活塞杆。如图 5.30 所示为一驱动磨床工作台的实心双出杆活塞式液压缸结构图。它主要由压盖 2、端盖 3、缸体 4、活塞 5、密封圈 6 以及活塞杆 1,7 等组成。当压力油从油缸右腔进入，左腔回油时推动活塞向左移动；反之，活塞右移。

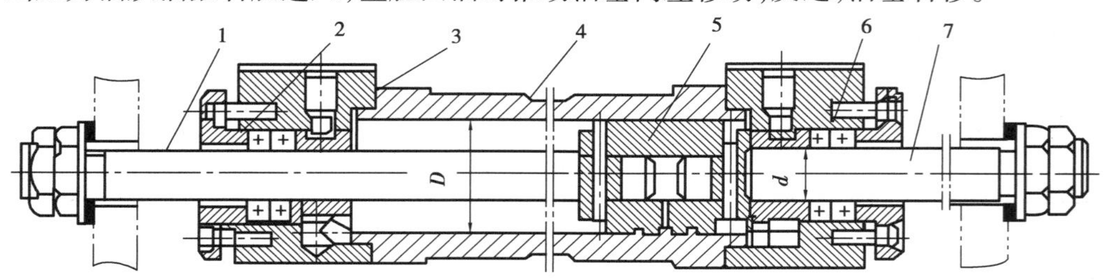

图 5.30 双活塞杆液压缸结构图

1,7—活塞杆；2—压盖；3—端盖；4—缸体；5—活塞；6—密封圈

它有两种不同的安装形式。如图 5.31(a) 所示为缸体固定时的安装形式。活塞带动工作台的运动范围略大于缸有效长度 l 的 3 倍，一般用于小型设备的液压系统中。如图 5.31(b) 所示为活塞杆固定形式，缸体带动工作台的运动范围略大于缸有效长度 l 的 2 倍，一般应用于大型设备的液压系统中。

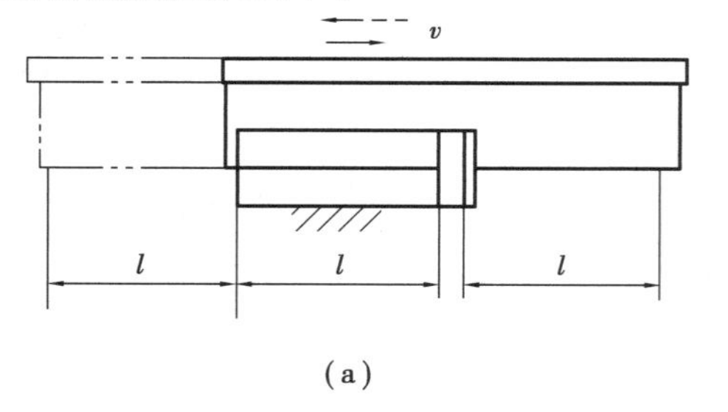

(a)

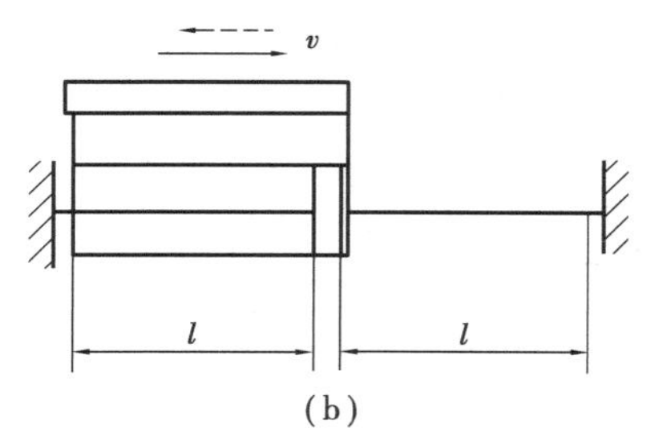

(b)

图 5.31 双活塞杆液压缸安装形式

计算公式为

$$F_1 = F_2 = (p_1 - p_2)A\eta m = \frac{(p_1 - p_2)\pi(D^2 - d^2)\eta_m}{4} \tag{5.19}$$

$$v_1 = v_2 = \frac{4q\eta_v}{\pi(D^2 - d^2)} \tag{5.20}$$

式中　A——活塞的有效面积，m^2；

D,d——活塞和活塞杆的直径，m；

q——液压缸的流量，m^3/s；

v——液压缸的运动速度，m/s；

F——液压缸的推力，N；

p_1, p_2——缸的进、出口压力，Pa；

η_V, η_m——液压缸的容积效率、机械效率。

这种液压缸常用于要求往返运动速度相同的场合。

②双杆活塞式液压缸的特点和应用。

a.特点。根据不同的要求，两端活塞杆直径可以相等，也可以不等。当两直径相等时，由于左右两腔有效面积相等，因此，当分别向左右腔输入压力和流量相同的油液时，液压缸左右两个方向的推力 F 和速度 v 相等。

b.应用。双杆活塞式液压缸常用于工作台往返运动速度相同、推力不大的场合。

(2)单杆活塞式液压缸

①单杆活塞式液压缸的结构和工作原理。

如图5.32所示为单杆活塞式液压缸。液压缸的结构基本上可分为缸体组件、活塞组件、密封装置、缓冲装置及排气装置等。活塞只有一端带活塞杆。活塞、活塞杆和导套上都装有密封圈，因而液压缸被分隔为两个互不相通的油腔。当活塞腔(无杆腔)通入高压油而活塞杆腔回油时，可实现工作行程。当从相反方向进油和排油时，则实现回程。因此，它是双作用液压缸。

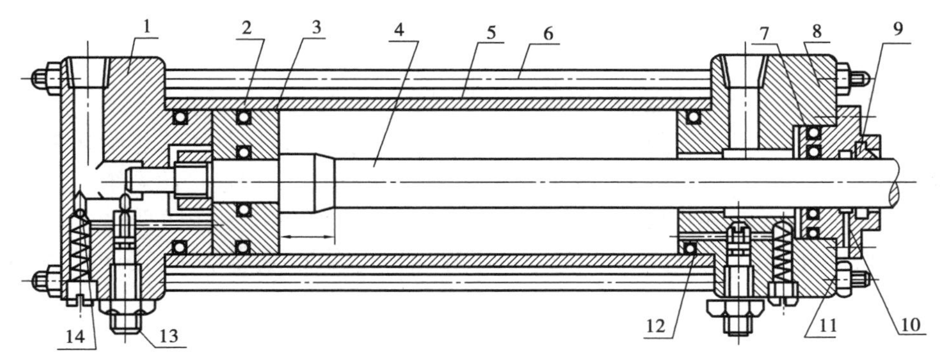

图5.32　单杆活塞缸结构

1—头侧端盖；2—活塞密封圈；3—活塞头；4—活塞杆；5—缸体；
6—拉杆；7—活塞杆密封圈；8—杆侧端盖；9—防尘圈；10—导向套；
11—泄油口；12—固定密封圈；13—节流阀；14—单向阀

单杆活塞式液压缸工作原理如图5.33所示。由于左右两腔的有效面积 A_1 和 A_2 不相等，因此，当进油腔和回油腔的压力分别为 p_1 和 p_2，输入左右两腔的流量皆为 q 时，左右两个方向的推力和速度是不相同的，活塞杆直径越小，活塞两个方向运动的速度差值也就越小。

当无杆腔进油时(见图5.33(a))，活塞带动工作台向右移动，推力 $F_1 = p_1A_1$，速度 $v_1 = q/A_1$。

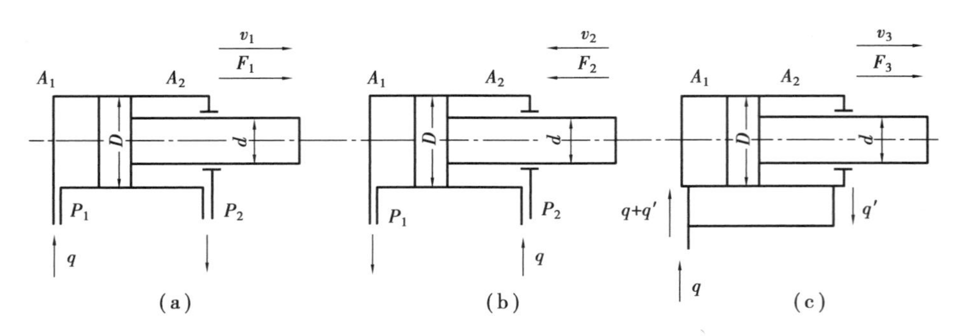

图 5.33　单杆活塞式液压缸工作原理

当有杆腔进油时(见图 5.33(b)),活塞带动工作台向左移动,推力 $F_2 = p_2 A_2$,速度 $v_2 = q/A_2$。

式中,$A_1 \pi = D^2/4$,$A_2 = \pi(D^2 - d^2)/4$。其中,D——活塞直径,d——活塞杆直径。

当液压缸的左右两腔同时通压力油(见图 5.33(c)),就是差动连接,作差动连接的单杆液压缸称为差动液压缸。

由于无杆腔的有效面积大于有杆腔的有效面积,使作用于活塞两端的液压力与也不相等,产生推力差,在此推力差的作用下,使活塞向右移动。同时有杆腔中排出的流量 q' 的油液也进入无杆腔,这就加大了流入无杆腔的流量,即为 $(q + q')$,从而加快了活塞移动的速度,实现工作台的快速运动。

此时

$$F_3 = F_1 - F_2 = p(A_1 - A_2) = \frac{p\pi d^2}{4} \tag{5.21}$$

$$v_3 = \frac{4q}{\pi d^2} \tag{5.22}$$

式中　d——活塞杆直径,m;

q——泵的输出流量,m^3/s。

②单杆活塞式液压缸的特点和应用。

a. 特点。工作台往复运动速度不相等,这一特点常被用作机床的工作进给和快速退回;可作差动连接。差动连接液压缸的特点是:速度快、推力小,适用于快速进给系统。

b. 应用。双作用单活塞杆液压缸常用于慢速工作进给和快速退回的场合。采用差动连接时,可实现快进(v_3)、工进(v_1)、快退(v_2)的工作循环。因此,它在金属切削机床和其他液压系统中得到广泛应用。

3)液压缸的密封、缓冲和排气

(1)液压缸的密封

液压缸的密封主要是指活塞与缸体、活塞杆与端盖之间的动密封以及缸体与端盖之间的静密封。液压传动是依靠密封容积的变化传递运动的,密封性能的好坏将直接影响其工作性能和效率。因此,要求液压缸在一定的工作压力下具有良好的密封性能,且密封性能应随工作压力的升高而自动增强。此外,还要求密封元件结构简单、寿命长、摩擦力小等。

常用的密封方法有间隙密封和密封圈的密封。

①间隙密封。

如图 5.34 所示,它是依靠相对零件配合面之间的微小间隙来防止泄漏的,是一种最为简单的密封方法。它摩擦阻力小,密封性能差,加工精度要求高。因此,只适合尺寸小、压力低、速度较高的场合。间隙密封的间隙通常取0.02～0.05 mm。

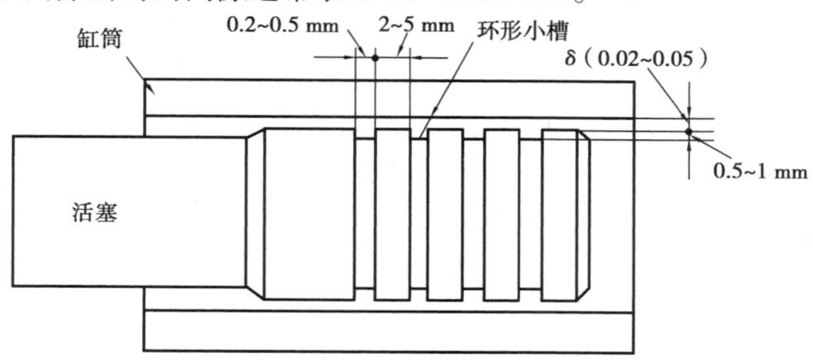

图5.34　间隙密封

②密封圈密封。

密封圈密封是液压系统中应用最广的一种密封方法。利用密封元件弹性变形挤紧零件配合面来消除间隙的密封形式，磨损可自动补偿。密封圈通常是用耐油橡胶、尼龙等制成，其截面通常做成O形、Y形、U形及V形等。其中，O形应用最普遍，如图5.35所示。

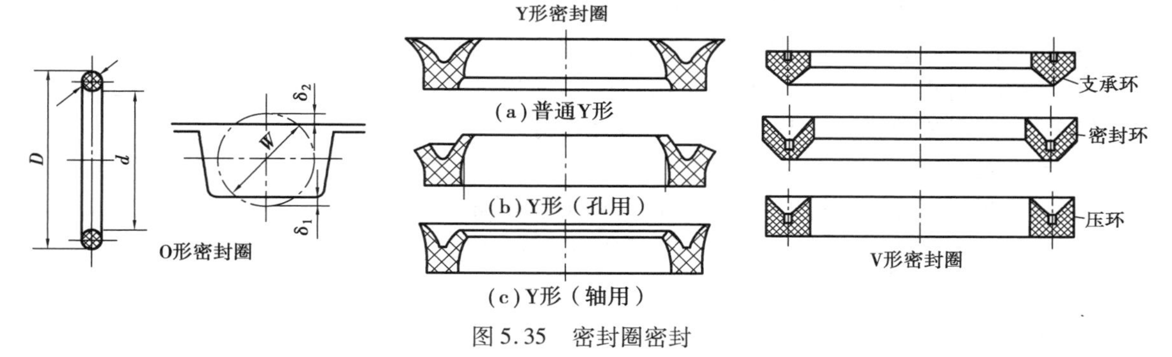

图5.35　密封圈密封

密封圈为标准件，选用时，其技术规格和使用条件可参阅有关手册。

(2)液压缸的缓冲

液压缸的缓冲结构是为了防止活塞到达行程终点时，由于惯性力作用与缸盖相撞，产生噪声、影响活塞运动的精度甚至损坏机件，因此，通常在液压缸两端设置缓冲装置。液压缸的缓冲都是利用油液的节流（即增大终点回油阻力）作用实现的。

常用的缓冲结构如图5.36所示。它是利用活塞上的凸台和缸盖上的凹槽构成，当活塞运动至接近端盖时，凸台进入凹槽，凹槽中的油液经凸台和凹槽之间的缝隙流出，增大回油阻力，产生制动作用，从而实现缓冲。

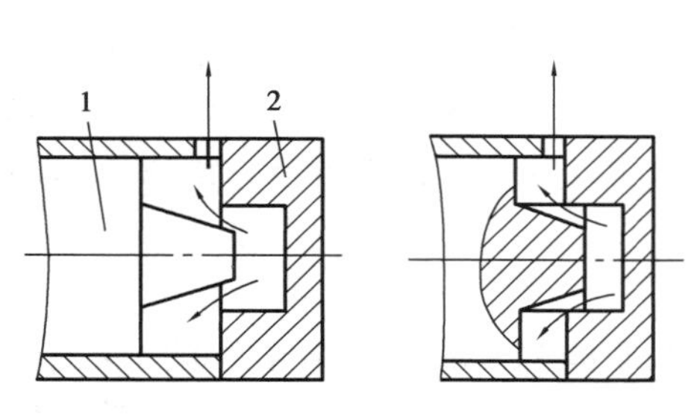

图5.36　液压缸的缓冲结构

1—活塞；2—端盖

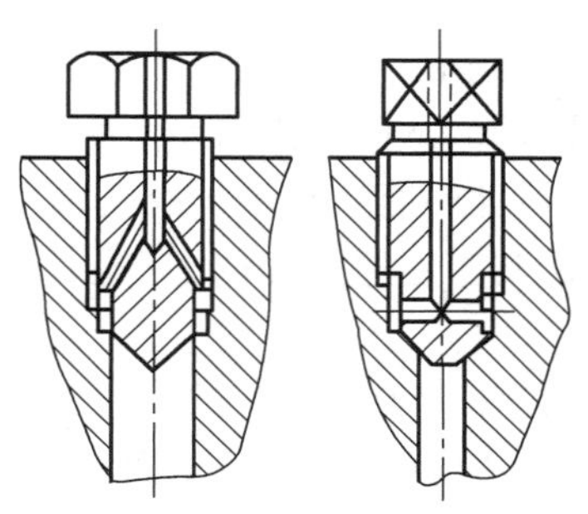

图5.37　液压缸的排气塞

(3)液压缸的排气

液压缸中如果有残留空气,将引起活塞运动时的爬行和振动,产生噪声和发热,甚至使整个系统不能正常工作,因此,应在液压缸上增加排气装置。

如图5.37所示为排气塞结构。排气装置应安装在液压缸的最高处。工作之前,首先打开排气塞,让活塞空行程往返移动,直至将空气排干净为止,然后拧紧排气塞进行工作。为便于排除积留在液压缸内的空气,油液最好从液压缸最高点引入和引出。对运动平稳性要求较高的液压缸,可在两端装排气塞。

5.2.3 控制阀

在液压系统中,为使机构完成各种动作,就必须设置各种相应的控制元件——液压控制阀,用来控制或调节液压系统中液流的方向、压力和流量,以满足执行元件在输出的力(力矩)、运动速度及运动方向上的不同要求。

液压控制阀根据其在系统中的用途不同,可分为方向控制阀、压力控制阀和流量控制阀三大类。液压阀属于液压系统的控制元件。

控制阀的性能对液压系统的工作性能有很大影响,因此,液压控制阀应满足下列要求:动作灵敏、准确、可靠、工作平稳、冲击和振动小;油液流过时,压力损失小;密封性能好;结构紧凑,工艺性好,安装、调整、使用、维修方便,通用性好。

1)方向控制阀

方向控制阀简称方向阀,在液压系统中,用来控制油流方向、接通或断开油路,从而实现控制执行机构的启动、停止或方向改变。按其功能不同,可分为单向阀和换向阀两大类。

(1)单向阀

单向阀在系统中的作用是只允许液流朝一个方向流动,不能反向流动。常用的单向阀有普通单向阀和液控单向阀两种。

液压系统中对单向阀的主要性能要求如下:

a.正向开启压力小。国产阀的开启压力一般有两种:0.04 MPa和0.4 MPa。开启压力较高的一种常作背压阀,它有意提高正向流动时的阀前压力。

b.反向泄漏小。尤其是用在保压系统时要求高。

c.正向流动时压力损失小。液控单向阀在反向流通时压力损失也要小。

①普通单向阀。

如图5.38所示为普通单向阀的两种结构图和职能符号图。图5.38(a)为直角式单向阀,其阀芯为锥阀形式。它的工作原理是:当压力油从p_1流入,液压力作用在阀芯上克服弹簧力推开阀芯,油液从阀体出口p_2流出;当压力油反向流入,阀芯在液压力和弹簧力的作用下紧压在阀座上,切断油路,故单向阀又称止回阀或逆止阀。图5.38(b)为直通式单向阀,其阀芯为钢球形式,其工作原理相同,只是其密封性能不如前一种。图5.38(c)为普通单向阀的图形符号。

②液控单向阀。

如图5.39所示为液控单向阀的典型结构图和职能符号图。它与普通单向阀的区别是在一定的控制条件下可反向流通。其工作原理是:控制口K无压力油通入时,它的工作原理与普通单向阀相同,压力油只能从p_1流向p_2,反向不能流通;当控制口K有控制压力油时,活塞

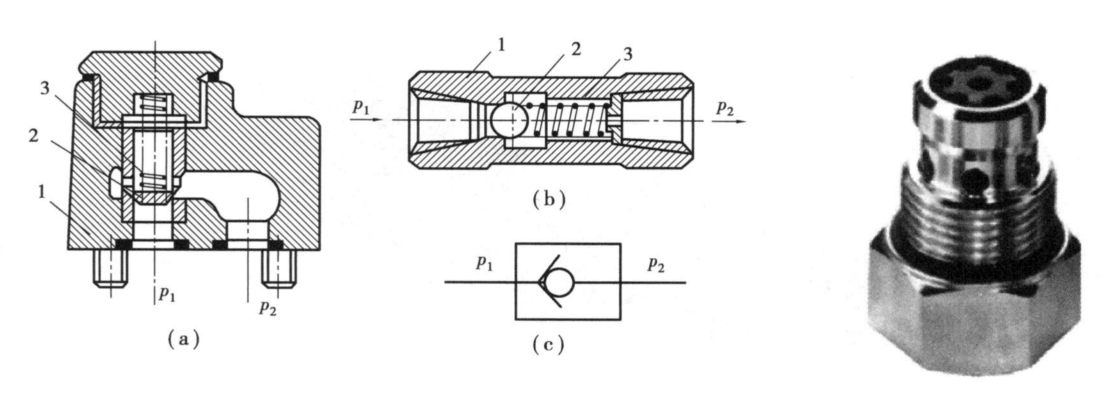

图 5.38　单向阀

1—阀体;2—阀芯;3—弹簧

受液压力作用推动顶杆顶开阀芯,使油口 p_1 与 p_2 接通,油液可双向自由流通。注意控制口 K 通入的控制压力一般至少取主油路的 30% ~ 40% 。

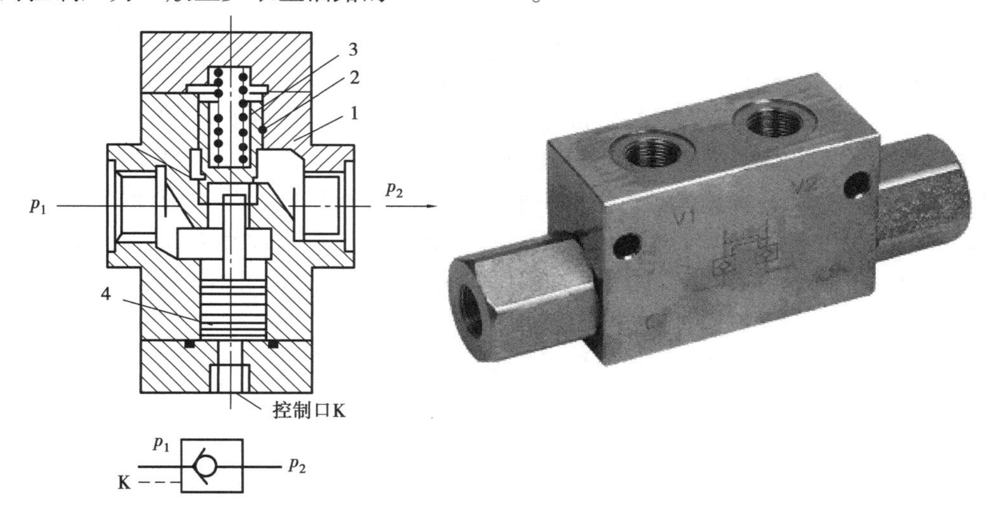

图 5.39　液控单向阀

1—阀体;2—阀芯;3—弹簧;4—活塞

液控单向阀在系统中主要用途有对液压缸进行锁闭,作立式液压缸的支承阀,以及某些情况下起保压作用。

(2)换向阀

如图 5.40 所示为换向阀的典型结构。换向阀在系统中的作用是利用阀芯和阀体的相对运动来接通、关闭油路或变换油液通向执行元件的流动方向,从而实现液压执行元件及驱动机构启动、停止或改变运动方向。

液压系统对换向阀的主要性能要求如下:

a. 油液流经换向阀时的压力损失小。

b. 互不相通的油口之间的泄漏要小。

c. 换向可靠,换向时平稳迅速。

换向阀的应用很广,种类也很多。按阀芯相对于阀体的运动方式不同,可分为滑阀(阀芯移动)和转阀(阀芯转动)。换向阀按阀体连通的主要油路数不同,可分为二通、三通和四通

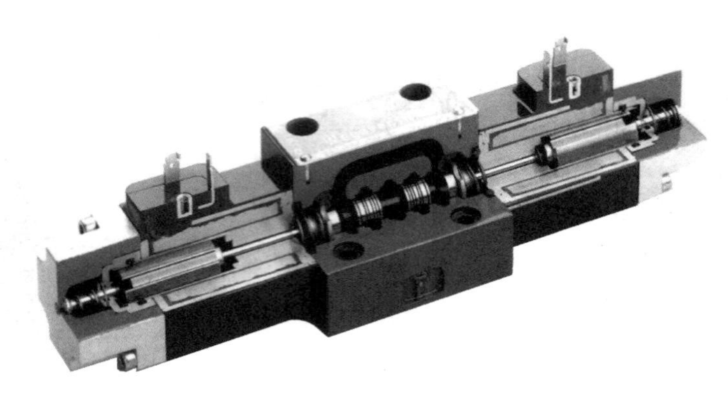

图 5.40　换向阀

等;按阀芯在阀体内的工作位置数不同,换向阀可分为二位、三位和四位等;按操作方式不同,换向阀可分为手动、机动、电磁动、液动及电液动等。

①换向阀的工作原理。

如图 5.41 所示为滑阀式换向阀的换向原理图和相应的职能符号图。它变换油液的流动方向是利用阀芯相对阀体的轴向位移来实现的。

其中,P 口通液压泵来的压力油,T 口通油箱,A,B 口通液压缸的两个工作腔。当阀芯受操作外力作用向左位移到最左端,如图 5.41(a)所示的位置时,P 口与 B 口相通,A 口与 T 口相通,压力油通过 P 口、B 口进入液压缸的右腔,缸左腔回油经 A 口、T 口回油箱,液压缸活塞向左运动;反之,阀芯处最右端,如图 5.41(b)所示的位置时,压力油经 P 口、A 口进入液压缸左腔,右腔回油经 B 口、T 口回油箱,液压缸活塞向右运动。换向阀变换左右位置,即使执行元件液压缸活塞变换了运动方向。

此阀有两个工作位置、4 个通口,故称二位四通滑阀式换向阀。

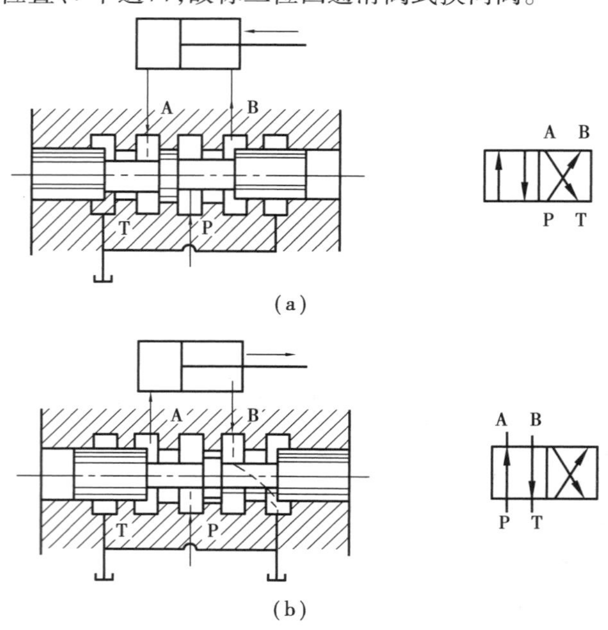

图 5.41　滑阀式换向阀工作原理

②换向阀的“位”与“通”。

位是指阀芯相对于阀体停留的工作位置数,用职能符号表示,即为实线方框。二位即 2 个方框,三位即 3 个方框。

通是指阀连接主油路的通口数。方格内的箭头“↑”“↓”表示两油口相通,但不表示流向,符号“⊥”和“⊤”表示此油口不相通。箭头、箭尾和不通符号与方框边的交点数表示油口的通路数;P 表示压力油的进口,T 表示与油箱相连的回油口,A 和 B 表示接其他油路的工作油口;如图 5.42 所示分别为二位二通、二位三通、二位四通、三位四通及三位五通换向阀的职能符号。

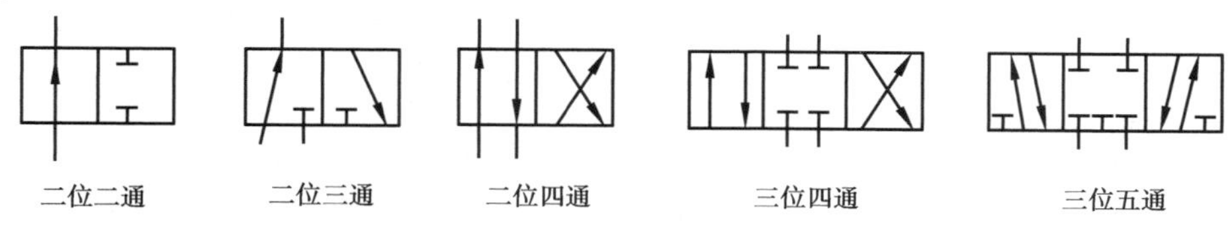

图 5.42 “位”与“通”

③换向阀的图形符号。

一个换向阀的完整图形符号,应表明工作位置数、油口数、在各工作位置上油口的连通关系及操作方式、复位方式和定位方式的符号。常用换向阀的图形符号见表 5.7。常用控制方法图形符号见表 5.8。

表 5.7 常用换向阀的图形符号

二位二通		二位三通		二位四通	二位五通
常闭	常开		带中间过渡位置		

三位三通	三位四通	三位五通		三位六通

表 5.8 常用控制方法图形符号

人力控制	机械控制	电气控制	直接压力控制	先导控制
一般符号	弹簧控制	单作用电磁铁	加压或卸压控制	液压先导控制

④三位换向阀的中位机能。

当换向阀处于常态时,阀的各油口连通方式称为滑阀机能。由于三位换向阀的常态是中间位置,因此,三位换向阀的滑阀机能又称中位机能。不同机能的三位阀,阀体通用,仅阀芯的台肩结构和尺寸及内部孔情况有差别。

利用中位 P,A,B,T 间通路的不同连接,可获得不同的中位机能,以适应不同的工作要求。表 5.9 为三位换向阀的常用中位机能以及它们的作用、特点。

表 5.9　三位换向阀的中位机能

机能形式	结构简图	中间位置的符号		作用及机能特性
		三位四通	三位五通	
O	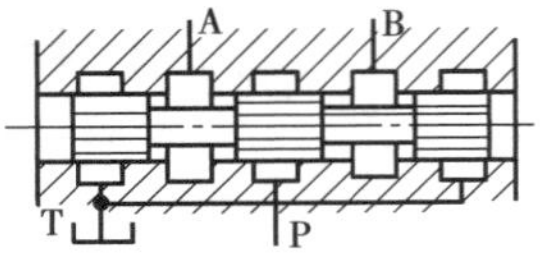	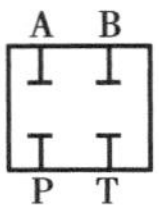		换向精度高,但有冲击,缸被锁紧,泵不卸荷,并联缸可运动
H	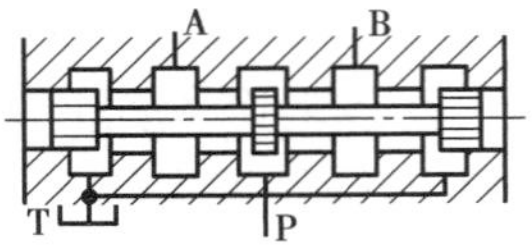	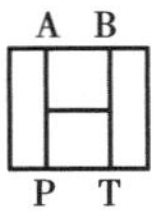	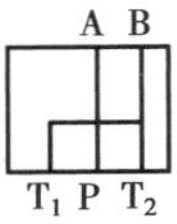	换向平稳,但冲击量大,缸浮动,泵卸荷,其他缸不能并联使用
Y	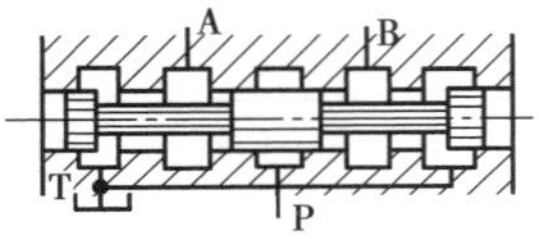	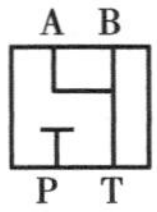		换向较平稳,冲击量较大,缸浮动,泵不卸荷,并联缸可运动
P	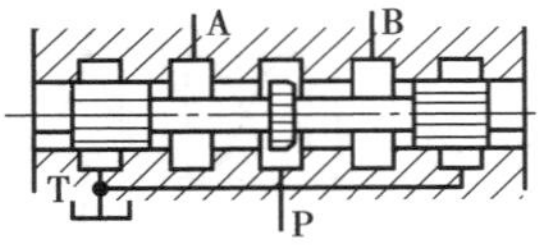			换向最平稳,冲击量较小,缸浮动,泵不卸荷,并联缸可运动
M	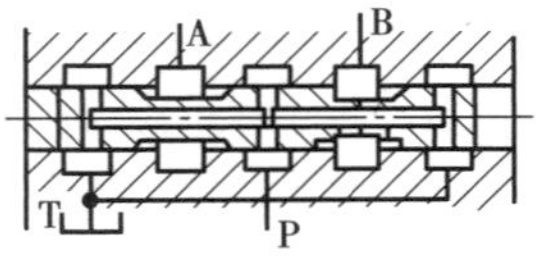	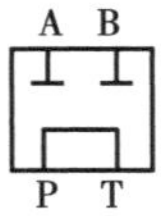	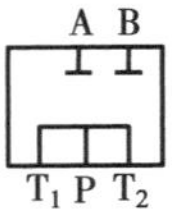	换向精度高,但有冲击,缸被锁紧,泵卸荷,其他缸不能并联使用

⑤几种常见换向阀。

换向阀的换向原理均相同,只是按阀芯所受操作外力的方式不同,可分为手动换向阀、机动换向阀、电磁换向阀、液动换向阀及电液动换向阀等。

A. 手动换向阀。

如图 5.43 所示为手动换向阀的结构图和职能符号图。按其定位方式不同,又可分为钢球定位式和自动复位式两种。操作手柄即可使滑阀轴向移动实现换向。如图 5.43(a)所示为钢球定位式手动换向阀,其阀芯定位靠右端的钢球,弹簧保证,可分别定在左、中、右 3 个位置。如图 5.43(b)所示为自动复位式手动换向阀。其阀芯在松开手柄后靠右端弹簧回复到中间位置。

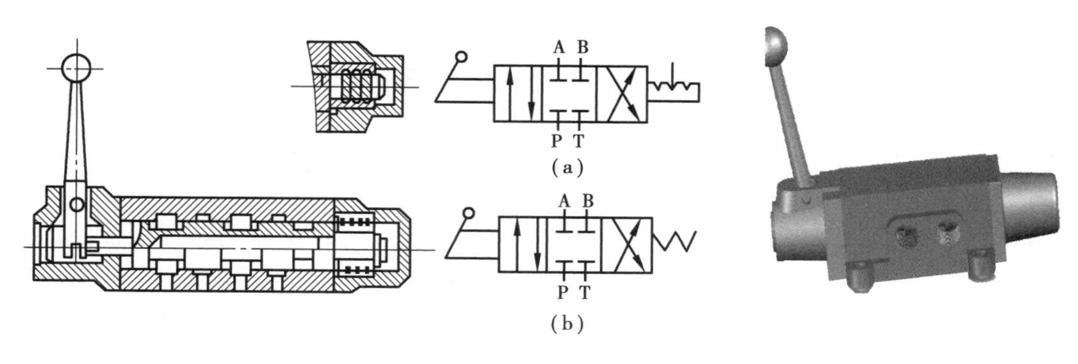

图 5.43　手动换向阀

B. 机动换向阀。

机动换向阀又称行程阀。如图 5.44 所示为二位三通机动换向阀的结构图和职能符号图。它是靠挡铁(图中未示出)接触滚轮 1 将阀芯压向右端,当挡铁脱离滚轮时阀芯在弹簧作用下回到原位来实现换向的。

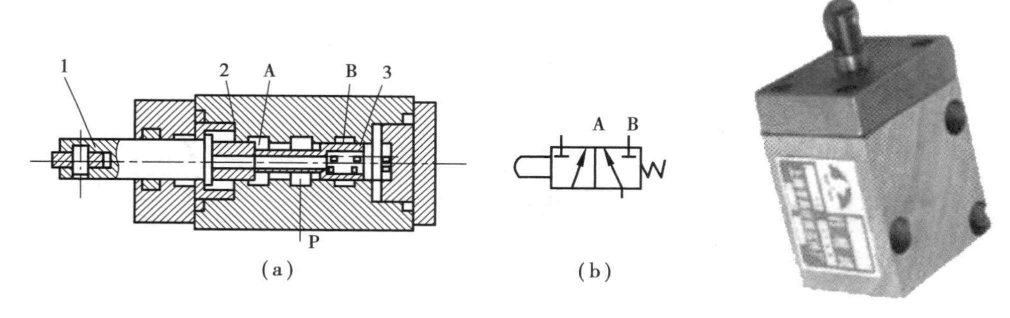

图 5.44　机动换向滑阀

1—滚轮;2—阀芯;3—弹簧

C. 电磁换向阀。

电磁换向阀是利用电磁铁的推力来实现阀芯换位的换向阀。因其自动化程度高,操作轻便,易实现远距离自动控制,故应用非常广泛。

如图 5.45 所示为二位三通电磁换向阀的结构图和职能符号图。当电磁铁通电时,即推动推杆 1 将阀芯 2 顶向在端;又当电磁铁断电时,阀芯在弹簧 3 的作用下回到左端,从而实现油路的换向。

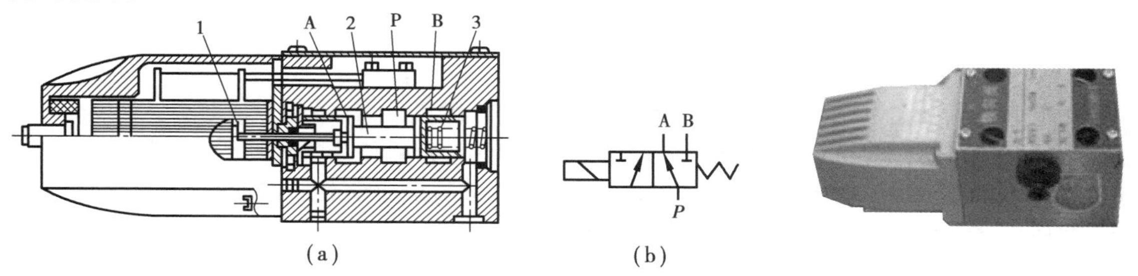

图 5.45　二位三通电磁换向阀

1—推杆;2—阀芯;3—弹簧

如图 5.46 所示为三位四通电磁换向阀的结构图和职能符号图。当左右电磁铁均断电时,其阀芯 3 在两端弹簧 2 和 4 的作用下处于中位(图示位置);当右电磁铁通电时,即推动推杆 1 将阀芯 3 顶向左端;当左电磁铁通电时,即推动推杆将阀芯 3 顶向右端,从而实现油路的换向。

由于电磁铁的推力有限,因此,电磁换向阀只适用于小流量系统,大流量场合可用液动换向阀和电液动换向阀。

D. 液动换向阀。

液动换向阀是利用液压力推动阀芯来实现换向的。如图 5.47 所示为液动换向阀的结构图和职能符号图。当控制油口 K_1, K_2 均无控制压力油通入时,阀芯在两端弹簧作用下处于中位(图示位置);当 K_1 通入控制压力油、K_2 通回油时,阀芯在液压力作用下克服右端弹簧力移向右端;反之,当 K_2 通控制压力油、K_1 通回油时,阀芯被推向左端,从而实现油路的换向。

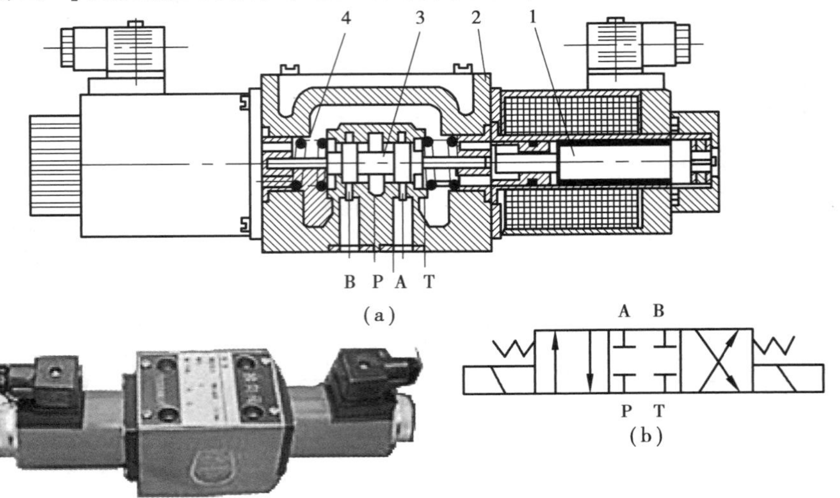

图 5.46　三位四通电磁换向阀

1—推杆;2,4—弹簧;3—阀芯

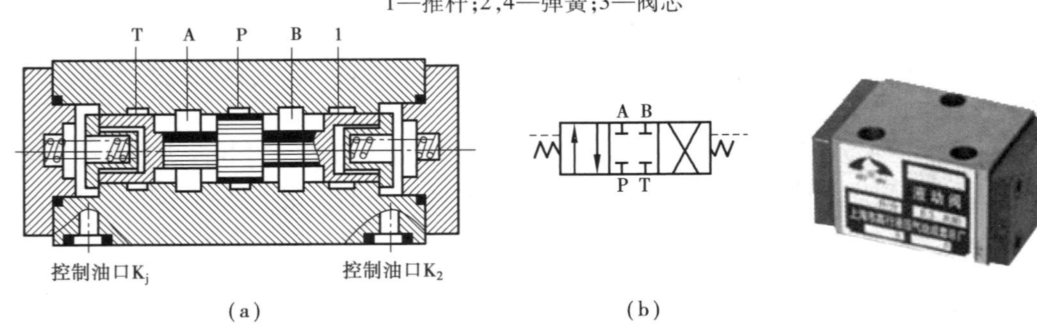

图 5.47　液动换向阀

液动换向阀由于控制油路的液压力能产生很大的推力,故适用于大通径、大流量的场合。但控制油路需要设置一个开关或换向装置,使 K_1, K_2 交替接通控制压力油和回油,才能完成不断换向的动作要求。

E. 电液动换向阀(电液换向阀)。

电液换向阀是由电磁换向阀和液动换向阀组成的复合阀,如图 5.48 所示。电磁换向阀为先导阀,它用以改变控制油路的方向;液动换向阀为主阀,它用以改变主油路的方向。这种阀的优点是可用于反应灵敏的小规格电磁换向阀方便地控制大流量的液动换向阀。

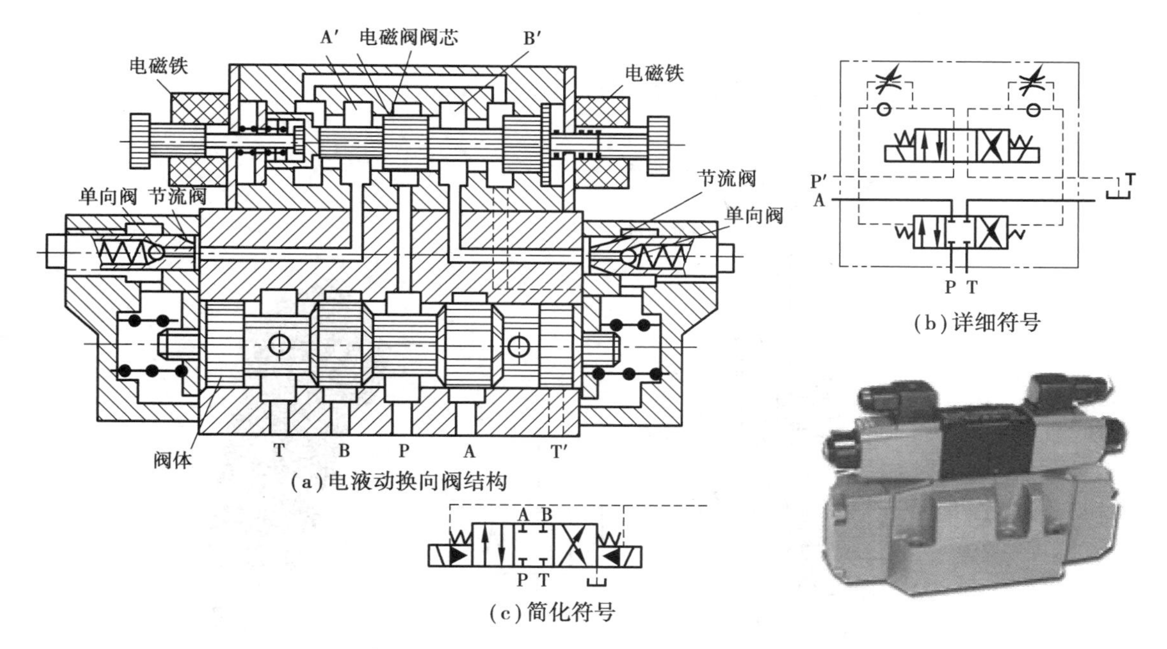

(a)电液动换向阀结构

(b)详细符号

(c)简化符号

图5.48　电液换向阀的结构图和职能符号图

2)压力控制阀

压力控制阀是对液体压力进行控制或利用压力作信号来控制其他元件动作,以满足执行元件对推力、转矩、速度等要求。按功能不同,压力控制阀可分为溢流阀、减压阀、顺序阀及压力继电器等。

压力控制阀的共同特性是:结构上都由阀体、阀芯、弹簧和调节装置四大件组成;原理上都是利用作用于阀芯上的油液的液压力与弹簧力相平衡来进行工作的。

(1)溢流阀

溢流阀是通过阀口的溢流,使被控制系统或回路的压力维持恒定,实现调压、稳压和限压的功能。对溢流阀的主要性能要求是:调压范围大,调压偏差小,工作平稳,动作灵敏,过流能力大,压力损失小,以及噪声小等。

①溢流阀的工作原理。

溢流阀按结构可分为直动式溢流阀和先导式溢流阀。

A.直动式溢流阀。

如图5.49所示为直动式溢流阀的工作原理图和职能符号图。P为进油口,T为出油口,压力油自P口经阀芯中间的阻尼孔 a 作用在阀芯的底面上。设阀芯底部承压面积为 A,进油压力为 p,弹簧作用力为 $F_{簧}$。为分析简化起见,阀芯与阀体之间的摩擦力、阀芯自重忽略不计。

当进油压力小,作用于阀芯底部的作用力 $pA < F_{簧}$,阀芯在弹簧力的作用下处于最下端,将P口与T口隔开,阀口没有溢流量。

当进油压力上升至 $pA = F_{簧}$ 时,阀芯即将上升,阀口将开未开,此时的压力称为溢流阀的开启压力 p_0。

当进油口压力继续升高至 $pA > F_{簧}$ 时,阀芯上升,阀口打开,油液由P口经T口溢回油箱,进油压力即不再上升。若进口压力 p 下降,阀芯下移,开口减小,压力又上升,阀芯最终平衡在

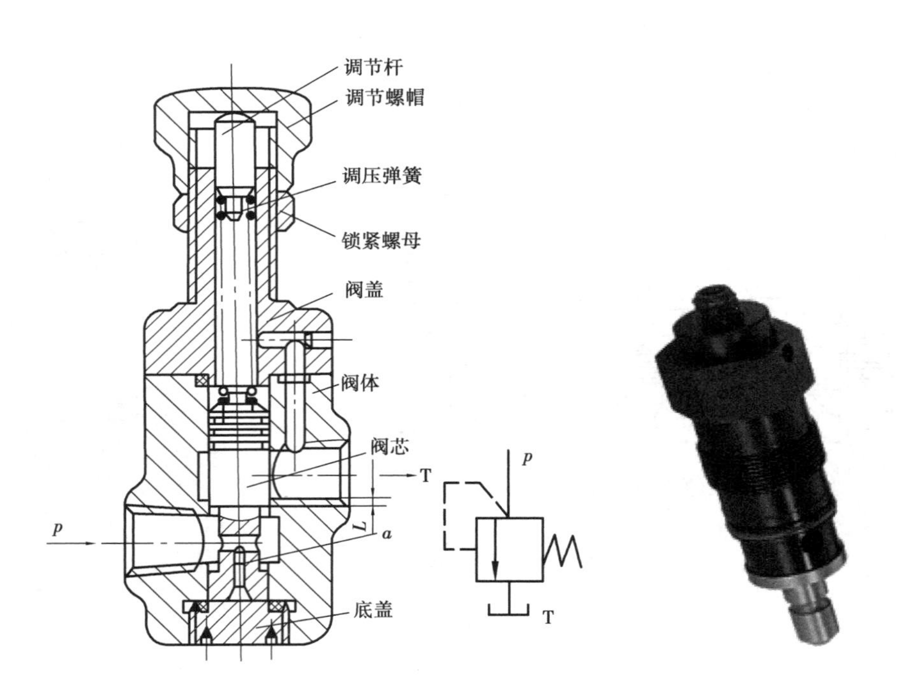

图 5.49　直动式溢流阀的工作原理

某一位置上保持一定的开口和溢流量,使进油压力保持恒定。也就是说,用调节螺钉调节弹簧的预压缩量 x_0,即可获得不同的调定压力,此压力值基本保持恒定。若溢流阀的进口压力 p 为液压泵的出口压力,那么,溢流阀就起到了调定液压泵出口压力的作用。

由于这类溢流阀是利用阀芯上端弹簧直接与下端液压力相平衡来工作的,故称直动式溢流阀。

直动式溢流阀具有结构简单、灵敏度高和成本低的优点,但压力受溢流量变化的影响较大,调压偏差大,不适于在高压、大流量场合工作。因此,直动式溢流阀低压只用于低压系统,常用于调压精度不高的场合或作安全阀使用。

B. 先导式溢流阀。

先导式溢流阀由先导阀和主阀组成。如图 5.50 所示为先导式溢流阀的工作原理图和职能符号图。P 为进油口,T 为回油口,压力油自 P 口经小孔进入主阀芯下腔Ⅰ,作用在主阀芯底面上,同时又经阻尼孔进入主阀芯上腔Ⅱ,作用在主阀芯上端面和先导阀阀芯上。先导阀相当于一个直动式溢流阀。

设进口压力为 p,Ⅰ腔压力为 p_{I},Ⅱ腔压力为 p_{II},主阀芯承压面积为 A,主阀弹簧也称平衡弹簧。为分析简化起见,阀芯与阀体之间的摩擦力、阀芯自重和液动力忽略不计。

当进口压力小,不足以克服调压弹簧的预紧力时,先导阀关闭,没有液流通过阻尼孔,主阀芯上下两端压力相等($p_{\mathrm{I}}=p_{\mathrm{II}}=p$),在主阀平衡弹簧作用下主阀芯位于最下端,将 P 口与 T 口隔开,阀口没有溢流量。

当进口压力上升至克服调压弹簧预紧力而打开先导阀时,压力油可通过阻尼孔经先导阀流回油箱。此时,由于液流通过阻尼孔产生的压力降,使主阀芯上下两腔的压力不等($p_{\mathrm{I}}>p_{\mathrm{II}}$),当($p_{\mathrm{I}}-p_{\mathrm{II}}$)这个压差作用在主阀芯上的力大于平衡弹簧的预紧力,主阀芯上移,P 口与

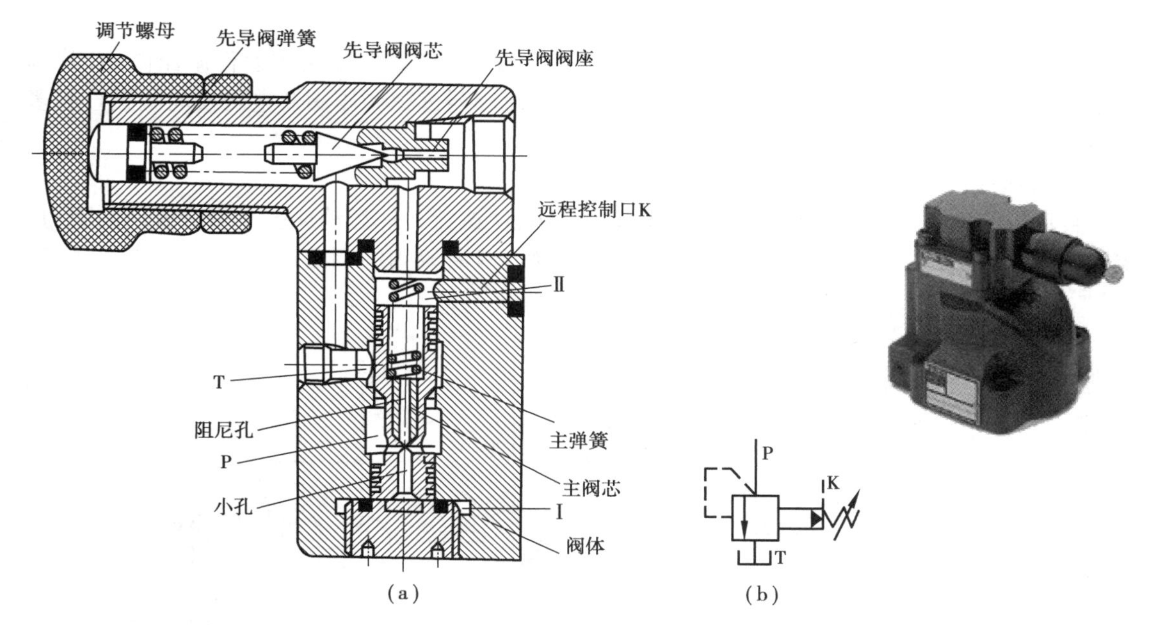

图5.50　先导式溢流阀的工作原理和职能符号

T口接通,开始溢流。平衡后,溢流口保持一定的开度和溢流量。又因通过先导阀的流量不大,绝大部分溢流量是通过主阀口溢回油箱的,且通过先导阀的流量变化不大,即先导阀开口的变化较小,这使先导阀的开启压力 p'_0 基本不变,因 $p'_0 = p_{\text{Ⅱ}}$,即 $p_{\text{Ⅱ}}$ 基本恒定。

调节调压弹簧的预紧力,即可获得不同的进口压力。调压弹簧须直接与进口压力作用于先导阀上的力相平衡,则弹簧刚度大;而平衡弹簧只用于主阀芯的复位则弹簧刚度小。

先导式溢流阀在工作时,由于是先导阀调压,主阀溢流,溢流口变化时,平衡弹簧预紧力变化小,因此,进油口压力受溢流量变化的影响不大,故先导式溢流阀广泛应用于高压,大流量和调压精度要求较高的场合。但因先导式溢流阀是二级阀,故其灵敏度和响应速度比直动式溢流阀低一些。

先导式溢流阀有一外控口K,与主阀上腔相通,如通过管路与其他阀相通,可实现远程调压等功能,具体参见溢流阀的应用。

②溢流阀的应用。

溢流阀在系统中的主要用途如下:

A. 溢流阀。

液压系统用定量泵和节流阀进行调速时,溢流阀可使系统的压力恒定,且节流阀调节的多余压力油可从溢流阀溢回油箱,如图5.51(a)所示。

B. 安全阀。

液压系统用变量泵进行调速时,泵的压力随负载变化,则需防止过载,即设置安全阀,如图5.51(b)所示。在系统正常工作时,此阀处常闭状态;过载时,打开阀口溢流,使压力不再升高。

C. 卸荷阀。

用先导溢流阀和电磁阀组合成电磁溢流阀,控制系统卸荷,如图5.51(c)所示。

D. 远程调压或多级调压。

将先导式溢流阀的外控口 K 接上直动溢流阀。此时,直动溢流阀作远程调压阀用,其调定压力应低于先导式溢流阀的调定压力。用先导溢流阀与远程调压阀及电磁换向阀组合起多级调压或远程调压作用,如图 5.51(d)所示。

E. 背压阀。

直动溢流阀装在执行元件回油路上起背压作用,使执行元件运动速度平稳造成回油阻力,改善执行元件的运动平稳性。背压大小可根据需要调节溢流阀的调定压力来获得,如图 5.51(e)所示。

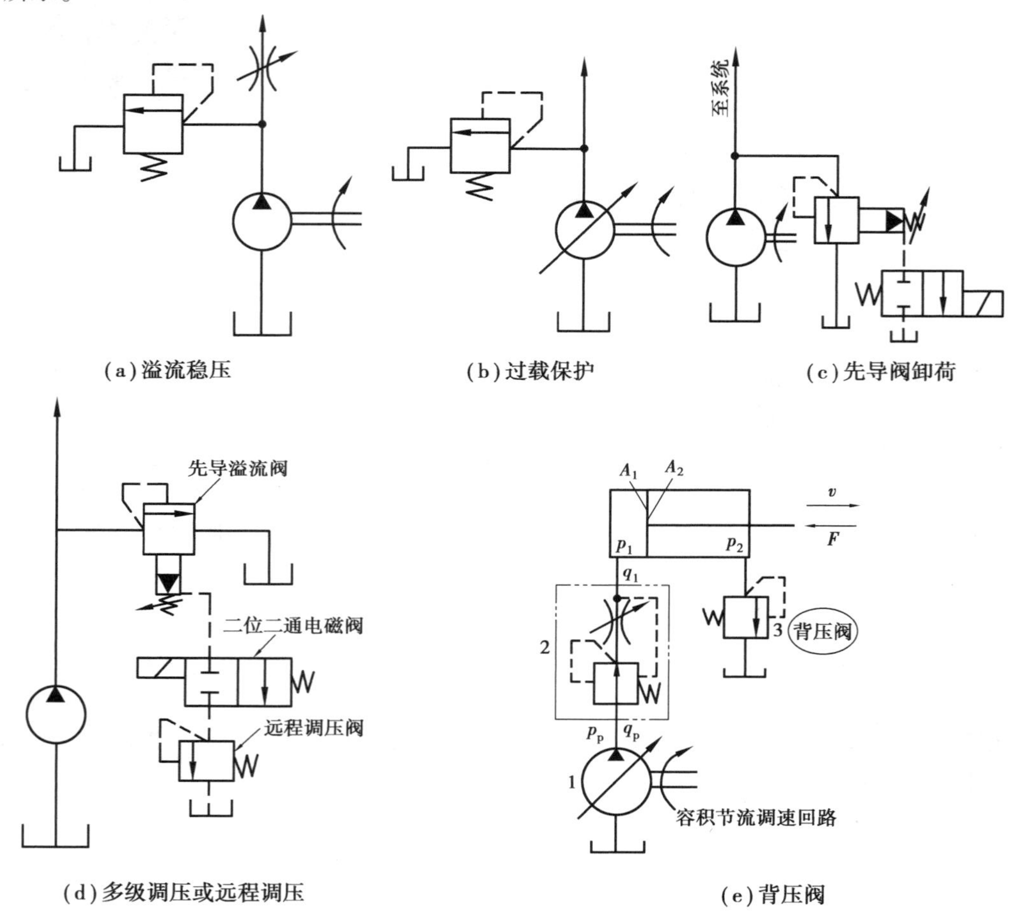

图 5.51　溢流阀的应用

(2)减压阀

①减压阀的功用和分类。

减压阀是一种利用液流流过缝隙产生压降的原理,使阀的出口油压低于进口油压的压力控制阀,用于要求某一支路压力低于主油路压力的场合。减压阀有直动式和先导式两种,一般采用先导式。

②减压阀的工作原理。

如图 5.52 所示为先导式减压阀的工作原理图和职能符号图。与先导式溢流阀相同,先导式减压阀也是由先导阀和主阀两部分组成的。设进油口为 P_1,出油口为 P_2,由先导阀调压,主阀减压。出口压力油 p_2 经阀芯小孔 a,b 通到阀芯底部,又经阻尼孔 c 通向先导阀。当 p_2 作用于先导阀口的液压力小于调压弹簧的预紧力时,先导阀关闭,阻尼孔 c 无液流通过,主阀芯上下压力相等,即 $p_2=p_3=p_1$,阀芯在主弹簧的作用下处于最下端,开口 Y 为最大,此时减压阀不起减压作用。当 p_2 高于减压阀的调定压力时,先导阀开启,阻尼孔 c 使得主阀上下端油液压力不等,$p_2>p_3$,当此压差作用于阀芯底部的力克服主弹簧的预紧力时,主阀芯上移,开口 H 减小,使 p_2 下降,最终平衡到某一位置上保持一定开口,即出口压力为恒定值。

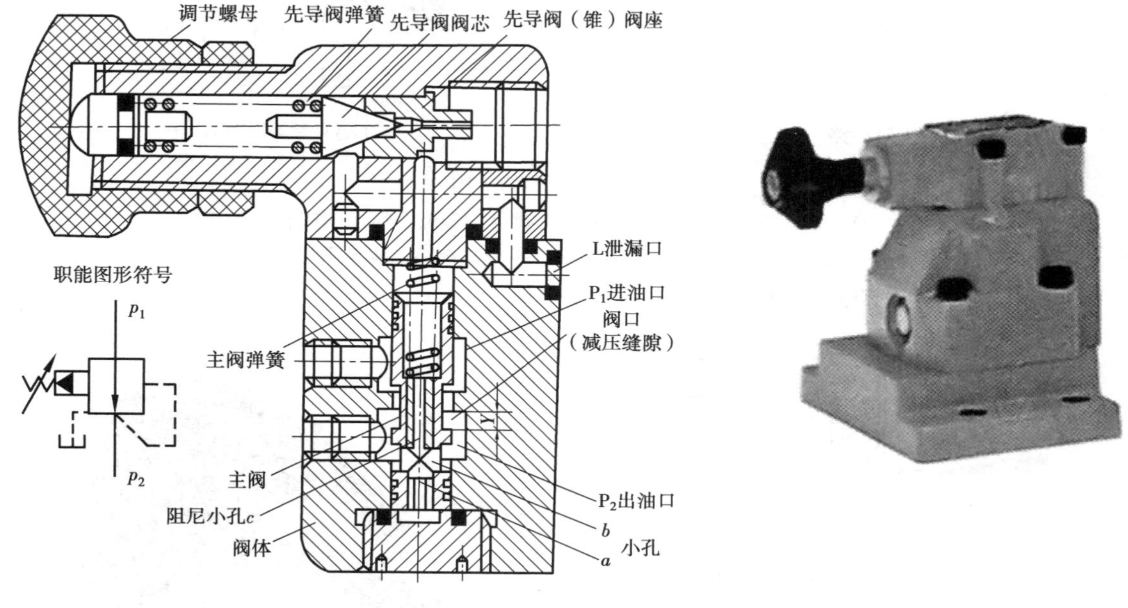

图5.52 先导式减压阀

先导式减压阀的工作原理与先导式溢流阀的工作原理有相似之处,均为先导阀调压,主阀口工作(溢流或减压)。不同的是,减压阀是控制出口压力恒定,而溢流阀是控制进口压力恒定;减压阀主阀芯在结构上中间多一个凸肩(即三节杆),在正常情况下,减压阀阀口开得很大(常开),而溢流阀阀口则关闭(常闭)。

与先导式溢流阀相同,先导式减压阀也有一外控口 K,可实现远程调压。因减压阀出口接下游执行元件,故设置一单独泄油口,而溢流阀出口接油箱,则不需单独设置泄油口(内泄)。

③减压阀的应用(见图5.53)。

减压阀一般用于减压回路,有时也用于系统的稳压,常用于控制、夹紧和润滑回路。

(3)顺序阀

①顺序阀的功用和分类。

顺序阀是用来控制液压系统中两个或两个以上工作机构的先后顺序。它是利用系统中的压力变化来控制油路通断的。

根据控制压力来源的不同,可分为内控和外控;根据泄油方式的不同,可分为内泄式和外泄式;按其结构不同,可分为直动式和先导式。应用较广的是直动式。通过改变控制方式、泄油方式和出口的接法,顺序阀还可构成多种功能,作背压阀、卸荷阀、平衡阀及溢流阀用。

②直动式顺序阀的工作原理。

如图5.54 所示为直动式顺序阀的结构原理和职能符号图。其结构与直动式溢流阀相似,

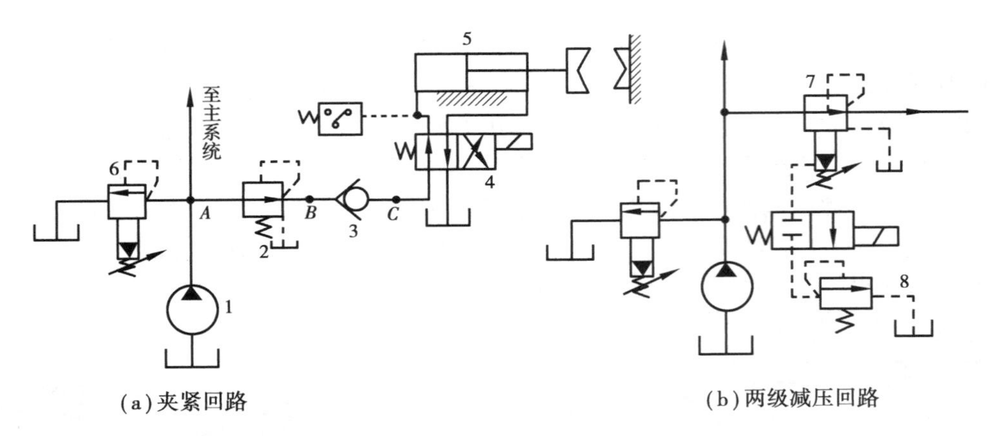

图 5.53　减压阀的应用

1—液压泵;2—减压阀;3—单向阀;4—二位四通换向阀;

5—液压缸;6—先导溢流阀;7—减压阀;8—溢流阀

工作原理与直动式溢流阀相同。

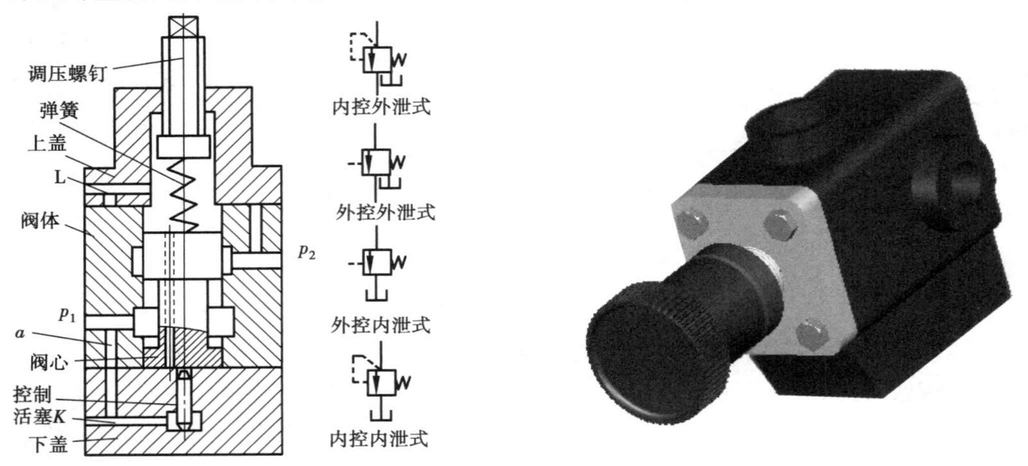

图 5.54　直动式顺序阀

内控式顺序阀:进口压力油从 p_1 经通道 a 作用于控制活塞底部。当此液压力小于作用于阀芯上部的调压弹簧预紧力时,阀芯处于最下端,进出油口不通;当作用于控制活塞底部的液压力大于调压弹簧预紧力时,阀芯上移,进出油口接通,压力油进入下游执行元件,使其进行工作。调节调压弹簧的预压缩量即可调节顺序阀的开启压力。因是进口压力控制阀芯的启闭,故称内控式顺序阀。

外控顺序阀又称液控顺序阀,将如图 5.53 所示内控顺序阀的下盖旋 90°或 180°安装,使通道 a 堵塞,外控口 K 与进油腔隔离,并除去外控口螺堵,即可变成外控顺序阀。控制活塞动作的油源来自外控口 K 接通的控制油路,而与进口压力无关,故称外控顺序阀。

通过改变阀上下盖与阀体的相对位置,可分别组成内控外泄、外控外泄、外控内泄及内控内泄 4 种形式的直通顺序阀。

③顺序阀的应用。

顺序阀在液压系统中的主要应用如下:

a. 控制多个执行元件的顺序动作，如图 5.55(a)所示。

b. 与单向阀组成平衡阀，保持垂直放置的液压缸不因自重而下落，如图 5.55(a)所示。

c. 用外控顺序阀使双泵系统的大流量泵卸荷。

d. 用内控顺序阀作背压阀用，接在液压缸回油路上，增大背压，以使活塞的运动速度稳定，如图 5.55(b)所示。

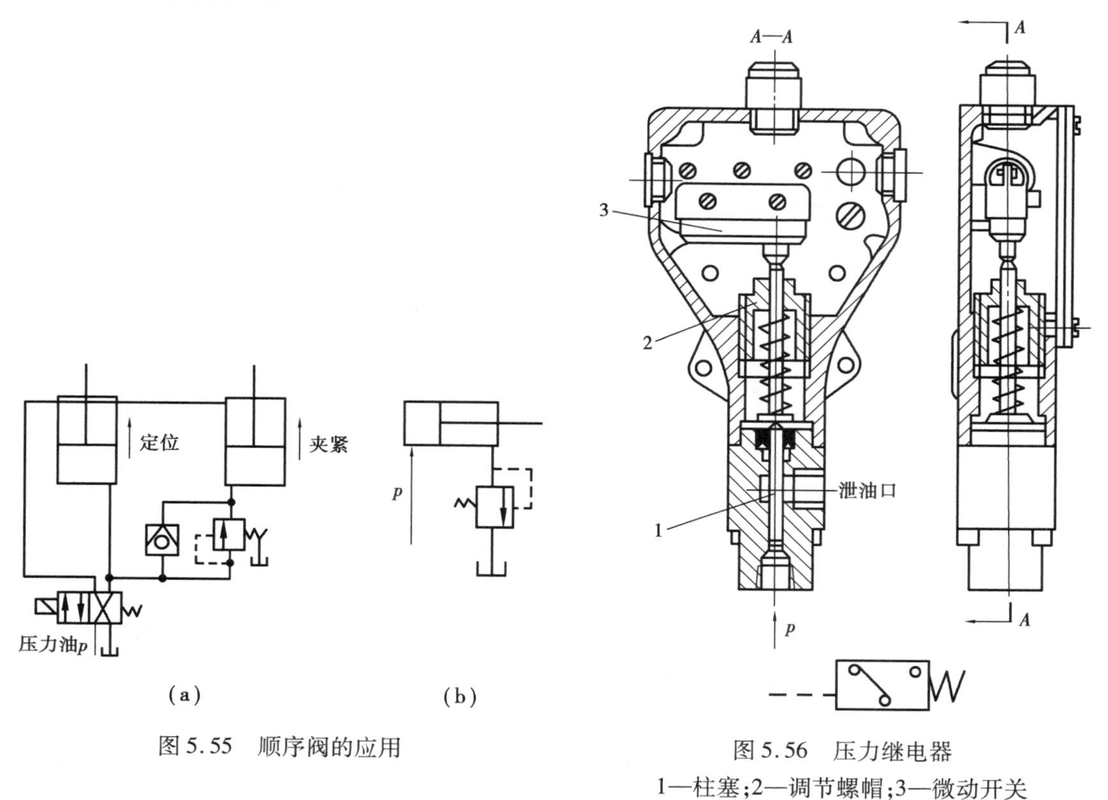

图 5.55　顺序阀的应用

图 5.56　压力继电器

1—柱塞；2—调节螺帽；3—微动开关

(4)压力继电器

压力继电器是使压力达到预定值时发出电信的液-电信号转换元件。当其进口压力达到弹簧调定值时，能自动接通或断开电路，使电磁铁、电动机等电气元件通电运转或断电停止工作，以实现对液压系统工作程序的控制、安全保护或动作的联动等。其结构和符号如图 5.56 所示。

3)流量控制阀

流量控制阀简称流量阀，它通过改变节流口通流面积或通流通道的长度来改变局部阻力的大小，从而实现对流量的控制，进而改变执行机构的运动速度。流量控制阀是节流调速系统中的基本调节元件。

节流口的形式有多种多样。如图 5.57 所示为几种常用节流口的形式。调节阀芯轴向移动即可调节通口的流量。

针阀式节流口，针阀作轴向移动，调节环形通道大小以调节流量；偏心式节流口，在阀芯上开了一个截面为三角形的偏心槽，转动阀芯时，就可调节通道的大小以调节流量；轴向三角槽式节流口，可改变三角沟通道截面的大小；周向缝隙式，油可通过狭缝流入阀芯内孔，再经左边的孔流出,旋转阀芯就可改变缝隙的通流面积的大小;轴向缝隙式节流口,在套筒上开有轴向缝隙,轴向移动阀芯就可改变缝隙通流面积的大小,以调节流量。

常用流量阀有节流阀、调速阀和同步阀等。

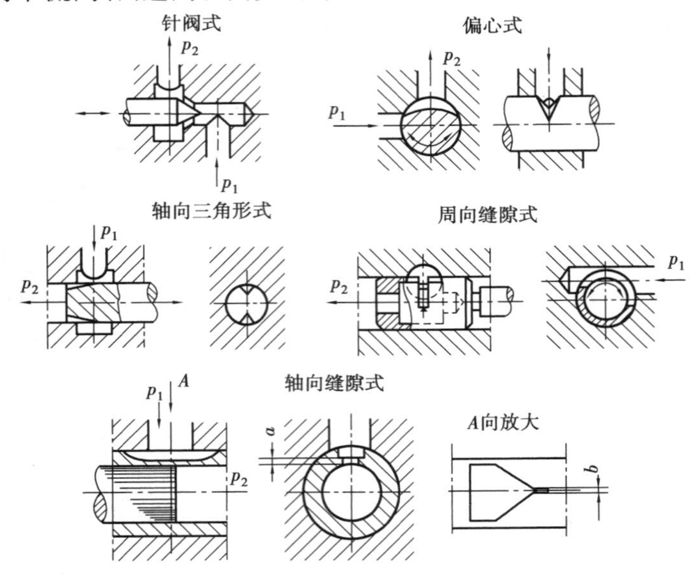

图 5.57　常用节流口形式

(1)节流阀

①普通节流阀。

如图 5.58 所示为普通节流阀的结构原理图和职能符号图。其节流口形式为三角槽式。通过调节手轮 1 可调节阀芯轴向位移,以改变节流口通流截面的大小,获得不同的流量。

②单向节流阀。

如图 5.59 所示为单向节流阀的结构原理图和职能符号图。当油液从 P_1 口流向 P_2 口时,该阀起节流阀作用;当油液从 P_2 口流向 P_1 口时,该阀起单向阀作用。

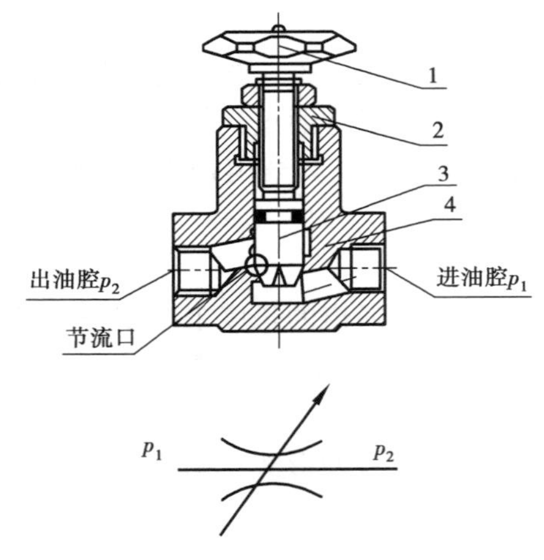

图 5.58　普通节流阀

1—调节手轮;2—螺盖;3—阀芯;4—阀体

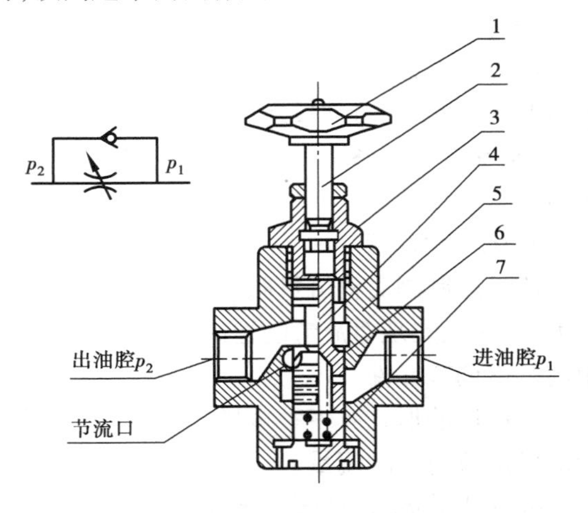

图 5.59　单向节流阀

1—调节手轮;2—调节螺钉;3—螺盖;4—阀芯

节流阀用于定量泵系统时，一般都与溢流阀配合使用，可组成3种调速回路：进油路节流调速回路、回油路节流调速回路和旁油路节流调速回路。

(2)调速阀

调速阀与节流阀的不同之处是带有压力补偿装置。由定差减压阀1(进出口压力差为定值)与节流阀2串联组成。由于定差减压阀的自动调节作用，可使节流阀前后压差保持恒定，从而在开口一定时使阀的流量基本不变，因此，调速阀具有调速和稳速的功能。常用于执行元件负载变化较大、运动速度稳定性要求较高的液压系统。其缺点为结构较复杂，压力损失较大。

如图5.60(a)所示为调速阀的工作原理图，图5.60(b)、(c)为职能符号和简化职能符号图。

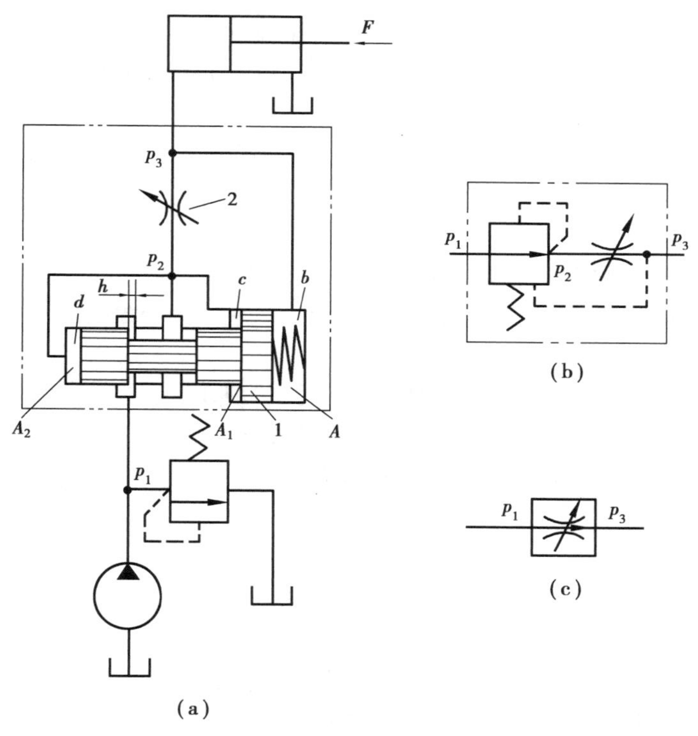

图5.60　调速阀的工作原理图

1—定差减压阀；2—节流阀

4)辅助元件

液压辅助元件有滤油器、蓄能器、管件、密封件、油箱及热交换器等，除油箱需要自行设计外，其余皆为标准件。

①蓄能器：储存多余的油液，并在需要时释放给系统。

②过滤器：清除油液中各种杂质，以免其划伤、磨损甚至卡死相对运动的零件。

③油箱：储存油液、散发热量、沉淀杂质、逸出空气。

④热交换器：液压系统工作时的油液温度应保持为30～50 ℃，最高不超过65 ℃，最低不能低于15 ℃。液压系统温度过高时，要装冷却器；温度过低时，要装加热器。

自测题

一、填空题

1. 当油液压力达到预定值时，发出电信号的液-电信号转换元件是__________。

2. 液压泵将____________转换成____________，为系统提供____________；液压马达将__________转换成__________，输出__________和__________。

3. 在实际工作中，泵的 $q_{实}$__________ $q_{理}$，马达的 $q_{实}$__________ $q_{理}$，是由__________引起的，缩小 $q_{实}$ 和 $q_{理}$ 二者之差的主要措施为____。

4. 齿轮泵困油现象的产生原因是________________，会造成________________。解决的办法是____。

5. 溢流阀在液压系统中起调压溢流作用。当溢流阀进口压力低于调整压力时，阀口是__________的，溢流量为__________；当溢流阀进口压力等于调整压力时，溢流阀阀口是__________，溢流阀开始__________。

6. 活塞缸按其结构不同，可分为__________和__________两种。其固定方式有__________固定和__________固定两种。

7. 液压控制阀按其用途，可分为__________、__________和__________三大类，它们分别调节、控制液压系统中液流的__________、__________和__________。

8. 外啮合齿轮泵的__________、__________和__________是影响齿轮泵性能和寿命的三大问题。

9. 液压泵的总效率等于__________和__________的乘积。

10. 双作用式叶片泵的转子每转一转，吸油、压油各__________次，单作用式叶片泵的转子每转一转，吸油、压油各__________次。双作用式叶片泵是__________，单作用式叶片泵__________。

二、判断题

1. 先导式溢流阀主阀弹簧刚度比先导阀弹簧刚度小。 (　　)

2. 齿轮泵都是定量泵。 (　　)

3. 液压缸差动连接时，能比其他连接方式产生更大的推力。 (　　)

4. 作用于活塞上的推力越大，活塞运动速度越快。 (　　)

5. O 形中位机能的换向阀可实现中位卸荷。 (　　)

6. 背压阀的作用是使液压缸的回油腔具有一定的压力，保证运动部件工作平稳。 (　　)

7. 当液控顺序阀的出油口与油箱连接时，称为卸荷阀。 (　　)

8. 液压泵吸油口相通的油箱是完全封闭的。 (　　)

9. 高压大流量液压系统常采用电液换向阀实现主油路换向。 (　　)

三、综合题

1. 低压齿轮泵泄漏的途径有哪几条？中高压齿轮泵常采用什么措施来提高工作压力？

2. 现有两个压力阀，由于铭牌脱落，分不清哪个是溢流阀，哪个是减压阀，又不希望把阀拆开，如何根据其特点作出正确判断？

3. 先导式溢流阀原理如图 5.61 所示，回答下列问题：

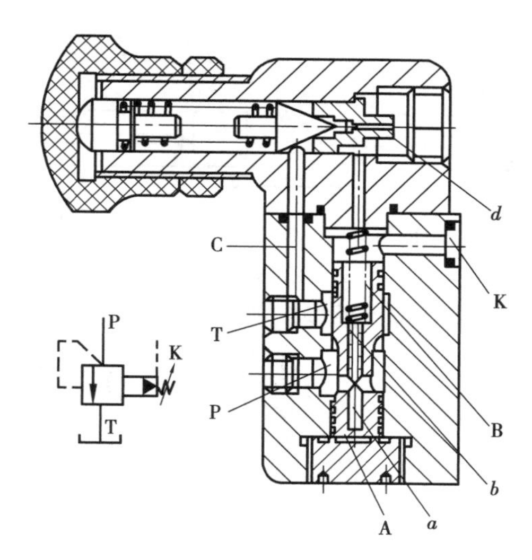

图5.61　先导式溢流阀原理

(1)先导式溢流阀原理由哪两部分组成?

(2)何处为调压部分?

(3)阻尼孔的作用是什么?

(4)主阀弹簧为什么可较软?

4. 容积式液压泵的共同工作原理是什么?

5. 画出直动式溢流阀的图形符号,并说明溢流阀有哪几种用法。

6. 液压缸为什么要设置缓冲装置? 试说明缓冲装置的工作原理。

7. 如图5.62所示,已知液压泵的输出压力 $p_P=10$ MPa,泵的排量 $V_P=10$ mL/r,泵的转速 $n_P=1\ 450$ r/min,容积效率 $\eta_{PV}=0.9$,机械效率 $\eta_{Pm}=0.9$;液压马达的排量 $V_M=10$ mL/r,容积效率 $\eta_{MV}=0.92$,机械效率 $\eta_{Mm}=0.9$,泵出口和马达进油管路的压力损失为0.5 MPa,其他损失不计。试求:

(1)泵的输出功率;

(2)驱动泵的电机功率;

(3)马达的输出转矩;

(4)马达的输出转速。

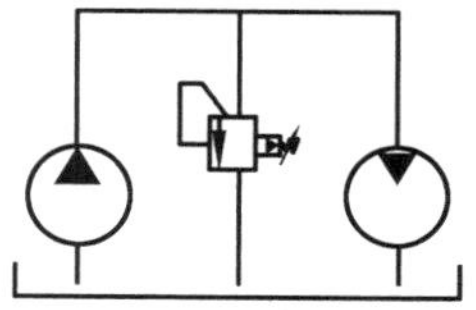

图5.62　液压泵

8. 如图5.63所示为3种形式的液压缸。活塞和活塞杆直径分别为 D,d,如进入液压缸的流量为 q,压力为 P。若不计压力损失和泄漏,试分别计算各缸产生的推力、运动速度大小和运动方向。

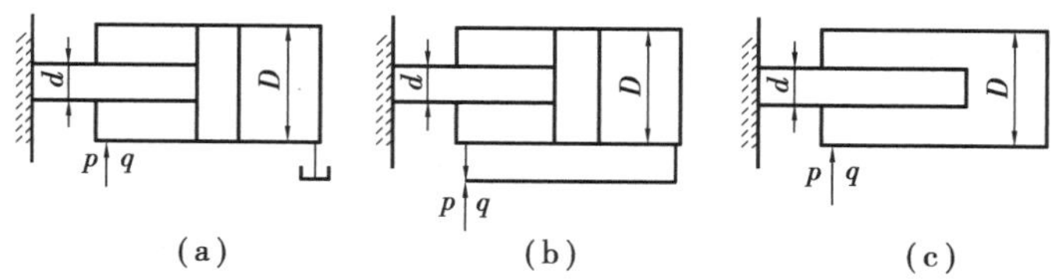

图5.63　3种形式的液压缸

9. 如图5.64所示两个结构和尺寸均相同的液压缸相互串联,无杆腔面积 $A_1=100\ cm^2$,有杆腔面积 $A_2=80\ cm^2$,液压缸1输入压力 $P_1=0.9$ Mpa,输入流量 $q_1=12$ L/min,不计力损失和泄漏,试计算两缸负载相同时($F_1=F_2$),负载和运动速度各为多少?

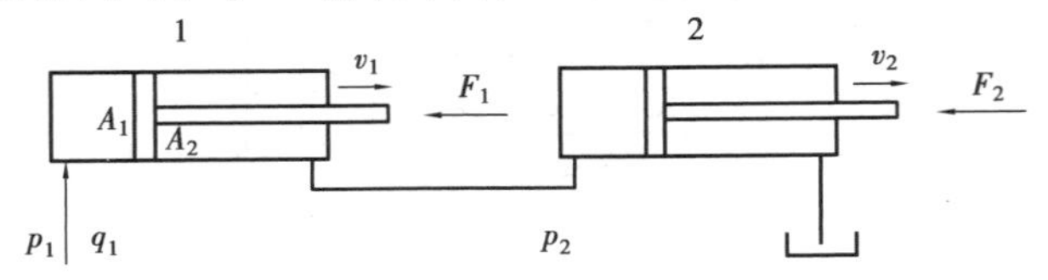

图 5.64　液压缸相互串联

10. 分别写出图 5.65 中 3 种三位四通换向阀的中位机能类型。

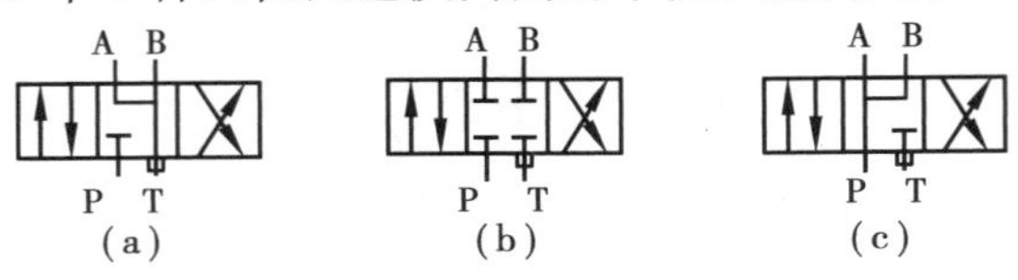

图 5.65　3 种三位四通换向阀的中位机能类型

任务 5.3　液压基本回路及典型液压传动系统

活动情境

观察塑料注射成型机液压系统的动作过程,如图 5.65 所示。

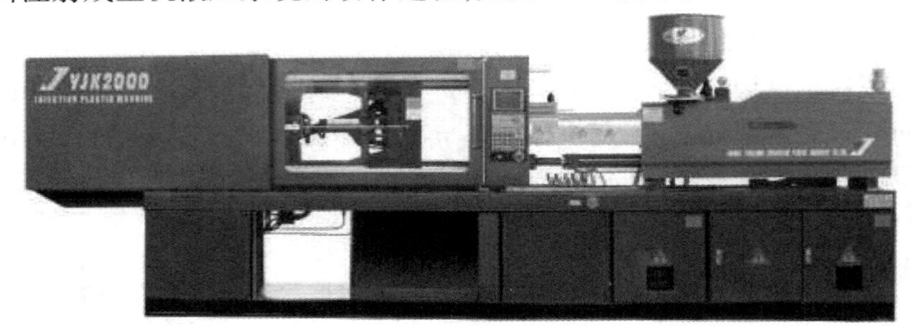

图 5.66　塑料注射成型机液压系统

任务要求

1. 识读各种液压基本回路。
2. 掌握液压基本回路的工作原理及应用。
3. 能分析典型的液压系统。

任务引领

通过观察与操作回答以下问题:
1. 注射成型机模具的启闭过程和塑料注射的各个阶段的速度是否一样?
2. 注射成型机在合模过程中是如何实现慢速合模转快速合模的?
3. 液压泵出口处的溢流阀对整个系统起什么作用?
4. 液压动力滑台采用了哪些基本回路?

归纳总结

液压基本回路是由一些液压元件组成并能完成某项特定功能的典型油路结构。任何一个液压系统,无论其多么复杂,实际上都是由一些液压基本回路组成。这些基本回路是各有其功能,如液压系统工作压力的调整、工作台运动速度的调节、运动方向的控制、液压缸的顺序动作以及实现某种工作循环等。

常用的液压基本回路,按其功能可分为方向控制回路、压力控制回路、速度控制回路及顺序动作回路。

5.3.1 方向控制回路

方向控制回路是用来控制液压系统中各条油路的液流的通断及方向,使执行元件启动、停止或变换运动方向的回路。常用的方向控制回路有换向回路和锁紧回路等。

1)换向回路

利用各种方向阀来控制液流的通、断及变向,以便执行元件启动、停止和换向的回路。

此回路要求换向阀压力损失小,换向平稳、泄漏小。

如图5.67所示为二位四通电磁换向阀实现的换向回路。图5.67(a)电磁铁断电,换向阀右位,液压缸无杆腔进油,活塞左移。图5.67(b)电磁铁通电,液压缸有杆腔进油,活塞右移。

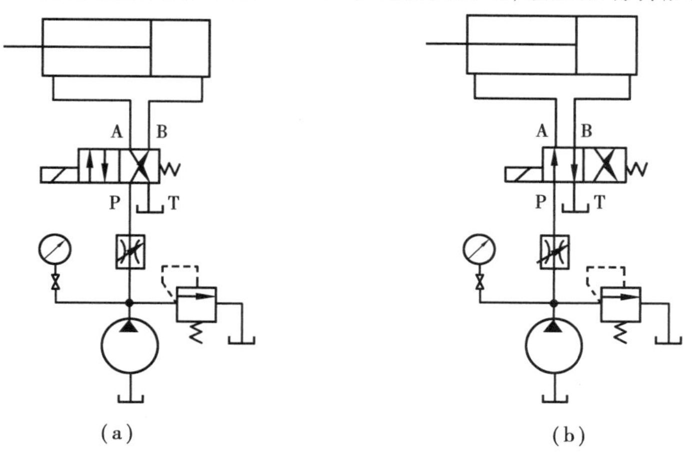

图5.67 二位四通电磁换阀实现的换向回路

图5.68是采用三位四通电磁换向阀控制的换向回路。按下启动按钮,1YA通电,2YA断电,换向阀左位工作,液压泵输出油液经换向阀进入液压缸左腔,推动活塞右移,右腔油液经B,T回油箱;当2YA通电,1YA断电,换向阀右位工作,液压泵输出油液经换向阀进入液压缸右腔推动活塞左移;当1YA,2YA都断电,换向阀处于中位,活塞停止运动。

2)锁紧回路

通过回路的控制使执行元件在运动过程中的某一位置上停留一段时间保持不动,并防止停止后窜动。使液压缸锁紧的方法是采用三位换向阀的O形或M形的滑阀机能封闭两腔,从而闭锁回路(见图5.69),利用换向阀的M形的滑阀机能锁紧回路,当lYA,2YA均断电时,三位阀处于中位,液压缸的两个油口被封闭,缸两腔充满油液,使缸在停留位置上"锁紧",不受外力干扰。因换向阀是靠间隙密封，故有泄漏，锁紧效果不好。这种锁紧只适用于要求不高的场合。

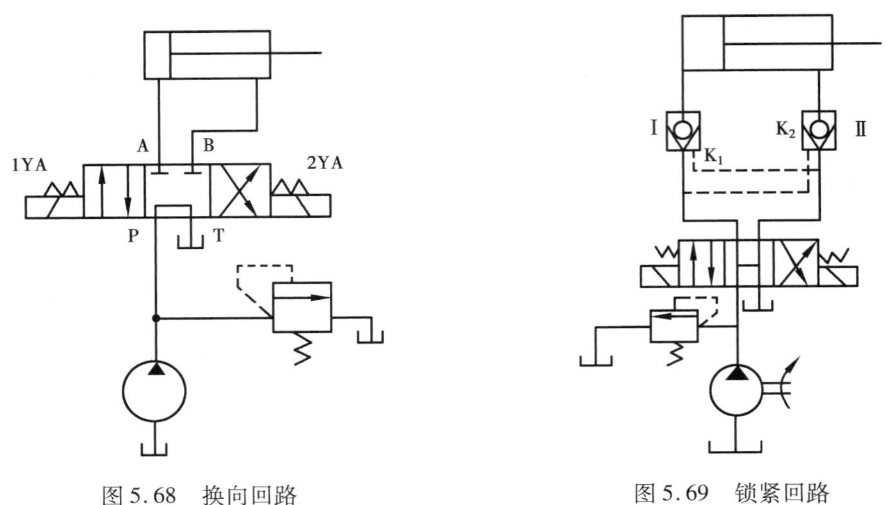

图 5.68　换向回路

图 5.69　锁紧回路

当要求锁紧效果较高时，可采用液控单向阀双向锁紧。在液压缸的两侧油路上都串接液控单向阀（液压锁），活塞可在行程的任意位置上锁紧，不会因为外界因素而窜动。为保证锁紧迅速、准确，换向阀常采用 H 形或 Y 形中位机能。

液控单向阀的这种组合又称双向液压锁。这种回路被广泛用于工程机械，起重运输机械等有锁紧要求的场合。

5.3.2　压力控制回路

压力控制回路用压力阀来调节系统或系统的某一部分的压力，以实现调压、减压、增压及卸载等控制，以满足执行元件对压力的要求。按其功能不同，可分为调压回路、减压回路、平衡回路、卸荷回路、增压回路及保压回路等。

1）调压回路

调压回路的功用是使液压系统整体或部分的压力保持恒定或不超过某个预先调好的数值，或者使执行机构在工作过程中不同阶段实现多级压力转换。一般由溢流阀来实现这一功能。

（1）单级调压回路

如图 5.70 所示为单级调压回路。在定量泵系统中，系统的压力由溢流阀调定压力来决定，调节溢流阀的调压弹簧就可调节泵的出口压力。当系统压力达到溢流阀的调定值时，溢流阀开启，多余油液经溢流阀回油箱。这种回路效率较低，一般用于流量不大的场合。它是液压系统中应用十分广泛的回路。

在变量泵系统中，溢流阀作安全阀用，来限定系统的最高压力，防止系统过载（在任务 5.2 溢流阀的功用中已讲述）。

（2）多级调压回路

若系统中需要两种以上的压力，则可采用多级调压回路。

如图 5.71 所示为一三级调压回路。利用先导溢流阀 1、远程调压阀 2,3 和电磁换向阀 4,

实现多级调压回路。当电磁换向阀4的两个电磁铁均不通电时,系统压力由阀1调定;当左边电磁铁通电时,系统压力由阀2调定;当右边电磁铁通电时,系统压力由阀3调定。但在这种调压回路中,阀2和阀3的调定压力要低于阀1的调定压力,而阀2和阀3的调定压力之间没有一定的关系。

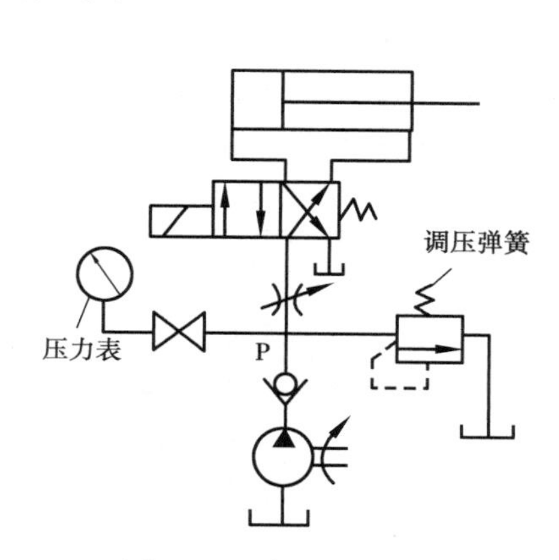

图5.70　单级调压回路

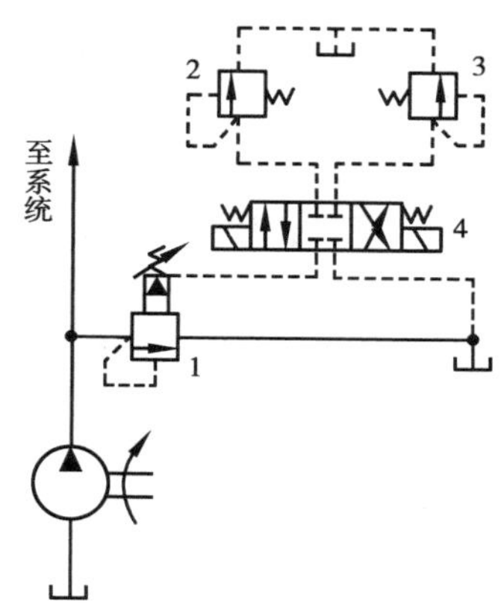

图5.71　多级调压回路

1—先导溢流阀;2,3—远程调压阀;

4—电磁换向阀

2)减压回路

在液压系统中某个执行元件或某条支路需要比系统压力低而又稳定的压力时,可采用减压回路,如控制油路、夹紧油路、润滑油路。减压回路一般由减压阀实现。

如图5.72所示为减压回路用于夹紧回路。回路中的单向阀用于防止主油路压力低于减压阀调整压力时油液倒流,起短时保压作用。

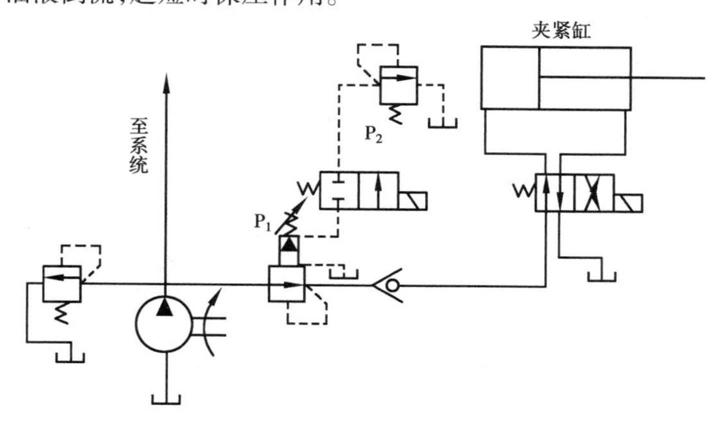

图5.72　减压回路

如图5.73所示,二级减压回路可获得两级减压。在先导式减压阀2的外控口接远程调压阀4和换向阀3。阀3关闭,压力由阀2调定;阀3开启,压力由阀4调定,阀4调定压力要低于阀2调定压力。

为了使减压回路工作可靠,减压阀的最低调整压力不应小于0.5 MPa,最高调整压力至少比系统压力小0.5 MPa。

3)卸荷回路

当设备短时间不工作时,可利用卸荷回路,避免电机的频繁启动。卸荷回路的功用是在液压泵不停止转动时,使其输出的流量在压力很低的情况下流回油箱,以减少功率损耗,降低系统发热,延长泵和电动机的寿命。这种卸荷方式称为压力卸荷。在低压小流量系统中,常采用M,K,H形机能的滑阀卸荷。

如图5.74所示为采用M形滑阀机能的卸载回路。当需要卸载时,只要使电磁铁同时断电,换向阀处于中位,液压泵输出的油液便经换向阀直接流回油箱,实现卸载。这是交通工程中最常用的卸载方式之一。但必须在换向阀前面设置单向阀(或在换向阀回油口设置背压阀),以使系统保持0.2~0.3 MPa的压力,供控制油路用。这种卸荷回路除用M形外,还可用H形和K形。这类卸载回路,结构简单,适用于低压、小流量的液压系统。

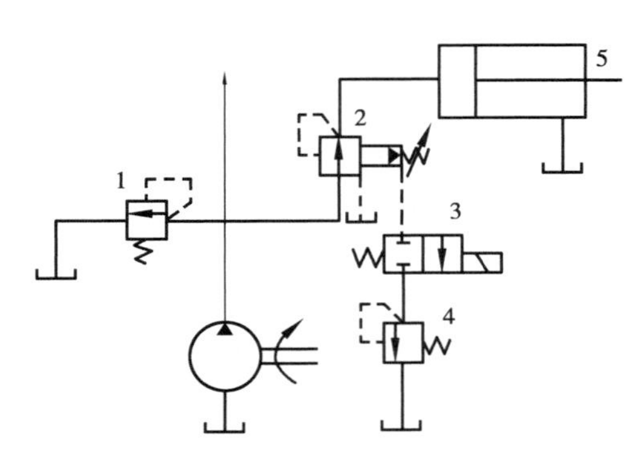

图5.73 二级减压回路

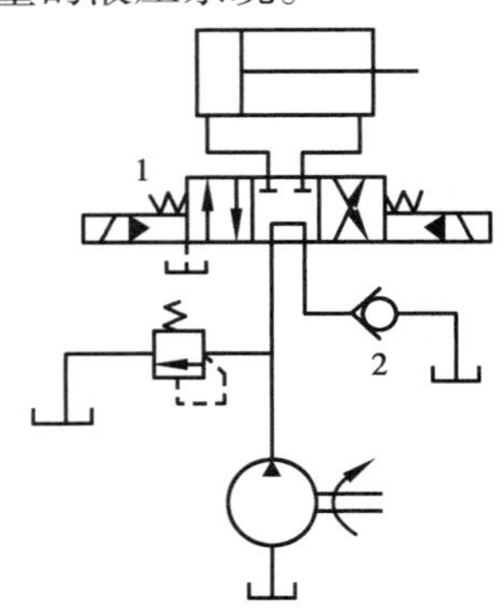

图5.74 三位换向阀的卸荷回路

图5.75是采用电磁溢流阀卸荷回路。这种阀由先导溢流阀1和二位二通常闭的电磁阀2组成,即在先导式溢流阀的外控口接电磁换向阀2,当系统工作时,阀2处于常闭状态,阀2开启;当执行元件停止时,阀2通电阀1远控口与油箱连接,阀1全开溢流,泵卸荷,系统卸荷。该回路结构紧凑,一阀多用,也是常用的卸荷方法之一。卸荷回路种类较多,分析回路中应注意其特征。

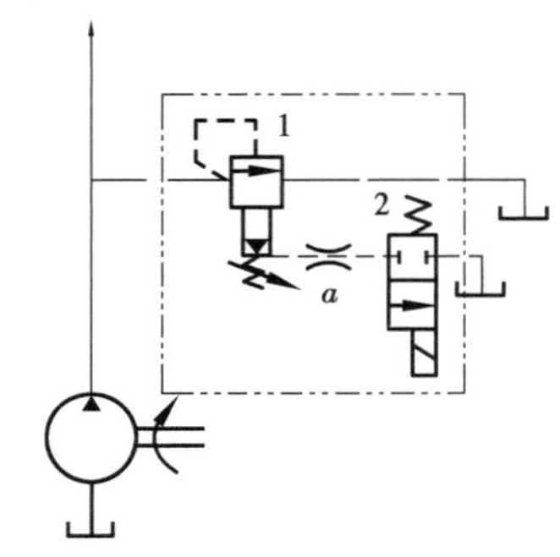

图5.75 电磁溢流阀卸荷回路

1—先导溢流阀;2—二位二通电磁阀

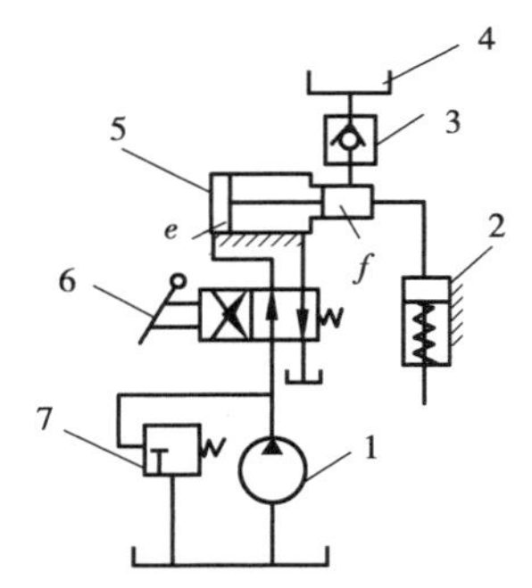

图5.76 用增压缸的增压回路

1—泵;2—工作缸;3—单向阀;4—油箱;5—增压缸;6—二位四通手动换向阀;7—溢流阀

4)增压回路

在液压系统中,有时需超高压传动,有时需系统的某个支路上有较高的压力,一般用增压回路实现。增压回路是用来使局部油路得到比主系统油压高得多的压力。增压元件主要是增压器或增压缸。

如图5.76所示为用增压缸的增压回路。增压缸由大小两个液压缸 e 和 f 组成。e 缸中的大活塞和f缸中的小活塞用活塞杆连成一体。当压力油进入液压缸e的左腔，油压就作用在大活塞上，推动大小活塞向右运动。这时，f缸就可产生更高的油压。

当工作缸活塞回程（上升）时，补充油箱4中的油液可通过单向阀3进入增压缸的f缸，以补充这一部分管路的泄漏。

5）平衡回路

液压缸垂直放置的立式设备，如立式液压机、立式机床，运动部件因自重而自行下落或因自重造成失控失速，易发生事故。采用平衡回路，可使运动平稳。平衡回路就是利用液压元件的阻力损失给液压缸下腔施加一压力，以平衡运动部件质量。通常采用单向顺序阀、外控单向顺序阀和液控单向阀。

如图5.77所示为采用单向顺序阀的平衡回路。当1YA通电后活塞下行时，液压缸下腔的油液顶开顺序阀而回油箱，回油路上存在一定背压，活塞下行平稳。如果此顺序阀调定的背压值大于活塞和与之相连的工作部件自重在缸下腔产生的压力值时，则当换向阀处于中位时，活塞及工作部件就能被顺序阀锁住而停止运动。

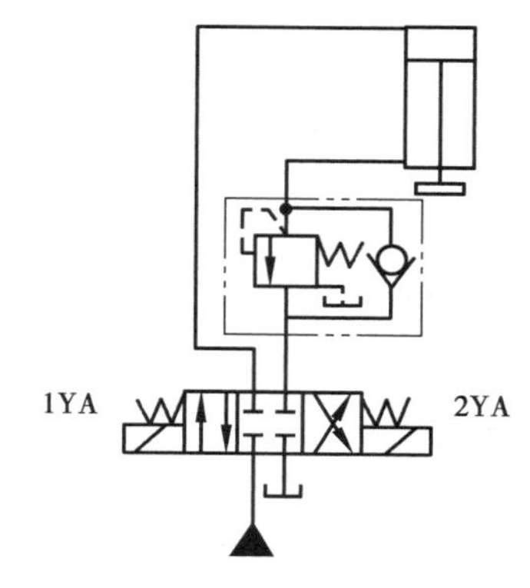

图5.77　采用单向顺序阀的平衡回路

5.3.3　速度控制回路

用来控制执行元件运动速度的回路，称为速度控制回路。速度控制回路包括调速回路和速度换接回路等。

1）调速回路

调速方法主要有节流调速回路、容积调速回路和容积节流调速。容积节流调速是用变量泵（限压式变量泵或压力反馈式变量泵等），由流量阀改变进入执行元件的流量，并使泵的流量与通过流量阀的流量相适应来实现调速。

（1）节流调速回路。

利用节流阀构成的调速回路是通过通流截面变化来调节进入执行元件的流量，实现调速目的。根据节流阀在回路中的位置不同，可分为进油节流、回油节流和旁路节流调速3种基本形式。节流调速回路一般采用定量泵供油。

①进油路节流调速回路。

进油节流调速回路的基本特征为：节流元件安装在执行元件的进油路上，即串联在定量泵和执行元件之间，采用溢流阀作为分流元件。如图5.78（a）所示，节流元件是调速阀。

定量泵输出的流量为一定值，供油压力由溢流阀调定，调节调速阀的开口面积就可调节进入液压缸的流量，从而调节执行元件的运动速度，多余的油液经溢流阀流回油箱。因采用溢流阀作为分流元件，故为定压式调速回路，在调速过程中，泵的输出压力基本保持常量。

进油路节流调速回路，适宜小功率、负载较稳定、对速度稳定性要求不高的液压系统。

②回油路节流调速回路。

回油路节流调速回路也是采用溢流阀作为分流元件，但调速阀安装在执行元件的回油路上，如图5.78（b）所示。调速阀用以控制液压缸回油腔的流量，从而控制进油腔的流量q_1，以改变执行元件的运动速度，供油压力由溢流阀调定。

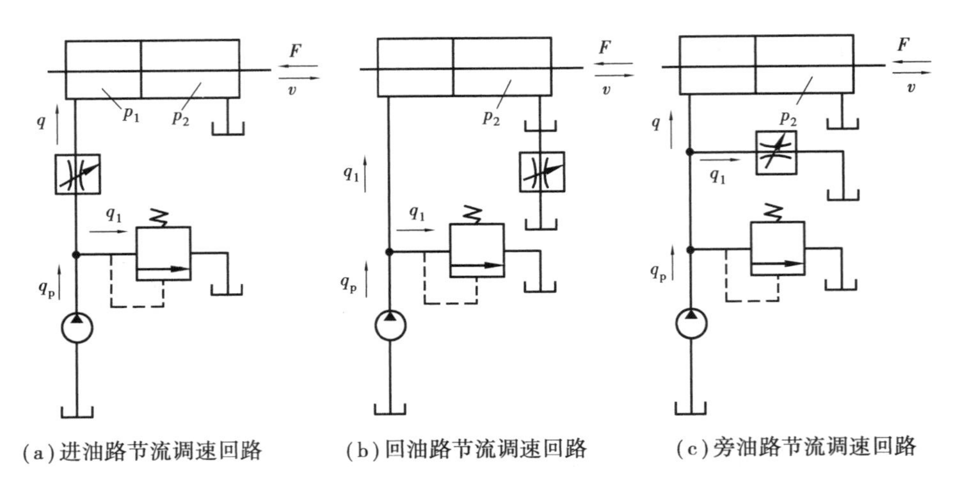

图 5.78　节流调速回路

由于进入液压缸的流量受到回油路上流出流量的限制,因此,通过调速阀调节液压缸的排油量也就调节了进油量,达到调节液压缸活塞运动速度的目的。

这种调速回路回油路上有背压,运动平稳性优于进油节流调速;油液直接回油箱,易散热。用于功率不大、负载变化较大或运动平稳性要求较高的系统中。用节流阀的节流调速回路速度稳定性较差,为使速度不随负载变化而波动,可用调速阀代替节流阀。

③旁油路节流调速回路。

旁油路节流调速,其特征是节流元件与执行元件并联,主油路中无节流元件。如图 5.78(c)所示,分流元件是调速阀。溢流阀起安全阀作用,在调速时是关闭的。液压泵输出的压力取决于负载,负载变化将引起泵出口压力变化。在该回路中,液压泵输出流量 q_p 分成两部分:一部分是进入执行元件的流量 q,另一部分是通过节流阀流回油箱的流量 q_1,即 $q=q_p-q_1$。此时,溢流阀是安全阀,常态下关闭。

这种回路常用于负载较大、速度较高、运动平稳性要求不高的中等功率的液压系统。例如,牛头刨床的主传动系统。

(2)容积调速回路

容积调速回路是通过改变变量泵或变量马达的排量来实现调速。它采用变量泵和定量执行元件组成的调速回路,通过调节变量泵输油量的大小即可改变执行元件的运动速度。变量泵可采用单作用式叶片泵、径向柱塞泵、轴向柱塞泵。系统中溢流阀起安全保护作用,限定系统的最高压力。这种调速回路效率高(压力、流量损失小)、发热少,但结构复杂、成本高。它适用于负载功率大、运动速度高的液压系统中。

如图 5.79 所示为容积调速回路中的一种。它采用变量泵和液压缸组成的调速回路,变量泵供油,溢流阀 1 起安全作用,溢流阀 2 起背压作用。

(3)容积节流复合调速回路

用变量液压泵和调速阀相配合进行调速的方法,称为容积节流复合调速,如图 5.80 所示。调节调速阀节流口的开口大小,就能改变进入液压缸的流量,从而改变活塞运动速度 v;这种回路中变量泵输出的流量 q_p 和进入缸中的流量 q_1 自相适应,因此效率高,发热量小。

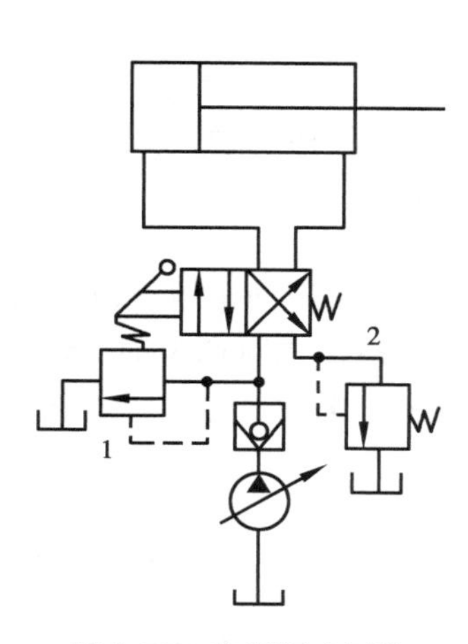

图5.79　容积调速回路

1,2—溢流阀

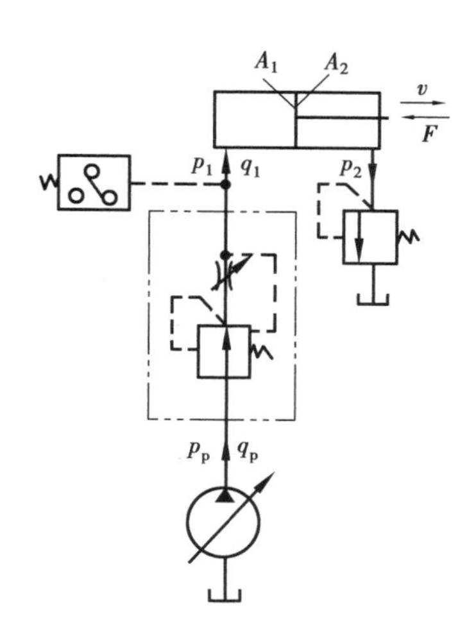

图5.80　容积节流复合调速回路

2)速度换接回路

速度换接回路使执行元件在一个工作循环中从一种运动速度变换到另一种运动速度。它包括快-慢速转换、两种慢速转换。

(1)慢速与快速的换接回路

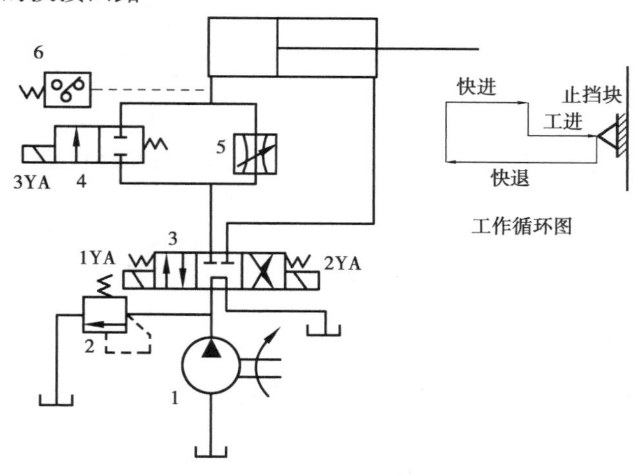

图5.81　慢速与快速的换接回路

1—液压泵;2—溢流阀;3—O形三位四通电磁换向阀;4—二位二通电磁换向阀;5—调速阀;6—压力继电器

如图5.81所示为慢速与快速的换接回路。活塞右移过程,要实现快进—工进的转换。1YA,3YA都通电,压力油经阀4进入无杆腔,活塞实现快进;当运动部件挡块碰到行程开关使3YA断电时,阀4油路断开,调速阀进入油路。压力油经节流阀进入无杆腔,有杆腔回油,活塞以调速阀5调节的速度实现工进。

这种换接形式速度转换快,行程调节较灵活,便于实现自动化,但平稳性较差。

(2)两种慢速(二次进给)转换回路

①调速阀串联的二次进给转换回路。

如图5.82(a)所示,调速阀A,B串联在系统中。1YA通电时3YA不通电时,压力油经调速阀A、阀5左位进入液压缸的左腔,右腔回油,活塞向右第一次慢速;当1YA,3YA通电时,压力油须经调速阀 A、调速阀 B 进入液压缸左腔,右腔回油。由于调速阀 B 的开口比调速阀 A 开口小,因此,此时活塞速度更慢。实现两种工作进给速度的转换。调速阀 B 的阀开口必须小于调速阀 A 的阀开口,否则调速阀 B 不起调速作用。速度转换平稳,但压力油经两个调速阀,压力损失较大。常用于组合机床中实现二次工作进给。

②调速阀并联的二次进给转换回路。

如图 5.82(b)所示,调速阀 A,B 并联在系统中。1YA,3YA 不通电时,液压油通过调速阀 A,进入液压缸左腔,右腔回油,活塞获得第一次慢速;1YA,3YA 同时通电时,调速阀 A 被堵,液压油流经调速阀 B,进入液压缸左腔,右腔回油,活塞获第二次慢速。当一个调速阀工作时,另一个调速阀被堵,两个调速阀阀口大小无特定要求。

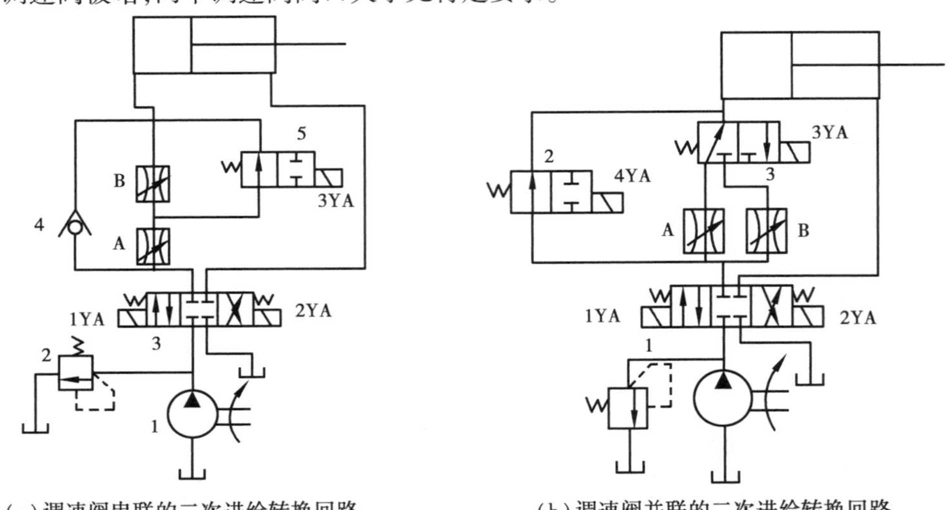

(a)调速阀串联的二次进给转换回路　　(b)调速阀并联的二次进给转换回路

图 5.82　二次进给转换回路

(a)1—泵;2—溢流阀;3—换向阀;4—单向阀;5—换向阀

(b)1—溢流阀;2—换向阀;3—换向阀

5.3.4　塑料注射成型机液压系统

塑料注射成型机简称注塑机。它将颗粒状的塑料加热熔化到流动状态,用注射装置快速高压注入模腔,保压一定时间,冷却后成型为塑料制品。

注塑机的工作循环流程如图 5.83 所示。

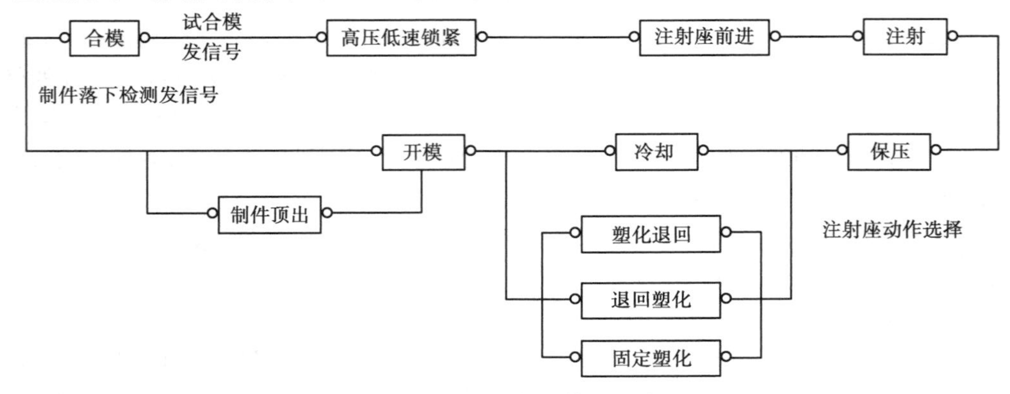

图 5.83　注塑机的工作循环流程

以上动作分别由合模缸、注射座移动缸、预塑液压马达、注射缸及顶出缸完成。

SZ-250A 塑料注射成型机液压系统如图5.84所示。

注塑机液压系统要求有足够的合模力，可调节的合模开模速度，可调节的注射压力和注射速度，以及保压及可调的保压压力，系统还应设有安全联锁装置。SZ-250A 塑料注射成型机电磁铁动作顺序表见表5.10。

表5.10　SZ-250A 塑料注射成型机电磁铁动作顺序表

动作循环		1Y	2Y	3Y	4Y	5Y	6Y	7Y	8Y	9Y	10Y	11Y	12Y	13Y	14Y
合模	慢速		+	+											
	快速	+	+	+											
	低压慢速		+	+											
	高压		+	+											
注射座前移			+					+							
注射	慢速		+					+							
	快速	+	+					+	+		+		+		
保压			+					+			+				+
预塑		+	+					+				+			
防流			+					+		+					
注射座后退			+												
开模	慢速1		+		+										
	快速	+	+		+										
	慢速2	+	+		+										
顶出	前进		+			+									
	后退		+												
螺杆后退			+							+					

1)SZ-250A 型注塑机液压系统工作原理

SZ-250A 型注塑机属中小型注塑机，每次最大注射容量为250 cm^3。其液压系统图如图5.84所示。各执行元件的动作循环主要靠行程开关切换电磁换向阀来实现。电磁铁动作顺序见表5.10。

(1)关安全门

为保证操作安全，注塑机都装有安全门。关安全门，行程阀6恢复常位，合模缸才能动作，开始整个动作循环。

(2)合模

动模板慢速启动、快速前移，接近定模板时，液压系统转回低压、慢速控制。在确认模具内没有异物存在，系统转为高压使模具闭合。这里采用了液压-机械式合模机构，合模缸通过对称五连杆机构推动模板进行开模和合模，连杆机构具有增力和自锁作用。

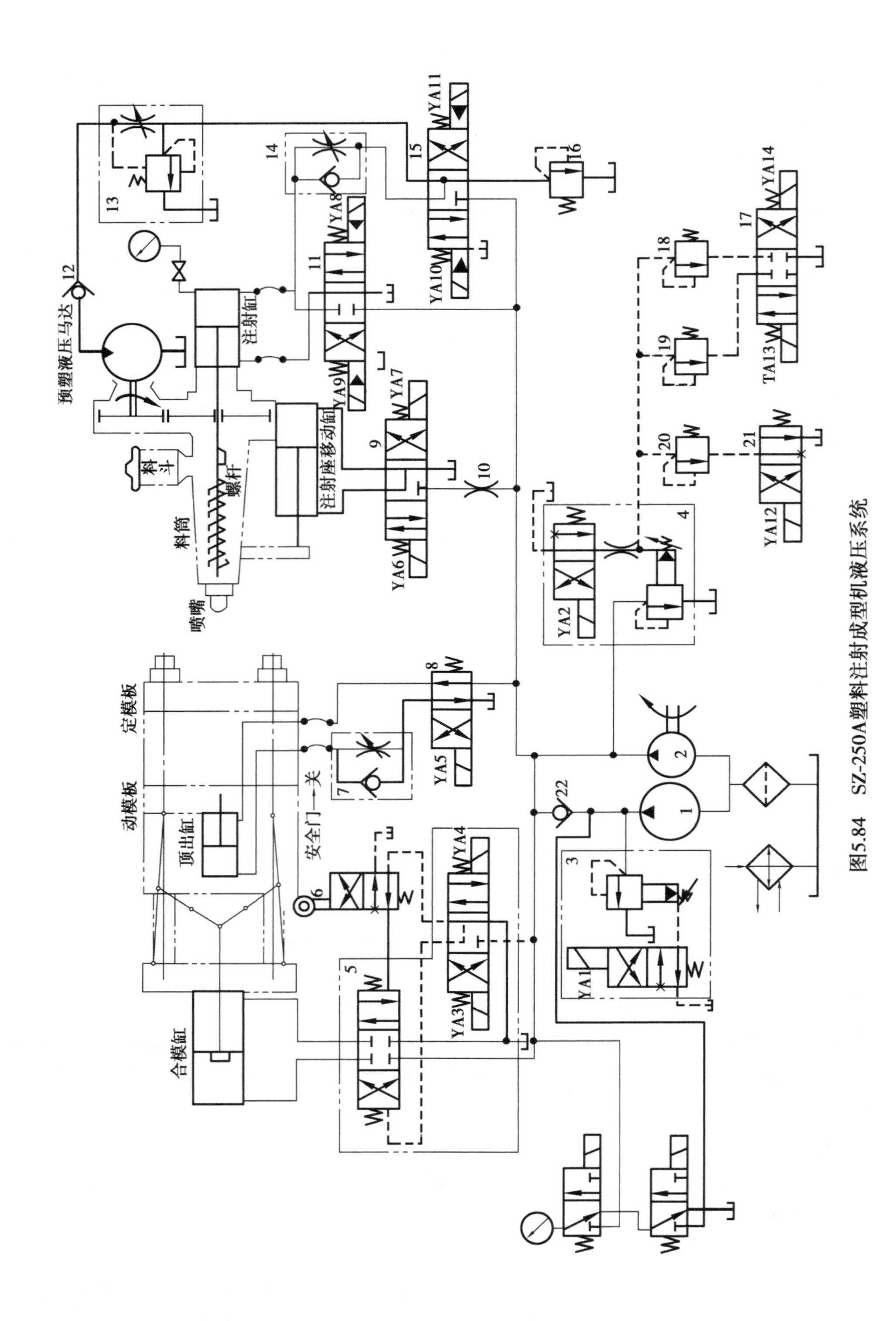

图5.84　SZ-250A塑料注射成型机液压系统

①慢速合模($2Y^+$,$3Y^+$)。大流量泵1通过电磁溢流阀3卸载,小流量泵2的压力由溢流阀4调定,泵2压力油经电液换向阀5右位进入合模缸左腔,推动活塞带动连杆慢速合模,合模缸右腔油液经阀5和冷却器回油箱。

②快速合模($1Y^+$,$2Y^+$,$3Y^+$)。慢速合模转快速合模时,由行程开关发令使1Y得电,泵1不再卸载,其压力油经单向阀22与泵2的供油汇合,同时向合模缸供油,实现快速合模,最高压力由阀4限定。

③低压合模($2Y^+$,$3Y^+$,$13Y^+$)。泵1卸载,泵2的压力由远程调压阀18控制。因阀18所调压力较低,合模缸推力较小,故即使两个模板间有硬质异物,也不致损坏模具表面。

④高压合模($2Y^+$,$3Y^+$)。泵1卸载,泵2供油,系统压力由高压溢流阀4控制,高压合模并使连杆产生弹性变形,牢固地锁紧模具。

(3)注射座前移($2Y^+$,$7Y^+$)

泵2的压力油经电磁换向阀9右位进入注射座移动缸右腔,注射座前移使喷嘴与模具接触,注射座移动缸左腔油液经阀9回油箱。

(4)注射

注射螺杆以一定的压力和速度将料筒前端的熔料经喷嘴注入模腔。它分慢速注射和快速注射两种。

①慢速注射($2Y^+$,$7Y^+$,$10Y^+$,$12Y^+$)。泵2的压力油经电液换向阀15左位和单向节流阀14进入注射缸右腔,左腔油液经电液换向阀11中位回油箱,注射缸活塞带动注射螺杆慢速注射,注射速度由单向节流阀14调节,远程调压阀20起定压作用。

②快速注射($1Y^+$,$2Y^+$,$7Y^+$,$8Y^+$,$10Y^+$,$12Y^+$)。泵1和泵2的压力油经电液换向阀11右位进入注射缸右腔,左腔油液经阀11回油箱。由于两个泵同时供油,且不经过单向节流阀14,注射速度加快。此时,远程调压阀20起安全作用。

(5)保压($2Y^+$,$7Y^+$,$10Y^+$,$14Y^+$)

由于注射缸对模腔内的熔料实行保压并补塑,只需少量油液,因此泵1卸载,泵2单独供油,多余的油液经溢流阀4溢回油箱,保压压力由远程调压阀19调节。

(6)预塑($1Y^+$,$2Y^+$,$7Y^+$,$11Y^+$)

保压完毕,从料斗加入的物料随着螺杆的转动被带至料筒前端,进行加热塑化,并建立起一定的压力。当螺杆头部熔料压力到达能克服注射缸活塞退回的阻力时,螺杆开始后退。后退到预定位置,即螺杆头部熔料达到所需注射量时,螺杆停止转动和后退,准备下一次注射。与此同时,在模腔内的制品冷却成型。

螺杆转动由预塑液压马达通过齿轮机构驱动。泵1和泵2的压力油经电液换向阀15右位、旁通型调速阀13和单向阀12进入马达,马达的转速由旁通型调速阀13控制,溢流阀4为安全阀。螺杆头部熔料压力迫使注射缸后退时,注射缸右腔油液经单向节流阀14、电液阀15右位和背压阀16回油箱,其背压力由阀16控制。同时,注射缸左腔产生局部真空,油箱的油液在大气压作用下经阀11中位进入其内。

(7)防流涎($2Y^+$,$7Y^+$,$9Y^+$)

采用直通开敞式喷嘴时,预塑加料结束,要使螺杆后退一小段距离,减小料筒前端压力,防止喷嘴端部物料流出。泵1卸载,泵2压力油一方面经阀9右位进入注射座移动缸右腔,使喷嘴与模具保持接触,另一方面经阀11左位进入注射缸左腔,使螺杆强制后退。注射座移动缸左腔和注射缸右腔油液分别经阀 9 和阀 11 回油箱。

(8)注射座后退($2Y^+$,$6Y^+$)

保压结束,注射座后退。泵 1 卸载,泵 2 压力油经阀 9 左位使注射座后退。

(9)开模

开模速度一般为慢—快—慢。

①慢速开模($2Y^+$或 $1Y^+$,$4Y^+$)。泵 1(或泵 2)卸载,泵 2(或泵 1)压力油经电液换向阀 5 左位进入合模缸右腔,左腔油液经阀 5 回油箱。

②快速开模($1Y^+$,$2Y^+$,$4Y^+$)。泵 1 和 2 合流向合模缸右腔供油,开模速度加快。

(10)顶出

①顶出缸前进($2Y^+$,$5Y^+$)。泵 1 卸载,泵 2 压力油经电磁换向阀 8 左位、单向节流阀 7 进入顶出缸左腔,推动顶出杆顶出制品,其运动速度由单向节流阀 7 调节,溢流阀 4 为定压阀。

②顶出缸后退($2Y^+$)。泵 2 的压力油经阀 8 常位使顶出缸后退。

(11)螺杆前进和后退

为了拆卸螺杆,有时需要螺杆后退。这时,电磁铁 2YA,9YA 得电,泵 1 卸载,泵 2 压力油经左位进入注射缸左腔,注射缸活塞携带螺杆后退。当电磁铁 2YA,8YA 得电时,螺杆前进。

2)液压系统特点

①由于注射缸液压力直接作用在螺杆上,因此,注射压力 p_z 与注射缸的油压 p 的比值为 D^2/d^2(D 为注射活塞直径,d 为螺杆直径)。为满足加工不同塑料对注射压力的要求,一般注塑机都配备 3 种不同直径的螺杆,在系统压力 $p=14$ MPa 时,获得注射压力 $p_z=40\sim150$ MPa。

②为保证足够的合模力,防止高压注射时模具离缝产生塑料溢边,该注塑机采用了液压-机械增力合模机构,也可采用增压缸合模装置。

③根据塑料注射成型工艺,模具的启闭过程和塑料注射的各阶段速度不一样,而且快慢速度之比可达 100,为此该注塑机采用了双泵供油系统,快速时双泵合流,慢速时泵 2(流量为 48 L/min)供油,泵 1(流量为 194 L/min)卸载,系统功率利用比较合理。有时,在多泵分级调速系统中还兼用差动增速或充液增速的方法。

④系统所需多级压力,由多个并联的远程调压阀控制。如果采用电液比例压力阀来实现多级压力调节,再加上电液比例流量阀调速,不仅减少了元件,降低了压力及速度变换过程中的冲击和噪声,还为实现计算机控制创造了条件。

⑤注塑机的多执行元件的循环动作主要依靠行程开关按事先编程的顺序完成。这种方式灵活方便。

5.3.5 YT4543 型液压动力滑台

组合机床能完成钻、扩、铰、镗、铣、攻丝等加工工序。动力滑台是组合机床的通用部件,通过液压系统使滑台按预定动作循环完成进给运动。液压动力滑台对液压系统性能的主要要求是速度换接平稳,进给速度稳定,功率利用合理,效率高,发热少。

YT4543 型组合机床液压动力滑台可实现多种不同的工作循环。其中一种比较典型的工作循环是:快进—一工进—二工进—死挡铁停留—快退—停止,如图 5.85 所示。

(a)液压动力滑台实物图

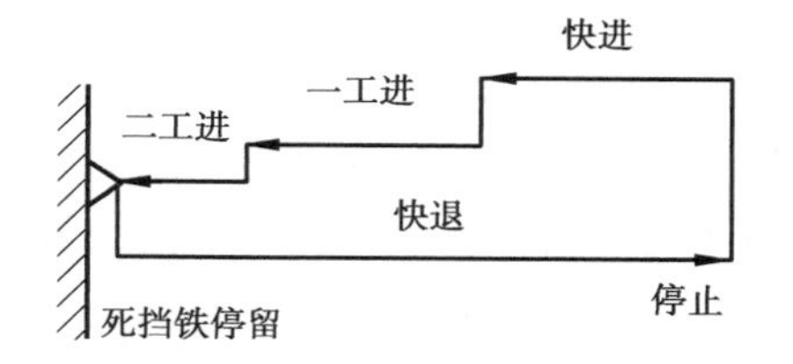

(b)动力滑台工作循环图

图5.85 YT4543型液压动力滑台及工作循环图

1)YT4543动力滑台液压系统工作原理

YT4543动力滑台液压系统图如图5.86所示。电磁铁动作循环见表5.11。

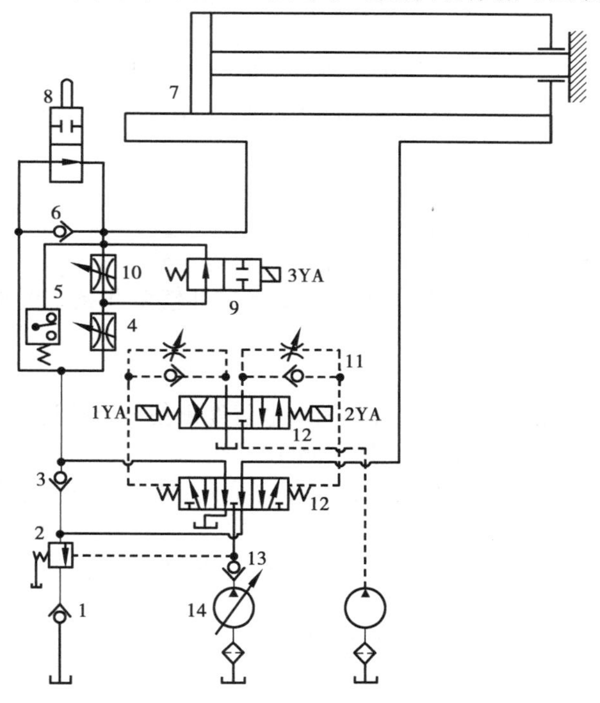

图5.86 YT4543型液压动力滑台液压系统图

表5.11 YT4543动力滑台液压系统的动作循环表

	1YA	2YA	3YA	压力继电器5	行程阀8
快进(差动)	+	-	-	-	导通
一工进	+	-	-	-	切断
二工进	+	-	+	-	切断
死挡铁停留	+	-	+	+	切断
快速	-	+	±	-	切断→导通
原位停止	-	-	-	-	导通

(1)差动快进

1YA 得电,电液换向阀处于左位,主油路经泵—单向阀 13—液动阀 12 左位—行程阀 8 常位—液压缸左腔。回油路从液压缸右腔—阀 12 左位—单向阀 3—阀 8—液压缸左腔。

由于动力滑台空载,系统压力低,液控顺序阀 2 关闭,液压缸成差动连接,且变量泵 14 输出最大流量,滑台向左快进(活塞杆固定,滑台随缸体向左运动)。

(2)一工进

滑台上的行程挡块压下行程阀 8,使原来通过阀 8 进入液压缸左腔的油路切断。此时电磁阀 9 处于常位,调速阀 4 接入系统,系统压力升高。压力升高一方面使液控顺序阀 2 打开,另一方面使限压式变量泵的流量减小,直到与经过调速阀 4 的流量相匹配。此时,缸的速度由调速阀 4 的开口决定。液压缸右腔油液通过阀 12 后经液控顺序阀 2 和背压阀 1 回油箱,单向阀 3 有效地隔开了工进的高压腔与回油的低压腔。

(3)二工进

当滑台前进到一定位置时,挡块压下行程开关时 3YA 得电,经阀 9 的通路被切断,压力油须经阀 4 和阀 10 才能进入缸的左腔。由于阀 10 的开口比阀 4 小,滑台速度减小,速度大小由调速阀 10 的开口决定。

(4)死挡铁停留

当滑台工进到碰上死挡铁后,滑台停止运动。液压缸左腔压力升高,压力继电器 5 给时间继电器发出信号,使滑台在死挡铁上停留一定时间后再开始下一动作。此时,泵的供油压力升高,流量减少,直到限压式变量泵流量减小到仅能满足补偿泵和系统的泄漏为止,系统处于需要保压的流量卸载态。

(5)快退

当滑台在死挡铁上停留一定时间后,时间继电器发出使滑台快退的信号。1YA 失电,2YA 得电,阀 11,12 处于右位。进油路由泵 14—阀 13—阀 12 右位—液压缸右腔;回油路由缸左腔—阀 6—阀 12 右位—油箱。此时空载,系统压力很低,泵输出的流量很大,滑台向右快退。

(6)原位停止

挡块压下原位行程开关,1YA,2YA,3YA 都失电,阀 11,12 处于中位,滑台停止运动,泵通过阀 12 中位卸载。

2)YT4543 动力滑台液压系统采用的基本回路

(1)调速回路

由限压式变量叶片泵和进油路调速阀组成的容积节流调速回路,回油路串有背压阀。

(2)快速回路

利用限压变量泵低压大流量,加差动连接的快速回路。

(3)换向回路

电液换向阀实现换向,换向平稳可靠。

(4)速度转换回路

由行程阀、电磁阀和液控顺序阀等联合控制的速度转换回路。

(5)卸荷回路

用中位 M 形机能的电液换向阀的卸荷回路等。

3)YT4543 动力滑台液压系统的特点

(1)调速回路

采用了由限压式变量泵和调速阀的容积节流调速回路,调速阀放在进油路上,保证了稳定的低速运动，有较好的速度刚性和较大的调速范围。回油路上的背压阀使滑台能承受负值负载。

(2)快速运动回路

采用限压式变量泵在低压时输出的流量大的特点，并采用差动连接来实现快速前进；能量利用合理。

(3)换向回路

采用了三位五通 M 形中位机能的电液换向阀换向，提高了换向平稳性，减少了能量损失，并由压力继电器与时间继电器发出的电信号控制换向信号。

(4)快速运动与工作进给的换接回路

采用了行程阀和顺序阀实现快进和工进的换接，动作可靠，转换位置精度高。同时，利用换向后系统中的压力升高使液控顺序阀接通，系统由快速运动的差动联接转换为使回油直接排回油箱。

(5)两种工作进给的换接回路

采用了两个调速阀串联的回路结构。

自测题

一、选择题

1. 如图 5.87 所示为双泵供油快速运动回路。当系统工作进给时，图中阀 4 的作用为(　　)。

A. 起背压阀作用

B. 使系统压力恒定

C. 使泵 2 卸荷

D. 使泵 1 卸荷

2. 如图 5.87 所示的泵 1 是(　　)。

A. 高压大流量泵

B. 低压大流量泵

C. 高压小流量泵

D. 低压小流量泵

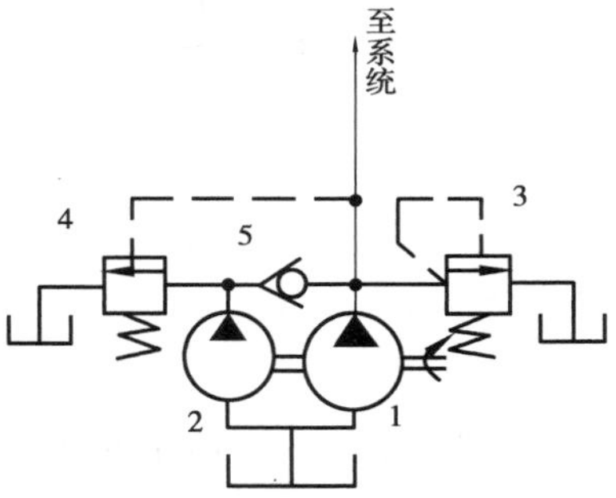

图 5.87　双泵供油快速运动回路

3. 采用节流阀的进油节流调速回路中，执行元件的运动速度随着负载的增大而(　　)。

A. 增大　　B. 减小　　C. 不变

4. 使液压缸能在任意位置停留，且停留后不会在外力作用下移动位置的回路是锁紧回路。组成锁紧回路的核心元件是(　　)。

A. 换向阀　　B. 普通单向阀　　C. 液控单向阀

5. 平面磨床工作台的运动动作可利用(　　)来实现。

A. 单杆活塞缸　　B. 双杆活塞缸　　C. 柱塞缸

6. 容积调速回路的主要优点为(　　)。

A. 效率高　　B. 速度稳定性好　　C. 调速范围大

7. 在回油路节流调速回路中当 F 增大时，p_1 是(　　)。

A. 增大　　B. 减小　　C. 不变

8. 公称压力为 6.3 MPa 的液压泵，其出口接油箱，则液压泵的工作压力为(　　)。

A. 6.3 MPa　　B. 0　　C. 6.2 MPa

二、综合题

1. 在图 5.88 中,请指出各液压泵是什么液压泵。当各图输入轴按顺时针方向旋转时,指出 A,B 口哪个为吸油口,哪个为压油口。

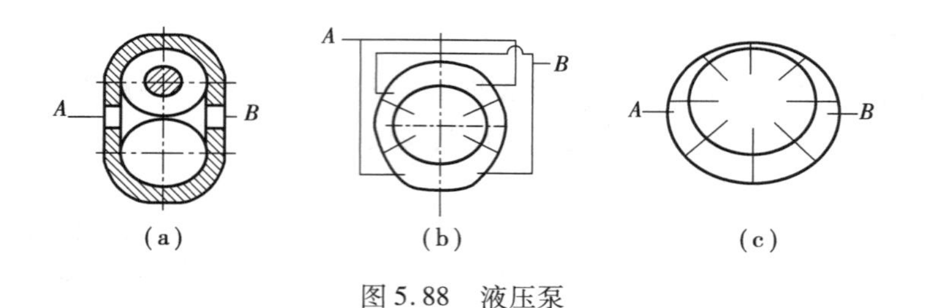

图 5.88　液压泵

2. 根据如图 5.89 所示的液压回路回答下列问题:

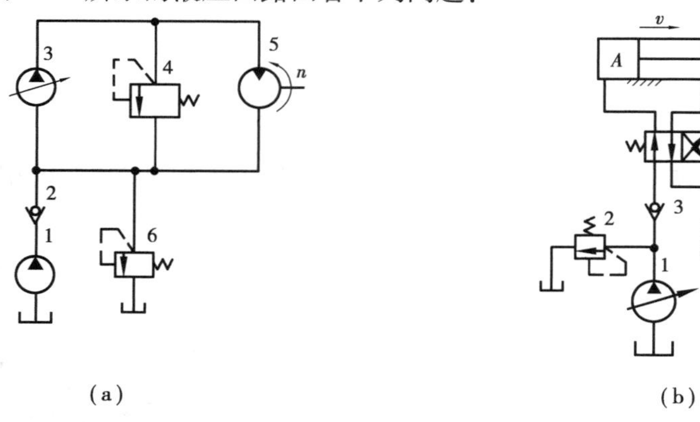

图 5.89　液压回路

(1)如图 5.89(a)所示的液压回路采用的调速方法是__________调速。

(2)图 5.89(a)中,元件 4 的作用是____,元件 6 的作用是____。

(3)图 5.89(b)中,元件 2 的作用是____,元件 6 的作用是____。

3. 在如图 5.90 所示的液压系统中,试分析在调压回路中各溢流阀的调整压力应如何设置,能实现几级调压。

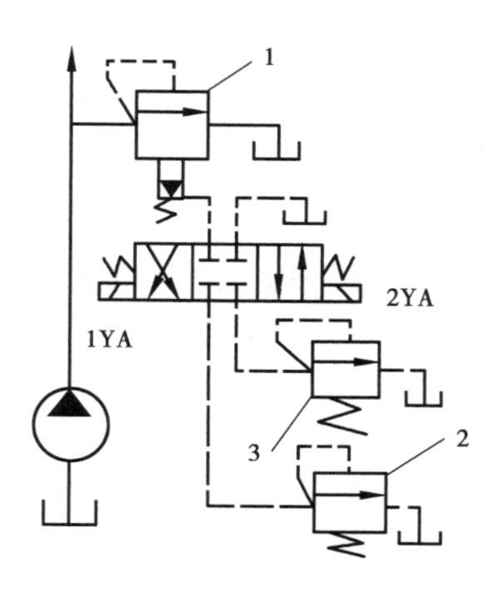

图5.90　液压系统

4. 如图5.91所示的回路,溢流阀的调整压力为5 MPa,减压阀的调整压力为1.5 MPa,活塞运动时负载压力为1 MPa,其他损失不计。试分析:

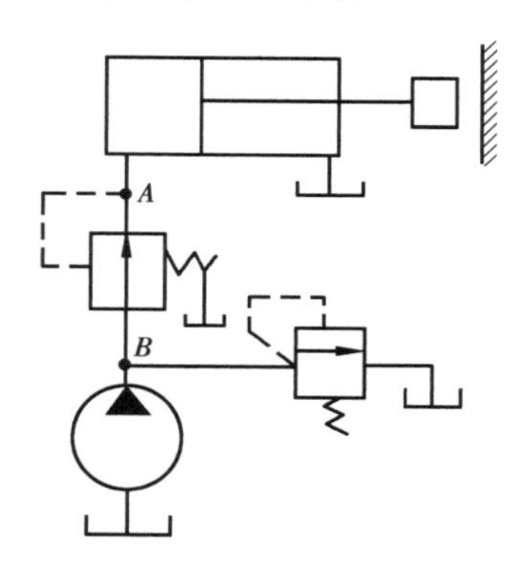

图5.91　液压回路

(1)活塞在运动期间 A,B 点的压力值。

(2)活塞碰到死挡铁后 A,B 点的压力值。

(3)活塞空载运动时 A,B 两点压力各为多少?

5. 如图5.92所示的液压回路,试列出电磁铁动作顺序表(通电“+”,失电“-”)。

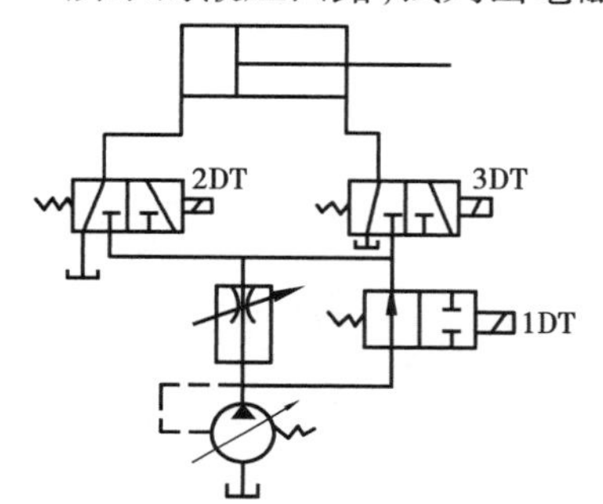

	1DT	2DT	3DT
快进			
工进			
快退			
停止			

图5.92　液压回路

项目小结

液压传动是一门以液体作为传动介质来实现各种机械传动和控制的一门学科。它具有结构紧凑、传动平稳、输出功率大、易于实现无级调速及自动控制等特点。液压技术是机械设备中发展最快的技术之一,特别是近年来与微电子、计算机技术相结合,使液压技术进入了一个新的发展阶段。通过对液压流体力学基础、液压元件和液压系统3部分内容的学习,使学生了解液压传动的优缺点;理解流体力学的基本知识;掌握常用液压元件的结构、工作原理和图形符号以及在液压系统中的作用;掌握简单液压基本回路的组成、特点和作用;能分析典型液压系统的工作原理和特点。结合液压传动在模具设计与制造中的应用,能形成利用所学知识解决实际问题的能力。

参考文献

[1] 陈立德,罗卫平.机械设计基础[M].4 版.北京:高等教育出版社,2018.
[2] 姜清德,李强.机械基础[M].武汉:华中科技大学出版社,2009.
[3] 柴鹏飞.机械设计基础[M].北京:机械工业出版社,2013.
[4] 黄森彬.机械设计基础[M].北京:机械工业出版社,2001.
[5] 诸刚.机械基础[M].北京:开明出版社,2010.